四川省示范性高职院校建设项目成果

基于.NET 平台的 WEB 开发

张光辉　严月浩　主　编
王晓玲　曹小平　副主编

西南交通大学出版社
·成 都·

图书在版编目（CIP）数据

基于.NET平台的WEB开发/张光辉，严月浩主编. —成都：西南交通大学出版社，2016.2
ISBN 978-7-5643-4467-2

Ⅰ.①基… Ⅱ.①张… ②严… Ⅲ.①网页制作工具–程序设计–高等职业教育–教材 Ⅳ.①TP393.092

中国版本图书馆CIP数据核字（2015）第308809号

基于.NET平台的WEB开发

张光辉 严月浩 主编

责 任 编 辑	李芳芳
特 邀 编 辑	李 娟 王晓刚
封 面 设 计	米迦设计工作室
出 版 发 行	西南交通大学出版社 （四川省成都市二环路北一段111号 西南交通大学创新大厦21楼）
发 行 部 电 话	028-87600564 028-87600533
邮 政 编 码	610031
网 址	http://www.xnjdcbs.com
印 刷	成都中铁二局永经堂印务有限责任公司
成 品 尺 寸	185 mm × 260 mm
印 张	26.5
字 数	660千
版 次	2016年2月第1版
印 次	2016年2月第1次
书 号	ISBN 978-7-5643-4467-2
定 价	55.00元

课件咨询电话：028-87600533
图书如有印装质量问题 本社负责退换
版权所有 盗版必究 举报电话：028-87600562

序

2014年6月23至24日，全国第七次职业教育工作会议在北京召开，中共中央总书记、国家主席、中央军委主席习近平就加快职业教育发展作出重要指示。他强调，职业教育是国民教育体系和人力资源开发的重要组成部分，是广大青年打开通往成功、成才大门的重要途径，肩负着培养多样化人才、传承技术技能、促进就业创业的重要职责，必须高度重视、加快发展。

在国家大力发展职业教育、创新人才培养模式的新形势下，加强高职院校教材建设及课程资源建设，是深化教育教学改革和全面培养技术技能人才的前提和基础。

近年来，四川信息职业技术学院坚持走"根植信息产业、服务信息社会"的特色发展之路，始终致力于打造西部电子信息高端技术技能人才培养高地，立志为电子信息产业和区域经济社会发展培养技术技能人才。在省级示范性高等职业院校建设过程中，学院通过联合企业全程参与教材开发与课程建设，组织编写了涉及应用电子技术、软件技术、计算机网络技术、数控技术四个示范建设专业的具有较强指导作用和较高现实价值的系列教材。

在编著过程中，编著者基于"理实一体"、"教学做一体化"的基本要求，秉承新颖性、实用性、开放性的基本原则，以校企联合为依托，基于工作过程系统化课程开发理念，精心选取教学内容、优化设计学习情境，最终形成了这套示范系列教材。本套教材充分体现了"企业全程参与教材开发、课程内容与职业标准对接、教学过程与生产过程对接"的基本特点，具体表现在：

一是编写队伍体现了"校企联合、专兼结合"。教材以适应技术技能人才培养为需求，联合四川军工集团零八一电子集团、联想集团、四川长征机床集团有限公司、宝鸡机床集团有限公司等知名企业全程参与教材开发，编写队伍既有企业一线技术工程师，又有学校的教授、副教授，专兼搭配。他们既熟悉国家职业教育形势和政策，又了解社会和行业需求；既懂得教育教学规律，又深谙学生心理。

二是内容选取体现了"对接标准，立足岗位"。教材编写以国家职业标准、行业标准为指南，有机融入了电子信息产业链上的生产制造类企业、系统集成企业、应用维护企业或单位的相关技术岗位的知识技能要求，使课程内容与国家职业标准和行业企业标准有机融合，学生通过学习和实践，能实现从学习者向从业者能力的递进。突出了课程内容与职业标准对接，使教材既可以作为学校教学使用，也可作为企业员工培训使用。

三是内容组织体现了"项目导向、任务驱动"。教材基于工作过程系统化理念开发，采用"项目导向、任务驱动"方式组织内容，以完成实际工作中的真实项目或教学迁移项目为目标，通过核心任务驱动教学。教学内容融基础理论、实验、实训于一体，注重培养学生安全意识、团队意识、创新意识和成本意识，做到了素质并重，能让学生在模拟真实的工作环境中学习和实践，突出了教学过程与生产过程对接。

四是配套资源体现了"丰富多样、自主学习"。本套教材建设有配套的精品资源共享课程（见 http://www.scitc.com.cn/），配置教学文档库、课件库、素材库、习题及试题库、技术资料库、工程案例库，形成了立体化、资源化、网络化的开放式学习平台。

尽管本套教材在探索创新中还存在有待进一步提升之处，但仍不失为一套针对高职电子信息类专业的好教材，值得推广使用。

此为序。

四川省高职高专院校
人才培养工作委员会主任

前 言

Visual Studio.Net 是微软公司开发工具，利用它可以极大地缩短 Web 开发的周期，在短短的几年中已经成为广大程序员喜爱的开发工具，也成为众多软件公司竞相选用的开发环境之一。编者根据多年从事.Net 平台的 Web 开发和教学经验，编写了这本《基于.NET 平台的 WEB 的开发》。

本教材按照"学生的思维，工程师的实用、教授的严谨"思想来编写，按照人类认知事物的规律，循序渐进地讲解知识，融入软件工程师的实用性和实践经验，贯彻知识讲授的系统性和严谨性，充分体现技能型、应用型、工程型人才学习特征"理论适度，强调实践动手能力"的培养模式。

本书采取基于工作过程的任务教学方式，一次课一个任务；推出"实例教学"，把知识点与实例相结合，一个知识点一个例子，按照"例子描述""解题思路""实现步骤""代码分析""工程师提示"来讲解程序设计的思路；充分考虑社会对技能型、应用型、工程型人才的专业和职业素质要求，突出对学生实际动手能力和技术应用能力的培养。本书精选了大量实例，应用 CDIO 工程教育培养模式，激发学生的编程兴趣，最后利用项目统领全书知识点。

全书共十章：第 1 章 Web 开发基础，第 2 章 Web 前端技术，第 3 章面向对象，第 4 章 ASP.NET 基础，第 5 章 ASP.NET 用户界面，第 6 章 ASP.NET 服务器控件技术，第 7 章 ASP.NET 内置对象，第 8 章数据库技术，第 9 章 Web 安全，第 10 章实战项目设计。利用完整项目来贯穿全书所学的知识，本章既可作为教学内容也可作为学生实训的项目。

本书具体学时分布如下：

章节	名称	理论课时数	实践课时数
第 1 章	Web 开发基础	2	2
第 2 章	Web 前端技术	4	6
第 3 章	面向对象	4（8）	4（6）
第 4 章	ASP.NET 基础	4	4（6）
第 5 章	ASP.NET 用户界面	4	6（8）
第 6 章	ASP.NET 服务器控件技术	8（10）	10（12）
第 7 章	ASP.NET 内置对象	4	4（6）
第 8 章	数据库技术	8	10（12）
第 9 章	Web 安全	6	6（6）
第 10 章	实战项目设计	4	6（8）

本书教材由张光辉、严月浩担任主编，王晓玲、曹小平担任副主编，赵克林教授担任主审。在编写过程中得到刘乃奇教授，杨明广副教授，原电子科技大学计算机学院、软件学院副院长、国际小波应用研究中心主席李建平教授（博导），西南石油大学研究生院副院长李晓平教授（博导）的大力帮助和支持；静挚工作室的赵江、姜贤波等工程师在代码的调试和文字的处理方面也做了大量的工作，在此一并感谢。

由于编者水平有限，加之时间催促，书中难免存在不妥之处，敬请广大读者、同仁批评指正，作者深表谢意！来信请发 Email:yanyuehao@126.com。

编者于成都
2016 年 1 月

目 录

第1章 Web 开发基础 ··· 1
  1.1 Web 技术基础 ·· 2
  1.2 Web 技术的优点 ·· 4
  1.3 Web 技术的历程 ·· 5
  1.4 Web 开发常用的语言与工具 ·· 6
  1.5 Web 开发的未来趋势 ·· 13

第2章 Web 前端技术 ·· 14
  2.1 HTML 技术 ·· 15
  2.2 CSS 技术 ·· 29
  2.3 JavaScript 技术 ·· 73
  2.4 常用前端案例 ·· 89

第3章 面向对象 ·· 103
  3.1 类与对象 ·· 104
  3.2 类的特性 ·· 116
  3.3 异常处理 ·· 133

第4章 ASP.NET 基础 ·· 142
  4.1 微软.NET 的发展战略 ·· 143
  4.2 .NET 平台 ·· 144
  4.3 .NET 框架 ·· 145
  4.4 ASP.NET 的简介 ·· 145

第5章 ASP.NET 用户界面设计 ·· 149
  5.1 ASP.NET 主题 ·· 150
  5.2 ASP.NET 母版页 ·· 153
  5.3 ASP.NET 用户控件 ·· 165

第6章 ASP.NET 服务器控件技术 ·· 169
  6.1 Web 服务器控件概述 ·· 170

6.2	标准控件	172
6.3	数据控件	189
6.4	数据验证控件	214

第 7 章 ASP.NET 内置对象 ... 228

7.1	ASP.NET 内置对象概述	229
7.2	Response 对象	232
7.3	Request 对象	235
7.4	Server 对象	242
7.5	Session 对象	244
7.6	Application 对象	248
7.7	Cookie 对象	251
7.8	Page 对象	254

第 8 章 数据库技术 ... 258

8.1	数据库基础	259
8.2	ADO.NET 的常用类	268
8.3	数据操作	271
8.4	数据绑定	278
8.5	简单的"多层体系"结构应用	303
8.6	LINQ 技术	314
8.7	任 务	327
✻	备 注 ✻	337

第 9 章 Web 安全 ... 340

9.1	操作系统安全	341
9.2	IIS 安全	341
9.3	数据库安全	344
9.4	脚本安全	345
9.5	数据加密	346
9.6	编程时应该注意的安全问题	349

第 10 章 实战项目设计 ... 352

10.1	项目背景	352
10.2	项目需求分析	352
10.3	系统设计	352
10.4	项目架构分析	359
10.5	Web.config 配置文件	408
10.6	网站的发布	410

第 1 章 Web 开发基础

内容提示

随着网络的发展,Web 技术也受到了人们的青睐。本章主要讲解 Web 开发的基础知识及.NET、ASP.NET 理论知识和开发工具的使用方法。

教学要求

(1) 了解 Web 技术知识。
(2) 掌握 Web 开发知识。
(3) 熟练使用开发工具。

内容框架图

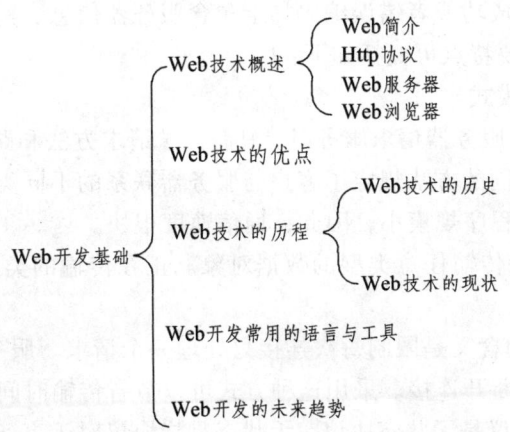

1.1 Web 技术基础

1.1.1 Web 简介

WWW 是 World Wide Web（环球信息网）的缩写，也可以简称为 Web，中文名字为"万维网"。它起源于 1989 年 3 月，由欧洲量子物理实验室 CERN（the European Laboratory for Particle Physics）所发展出来的主从结构分布式超媒体系统。通过万维网，人们只需使用简单的方法，就可以很迅速、方便地取得丰富的信息资料。由于用户在通过 Web 浏览器访问信息资源的过程中，无须再关心一些技术性的细节，而且其界面非常友好，因此，Web 在 Internet 上一推出就受到了热烈的欢迎，很快走红全球，并迅速得到了爆炸式的发展。Web 表现为三种形式，即超文本（hypertext）、超媒体（hypermedia）、超文本传输协议（HTTP）等。

超文本（hypertext）：一种全局性的信息结构，它将文档中的不同部分通过关键字建立链接，使信息得以用交互方式进行搜索。它是超级文本的简称。

超媒体（hypermedia）：超媒体是超文本和多媒体在信息浏览环境下的结合，它是超级媒体的简称。基于超媒体，用户不仅能从一个文本跳到另一个文本，而且可以激活一段声音，显示一个图形，甚至可以播放一段动画。

超文本传输协议（HTTP）：其英文全称为 Hypertext Transfer Protocol，指超文本在互联网上的传输协议。

1.1.2 HTTP 协议

HTTP（HyperText Transport Protocol）是超文本传输协议的缩写，它用于传送 WWW 方式的数据，由于其简捷、快速的方式，所以适用于分布式超媒体信息系统。它于 1990 年被提出，经过几年的使用与发展，得到不断的完善和扩展。HTTP 协议采用了请求/响应模型。客户端向服务器发送一个请求，请求头包含请求的方法、URL、协议版本以及包含请求修饰符、客户信息和内容的类似于 MIME 的消息结构。服务器以一个状态行作为响应，响应的内容包括消息协议的版本，成功或者错误编码加上包含服务器信息、实体元信息以及可能的实体内容。HTTP 协议的主要特点可概括如下：

① 支持客户/服务器模式。

② 简单快速。客户向服务器请求服务时，只需传送请求方法和路径。请求方法常用的有 GET、HEAD、POST。不同的方法规定了客户与服务器联系的不同类型；由于 HTTP 协议简单，使得 HTTP 服务器的程序规模小，因此，通信速度很快。

③ 灵活。HTTP 允许传输任意类型的数据对象。正在传输的类型由 Content-Type 加以标记。

④ 无连接。无连接的含义是限制每次连接只处理一个请求。服务器处理完客户的请求，并收到客户的应答后，即断开连接。采用这种方式可以节省传输时间。

⑤ 无状态。HTTP 协议是无状态协议。无状态是指协议对于事务处理没有记忆能力。缺少状态意味着如果后续处理需要前面的信息，则它必须重传，这样可能导致每次连接传送的

数据量增大。另一方面，在服务器不需要先前信息时它的应答就较快。

1.1.3 Web 服务器

Web 服务器也称为 WWW（World Wide Web）服务器，其主要功能是提供网上信息浏览服务。WWW 是 Internet 的多媒体信息查询工具，是 Internet 发展最快和目前使用最广泛的服务。Web 服务器所包含的内容如下：

（1）应用层使用 HTTP 协议。
（2）HTML 文档格式。
（3）浏览器统一资源定位器（URL）。

1. Web 服务器简介

当前使用最多的 Web 服务器有：微软的信息服务器（IIS）和 Apache。

通俗地讲，Web 服务器处理 HTTP 请求（request）再传送（serves）页面给浏览器浏览，应用程序服务器提供的是客户端应用程序可以调用（call）的方法（methods），通过很多协议来为应用程序提供（serves）商业逻辑（business logic）。

Web 服务器可以解析(handles)HTTP 协议。当 Web 服务器接收到一个 HTTP 请求(request)，会返回一个 HTTP 响应（response），如送回一个 HTML 页面。为了处理一个请求（request），Web 服务器可以响应（response）一个静态页面或图片，进行页面跳转（redirect），或把动态响应（dynamic response）的产生委托（delegate）给一些其他的程序，如 CGI 脚本、JSP（JavaServer Pages）脚本、servlets、ASP（Active Server Pages）脚本、服务器端（server-side）JavaScript 或一些其他的服务器端（server-side）技术。无论它们（脚本）的目的如何，这些服务器端（server-side）的程序通常会产生一个 HTML 的响应（response），让浏览器可以浏览。

Web 服务器的代理模型（delegation model）。当一个请求（request）被送到 Web 服务器时，它只单纯地把请求（request）传递给可以很好地处理请求（request）的程序（服务器端脚本）。Web 服务器仅仅提供一个可以执行服务器端（server-side）程序和返回（程序所产生的）响应（response）的环境，而不会超出职能范围。服务器端（server-side）程序通常具有事务处理（transaction processing）、数据库连接（database connectivity）和消息（messaging）等功能。

虽然 Web 服务器不支持事务处理或数据库连接池，但它可以配置（employ）各种策略（strategies）来实现容错性（fault tolerance）和可扩展性（scalability），如负载平衡（load balancing）、缓冲（caching）。集群特征（clustering-features）经常被误认为仅仅是应用程序服务器专有的特征。

2. 应用程序服务器（the application server）

应用程序服务器通过各种协议，可以包括 HTTP，把商业逻辑暴露（expose）给客户端应用程序。Web 服务器主要是向浏览器发送 HTML 以供浏览，而应用程序服务器提供访问商业逻辑的途径以供客户端应用程序使用。应用程序使用此商业逻辑就像面向对象语言中调用对象的一个方法（或过程语言中的一个函数）一样。

应用程序服务器的客户端（包含有图形用户界面（GUI）的客户端）可能会运行在一台

PC、一个 Web 服务器或甚至是其他的应用程序服务器上。在应用程序服务器与其客户端之间来回穿梭（traveling）的信息不仅仅局限于简单地显示标记；相反，这种信息就是程序逻辑（program logic）。正是由于这种逻辑取得（takes）了数据和方法调用（calls）的形式而不再是静态 HTML，所以客户端才可以随心所欲地使用这种被暴露的商业逻辑。

1.1.4　Web 浏览器

当两台计算机经由网络进行通信时，很多情况下是一台计算机作为客户机，另一台计算机作为服务器。客户机启动通信，一般是请求服务器中存储的信息，然后服务器将该信息发送给客户机。Web 也是基于客户机/服务器的配置而运行的。Web 服务器中的文档是由浏览器进行请求的，浏览器是运行在客户机上的程序。由于用户可以利用它来浏览服务器中的可用资源，因此，称它为浏览器。最初的浏览器是基于文本的，它们不能显示任何类别的图形信息，也没有图形用户界面（Graphical User Interface，GUI），这在很大程度上限制了 Web 应用的增长速度。在 1993 年，随着 Mosaic 的出现，这一情况发生了变化。Mosaic 是第一个具有图形用户界面的浏览器。这样，接入 Internet 的计算机用户拥有了一样非常强大的工具，能够在地球的任何地方访问 Web 中的任何资源。Mosai 带来的这种强大功能和便利，直接导致了 Web 使用的爆炸式增长。

虽然 Web 支持很多不同的协议，但最为常用的还是超文本传输协议。HTTP 提供了一种标准的浏览器和 Web 服务器之间的通信格式。

最常用的浏览器是 Microsoft Internet Explorer（IE）和 Firefox 浏览器。其中，IE 只能运行在安装了 Microsoft Windows 操作系统的 PC 机上，Firefox 浏览器则可用于几种不同的计算平台，包括 Windows、Mac OS 和 LINUX。还有其他一些可用的浏览器，如 Firefox 的"近亲"和 Netscape Navigator，另外还有 Opera 浏览器和 Apple 的 Safari 浏览器。

1.2　Web 技术的优点

网络时代的软件一般分为带客户端 C/S（Client/Server）和非客户端 B/S（无须在客户端安装软件而是利用公共的浏览器）软件。由于 C/S 在维护方面和使用方面存在一些不足，越来越多的互联网用户趋向于基于浏览器（Browser）与服务器（Server）的 B/S 设计模式，用户在有网络的地方就能访问到需要的信息。一般工作过程是用户通过浏览器向分布在网络上的服务器发出请求，然后由收到请求的服务器将处理后的信息返回给请求用户。从某种意义上说，这样简单化了用户的操作，把大量的工作都交给了服务器端（如对数据的加工、对数据库的访问等），而用户只需要等待服务器把处理好的数据返回给浏览器。B/S 模式的工作过程，如图 1.1 所示。

图 1.1　B/S 模式工作过程

在以后的开发中,我们所开发的B/S模式软件都是服务器端(Server)。
(1)用户通过浏览器向服务器发出请求。
(2)服务器收到Internet上发来的请求。
(3)服务器收到请求后根据请求把处理的结果翻译成HTML代码。
(4)服务器将翻译好的HTML代码发送给客户端。
(5)浏览器接收来自服务器返回的HTML代码。
(6)由浏览器将HTML转换为成图像显示给用户。

在Web开发中可以用各种不同的技术,本书程序主要选用基于微软平台的HTML+ASP.NET+SQL Server+C#语言来开发。ASP.NET不仅是大家熟知的Active Server Page(ASP)的下一个版本,它还提供了一个统一的Web开发模型,是.NET Framework中的重要组成部分,其中包括开发人员生成企业级Web应用程序所需的各种服务,可生成伸缩性和稳定性更好的应用程序,并提供更好的安全保护。ASP.NET是一个已编译的、基于.NET的环境,可以用任何与之兼容的语言(包括Visual Basic、C#和J#)创作应用程序,而开发人员可以方便地获得这些技术的优点,其中包括托管的公共语言运行环境、类型安全、继承等。

Web与.NET Framework集成:因为ASP.NET是.NET Framework的一部分,整个平台的功能和灵活性对Web应用程序都是可用的。也可从Web上流畅地访问类库以及消息和数据的解决方案。ASP.NET是独立于语言的,所以开发人员能选择最适于应用程序的语言。此外,公共语言运行时的互用性还保存了基于COM开发的现有投资。

1.3 Web技术的历程

1.3.1 Web技术的发展历史

Web技术的发展经历了以下几个阶段:
(1)Web1.0时代,知识共享时代。

第一阶段静态Web页面的浏览。用户使用客户机端的Web浏览器,可以访问Internet上各个Web站点,在每一个站点上都有一个主页(Home Page)作为进入一个Web站点的入口。每一Web页中都可以含有信息及超文本链接,超文本链接可以带用户到另一Web站点或是其它的Web页。从服务器端来看,每一个Web站点由一台主机、Web服务器及许多Web页所组成,以一个主页为首,其他的Web页为支点,形成一个树状的结构。每一个Web页都是以HTML的格式编写的。

第二阶段动态Web网页。为了克服静态页面的不足,人们将传统单机环境下的编程技术引入互联网络与Web技术相结合,从而形成新的网络编程技术。网络编程技术通过在传统的静态页面中加入各种程序和逻辑控制,在网络的客户端和服务端实现了动态和个性化的交流与互动。人们将这种使用网络编程技术创建的页面称为动态页面。

（2）Web 2.0 时代，主要是信息共建时代。如博客（BLOG）、RSS、百科全书(Wiki)、网摘、社会网络（SNS）、P2P、即时信息（IM）等。

（3）Web 3.0 时代，知识传承时代，主要是跨越 Web 与 Web、界面与界面之间分享、转传、改写资料。

（4）Web 4.0 时代，知识分配的时代，将是一个 Web 与非 Web 轻易互联的新时代，Web 只是大数据云端系统中的一个入口，是人们进入私有云或公有云的一种管道（渠道），终端设备可能是笔记本、手机、电子书、智能电视等设备。

（5）Web5.0 时代，知识融合的时代。将进入语言转换、不同资讯汇流技术。

（6）Web6.0 时代，智慧知识的时代。将进入高智能、拥有 AI 智慧的 Web 云端时代。

1.3.2 Web 技术的现状

Web 技术经历 3.0 时代，处于向 4.0 过渡阶段。

1.4 Web 开发常用的语言与工具

1.4.1 Visual Studio 简介

Visual Studio 是一套完整的开发工具集，用于生成 ASP Web 应用程序、XML Web Services、桌面应用程序和移动应用程序。Visual Basic、Visual C++、Visual C# 和 Visual J# 全都使用相同的集成开发环境（IDE），利用此 IDE 可以共享工具且有助于创建混合语言解决方案。另外，这些语言利用了.NET Framework 的功能，通过此框架可使用简化 ASP Web 应用程序和 XML Web Services 开发的关键技术。Visual Studio 中可以用 C#语言、C++语言、Basic 语言、J#语言开发。可以开发桌面应用程序、Web 应用程序、智能设备应用程序等。在.NET 平台主要包含 4 个部分的内容：底层操作系统、企业服务器、框架和集成开发工具 Visual Studio。

1.4.2 开发第一个 Web 程序

【解题思路】

这是一个简单的 Web 网页，可以在工具箱中直接拖放一些工具到中间的视图窗口中去，但需要注意的是放的位置要合适，不能交叉放置，并且要对标记中的一些参数进行设置。

【实现步骤】

（1）打开 Microsoft Visual Studio 2012，选择【文件】|【新建】|【网站】（或【项目】）命令，新建一个网站或项目，如图 1.2 所示。

第 1 章　Web 开发基础

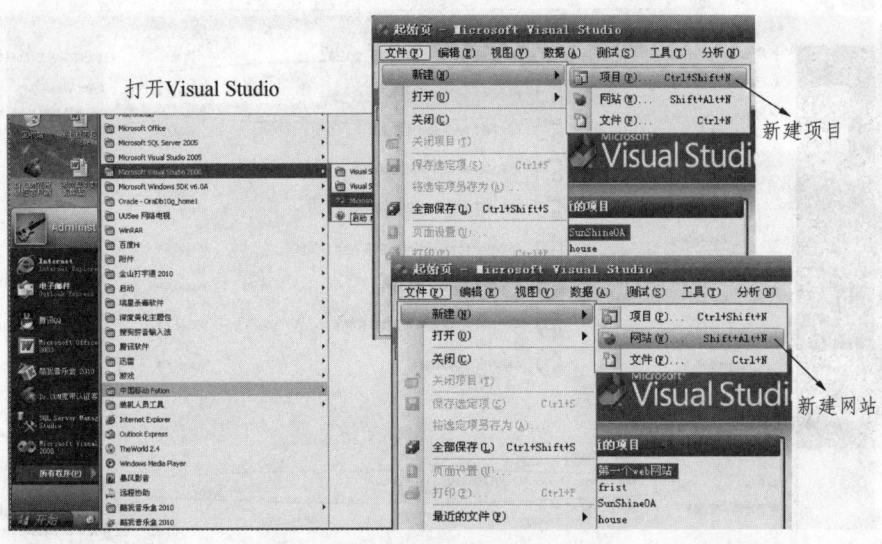

图 1.2　新建一个网站或项目

选择【网站】命令之后跳转到如图 1.3 所示的对话框，选择【项目】命令后跳转到如图 1.4 所示的对话框。

（2）在如图 1.3 所示的【新建网站】对话框中，除了要选择网站的类型外，还要选择网站放置的路径，以及选择开发语言（见图 1.3 中椭圆圈住的部分）。

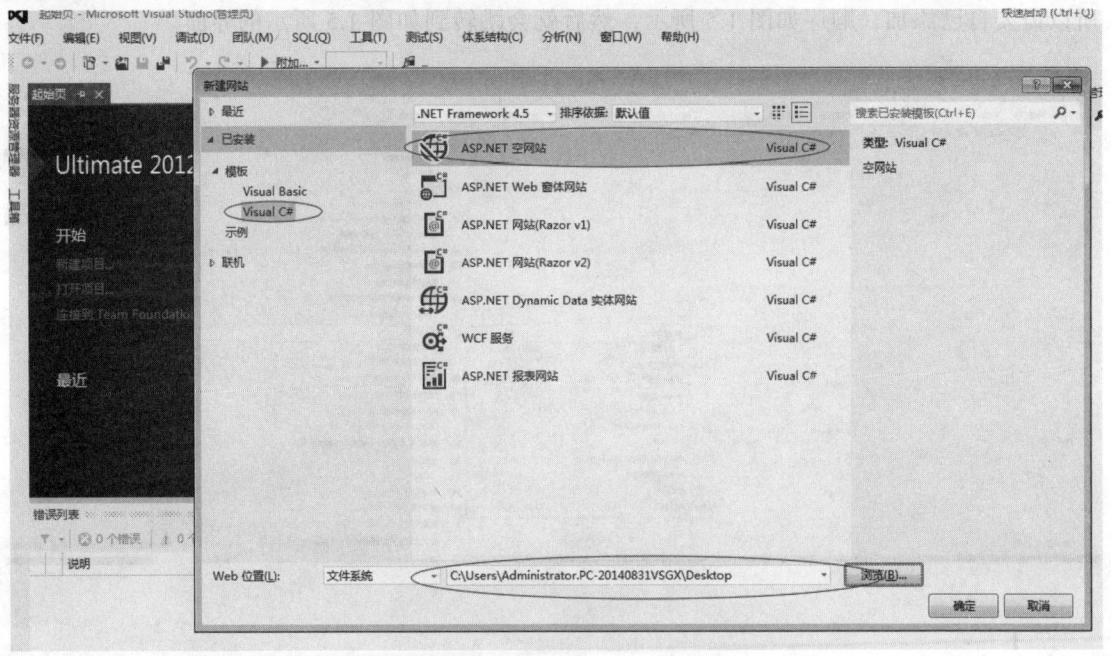

图 1.3　【新建网站】对话框

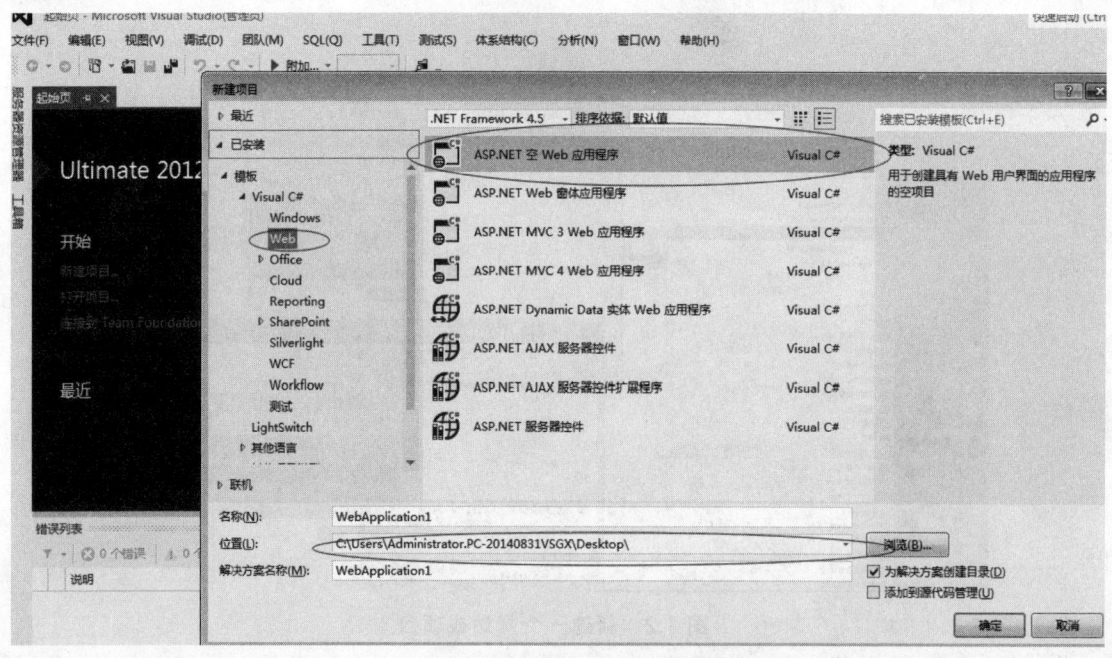

图 1.4 【新建项目】对话框

在图 1.4 所示的【新建项目】对话框中，除了要选择项目的类型（见图 1.4，首先在左边选择开发语言，再在右边选择项目类型），还要设置项目的名称、项目放置的路径、解决方案等（见图 1.4 中椭圆圈住的部分）。

（3）选择好网站或项目的类型之后，单击【确定】按钮，因为新建的是空网站或项目，所以需要自己添加，顺序如图 1.5 所示，然后就会跳转到如图 1.5 所示的界面。

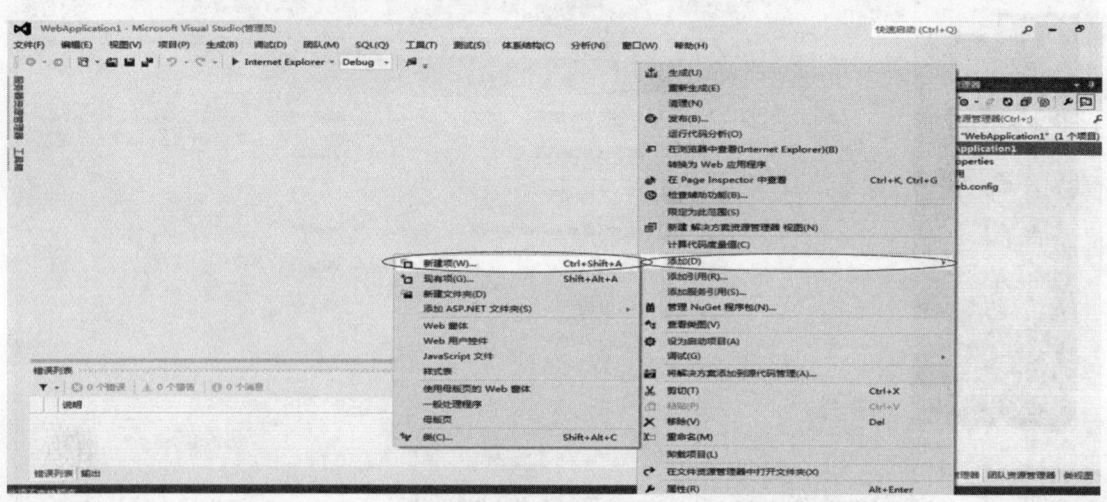

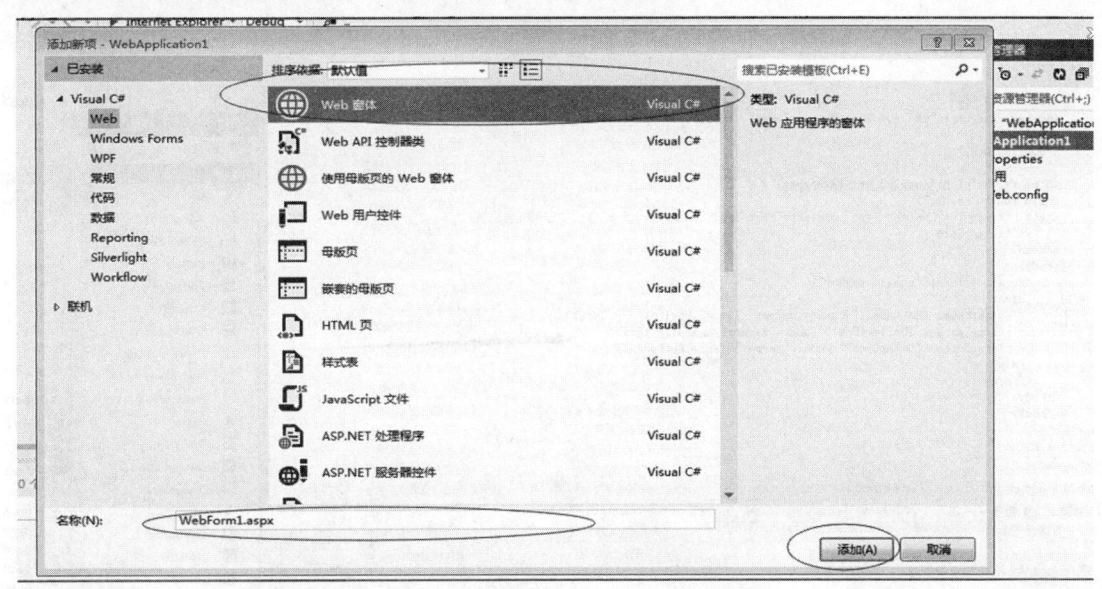

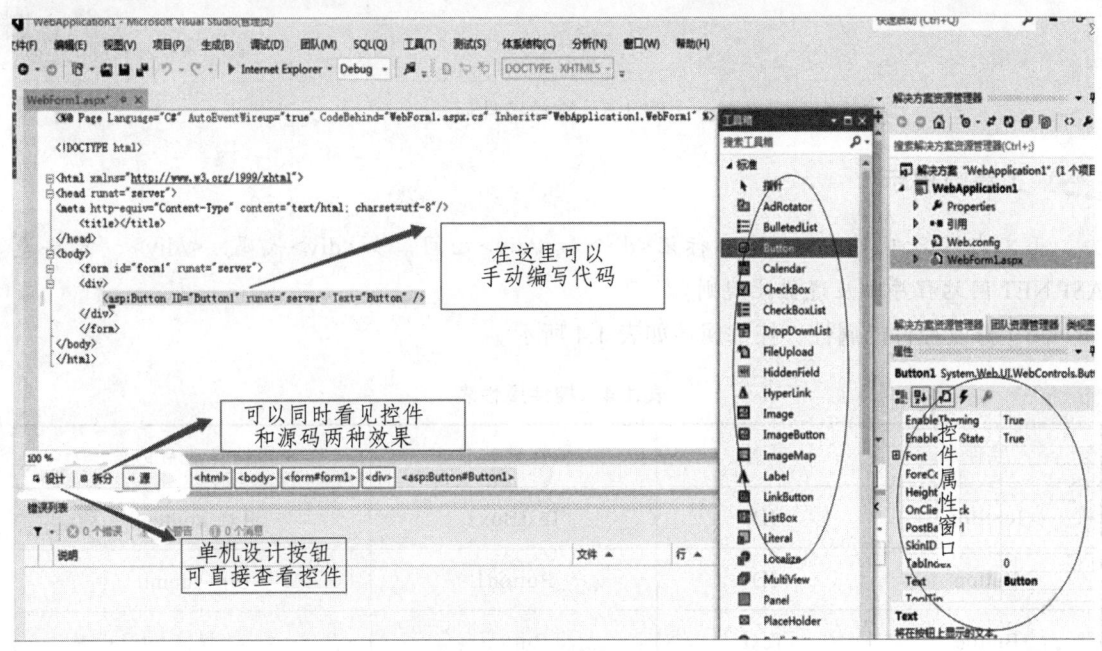

图 1.5　网页设计界面

从以上步骤可以看出，WebForm1.aspx 是界面层，里面放置的是 HTML 代码和一些控件。WebForm1.aspx.cs 是代码层，里面放置 C#代码。

（4）将中间窗口设置成两部分（单击【拆分】按钮），然后在上面一个窗口中输入内容，并依次从左边工具箱中向界面中拖入文本框控件（Text Box）、按钮控件（Button）、文本控件（Label），再在每个控件后面加上换行标记（
），保存之后，看中间窗口的变化，如图 1.6 所示。

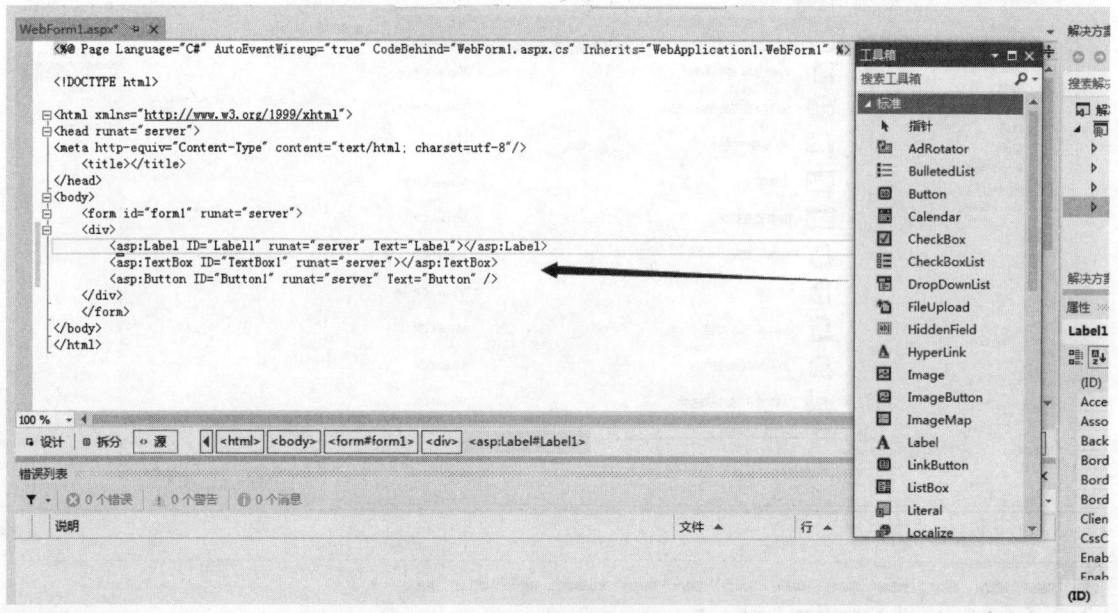

图 1.6 拖放控件后

🔧 工程师提示

正文内容只能写在 HTML 标记<div>和</div>之间。如<div>代码…</div>，只要是 ASP.NET 网站程序都应遵循此规则。

（5）修改控件的属性，控件属性如表 1.4 所示。

表 1.4 控件属性表

控件	属性	属性默认值	属性修改后的值
TextBox	ID	TextBox1	Txt_content
Button	ID	Button1	Btn_submit
Button	Text	Button	提交
Label	ID	Label1	Lab_show
Label	Text	Text	空

（6）在中间下面的一个窗口（拆分之后的视图窗口）中双击 Button 按钮，页面会自动跳转到 WebForm1.aspx.cs 页面，并自动生成按钮的单击事件，如图 1.7 所示。

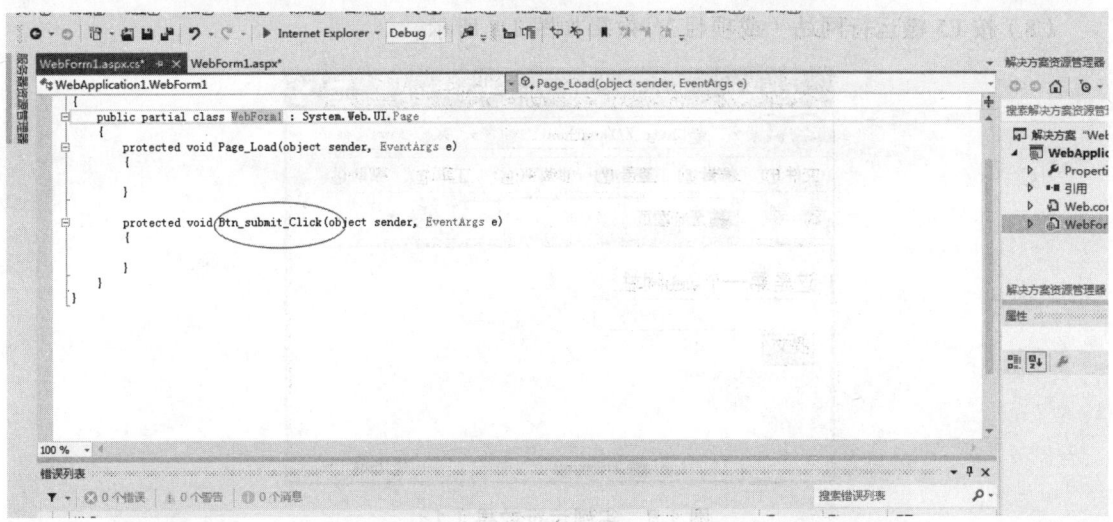

图 1.7　WebForm1.aspx.cs 页面

（7）在按钮的单击事件（protected void Btn_submit_Click（object sender，EventArgs e））中写入以下代码。

```
//定义变量 content 用于接收 Text_content 文本框中输入的值
string content = Text_content.Text.Trim();
//判断文本框内是否输入内容
if (Text_content.Text != "")
{
        //设置 Lab_show 控件的 Text 属性为变量 content 的值
        Lab_show.Text = content;
}
else
{
        //弹出对话框
        Page.RegisterStartupScript("","<script>alert('请先在文本框中输入内容!')</script>");
}
```

然后保存。

【案例分析】

先定义一个字符串变量来接收文本框控件的值，再判断文本框中的内容是否为空：不为空，则将变量的值赋给文本控件（Label），将值显示出来；若为空，则弹出消息框提示"请先在文本框中输入内容！"。

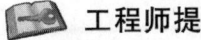 工程师提示

在项目中和在网站中对控件的设置是相同的。

(8)按 F5 键运行网站(或项目),效果如图 1.8 所示。

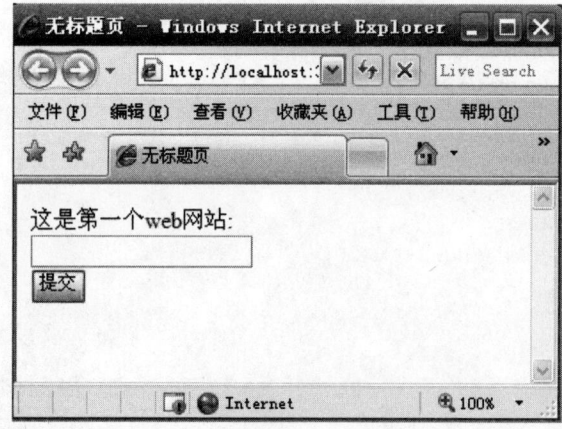

图 1.8 实例运行效果(1)

直接单击【提交】按钮,效果如图 1.9 所示。

图 1.9 实例运行效果(2)

在文本框中输入内容"好",单击【提交】按钮,效果如图 1.10 所示。

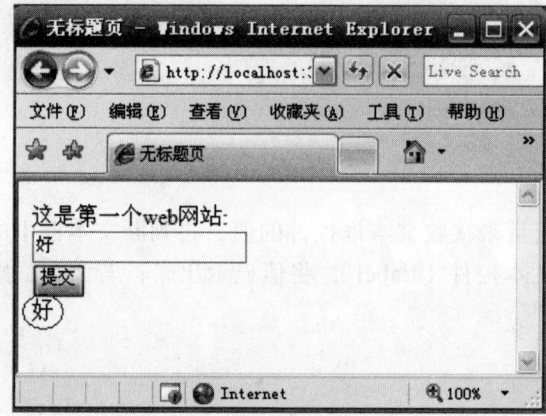

图 1.10 实例运行效果(3)

1.5　Web 开发的未来趋势

Web 的发展一直影响着我们的技术趋势。生活中的一些细节和琐碎片段间接地反映着 Web 发展所带来的技术趋势变化。Web 开发是一个趋势。现在通过 Web 使用的应用越来越多了。因为它有部署方便、不用安装、能在不同地方使用、兼容性好、无须升级自动得到最新版本等特点。结合云计算和软件即服务技术，可以让企业实现最低成本的灵活软件部署。

从现在来看，Web 软件很难完全取代桌面软件。究其原因，其一，有的时候会遇到没有网络环境的情况，如探险队在野外或出差到次发达地区；其二，Web 软件还难以用到现在个人计算机的强大性能，如大型游戏还都是桌面软件；其三，随时需要网络环境为数据的安全和可靠性打了一个问号，如果网速慢或常常中断，Web 软件就失灵了；其四，Web 软件没法针对特定硬件进行优化，以及用到新硬件的强大功能。

第 2 章 Web 前端技术

内容提示

在 Web 开发中，界面设计是必不可少的环节，也是"体验"开发的首要环节。.NET 平台可以将界面设计与业务代码分开设计，也可以用不同的工具来设计界面，但用到的知识是 HTML 语言、CSS 技术、JavaScript 技术等，通过本章学习后读者可以制作 Web 界面。

教学要求

（1）掌握 CSS 规则与使用。
（2）掌握常用 JavaScript 对话框的使用。
（3）熟练应用 HTML 标记和 CSS 布局。

内容框架图

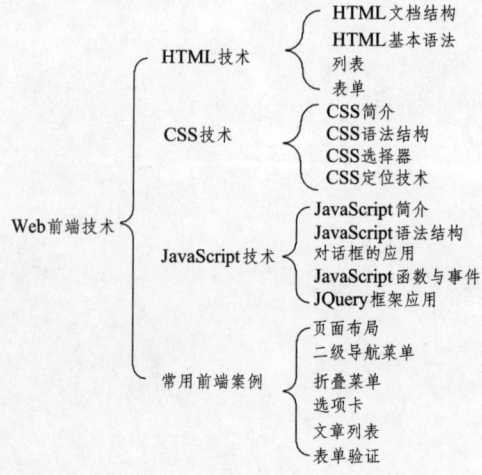

2.1 HTML 技术

HTML（HyperText Markup Language，超文本置标记语言）是一种用来制作超文本文档的简单标记语言，用 HTML 编写的超文本文档称为 HTML 文档，它能独立于各种操作系统（如 UNIX、Windows 等）。自 1990 年以来，HTML 就一直被 WWW 用作信息表示语言，用于描述 Web 页面的格式设计和 WWW 上其他 Web 页面的信息链接；使用 HTML 语言描述的文件，需要通过 WWW 浏览器才能显示出效果。

本节的所有例子在 DreamWeaver CS3 和 Microsoft Visual Studio 2012 及以上版本里面都可以运行，在 Microsoft Visual Studio 2012 及以上版本中将代码放在界面层（也就是以".aspx"为后缀的文件）直接执行即可，这里使用的是 Microsoft Visual Studio 2012。

第一次做实例，需要首先新建一个网站。步骤：启动 Visual Studio 2012，选择【文件】|【新建】|【网站】|【ASP.NET 空网站】命令后，单击【确定】按钮。

第二次及以后就可以打开首次新建的网站，添加新 Web 页面。步骤：启动【Visual Studio 2012】|【文件】|【打开】|【网站】命令，选择要打开的网站后单击【确定】按钮，选中网站的根目录（或是某个文件夹）后右击，在弹出的快捷菜单中选择【添加新项】|【Web 窗体】命令，最后单击【确定】按钮。

2.1.1 HTML 文档结构

HTML 文档分为文档头和文档体两部分。在文档头里，可对文档进行一些必要的定义，如定义标题、文字样式等；文档体中的内容就是要显示的各种文档信息。

HTML 文档结构，如图 2.1 所示。

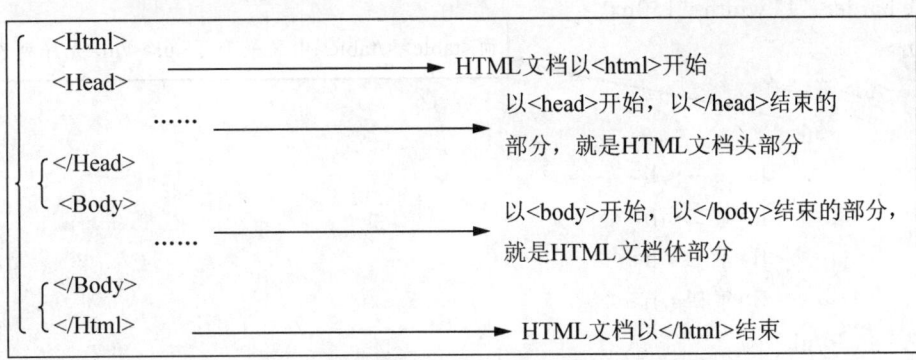

图 2.1　HTML 文档结构

2.1.2 HTML 基本语法

1. 标记语法

1）什么是标记

HTML 用于描述功能的符号称为标记，如<html>、<head>、<body>等都是标记。<html>

标记表示 HTML 文档的开始。标记在使用时必须用尖括号"<>"括起来，有些标记必须成对出现，以开头无斜杠的标记（如<html>）开始，以有斜杠的标记（如</html>）结束。在 HTML 中，标记不区分大小，如<html>和<HTML>都是表示一个 HTML 文档开始的标记。

2）标记类型和语法

（1）单标记。之所以称为单标记，是因为它只需单独使用就能完整地表达意思，这类标记的语法是：

<标记名/>（最常用的单标记有
，它表示换行）

（2）双标记。双标记由始标记和尾标记两部分构成，必须成对使用。

① 始标记告诉 Web 浏览器从此处开始执行该标记所表示的功能。

② 尾标记告诉浏览器在这里结束该功能。始标记前加一个正斜杠（/）即成为尾标记。这类标记的语法是：

<标记>内容</标记>

其中"内容"部分就是要被这对标记施加作用的部分。

工程师提示

（1）标记中可以包含标记，如表格中包含列表标记，代码如下：

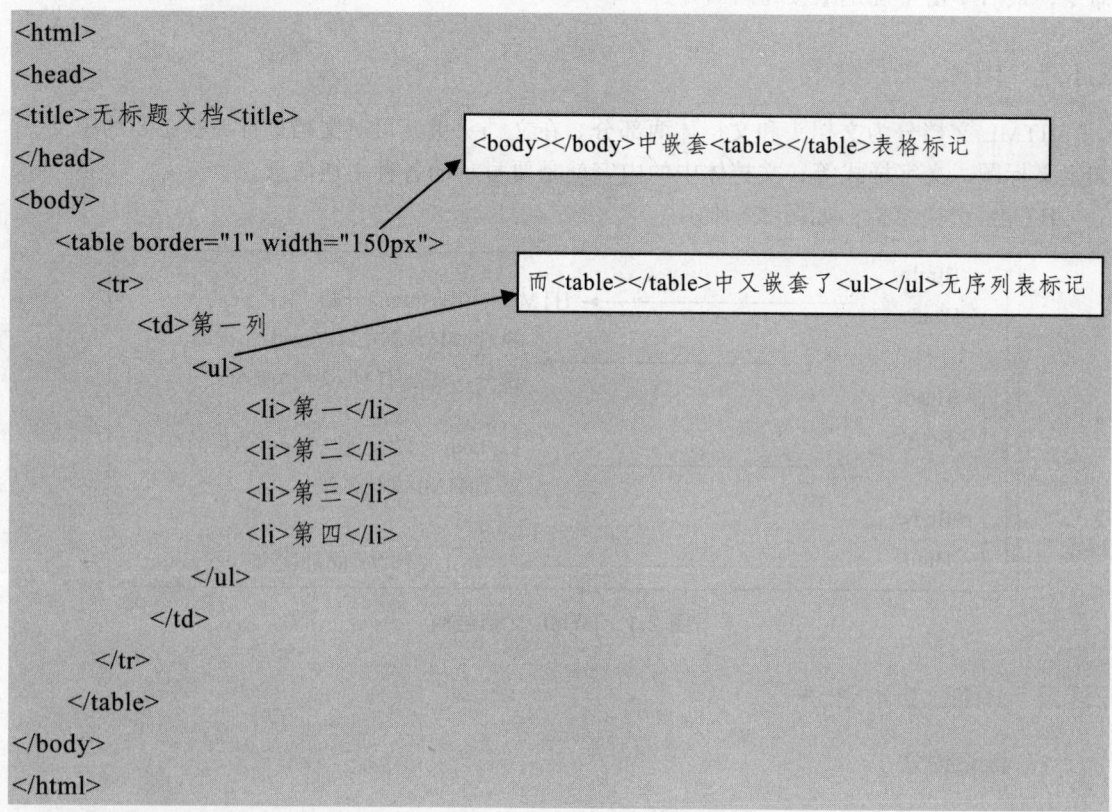

运行效果图如图 2.2 所示。

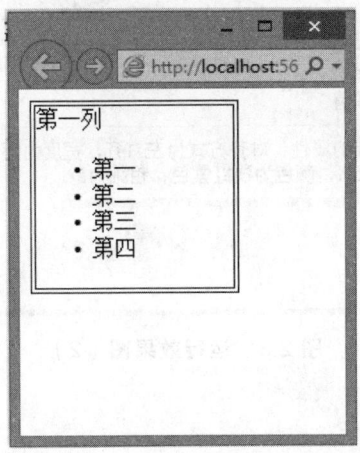

图 2.2 运行效果图（1）

（2）标记可以成对嵌套，但是不能交叉地嵌套，如下代码是错误的。

`<div><p>第一段</div></p>`

2. 属性语法

1）什么是属性

属性指的是标记的属性，举个例子来说明。单标记`<hr>`的作用是在网页中插入一条水平线，那么这条水平线的粗细、对齐方式、宽度等就是该标记的属性。

2）属性的语法

大多数单标记和双标记的始标记内都可以包含一些属性，其语法是：

<标记名字 属性1 属性2 ……>

属性均放在相应标记的前括号中，类似粗细、对齐方式、宽度等，属性间没有先后次序，属性也可以省略（即取默认值）。

例如：

```
<html>
<head>
<title>无标题文档</title>
</head>
<body>
    取默认值
    <hr />
水平线的属性：对齐方式为左对齐，宽度为整个屏幕的75%，颜色为浅红紫色，粗细为5
    <hr align="left" width="75%"  color="#CC99FF" size="5" />
</body>
```

这些属性的顺序可以任意交换，最终效果是相同的，运行效果图，如图2.3所示。

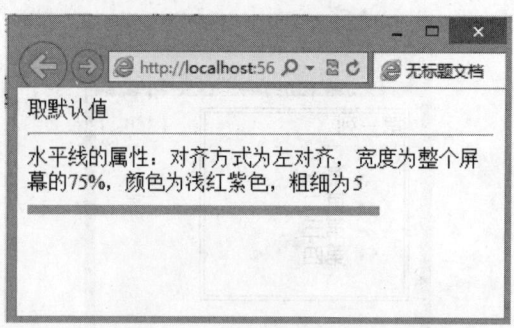

图 2.3　运行效果图（2）

3. HTML 基础标记

1）设置页面标题<title>

```
<html>
    <head>
        <title>第一个页面</title>
    </head>
    <body>
        第一个网页
    </body>
</html>
```

运行效果如图 2.4 所示。

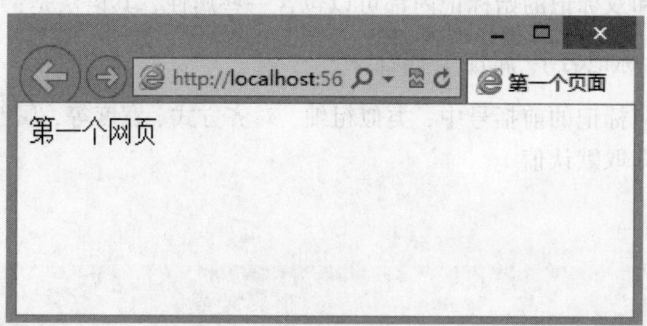

图 2.4　运行效果图（3）

2）添加注释<!-- -->

```
<html>
    <head>
        <title>第一个页面</title>
    </head>
    <body>
        <!--这里是内容部分-->
```

```
        第一个网页
    </body>
</html>
```

注释的代码不被执行,运行效果如图 2.5 所示。

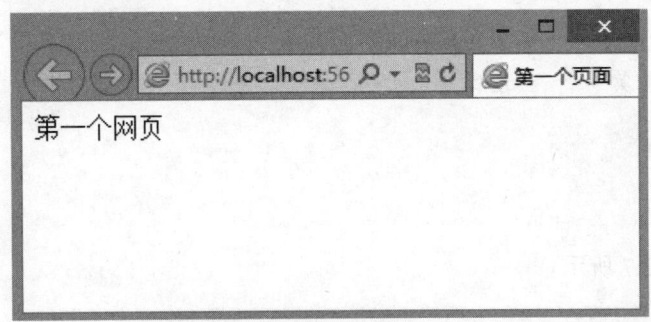

图 2.5　运行效果图(4)

工程师提示

注释是不会显示在网页上的,如图 2.5 中没有显示注释部分。

3)段落标记<p>

```
<html>
    <head>
        <title>第一个页面</title>
    </head>
    <body>
        <p>这是一个段落</p>
        <p>这是二个段落</p>
    </body>
</html>
```

运行效果如图 2.6 所示。

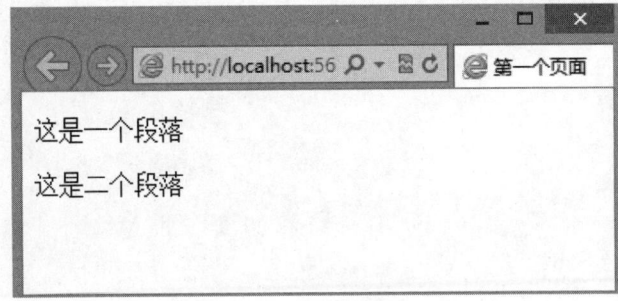

图 2.6　运行效果图(5)

4)强制换行标记

```
<html>
    <head>
        <title>第一个页面</title>
    </head>
    <body>
这是正文内容的第一行,<br/>
这是第二行
    </body>
</html>
```

运行效果如图 2.7 所示。

图 2.7　运行效果图(6)

工程师提示

通过以上两个例子可以明显地看出使用<p></p>和使用
的区别就在于使用<p></p>时,行间距要宽一些。

5)格式化标记<pre>

```
<html>
    <head>
        <title>第一个页面</title>
    </head>
    <body>
    <pre>
        这里的文字会
        原样显示
    </pre>
    </body>
</html>
```

运行效果如图 2.8 所示。

图 2.8 运行效果图（7）

6）忽略 HTML 标记<xmp></xmp>

```
<html>
    <head>
        <title>第一个页面</title>
    </head>
    <body>
     <pre>
      <xmp>
这是正文内容的第一行，<br/>第二行
      </xmp>
     </pre>
    </body>
</html>
```

运行效果图如图 2.9 所示。

图 2.9 运行效果图（8）

7）表格标记<table>

```
<table><%--表格标记--%>
    <caption>表格</caption><%--表格标题--%>
    <th>第一列</th> <%--表头--%>
    <th>第二列</th>
```

```
      <th>第三列</th>
   <tr><%--行标记--%>
         <td>第一列</td><%--列标记--%>
         <td>第二列</td>
         <td>第三列</td>
   </tr>
</table>
```

运行效果如图 2.10 所示。

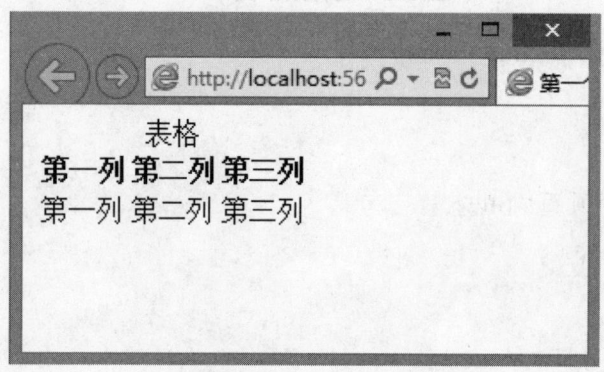

图 2.10 运行效果图（9）

工程师提示

在每个<td></td>中还可以嵌套<table>标记和其他的一些标记。

8）链接标记

（1）超链接，如下所示：

        <a href="文件地址">进行链接的文字</a>

（2）图片链接，如下所示：

        <img src="图片地址"/>

注意：在 Visual Studio 里面使用图片链接标记时，必须加属性（alt =""），该属性表示的是当鼠标放在图片上时，显示图片提示（alt ="图片提示内容"）。

（3）样式链接，如下所示：

        <link　href = "文件地址" rel="stylesheet"　type="样式类型" >

9）字体标记

（1）文字移动：<marquee>能移动的文字</ marquee>

（2）文字加粗：加粗的字

（3）字体斜体：<i>斜体字</i>

（4）字体下划线：<u>带下划线的字</u>

（5）字体删除线：<s>带删除线的字</s>

10）标题文字大小控制标记

运行效果如图2.11所示。

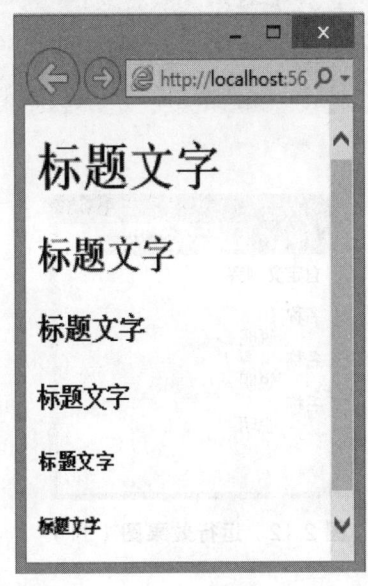

图2.11 运行效果图（10）

注意：从图2.11可以看出<h1>~<h6>字体越来越小。

11）其他标记

（1）上标：^{……}，如：4²——表示的是4^2。

（2）下标：_{……}，如：4₂——表示的是4_2。

（3）添加空格标记： 。

（4）层：<div>……</div>。

工程师提示

在这里讲的所有标记，不管在Dreamweaver里还是在Visual Studio里都是同样的用法。

2.1.3 列表

1. 自定义列表

```
<html>
    <head>
        <title>第一个页面</title>
    </head>
    <body>
        <b>自定义列表</b>
        <dl>
            <dt>名称<dd>说明
            <dt>名称<dd>说明
            <dt>名称<dd>说明
        </dl>
</body></html>
```

运行效果如图 2.12 所示。

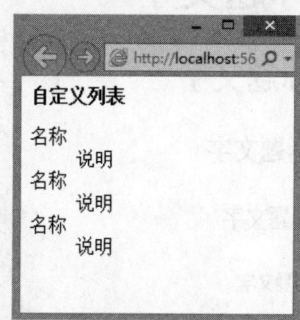

图 2.12　运行效果图（11）

2. 无序列表

```
<html>
    <head>
        <title>第一个页面</title>
    </head>
    <body>
        <b>无序列表</b>
        <ul>
            <li>项目名称 1</li>
            <li>项目名称 2</li>
            <li>项目名称 3</li>
        </ul>
</body></html>
```

运行效果如图 2.13 所示。

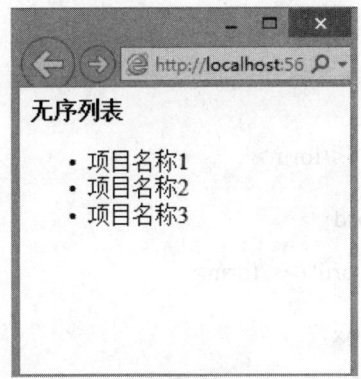

图 2.13　运行效果图（12）

3. 有序列表

```
<html>
    <head>
        <title>第一个页面</title>
    </head>
    <body>
      <b>有序列表</b>
      <ol>
          <li>项目名称 1</li>
          <li>项目名称 2</li>
          <li>项目名称 3</li>
</ol></body></html>
```

运行效果如图 2.14 所示。

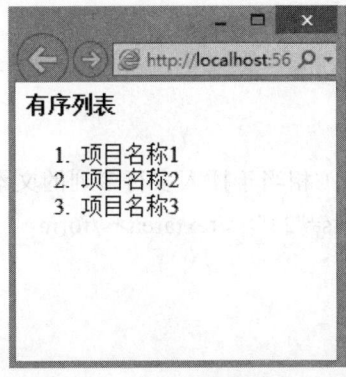

图 2.14　运行效果图（13）

 工程师提示

一个<dt></dt>标记中可以跟多个<dd></dd>标记，列表标记可以相互嵌套使用。

2.1.4 表单

1. input 标记

1)插入文本框——text

`<form><input type="text"/></form>`

2)插入密码框——password

`<form><input type="password"/></form>`

3)插入复选框——checkbox

`<form><input type="checkbox" value="1 看书"/>看书</form>`

4)插入单选框——radio

`<form><input type="radio" value="男"/>男</form>`

工程师提示

如果要设置多个单选按钮为一组,那么必须将它们的 name 属性值设置为相同的值。

5)插入标准按钮——button

`<form><input type="button" value="标准按钮"/></form>`

6)插入提交按钮——submit

`<form><input type="submit" value="提交"/></form>`

7)插入重置按钮——reset

`<form><input type="reset" value="重置"/></form>`

8)插入隐藏域——hidden

`<form><input type="hidden" value="隐藏的内容"/></form>`

2. Textarea 标记

插入文本域标记——textarea(相当于插入多行多列的文本框)。
`<form><textarea rows="5" cols="25"></textarea></form>`

3. Select 标记

插入下拉选择框,代码如下:

```
<form>
<p>插入下拉选择框</p>
   <select>
      <option value="1"/>年会员
```

```
        <option value="2"/>月会员
        <option value="3"/>时会员
 </select>
</form>
```

运行效果如图 2.15 所示。

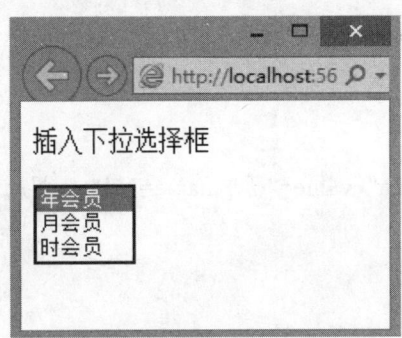

图 2.15　运行效果图（14）

 工程师提示

如果在 select 后面加上一个属性 size="3"，那么下拉选择框就成了列表框。

2.1.5 案　例

下面我们使用 HTML 控件（表单标记）做一个会员注册表。

【解题思路】

这个案例中我们要用表格来定位页面内容，并且用到了一些按钮，需注意的是，整个网页要有一个整体的规划（主要是表格的大小及内容的放置），做出来的效果要协调、美观，这是做 Web 页面所必需的。

【实现步骤】

新建一个 HTML 文档或是 Web 窗体，并输入以下代码。

第一种：打开 DreamWeaverCS3，在创建新项目下的列表中选择 HTML 选项。

第二种：打开 Microsoft Visual Studio 2012，在弹出的窗口中选择【文件】|【新建网站（新建项目）】|【ASP.NET 网站（先在左边列表框选中 Visual C#里面的 Web，然后选择右边的 ASP.NET Web 应用程序）】命令。

```
<html>
<head>
<title>第一个案例</title>
</head>
<Body>
<div style="text-align：center">
  <table border="1" cellpadding="0" cellspacing="0" width="410px">
  <caption><b>会员注册</b></caption>
```

```html
        <tr height="40px">
            <td>用户名：</td>
            <td><input type="text" /></td>
        </tr>
        <tr  height="40px">
            <td>密码：</td>
            <td><input type="password" /></td>
        </tr>
        <tr height="40px">
            <td>性别：</td>
            <td><input type="radio" value="男" name="aa" />男<input type="radio" value="女" name="aa" />女</td>
        </tr>
        <tr height="40px">
            <td>爱好：</td>
            <td>
                <input type="checkbox" value="1" />运动
                <input type="checkbox" value="2" />学习
                <input type="checkbox" value="3" />睡觉
                <input type="checkbox" value="4" />其他
            </td>
        </tr>
        <tr height="40px">
            <td>会员等级：</td>
            <td><select >
                <option value="1">年会员</option>
                <option value="2">月会员</option>
                <option value="3">时会员</option>
            </select></td>
        </tr>
        <tr height="152px">
            <td>备注：</td>
            <td><textarea rows="10" cols="43"></textarea></td>
        </tr>
        <tr height="40px">
            <td colspan="2"><input type="submit" value="提交" /> <input type="reset" value="重置" /></td>
        </tr>
    </table>
 </div>
</body>
</html>
```

保存上面的代码再运行，运行效果图如图 2.16 所示。

提示：在 VS 中，HTML 控件可以直接从工具箱里面拖过来使用。工具箱如图 2.17 所示。

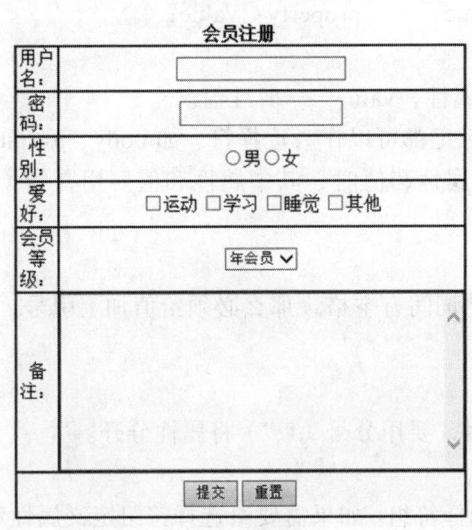

图 2.16　运行效果图（15）

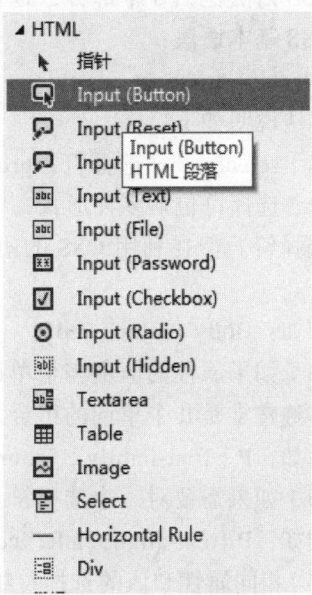

图 2.17　工具箱

 工程师提示

虽然可以通过控件来实现对网页的布局，但用户不可以对工具箱里面的控件产生依赖。

2.2　CSS 技术

CSS（Cascading Style Sheet，层叠样式表或级联样式表）是一组格式设置规则，是一种实用和流行的网页布局方法。

2.2.1　CSS 简介

CSS 是一组格式设置规则，用于控制页面的外观。它的具体作用有以下几个方面。

（1）内容和样式的分离，使得网页设计趋于明了、简洁。

（2）弥补了 HTML 对标记属性控制的不足。

（3）精确控制网页布局。

（4）提高网页效率，因为多个网页同时应用一个 CSS 样式，既减少了代码的下载，又提高了浏览器的浏览速度和网页的更新速度。

（5）CSS 还有很多特殊的功能，如鼠标指针属性控制鼠标的形状和滤镜属性控制图片的特效等。

2.2.2 CSS 的基本语法

CSS 语法包括 3 个部分：选择符、样式属性和属性值。

CSS 基本语法：

selector{ property：value；property：value；…；property：value；}。

语法说明如下：

（1）selector——选择符，property——样式属性，value——属性值。

（2）选择符包括多种形式，所有的 HTML 标记都可以作为选择符，如 body、p、table 等都是选择符。但在利用 CSS 的语法给它们定义属性和值时，其中属性和值要用冒号（":"）隔开。

例如：Body {color：red}。

（3）如果属性的值由多个单词组成，并且单词间有空格，那么必须给值加上引号，如字体的名称常常是几个单词的组合。

例如：P { font-family："courier new"}。

（4）如果需要对一个选择符指定多个属性时，要用分号（";"）将属性分开。

例如：P {text-align：left；color：red}。

（5）相同属性和值的选择符组合起来称为选择符组。如果需要给选择符组定义属性和值，只要用逗号（","）将选择符分开，这样可以减少重复定义样式。

例如：P，Table {text-align：left；color：red}；

其效果完全等同于：

P {text-align：left；color：red}

Table {text-align：left；color：red}。

2.2.3 CSS 选择器

1．类别选择器

用类选择符可以把相同的元素分类定义成不同的样式。在定义类选择符时，自定义类名称的前面加一个句点（.）。

语法：

标记名.类名{ 样式属性：取值；样式属性：取值；...}

例如：要设置两个不同文字颜色的段落，一个为红色，一个为蓝色，可以利用如下代码预定义两个类：

p.red {color：red}

p.blue {color：blue}

注意：调用时用 class 属性来调用，如<p class="类名"></p>。类名前的标记名可以不要。

2．id 选择器

在 HTML 中，需要唯一标识一个元素时，就会赋予它一个 id 标识，以便在对整个文档进行处理时能够快速地找到这个元素，而且 id 选择符就是用来对这个单一元素定义单独的样式。其他定义方法与类选择符大同小异，只需要把句点（.）改为井号（#）；而调用时只需要把 class 改为 id。

语法：

标识名#标识名{ 样式属性：取值；样式属性：取值；...}

注意：#之前的标识名可以不要。

例如：如果在页面中定义一个 id 为 salary 的元素，并要设置这个元素为红色。那么只需要添加如下代码：

#salary {color: red}
<p id="salary">

注意：由于 id 选择符局限性很大，只能单独定义某个元素的样式，一般只在特殊情况下使用。

3. 标签选择器

一个完整的 HTML 页面是由很多不同的标签组成的；而标签选择器，则是决定哪些标签采用哪些相应的 CSS 样式（在大环境中用户可能处于不同的位置，但是不管怎么样，用户总是穿着同一套衣服，这件衣服就是由标签选择器事先给用户限定好的，不管走到哪里都是这身衣服），例如：在 style.css 文件中对 p 标签样式的声明如下：

```
P{
font-size: 12px;
background: #900;
color: 090;
}
```

复制代码则页面中所有 p 标签的背景都是#900（红色），文字大小均是 12px，颜色都为 #090（绿色），这在后期维护中，如果想改变整个网站中 p 标签背景的颜色，只需要修改 background 属性就可以了，就这么容易！

4. 包含选择符

包含选择符是对某种元素包含关系（如元素 1 里包含元素 2）定义的样式表，这种方式只对在元素 1 中的元素 2 定义，对单独的元素 1 或元素 2 无定义。

例如：

Table a {text-decoration: none}

📖 **工程师提示**

这里只有表格中的链接才没有下划线，不是所有的链接都没有下划线。

5. 伪 类

伪类不属于选择符，它是让页面呈现丰富表现力的特殊属性，之所以称为"伪"，是因它指定的对象在文档中并不存在,它们指定的是元素的某种状态。

应用最广泛的伪类是链接的 4 个状态,具体如下:

(1)未访问链接状态(a:link)。
(2)已访问链接状态(a:visited)。
(3)鼠标指针悬停在链接上的状态(a:hover)。
(4)被激活(在鼠标单击与释放之间)的链接状态(a:active)。

6. 选择符的优先级

通常人们使用的选择符有 id 选择符、类选择符、包含选择符和 HTML 标记选择符,因为 id 选择符是最后加到元素上的,所以优先级最高;其次是类选择符。!important 语法主要用来提升样式规则的应用优先级,只要使用了!important 语法声明,浏览器就会优先选择它声明的样式来显示,因此,若想打破已定义的优先级顺序,则可以使用!important 声明。

例如:

```
P {font-size: 12px! important}
.one {font-size: 20px ;}
#two {font-size: 16px ;}
```

上例中同时在一个段落加上了 3 种样式,那么这个段落的所有文字的大小都是 12px,而不是 16px,更不是 20px。

2.2.4 CSS 定位技术

插入 CSS 样式表到 HTML 文件有 4 种方法,分别是嵌入样式表、内部样式表、链入外部样式表和导入外部样式表。但在应用这 4 种方法将 CSS 文件插入到 HTML 文件时,由于 CSS 文件的定义可以放置在 HTML 文件的几个不同位置,所以将其分为头部、主体和外部。

CSS 文件定义在 HTML 文件主体的方法:嵌入样式表。
CSS 文件定义在 HTML 文件头部的方法:内部样式表。
CSS 文件定义在 HTML 文件外部的方法:链入外部样式表,导入外部样式表。

1. 嵌入样式表

基本语法:

```
<head>
    …
</head>
<body>
    …
    <HTML 标记 style="样式属性:属性值……">
    …
</body>
```

语法说明：

（1）这里的 HTML 标记就是页面中标记 HTML 元素的标记。

（2）style 参数后面引号中的内容就相当于样式表大括号里的内容，style 参数可以应用于之前讲的所有标记之中，但如 basefont、param、script 这些元素除外。

特点：

利用这种方法定义的样式，其效果只能控制某个标记。

2．内部样式表

基础语法：

```
<head>
<style type="text/css">
<!--
    选择符{样式属性：属性值；样式属性：属性值…}
    选择符{样式属性：属性值；样式属性：属性值…}
    …
-->
</style>
</head>
```

语法说明：

（1）<style>用来说明要定义的样式。

（2）type ="text/css"说明这是一段 CSS 样式表代码。

（3）<!--与-->标记的加入是为了防止一些不支持 CSS 的浏览器，将<style>与</style>之间的 CSS 代码当成普通的字符串显示在网页中。

（4）选择符也就是样式的名称，可以选用 HTML 标记的所有名称。

特点：

内部样式表方法就是将所有的样式表信息都写在 HTML 文件的头部，因此只能在该 HTML 文档中才能被调用。

3．链入外部样式表

基本语法：

```
<head>
…
<link  rel="stylesheet"  type="text/css"  href="样式表文件的地址"/>
</head>
```

语法说明：

（1）rel="stylesheet"是指在 HTML 文件中使用的是外部样式表。

（2）type="text/css" 指明该文件的类别是 CSS 样式表文件。

（3）href 中的样式表文件地址，可以为绝对地址，也可以是相对地址。

(4) 外部样式表文件中不能含有任何 HTML 标签，如<head>或<style>等。

(5) CSS 文件要和 HTML 文件一起发布到服务器上，这样在用浏览器打开网页时，浏览器才会按照该 HTML 网页所链接的外部样式表来显示其风格。

特点：

一个外部样式表文件可以应用于多个 HTML 文件。当改变这个样式表文件时，所有网页的样式都随之改变，因此，常用在制作大量相同样式的网页中，因为使用这种方法不仅能减少重复工作量，而且方便以后修改和编辑，以利于站点的维护。同时在浏览网页时一次性将样式文件进行下载，减少了代码的重复下载。

注意：在 VS 中新建 CSS 外部样式表的步骤，如图 2.18 所示。

选中项目的一个目录后单击鼠标右键，在弹出的快捷菜单中选择【添加】|【新建项】|【样式表】命令，最后单击【确定】按钮。

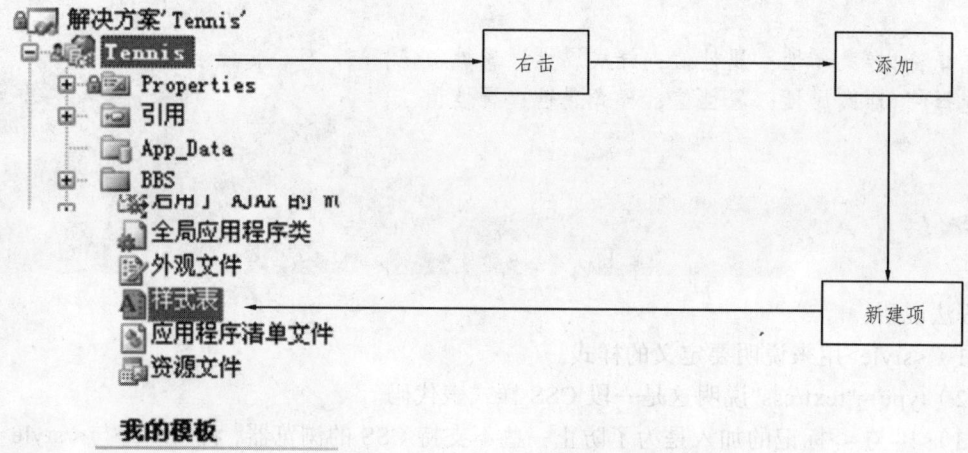

图 2.18　样式表设计流程图

4. 导入外部样式表

基本语法：

```
<head>
 <style type="text/css">
   @import url（外部样式表的文件地址）；
…
</style>
…
</head>
```

语法说明：

(1) import 语句后面必须加";"。

(2) 外部样式表的后缀名必须为.CSS。

(3) 样式表地址可以是绝对地址，也可以是相对地址。

特点：

一些浏览器不支持导入外部样式表@import 声明，因此，此方法不常用。

注意：4 种方法的优先级中嵌入样式表的优先级最高，其余 3 种相同，如果同时出现，浏览器遵守"就近优先原则"，即采用与内容最近的样式表。

2.2.5 编写 CSS 文件

CSS 文件的编写主要是为了应用到 HTML 文件中，所以在掌握编写 CSS 文件的同时更要掌握 CSS 文件和 HTML 文件的结合。根据在 HTML 文件中定义 CSS 样式表的位置特征，将 CSS 文件分为头部 CSS、主体 CSS 和外部 CSS，下面分别举例说明怎样在不同的文件中编写 CSS 文件。

1. 编写头部的 CSS

```
<Html>
<Head>
<title>第一个页面</title>
<style type="text/css">
    p.red{ font-size：30px； font-family："楷体_GB2312"； text-align：center}
    p.blue {background-color：#E8E8E8； }
</style>
</head>
<Body>
    <p class="red">编写头部 CSS 文件</p>
    <hr />
    <p class="blue">在 HTML 文件的头部应用内部样式表方法添加 CSS</p>
</body>
</html>
</html>
```

编写头部 CSS 文件运行效果如图 2.19 所示。

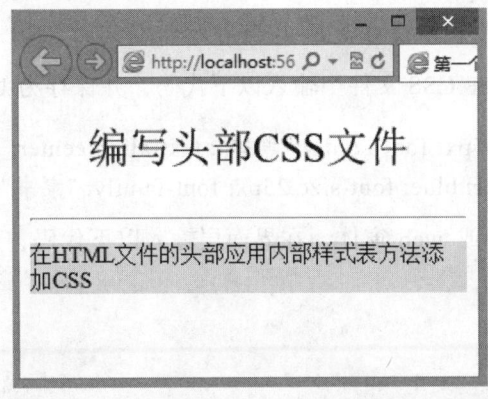

图 2.19 编写头部 CSS 文件运行效果图

2. 编写主体的 CSS

```
<Html>
<Head>
<title>第一个页面</title>
</head>
<Body>
    <p style="font-size：30px； text-align： center； font-family： "楷体_GB2312"">编写主体的 CSS 文件</p>
    <hr />
    <p style="background-color：#E8E8E8；">在 HTML 文件的主体应用嵌入样式表添加CSS</p>
</body>
</html>
```

编写主体的 CSS 文件运行效果图如图 2.20 所示。

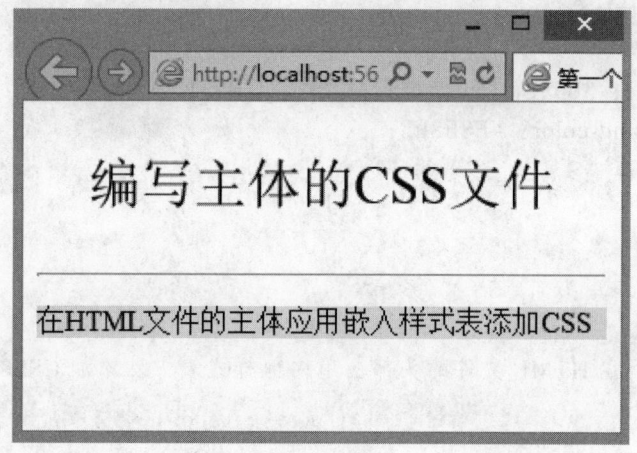

图 2.20 编写主体的 CSS 文件运行效果图

3. 编写外部的 CSS

1）应用链入外部样式表方法在页面内调用外部定义的 CSS 文件

新建一个 CSS 文件，在 CSS 文件中输入以下代码，并保存为 Untitled-2.css。

h3{ color: black; font-size:35px; font-family:"黑体"; text-align:center; }
p{ background: orange; color: blue; font-size:25px; font-family: "隶书";}

再新建一个 html 文件或 web 窗体，在界面层输入以下代码，并保存（和 Untitled-2.css 同一个目录下）。

```
<html>
<head>
<title>第一个页面</title>
```

```
<link rel="stylesheet" type="text/css" href="Untitled-2.css" />
</head>
<Body>
    <h3 >编写外部 CSS 文件</h3>
    <hr />
    <p>在 HTML 文件应用链入外部样式表方法调用外部 CSS 文件</p>
</body>
</html>
```

编写外部 CSS 文件运行效果如图 2.21 所示。

图 2.21　编写外部 CSS 文件运行效果图（1）

2）应用导入外部样式表方法在页面内调用外部定义的 CSS 文件

再新建一个 HTML 文件或 Web 窗体，在界面层输入以下代码，并保存（和 Untitled-2.css 在同一个目录下）。

```
<html>
<head>
<title>第一个页面</title>
<style type="text/css">
@import url（Untitled-2.css）;
</style>
</head>
<Body>
    <h3 >编写外部 CSS 文件</h3>
    <hr />
    <p>在 HTML 文件应用链入外部样式表方法调用外部 CSS 文件</p>
</body>
</html>
```

调用外部 CSS 文件运行效果如图 2.22 所示。

图 2.22 调用外部 CSS 文件运行效果图（2）

2.2.6 案例

1. 制作一个菜单栏

注意：这里使用的是 Visual Studio 2012，读者可以使用 Visual Studio 2005，也可以使用 DreamWeaver CS3。

【解题思路】

这个案例可以用 Dreamweaver 来写好所需的 CSS 样式，并且保存为.CSS 格式的文件；也可以直接在 Microsoft Visual Studio 中新建一个 CSS 样式文件，并在其中写好所需的 CSS 样式，然后在 Microsoft Visual Studio 的页面代码中调用写好的 CSS 样式。

【实现步骤】

打开 Microsoft Visual Studio 2012，选择【文件】|【新建网站】|【新建项目】|【ASP.NET 网站】(在左边列表中，选 Visual C#里面的 Web；然后选择右边的 ASP.NET Web 应用程序)命令，选中项目的目录后单击右键，在弹出的快捷菜单中选择【添加】|【新建项】命令，然后选择需要的【样式表】(命名为"2-1")，最后单击【确定】按钮。

输入以下代码：

```
*{ margin:0; padding:0; list-style:none}
img{ border:0;   }
a{ text-decoration:none; }
body{
    background:url(../images/uav_02.jpg) repeat-x;
    font: normal 13px/22px "微软雅黑";
}
#container{
```

```css
    width:980px;
    height:100%;
    margin:0 auto
}
#head{
    width:980px;
    height:120px;
    float:left;
    background:#53a5b5;
}
#head_logo{
    width:980px;
    height:70px;
    float:left;
    background:url(../images/logo.png) no-repeat;
}
/*导航*/
.navBar{
    width:980px;
    height:40px;
    float:left;
    position:relative;
    z-index:1;
    background:none;
    line-height:40px;
}
.nav{color:#fff; }
.nav .m{
    float:left;
    position:relative;
}
.nav h3{
    float:left;
    font-size:100%;
    font-size:14px;
    height:40px;
    overflow:hidden
}
```

```css
.nav h3 a{
    text-decoration:none;
    list-style:none;
    display:block;
    color:#fff;
    padding:0 20px;
    vertical-align:top
}
.nav .on h3 a{
    text-decoration:none;
    color:#fff; /*导航字体当前颜色*/
    font-weight:bold
       }
.nav .sub{
    display:none;
    width:80px;
    padding:0px 10px 10px 10px;
    position:absolute;
    left:0;
    top:40px;
    }
.nav .sub li{
    height:24px;
    line-height:24px;
    float:left;
    width:80px;
    background:#53A5B5;
    }
.nav .sub li a{
    text-decoration:none;
    display:block;
    padding-left:8px;
    color:#FFF;
    font-weight:bold;
}
.nav .sub li a:hover{
    color:#FC6;
```

```css
}
.nav #m5 .sub{
    width:80px;
    left:auto;
}
/*底部*/
#footer{
    width:980px;
    height:80px;
    line-height:24px;
    float:left;
    background:#53a5b5;
    color:#FFF;
    text-align:center;
    padding-top:14px;
}
```

在以".aspx"为后缀的页面,输入以下代码(调用 2-1.css 文件):

```html
<html xmlns="http://www.w3.org/1999/xhtml">
<head runat="server">
    <title></title>
</head>
<body>
    <form id="form1" runat="server">
    <head>
        <meta http-equiv="Content-Type" content="text/html; charset=utf-8" />
        <title>无人机</title>
        <link rel="stylesheet" type="text/css" href="../css/Main.css" />
        <link rel="stylesheet" type="text/css" href="../css/Index.css" />
        <script type="text/javascript" src="../jquery/jquery1.42.min.js"></script>
        <script type="text/javascript" src="../jquery/jquery.SuperSlide.2.1.1.js"></script>
    </head>
    <body>
        <div id="container">,
            <div id="head">
                <div id="head_logo">
                </div>
                <!-----------------------------------导航开始----------------------------------->
```

```html
<div class="navBar">
    <ul class="nav">
        <li id="m1" class="m">
            <h3>
                <a href="#" style="color: #FC6">网站首页</a></h3>
        </li>
        <li id="m2" class="m">
            <h3>
                <a href="NewsPic.aspx">新闻中心</a></h3>
            <ul class="sub">
                <li><a href="NewsPic.aspx">图片新闻</a></li>
                <li><a href="News.aspx">焦点新闻</a></li>
            </ul>
        </li>
        <li id="m3" class="m">
            <h3>
                <a href="Sciencetwo.aspx">科普知识</a></h3>
        </li>
        <li id="m4" class="m">
            <h3>
                <a href="#">合作单位</a></h3>
        </li>
        <li id="m5" class="m">
            <h3>
                <a href="#">关于我们</a></h3>
        </li>
    </ul>
</div>
<script type="text/javascript">
    jQuery(".nav").slide({
        type: "menu", //效果类型
        titCell: ".m", // 鼠标触发对象
        targetCell: ".sub", // 效果对象,必须被titCell包含
        delayTime: 0, // 效果时间
        triggerTime: 0, //鼠标延迟触发时间
        returnDefault: true   //返回默认状态
    });
</script>
```

```html
            <!--------------------------------导航结束---------------------------------->
        </div>
        <div id="content">
            <div class="focusBox">
                <ul class="pic">
                    <li><a href="#" target="_blank">
                        <img src="../images/1.jpg" /></a></li>
                    <li><a href="#" target="_blank">
                        <img src="../images/2.jpg" /></a></li>
                    <li><a href="#" target="_blank">
                        <img src="../images/3.jpg" /></a></li>
                    <li><a href="#" target="_blank">
                        <img src="../images/4.jpg" /></a></li>
                    <li><a href="#" target="_blank">
                        <img src="../images/5.jpg" /></a></li>
                </ul>
                <a class="prev" href="javascript:void(0)"></a><a class="next" href="javascript:void(0)">
                </a>
                <ul class="hd">
                    <li></li>
                    <li></li>
                    <li></li>
                    <li></li>
                    <li></li>
                </ul>
            </div>
            <script type="text/javascript">
                jQuery(".focusBox").slide({ mainCell: ".pic", effect: "left", autoPlay: true, delayTime: 300 });
            </script>

        </div>

    </div>
</body>
</form>
</body>
</html>
```

运行效果如图2.23所示。

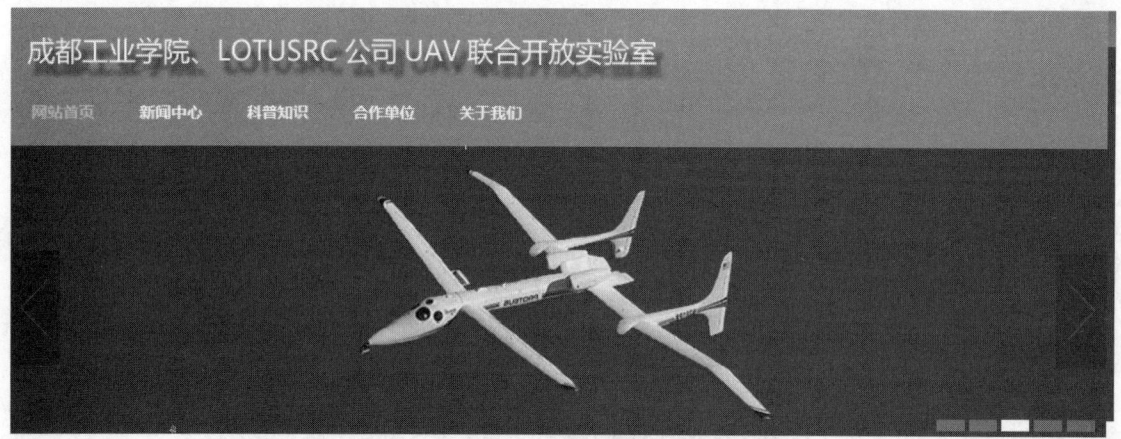

图2.23 菜单栏

2. 做一个首页的简单布局（这里使用的是Visual Studio 2012）

【解题思路】

本案例主要运用层来布局整个网页，并且运用float（浮动）来改变层的排列方式，同时运用列表来定位导航条的分布模块以及背景图片、颜色的适当选用。

【实现步骤】

打开Microsoft Visual Studio 2012，选择【文件】|【新建网站】|【新建项目】|【ASP.NET网站】（在左边列表中，选Visual C#里面的Web；然后选择右边的ASP.NET web应用程序）命令，选中项目的目录后单击右键，在弹出的快捷菜单中选择【添加】|【新建项】命令，然后选择需要的样式表（命名为"index"），最后单击【确定】按钮。

输入以下代码：

```
*{
    margin:0;
    padding:0;
    list-style:none;
    }
img{ border:0; }
a{ text-decoration:none; }
body{
    background:url(../images/uav_05.jpg) repeat-x;
    font: normal 13px/20px "微软雅黑";
}
#container{
    width:100%;
    height:664px;
    margin:0 auto;
```

```css
}
#top{
    width:100%;
    height:125px;
    float:left;
    margin-top:20px;
    background:url(../images/logo.png) no-repeat;
}
#time{
    width:250px;
    height:30px;
    line-height:30px;
    float:right;
    margin-top:95px;
    color:#FFF;
}
#left{
    width:170px;
    height:500px;
    float:left;
    padding:0px 5px;
    z-index:1;
    background:#578acb;
}
#left ul,li{
    margin:0px;
    padding:0px;
}
#left li{
    display:inline;
    list-style:none;
    list-style-position:outside;
    text-align:center;
    font-weight:bold;
    float:left;
}
#left a:link{
    color:#00559E;
    text-decoration:none;
```

```css
        float:left;
        width:130px;
        padding:3px 5px 0px 5px;
}
#left a:visited{
        color:#00559E;
        text-decoration:none;
        float:left;
        padding:3px 5px 0px 5px;
        width:140px;
}
#left a:hover{
        color:white;
        float:left;
        padding:3px 3px 0px 20px;
        width:128px;
        text-decoration:none;
        background-color:#00559E;
}
#left a:active{
        color:white;
        float:left;
        padding:3px 3px 0px 20px;
        width:128px;
        text-decoration:none;
        background-color:#00559E;
}
.list{
        line-height:20px;
        text-align:left;
        font-weight:normal;
}
.menu1{
        width:160px;
        height:auto;
        margin:6px 4px 0px 0px;
        border:1px solid #00559E;
        background-color:#F1FBEC;
        color:#00559E;
        padding:6px 0px 0px 0px;
```

```css
    cursor:hand;
    overflow-y:hidden;
    filter:Alpha(opacity=50);
    -moz-opacity:0.5;
}
.menu2{
    width:160px;
    height:18px;
    margin:6px 4px 0px 0px;
    background-color:#F5F5F5;
    color:#999999;
    border:1px solid #EEE8DD;
    padding:6px 0px 0px 0px;
    overflow-y:hidden;
    cursor:hand;
}
#right{
    width:1000px;
    height:500px;
    float:left;

}
#content{
    width:980px;
    height:auto;
    float:left;
    background:#FFF;
}
/*切换图片开始 */
.focusBox { position: relative; width:980px; height:250px; overflow: hidden;
    top: 0px;
    left: 0px;
}
.focusBox .pic img { width:980px; height:250px; display: block; }
.focusBox .hd { overflow:hidden; zoom:1; position:absolute; bottom:5px; right:10px; z-index:3}
.focusBox .hd li{float:left; line-height:15px; text-align:center; font-size:12px; width:25px; height:10px; cursor:pointer; overflow:hidden; background:#919191; margin-left:4px; filter:alpha(opacity=80); opacity:.8; -webkit-transition:All .5s ease;-moz-transition:All .5s ease;-o-transition:All .5s ease }
.focusBox .hd .on{ background:#fff; filter:alpha(opacity=100);opacity:1;    }
```

```css
.focusBox .prev,
.focusBox .next { width:45px; height:99px; position:absolute; top:91px; z-index:3;
filter:alpha(opacity=20); -moz-opacity:.2; opacity:.2; -webkit-transition:All .5s
ease;-moz-transition:All .5s ease;-o-transition:All .5s ease}
.focusBox .prev { background:url(../images/huiyuan.png); background-position:-112px 0; left:0 }
.focusBox .next {background:url(../images/huiyuan.png); background-position:-158px 0; right:0 }
.focusBox .prev:hover,
.focusBox .next:hover { filter:alpha(opacity=60); -moz-opacity:.6; opacity:.6 }
.box{
    width:300px;
    height:244px;
    float:left;
    margin-left:20px;
    margin-top:15px;
}
.box_big{
    width:620px;
    height:244px;
    float:left;
    margin-left:20px;
    margin-top:15px;
}
.headline{
    width:100%;
    height:30px;
    float:left;
    color:#000;
    font-weight:bold;
    text-indent:5px;
    line-height:40px;
}
.headline span{
    line-height:40px!important;
    float:right;
    _margin-top:-40px;
    *margin-top:-40px;

}
.headline span a{
    color:#000;
```

```css
    text-decoration:none;
}
.headline span a:hover{
    cursor:pointer;
    color:#FC6;
}
.headline i{
    color:#FC6;
}
.headline_bottom{
    width:300px;
    height: 2px;
    float:left;
    background:url(../images/uav_line.png) no-repeat;
}
.headline_bottomlang{
    width:620px;
    height:2px;
    float:left;
    background:url(../images/uav_linelang.png) no-repeat;
}
/*图片新闻*/
.newsPic_bd{
    width:300px;
    height:210px;
    float:left;
    margin-top:4px;
}
.focus{
    width:298px;
    height:208px;
    border:2px solid #d9d9d9;position:relative;
}
.focus #pic{
    width:298px;
    height:208px;
    overflow:hidden;
}
.focus #pic ul{
    width:298px;
```

```css
        height:208px;
        float:left;
}
.focus #pic li{
        width:298px;
        height:208px;
        float:left;
}
.focus #pic li img{
        width:298px;
        height:208px;
        float:left;
}
.focus .tip-bg{
        width:298px;
        height:21px;
        background:url(../images/focus_tip_bg.png) no-repeat left top;
        position:absolute;
        left:0;
        bottom:0;
        z-index:12;
}
.focus #tip{
        width:96px;
        height:14px;
        position:absolute;
        left:104px;
        bottom:3px;
        z-index:13;
}
.focus #tip ul li{
        width:14px;
        height:14px;
        float:left;
        display:inline;
        margin:0 5px;
        cursor:pointer;
        background:url(../images/focus_tip.png) no-repeat;
        }
.focus #tip ul li.on{background:url(../images/focus_tip_current.png) no-repeat;}
```

```css
.focus .btn{
    width:42px;
    height:9px;
    position:absolute;
    right:0;
    bottom:5px;
    z-index:14;
    overflow:hidden
    }
.focus .btn ul{
    width:100%;
    float:left;
}
.focus .btn li{
    width:7px;
    height:9px;
    float:left;
    display:inline;
    margin:0 7px;
    cursor:pointer;
    overflow:hidden;
}
.focus .btn li.prev{background:url(../images/focus_btn_left.png) no-repeat left top;}
.focus .btn li.next{background:url(../images/focus_btn_right.png) no-repeat left top;}
/*焦点新闻内容*/
.news_bd{
    width:300px;
    height:214px;
    float:left;
}
.news_bd ul{
    width:300px;
    height:210px;
    margin:0;
    padding:0;
    list-style:none;
    margin-top:4px;

    }
.news_bd ul li{
```

```css
    width:300px;
    height:30px;
    line-height:30px;
    position:relative;
    overflow:hidden;
    white-space:nowrap;
    text-overflow:ellipsis;
    }
.news_bd ul li a{
    text-decoration:none;
    color:#000;
    font-size:13px;
    }
.news_bd ul li a:hover{
    color:#900;
    cursor:pointer;
    text-decoration:underline;
    }
.news_bd span{
    width:75px;
    float:right;
}
.zuo{
    width:225px;
    float:left;
    overflow:hidden;
    text-overflow:ellipsis;
    white-space:nowrap;
}
/*通知公告——文字无缝上滚动 */
.sideBox_bd{
    width:300px;
    height:210px;
    float:left;
    margin-top:4px;
}
.sideBox_bd ul{
    width:300px;
    margin:0;
    padding:0;
```

```css
        }
.sideBox_bd ul li{
    width:300px;
    height:30px;
    line-height:30px;
    float:left;
    list-style:none;
    overflow:hidden;
    white-space:nowrap;
    text-overflow:ellipsis;
        }
.sideBox_bd ul li a{
    text-decoration:none;
    color:#333
      }
.sideBox_bd ul li a:hover{
    color:#900;
    cursor:pointer;
    text-decoration:underline;
      }
/*无人机科普内容*/
.science_bd{
    width:620px;
    height:214px;
    float:left;
}
.roll_pic{
    width:140px;
    height:140px;
    float:left;
      }
.roll_pic a{
    text-decoration:none;
    color:#000
      }
.roll_pic a:hover{
    color:#900;
    cursor:pointer;
    text-decoration:underline;
      }
```

```css
/*Tab 切换--实验室简介-----学子风采----*/
.notice {
    width:300px;
    height:214px;
    float:left;
    overflow: hidden;
    color:#666;
    }
.notice .tab-hd {
    height:30px;
    font-size:14px;
    font-weight:bold;
    }
.notice .tab-hd ul {
    width:300px;
    margin:0;
    padding:0;
    }
.notice .tab-hd ul li{
    width:150px;
    text-align:left;
    list-style:none;
    float:left;
    height:30px;
    line-height:30px
    }
.notice .tab-hd ul li a{
    text-decoration:none;
    color:#000;
    display:block;
    }
.notice .tab-hd ul li a i{
    color:#FC6;
}
.notice .tab-hd ul li a:hover{
    cursor:pointer;
    color:#FC6;
    }
.notice .tab-bd {
    width:300px;
```

```css
        float:left;
    }
.notice .tab-bd ul{
    width:300px;
    height:210px;
    list-style:none;
    margin:0;
    padding:0;
    }
.notice .tab-bd ul li {
    width: 300px;
    height:30px;
    line-height:30px;
    float: left;
    overflow:hidden;
    text-overflow:ellipsis;
    white-space:nowrap;
    }
.notice .tab-bd ul li a{
    text-decoration:none;
    color:#000;
    }
.notice .tab-bd ul li a:hover{
    color:#900;
    text-decoration:underline;
    cursor:pointer;
    }
*{ margin:0; padding:0; list-style:none}
img{ border:0;   }
a{ text-decoration:none; }
body{
    background:url(../images/uav_02.jpg) repeat-x;
    font: normal 13px/22px "微软雅黑";
}
#container{
    width:980px;
    height:100%;
    margin:0 auto
}
#head{
```

```css
    width:980px;
    height:120px;
    float:left;
    background:#53a5b5;
}
#head_logo{
    width:980px;
    height:70px;
    float:left;
    background:url(../images/logo.png) no-repeat;
}
/*导航*/
.navBar{
    width:980px;
    height:40px;
    float:left;
    position:relative;
    z-index:1;
    background:none;
    line-height:40px;
}
.nav{color:#fff; }
.nav .m{
    float:left;
    position:relative;
}
.nav h3{
    float:left;
    font-size:100%;
    font-size:14px;
    height:40px;
    overflow:hidden
}
.nav h3 a{
    text-decoration:none;
    list-style:none;
    display:block;
    color:#fff;
    padding:0 20px;
    vertical-align:top
```

```css
}
.nav .on h3 a{
    text-decoration:none;
    color:#fff; /*导航字体当前颜色*/
    font-weight:bold
        }
.nav .sub{
    display:none;
    width:80px;
    padding:0px 10px 10px 10px;
    position:absolute;
    left:0;
    top:40px;
    }
.nav .sub li{
    height:24px;
    line-height:24px;
    float:left;
    width:80px;
    background:#53A5B5;
    }
.nav .sub li a{
    text-decoration:none;
    display:block;
    padding-left:8px;
    color:#FFF;
    font-weight:bold;
}
.nav .sub li a:hover{
    color:#FC6;

}
.nav #m5 .sub{
    width:80px;
    left:auto;
}
/*底部*/
#footer{
    width:980px;
    height:80px;
```

```css
        line-height:24px;
        float:left;
        background:#53a5b5;
        color:#FFF;
        text-align:center;
        padding-top:14px;
}*{ margin:0; padding:0; list-style:none}
img{ border:0;   }
a{ text-decoration:none; }
body{
        font:normal 13px/22px "微软雅黑";
}
#container{
        width:980px;
        height:100%;
        margin:0 auto
}
#head{
        width:980px;
        height:120px;
        float:left;
        background:#53a5b5;
}
#head_logo{
        width:980px;
        height:70px;
        float:left;
        background:url(../images/logo.png) no-repeat;
}
/*导航*/
.navBar{
        width:980px;
        height:40px;
        float:left;
        position:relative;
        z-index:1;
        background:none;
        line-height:40px;
}
.nav{color:#fff; }
```

```css
.nav .m{
    float:left;
    position:relative;
}
.nav h3{
    float:left;
    font-size:100%;
    font-size:14px;
    height:40px;
    overflow:hidden
}
.nav h3 a{
    text-decoration:none;
    list-style:none;
    display:block;
    color:#fff;
    padding:0 20px;
    vertical-align:top
}
.nav .on h3 a{
    text-decoration:none;
    color:#FC6;
    font-weight:bold
        }
.nav .sub{
    display:none;
    width:80px;
    padding:5px 10px 10px 10px;
    position:absolute;
    left:0;
    top:40px;
    }
.nav .sub li{
    height:24px;
    line-height:24px;
    float:left;
    width:80px
    }
.nav .sub li a{
    text-decoration:none;
```

```css
        display:block;
        padding-left:8px;
        color:#FFF;
        font-weight:bold;
}
.nav .sub li a:hover{
        color:#FC6;

}
.nav #m5 .sub{
        width:80px;
        left:auto;
}*{ margin:0; padding:0; list-style:none}
img{ border:0;   }
a{ text-decoration:none; }
body{
        font:normal 14px/22px "微软雅黑";
}
#container{
        width:980px;
        height:100%;
        margin:0 auto
}
#head{
        width:980px;
        height:120px;
        float:left;
        background:#53a5b5;
}
#head_logo{
        width:980px;
        height:70px;
        float:left;
        background:url(../images/logo.png) no-repeat;
}
/*导航*/
.navBar{
        width:980px;
        height:40px;
        float:left;
```

```css
    position:relative;
    z-index:1;
    background:none;
    line-height:40px;
}
.nav{color:#fff; }
.nav .m{
    float:left;
    position:relative;
}
.nav h3{
    float:left;
    font-size:100%;
    font-size:14px;
    height:40px;
    overflow:hidden
}
.nav h3 a{
    text-decoration:none;
    list-style:none;
    display:block;
    color:#fff;
    padding:0 20px;
    vertical-align:top
}
.nav .on h3 a{
    text-decoration:none;

    font-weight:bold
    }
.nav .sub{
    display:none;
    width:80px;
    padding:0px 10px 10px 10px;
    position:absolute;
    left:0;
    top:40px;
    }
.nav .sub li{
    height:24px;
```

```css
        line-height:24px;
        float:left;
        width:80px;
        background:#53A5B5;
    }
.nav .sub li a{
        text-decoration:none;
        display:block;
        padding-left:8px;
        color:#FFF;
        font-weight:bold;
}
.nav .sub li a:hover{
        color:#FC6;

}
.nav #m5 .sub{
        width:80px;
        left:auto;
}
#content{
        width:978px;
        height:auto;
        min-height:600px;
        float:left;
        border:1px solid #CCC;
        margin:8px 0px 8px 0px;
}
#location{
        width:978px;
        height:40px;
        float:left;
        color:#000;
        line-height:40px;
        text-indent:14px;
        border-bottom:#CCC 1px solid;
}
#location a{
        text-decoration:none;
        color:#000;
```

```css
        }
        #location a:hover{
            color:#FC6;
            cursor:pointer;
        }
/*css 翻页*/
#pageturn{
    width:978px;
    height:60px;
    margin-top:30px;
    float:left;
    font-size: 12px;
}
.digg {
    padding-right:3px;
    padding-left:3px;
    padding-bottom:3px;
    margin: 3px;
    padding-top:3px;
    text-align:center;
}
.digg a {
    padding-right: 5px;
    padding-left: 5px;
    padding-bottom: 2px;
    margin: 2px;
    color:#53A5B5;
    padding-top: 2px;
    border:#aaaadd 1px solid;
    text-decoration:none;
}
.digg a:hover{
    border:#1D8398 1px solid;
    color: #000;
}
.digg a:active{
    border:#000099 1px solid;
    color:#000;
}
.digg span.current{
```

```css
        padding-right: 5px;
        padding-left: 5px;
        font-weight:bold;
        padding-bottom:2px;
        margin: 2px;
        color: #fff;
        padding-top: 2px;
        border:#1D8398 1px solid;
        background:#53A5B5;
    }
.digg span.disabled {
        padding-right: 5px;
        padding-left: 5px;
        padding-bottom: 2px;
        margin: 2px;
        border: #eee 1px solid;
        color: #ddd;
        padding-top: 2px;
    }

/*底部*/
#footer{
    width:980px;
    height:80px;
    line-height:24px;
    float:left;
    background:#53a5b5;
    color:#FFF;
    text-align:center;
    padding-top:14px;
}
```

新建一个 Web 窗体，步骤如下：

单击右键，在弹出的快捷菜单中选择【添加】|【新建项】|【Web 窗体】(命名为"index")命令，最后单击【确定】按钮。

调用 index.css 样式并输入以下代码：

```
-+<%@ Page Language="C#" AutoEventWireup="true" CodeFile="Index.aspx.cs" Inherits="UAVB_html_Index" %>

<!DOCTYPE html PUBLIC "-//W3C//DTD XHTML 1.0 Transitional//EN"
```

```html
"http://www.w3.org/TR/xhtml1/DTD/xhtml1-transitional.dtd">
<html xmlns="http://www.w3.org/1999/xhtml">
<head runat="server">
    <title></title>
</head>
<body>
    <form id="form1" runat="server">
    <head>
        <meta http-equiv="Content-Type" content="text/html; charset=utf-8" />
        <title>无人机</title>
        <link rel="stylesheet" type="text/css" href="../css/Main.css" />
        <link rel="stylesheet" type="text/css" href="../css/Index.css" />
        <script type="text/javascript" src="../jquery/jquery1.42.min.js"></script>
        <script type="text/javascript" src="../jquery/jquery.SuperSlide.2.1.1.js"></script>
    </head>
    <body>
        <div id="container">,
            <div id="head">
                <div id="head_logo">
                </div>
                <!-----------------------------------导航开始----------------------------------->
                <div class="navBar">
                    <ul class="nav">
                        <li id="m1" class="m">
                            <h3>
                                <a href="#" style="color: #FC6">网站首页</a></h3>
                        </li>
                        <li id="m2" class="m">
                            <h3>
                                <a href="NewsPic.aspx">新闻中心</a></h3>
                            <ul class="sub">
                                <li><a href="NewsPic.aspx">图片新闻</a></li>
                                <li><a href="News.aspx">焦点新闻</a></li>
                            </ul>
                        </li>
                        <li id="m3" class="m">
                            <h3>
                                <a href="Sciencetwo.aspx">科普知识</a></h3>
                        </li>
                        <li id="m4" class="m">
                            <h3>
```

```html
                            <a href="#">合作单位</a></h3>
                    </li>
                    <li id="m5" class="m">
                        <h3>
                            <a href="#">关于我们</a></h3>
                    </li>
                </ul>
            </div>
            <script type="text/javascript">
                jQuery(".nav").slide({
                    type: "menu", //效果类型
                    titCell: ".m", // 鼠标触发对象
                    targetCell: ".sub", // 效果对象,必须被 titCell 包含
                    delayTime: 0, // 效果时间
                    triggerTime: 0, //鼠标延迟触发时间
                    returnDefault: true   //返回默认状态
                });
            </script>
            <!-----------------------------------导航结束----------------------------------->
        </div>
        <div id="content">
            <div class="focusBox">

                <a class="prev" href="javascript:void(0)"></a><a class="next" href="javascript:void(0)">
                </a>
                <ul class="hd">
                    <li></li>
                    <li></li>
                    <li></li>
                    <li></li>
                    <li></li>
                </ul>
            </div>
            <script type="text/javascript">
                jQuery(".focusBox").slide({ mainCell: ".pic", effect: "left", autoPlay: true, delayTime: 300 });
            </script>
            <!---------------------------------- 图片新闻开始---------------------------------->
            <div class="box">
                <div class="headline">
```

图片新闻<i>PictureNews</i> <span><a href="NewsPic.aspx" target="_blank">more&gt;&gt;</a></span></div>
```
                <div class="headline_bottom">
                </div>
                <div class="newsPic_bd">
                    <div class="focus" style="margin: 0 auto">
                        <div id="pic"> <ul>
                            <asp:Repeater ID="rp_img" runat="server">
                                <ItemTemplate>

                                    <li>

                                        <asp:Image ID="img" runat="server" ImageUrl='<%#Eval("N_Photo") %>'/>
                                    </li>
                                </ItemTemplate>
                            </asp:Repeater></ul>
                        </div>
                        <div class="tip-bg">
                        </div>
                        <div id="tip">
                            <ul>
                                <li></li>
                                <li></li>
                                <li></li>
                                <li></li>
                            </ul>
                        </div>
                        <div class="btn">
                            <ul>
                                <li class="prev" id="focus_btn_left"></li>
                                <li class="next" id="focus_btn_right"></li>
                            </ul>
                        </div>
                    </div>
                    <script type="text/javascript">
                        jQuery(".focus").slide({ titCell: "#tip li", mainCell: "#pic ul", effect: "left", autoPlay: true, delayTime: 200 });</script>
                </div>
            </div>
            <!--------------------------------图片新闻结束-------------------------------->
```

```html
<!----------------------------------焦点新闻开始---------------------------------->
<div class="box">
    <div class="headline">
        焦点新闻<i>News</i> <span><a href="News.aspx" target="_blank">more&gt;&gt;</a></span>
    </div>
    <div class="headline_bottom">
    </div>
    <div class="news_bd" style="width:100%;">
        <asp:Repeater runat="server" ID="rp_news">
        <HeaderTemplate>
        <table style="width:100%;"></HeaderTemplate>
        <ItemTemplate>
        <tr>
        <td><div style="float:left;width:60%;"><a href='Newsdetail.aspx?Id=<%#Eval("ID") %>'><%#Eval("N_Name").ToString().Length > 10 ?Eval("N_Name").ToString().Substring(0, 10) + "…" : Eval("N_Name").ToString()%></a></div></td <td><div style="float:right;width:30%;text-align:right;"><%#Eval("N_Time").ToString().Substring(0, 10).ToString()%></div></td></tr>
        </ItemTemplate>
        <FooterTemplate>
        </table></FooterTemplate>
        </asp:Repeater>
    </div>
</div>
<!----------------------------------焦点新闻结束---------------------------------->
<!----------------------------------通知公告开始---------------------------------->
<div class="box">
    <div class="headline">
        通知公告<i>Notice</i> <span><a href="NoticeTwo.aspx">more&gt;&gt;</a></span>
    </div>
    <div class="headline_bottom">
    </div>
    <div class="not_bd" style="width:100%;">
        <asp:Repeater runat="server" ID="rp_not">
        <HeaderTemplate>
        <table style="width:100%;"></HeaderTemplate>
```

```
                    <ItemTemplate>
                        <tr>
                            <td><div style="float:left;width:60%;"><a href='notice3.aspx?Id=<%#Eval("ID") %>'><%#Eval("not_Name").ToString().Length > 10 ? Eval("not_Name").ToString().Substring(0, 10) + "…" : Eval("not_Name").ToString()%></div></td<td><div style="float:right;width:30%;text-align:right;"><%#Eval("not_Time").ToString().Substring(0,10).ToString()%></div></td></tr>
                    </ItemTemplate>
                    <FooterTemplate>
                        </table></FooterTemplate>
                </asp:Repeater>
            </div>
            <script type="text/javascript">
jQuery("#txtMarqueeTop").slide({ mainCell: "ul", autoPlay: true, effect: "topMarquee", interTime: 100, vis: 7 });</script>
        </div>
        <!----------------------------------通知公告结束---------------------------------->
        <!-------------------------Marquee 图片不间断向左滚动无人机科普开始--------------------->
        <div class="box_big">
            <div class="headline">
                无人机科普<i>Popularization of science</i> <span><a href="Sciencetwo.aspx">more&gt;&gt;</a></span></div>
            <div class="headline_bottomlang">
            </div>
            <div class="science_bd">
                <div id="beauty" style="overflow: hidden; width: 620px; height: 200px; margin-top: 7px">
                    <table cellspacing="0" cellpadding="0" border="0">
                        <tbody>
                            <tr>
                                <td id="beauty1">
                                    <table width="620" border="0" cellspacing="10" cellpadding="0">
                                        <tr>
                                            <td>
                                                <asp:Repeater ID="rimg" runat="server" >
                                                    <ItemTemplate>
<div class="roll_pic" style="float:left;width:25%;">
                                                        <a href="#"
```

```
                                                             <img style="border:
1px #CCCCCC solid; padding: 4px; width: 135px; height: 135px;"
src='<%#Eval("S_Photo") %>' /><p style="text-align: center; width: 135px; height: 24px;
                                                                        overflow:
hidden; text-overflow: ellipsis; white-space: nowrap; line-height: 30px;">
<%--<%#Eval("S_Name").ToString().Substring(0, 10).ToString()%>--%> <a
href='Science3.aspx?Id=<%#Eval("ID") %>'>
<%#Eval("S_Name").ToString().Length > 10 ? Eval("S_Name").ToString().Substring(0, 10) +
"…" : Eval("S_Name").ToString()%></p>
                                                            </a>
                                                        </div>
                                                    </ItemTemplate>
                                                </asp:Repeater>
                                                <!--滚动部分表格开始-->
                                                </td>
                                            </tr>
                                        </table>
                                        <!--滚动部分表格结束-->
                                    </td>
                                    <td id="beauty2">
                                    </td>
                                </tr>
                            </tbody>
                        </table>
                    </div>
                    <!--图片不间断向左滚动开始-->
                    <script>
                        var speed3 = 50//速度数值越大速度越慢
                        beauty2.innerHTML = beauty1.innerHTML
                        function Marquee() {
                            if (beauty2.offsetWidth - beauty.scrollLeft <= 0)
                                beauty.scrollLeft -= beauty1.offsetWidth
                            else {
                                beauty.scrollLeft++
                            }
                        }
                        var MyMar = setInterval(Marquee, speed3)
                        beauty.onmouseover = function () { clearInterval(MyMar) }
```

```
                                beauty.onmouseout = function () { MyMar = setInterval(Marquee, speed3) }
                            </script>
                        <!--图片不间断向左滚动结束-->
                    </div>
                </div>
                <!--------------------------Marquee 图片不间断向左滚动无人机科普结束---------------------->
                <!------------------------------Tab 实验室简介、学子风采开始-------------------------->
                <div class="box">
                    <div class="notice">
                        <div class="tab-hd">
                            <ul class="tab-nav">
                                <li><a href="#">实验室简介<i>Introduce</i></a></li>
                                <li><a href="#">学子风采<i>Style</i></a></li>
                            </ul>
                        </div>
                        <div class="headline_bottom">
                        </div>
                        <div class="tab-bd">
                            <div class="tab-pal">
                                <asp:Repeater runat="server" ID="rp_I">
                                    <HeaderTemplate>
                                        <table style="width:100%;"></HeaderTemplate>
                                    <ItemTemplate>
                                        <tr>
                                            <td><div style="float:left;width:60%;"><a href='Introduce2.aspx?Id=<%#Eval("ID") %>'>
                                                <%#Eval("I_Name").ToString().Length > 15 ? Eval("I_Name").ToString().Substring(0, 15) + "…" : Eval("I_Name").ToString()%>
                                                <%--    <%#Eval("I_Name").ToString().Substring(0, 15).ToString()%>--%>
                                            </a></div></td></tr>
                                    </ItemTemplate>
                                    <FooterTemplate>
                                        </table></FooterTemplate>
                                </asp:Repeater>
```

```
            </div>
            <div class="tab-pal">
                <asp:Repeater runat="server" ID="rp_S">
                    <HeaderTemplate>
                    <table style="width:100%;"></HeaderTemplate>
                    <ItemTemplate>
                    <tr>
                    <td><div style="float:left;width:60%;"><a href='style2.aspx?Id=<%#Eval("ID") %>'>
                        <%#Eval("St_Name").ToString().Length > 15 ? Eval("St_Name").ToString().Substring(0, 15) + "..." : Eval("St_Name").ToString()%>
</a></div></td></tr>
                        <%--    <%#Eval("St_Name").ToString().Substring(0, 15).ToString()%></div></td></tr>--%>
                    </ItemTemplate>
                    <FooterTemplate>
                    </table></FooterTemplate>
                </asp:Repeater>
            </div>
        </div>
        <script type="text/javascript">
jQuery(".notice").slide({ titCell: ".tab-hd li", mainCell: ".tab-bd", delayTime: 0 });</script>
        </div>
        <!--------------------------------Tab 实验室简介、学子风采结束--------------------------->
        </div>
        <div id="footer">
            技术支持:静挚工作室<br />
            地址:四川省成都市高新区西区大道2000号  四川托普信息技术职业学院  邮编:611743  <br />
            郑重声明:以上无人机图片均为网上下载,若涉及版权问题请与我们联系我们将不再使用该图片  联系电话:18382414616
        </div>
    </div>
    </body>
    </form>
</body>
</html>
```

保存并运行，效果如图2.24所示。

图 2.24 效果图

2.3 JavaScript 技术

2.3.1 JavaScript 简介

在前面的章节中分别详细地介绍了 HTML 代码的编写和 CSS 样式的定义方法,大家不难发现这当中存在一个缺陷,即用 HTML 和 CSS 样式只能制作一种静态网页,给用户提供的都只是一些静态的资源。由 Netscape 公司开发的 JavaScript 弥补了这个缺陷,将原来的静态网页变成了动态的网页。

2.3.2 JavaScript 语法结构

JavaScript 采用的是小程序段的编程方式,与 HTML 标识结合在一起,使用户对网页的操作更加方便,其中 JavaScript 还有以下几个主要的特点。

(1)安全性:JavaScript 是一种安全性高的语言,它只能通过浏览器实现网络的访问和动态交互,可以有效地防止通过访问本地硬盘或将数据存入服务器,而对网络文档或重要数据进行不正当的操作。

（2）易用性：JavaScript 是一种脚本的编程语言，没有严格的数据类型，同时是采用小段程序的编写方式来实现编程。

（3）动态交互性：在 HTML 中嵌入 JavaScript 小程序后，提高了网页的动态性。JavaScript 可以直接对用户提交的信息在客户端作出回应。JavaScript 的出现使用户与信息之间不再是一种浏览与显示的关系，而是一种实时、动态、可交互式的关系。

（4）跨平台性：它的运行环境与操作系统没有关系，它是一种依赖浏览器本身运行的编程语言，只要安装了支持 JavaScript 的浏览器，并且有一台能正常运行浏览器的计算机，就可以执行 JavaScript 程序了。

2.3.3 对话框的应用

1. 输入对话框

在页面代码区输入以下代码。

```
<html>
<head>
<title>第一个页面</title>
<script language="JavaScript">
<!--
    age=prompt("请输入你的年龄:");
    document. write("你今年"+age+"岁了!");
//-->
</script>
</head>
<Body>
</body>
</html>
```

保存并运行，输入对话框效果，如图 2.25 所示。

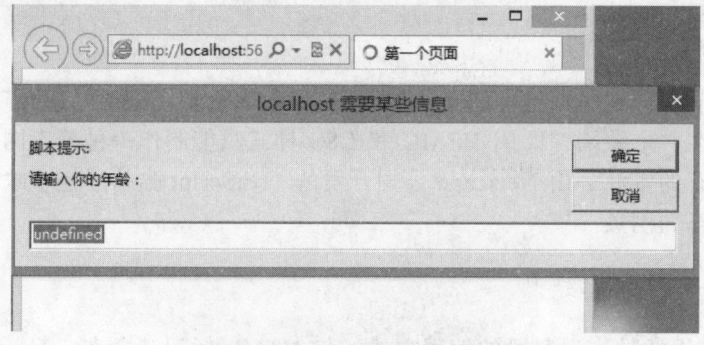

图 2.25 输入对话框效果图

在文本框中输入 21 单击【确定】按钮之后的效果如图 2.26 所示。

图 2.26　输入数据后的效果图

2. 消息对话框

在页面代码区输入以下代码。

```html
<html>
<head>
<title>第一个页面</title>
<script language="JavaScript">
<!--
    alert("这是一个警告对话框!");
    document. write("刚才有一个警告对话框弹出来对吧?");
//-->
</script>
</head>
<Body>
</body>
</html>
```

保存并运行，警告对话框效果如图 2.27 所示。

图 2.27　警告对话框效果图

单击【确定】按钮之后的效果如图 2.28 所示。

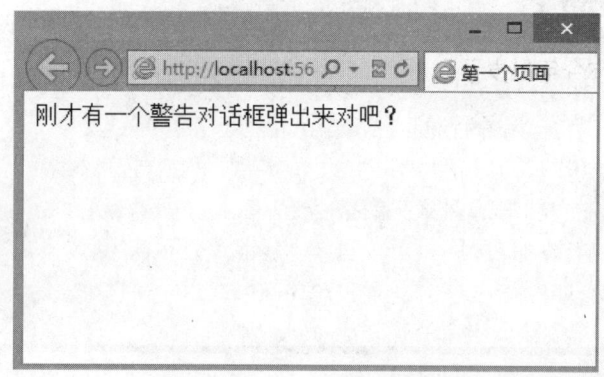

图 2.28　单击【确定】按钮之后的效果图（1）

3. 确认对话框

在页面代码区输入以下代码。

```
<html>
<head>
<title>第一个页面</title>
<script language="JavaScript">
<!--
    ret=confirm("这是一个确认对话框!你可以单击【确定】或者【取消】按钮!");
    if(ret)document. write("你单击的是【确定】按钮");
    if(!ret) document. write("你单击的是【取消】按钮");
//-->
</script>
</head>
<Body>
</body>
</html>
```

保存并运行，确认对话框效果如图 2.29 所示。

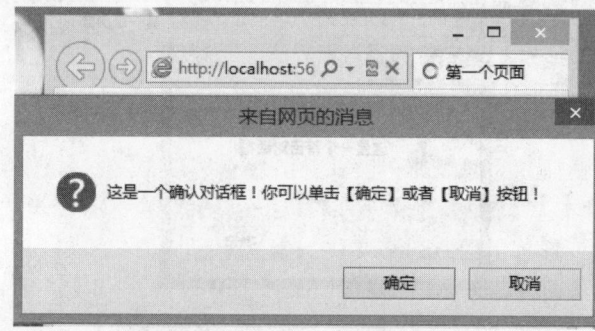

图 2.29　确认对话框效果图

单击【确定】按钮之后的效果如图 2.30 所示。

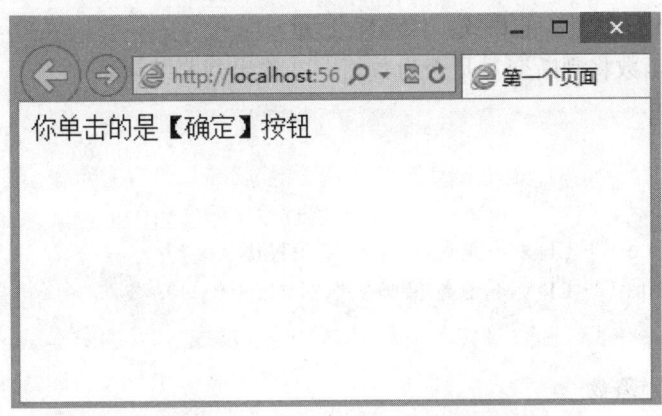

图 2.30　单击【确定】按钮之后的效果图（2）

2.3.4　JavaScript 函数与事件

1. JavaScript 提供的默认的函数

（1）编码函数 escape（）：将非字母、数字字符转换成 ASCII 码。
（2）译码函数 unescape（）：将 ASCII 码转换成字母、数字字符。
（3）求值函数 eval（）。
（4）数值判断函数 isNaN（）：判断一个值是否为非数值类型。
（5）整数转换函数 parseInt（）：将不同进制（二、八、十六进制）的数值转换成十进制整数。
（6）浮点数转换函数 parseFloat（）：将数值字串转换成浮点数。

1）eval（）函数
求值函数 eval（）的格式为：eval（<表达式>）。
下面的例子将用 eval 函数得到一个文本框的值，然后通过点击按钮弹出一个对话框将其输出。

```
<script>
function show(obj)
{
    var str=eval("document.Form."+obj+".value");
    alert("你输入的姓名是:"+str);
}
</script>
<form name="Form" id="Form">
    姓名：
    <input name="name" type="text" value="韦小宝">
    <input name="button" type="button" value="提交" onClick=show("name")>
</form>
```

2）isNaN（）函数

数值判断函数 isNaN（）的格式：isNaN（<量>）。

下例中 isNaN 函数将判断变量是否为数值，并输出判断结果。

```
<script>
   var x=15；
   var y="黄雅玲"；
   document.write（"<LI>x 不是数值吗？"，isNaN（x））；
   document.write（"<LI>y 不是数值吗？"，isNaN（y））；
</script>
```

3）parseInt（）函数

整数转换函数 parseInt（）的功能是将不同进制（二、八、十六）的数值转换成十进制整数。

格式：parseInt（数值字串[，底数]）。

下面演示了将一个二进制数和一个十六进制数转换成十进制数。

```
<script>
   document.write("1101<sub>2</sub>=",parseInt("1101",2),"<sub>10</sub><br>");
   document.write("BFFF<sub>16</sub>=",parseInt("BFFF",16),"<sub>10</sub><br>");
</script>
```

4）parseFloat（）函数

parseFloat（）是浮点数转换函数，它将数值字串转换成浮点数。

格式：parseFloat（数值字串）。

```
<script>
   document.write(parseInt("3.1234A56"),"<br>");
   document.write(parseFloat("3.1234A56"),"<br>");
</script>
```

5）自定义函数

函数是独立于主程序的、具有特定功能的一段程序代码块。

```
JavaScript 函数定义

function 函数名(参数表,变元)
{
    函数体；
    return 表达式；
}
```

说明：

- 当调用函数时，所用变量或字变量均可作为变元传递。

- 函数由关键字 function 定义。
- 函数名：定义自己函数的名字。
- 参数表，是传递给函数使用或操作的值，其值可以是常量、变量或其他表达式。
- 通过指定函数名（实参）来调用一个函数。
- 函数的返回值是可选项，如果需要返回值，就必须使用 return 语句将值返回。
- 函数名对大小写是敏感的。Lixing

约定：
- 函数名：易于识别（同变量命名规则）。
- 程序代码：模块化设计。
- 函数位置：按逻辑顺序，集中置顶。

6）函数中的形式参数

在函数的定义中，我们看到函数名后有参数表，这些参数变量可能是一个或几个。那么怎样才能确定参数变量的个数呢？在 JavaScript 中可通过 arguments.length 来检查参数的个数。

```
<script>
    function function_Name(exp1,exp2,exp3,exp4)
    Number =function_Name.arguments.length;
    if(Number>1)
      document.wrile(exp2);
    if(Number>2)
      document.write(exp3);
    if(Number>3)
      document.write(exp4);
</script>
```

函数的调用
格式：函数名（[参数[，参数...]]）。
下面的例子演示了没有返回值的函数的定义及调用。

```
<script>
    function showName（name）
    {
      document.write（"我是"+name）;
    }
    showName（"玲玲"）;   //函数调用
</script>
```

上例中的 function showName（name）为函数定义，其中括号内的 name 是函数的形式参数，这一点与 C 语言是完全相同的，而 showName（"玲玲"）则是对函数的调用，用于实现需要的功能。

下面的例子演示了带返回值的函数的定义及调用。

```
<script>
    function showName（name）
    {
      str="我是" +name;
      return str;
    }
    document.write（showName（"周伯通"））;
</script>
```

2. 函数与事件

1）事件驱动及事件处理的基本概念

JavaScript 是基于对象（Object-Based）的语言（这与 Java 不同，Java 是面向对象的语言），而基于对象的基本特征，就是采用事件驱动（Event Driven）。通常鼠标或热键的动作我们称之为事件（Event），而由鼠标或热键引发的一连串程序的动作，称之为事件驱动（Event Driver）。而对事件进行处理的程序或函数，我们称之为事件处理程序（Event Handler）。

2）事件处理程序

事件处理程序，即浏览器响应某个事件，实现用户的交互操作而进行的处理（过程）。

事件处理程序的调用：浏览器等待用户的交互操作，并在事件发生时，自动调用事件处理程序（函数），完成事件处理过程。

HTML 标签属性：

格式：<tag on 事件="<语句组>|<函数名>">。

由于在 JavaScript 中对象事件的处理通常由函数（function）来完成，且其基本格式与函数一样，所以可以将前面所介绍的所有函数作为事件处理程序。

格式如下：

```
function 事件处理名（参数表）
{
    事件处理语句集;
    ……
}
```

3. 事件驱动

JavaScript 事件驱动中是通过鼠标或热键的动作引发的。它主要有以下几个事件：

（1）单击事件 onClick。

（2）改变事件 onChange。

（3）选中事件 onSelect。

（4）获得焦点事件 onFocus。

（5）失去焦点 onBlur。

（6）载入文件 onLoad。

（7）鼠标指示事件 onMouseOver。
（8）提交事件 onSubmit。

1）单击事件 onClick

当用户单击鼠标按钮时，产生 onClick 事件；同时 onClick 指定的事件处理程序或代码将被调用执行。通常在下列基本对象中产生单击事件：

① button（按钮对象）；
② checkbox（复选框）或（检查列表框）；
③ radio（单选钮）；
④ reset buttons（重要按钮）；
⑤ submit buttons（提交按钮）。

例如：可以通过下面的按钮激活 change()函数，当然 change()函数是需要另外提供的。

```
<form>
    <input type="button" value="" onClick="change()">
</form>
```

在 onClick 等号后，可以使用自己编写的函数作为事件处理程序，也可以使用 JavaScript 的内部函数，还可以直接使用 JavaScript 的代码等。

```
<body>
    <form>
        请输入基本资料：<br>
        姓名：
        <input type="text" name="usr" size="8">
        <input type="button" value="请单击" onClick="alert('谢谢你的填写...')">
    </form>
</body>
```

点击"请单击"按钮后将引发 onClick 事件，即弹出"谢谢你的填写..."的对话框。

2）改变事件 onChange

当一个 text 或 textarea 域失去焦点并更改值时触发 onChange 事件，当 select 下拉选项中的一个选项状态改变后也会引发改变事件。

事件适用对象：fileUpload、select、text、textarea。

下面的例子在文本框的内容改变后，将弹出一个显示"内容即将改变！"的对话框。

```
<form>
<input type="text" name="Test" value="Test" onChange="alert（'内容即将改变！'）">
</form>
```

页面运行后在文本框中输入内容，即内容发生改变，然后将鼠标拖走，就会引发 onChange 事件。

3）选中事件 onSelect

当 text 或 textarea 对象中的文字被选中后（文字高亮显示），引发选中事件。

下面的例子中，当文本框的内容被选中后，将弹出一个显示"内容已被选中！"的对话框。

```
<form>
<input type="text" name="Test" value="Test" onSelect="alert（'内容已被选中！'）">
</form>
```

4）获得焦点事件 onFocus

当用户单击 text 或 textarea 以及 select 对象时，产生获得焦点事件。此时该对象成为前台对象。

该事件适用对象：button、checkbox、fileUpload、layer、password、radio、reset、select、submit、text、textarea、window。

下面的例子中，当鼠标移到文本域的地方即获得焦点时，立刻弹出一个提示"已经获得焦点！"的对话框。

```
<input type="textarea" value="" name="valueField" onFocus="alert('已经获得焦点！')">
```

5）失去焦点 onBlur

当 text 对象或 textarea 对象以及 select 对象不再拥有焦点而退到后台时，引发该事件，onBlur 事件与 onFocus 事件是一个对应的关系。

该事件适用对象：button、checkbox、fileUpload、layer、password、radio、reset、select、submit、text、textarea、window。

下面的例子中，浏览器的起始背景色为"lightgrey"；当鼠标移动到文本域的地方即获得焦点时，浏览器的背景色变为"red"；当鼠标焦点移动到浏览器的其他地方时，浏览器的背景色变为"white"。

```
<body bgColor="lightgrey">
    <form>
      <input type="text" onFocus="document.bgColor='red'" onBlur="document.bgColor='white'" >
    </form>
</body>
```

6）载入文件 onLoad

当文件载入时，产生载入文件事件。onLoad 的作用就是在首次载入一个文档时检测 cookie 的值，并用一个变量为其赋值，使它可以被源代码使用。

下面的代码在文档打开时，将弹出提示"建议浏览器的分辨率：800×600"的对话框。

```
<script>
  function show()
  {
    var str="建议浏览器的分辨率：800×600";
```

```
    alert（str）;
  }
</script>
<body onload="show()；">
```

7）鼠标指示事件 onMouseOver

当鼠标指到相应的位置时引发鼠标指示事件。

事件适用对象：layer、link。

下面的例子中，用 href 给"Click me"加上一个超链接，当鼠标指到超链接"Click me"时，将在状态栏提示"Click this if you dare!"。

```
<a href="http：//www.myhome.com/"
    onMouseOver="window.status='Click this if you dare!'；  return true">
Click me
</a>
```

当鼠标指到文字"Click me"上时，将在状态栏显示提示文字"Click this if you dare!"。

8）提交事件 onSubmit

提交事件是在点击提交按钮时引发的事件。

事件适用的对象：form。

语法：onSubmit="handlerText"。

下面的例子中，在点击"提交"按钮时，就会弹出一个"你确认提交吗?"的提示对话框。

```
<form onSubmit="alert（'你确认提交吗?'）">
    <input type="text" name="txt" value="测试文本">
    <input type="submit" value="提交">
</form>
```

9）补充：定时器

定时器是用以指定在一段特定的时间后执行某段程序。常用的定时器函数有以下几个：

（1）setTimeout()：定时器。
（2）clearTimeout()：终止定时器。
（3）setInterval()：设置定时器。
（4）clearInterval()：取消使用 setInterval()设置的定时器。

2.3.5 JQuery 框架应用

1. jQuery 框架的作用及好处

jQuery 是一个 javascript 框架，用于 javascript 客户端编程，简化 js 编程，加快开发进度。

2. jQuery 学习目标

（1）了解 jQuery 语法、编程风格。

（2）熟悉 jQuery 框架的函数库 API（常用函数）。

（3）熟练使用 jQuery 编程（多做练习）。

（4）了解 jQuery 如何扩展等知识。

3. jQuery 学习前注意点

1）区分 jQuery 和原有 js DOM 对象

jQuery 对象：通过 jQuery 选择器选出的对象；原有 js 对象：document，document.getElementById（ ），this。

jQuery 对象是一个 js 对象的集合。

jQuery 对象转成 js 对象方法：[index]，get(index)；js 对象转成 jQuery 对象方法：$(js 对象)；将 string 转成 jQuery 对象：$(str 字符串)。

2）$(document).ready(fn 函数)或简写$(fn 函数)

HTML 文档被浏览器加载完毕时执行 fn 函数，等价于<body>元素中的 onload 事件。

4. jQuery API 介绍

1）选择器

（1）基本选择器。

① #id 如$("#id 属性")。

② element 如 $("div")。

③ .class 如 $(".class 属性")。

（2）层级关系选择器。

① 祖先 后代关系 例如：$("from input")。

② 父亲孩子关系 例如：$("from > input")。

（3）简单选择器。

① :first 例如 $("tr:first")。

② :last,：even,：odd,：gt,：lt,：eq 使用格式同上。

（4）内容和可见性选择器。

① :contains（'内容'）,：empty。

② :hidden,：visible。

（5）属性选择器。

[attribute=value] 例如：$("input[name='newsletter']")。

（6）表单选择器。

① :input 表单所有元素。

② :text,：password,：radion,：checkbox 等。

（7）表单元素属性选择器。

① :enabled,：disabled。

② :checked 适用于 radio，checkbox。

③ :selected 适用于 select option。

2）样式控制

① css 函数 css(name),css(name,value)。
② 尺寸函数 height(),height(val),width(),width(val)。
③ class 函数 addClass(val),removeClass(val)。

3）属性控制

① value 属性值 val(),val(val)。
② 文本信息 text(),text(val)。
③ html 信息 html(),html(val)。
④ 其他属性 attr(name),attr(name,value),removeAttr(name)。

4）事件处理

① 常用事件 click(),click(fn 函数) 其他与此类似，例如：mouseover，mouseout 等。
② 事件切换 hover(over,out),toggle(fn1,fn2,fn3)。
③ 事件绑定 bind(type,fn),unbind(type),trigger(type),live(type,fn)。

5）效果函数

① 基本效果 hide(),show(),hide(speed),show(speed)。
② 滑动效果(调节高度) 显示 slideDown(),隐藏 slideUp()。
③ 淡入淡出(调节透明度) 显示 fadeIn(),隐藏 fadeOut()。

6）筛选函数

① 过滤：从当前 jQuery 集合中过滤。
　　Eq(n) is(":checked"),not(expr),slice(start,end)。
② 查找：根据当前 jQuery 对象找兄弟，孩子，父亲。
　　children(expr),find(expr),parent(),siblings()。
③ 串联 end()使当前 jQuery 对象变为前一次的状态。

7）文档处理

（1）添加元素。
① a.append(b) 将 b 元素添加到 a 的内部。
② a.appendTo(b) 将 a 元素添加到 b 的内部。
（2）删除元素。
① remove()：删除。
② empty()：清空。
（3）复制元素。

2.3.6 案 例

使用 JavaScript 修改昵称。

【解题思路】

本案例主要运用 JavaScript 来修改一个昵称，其中需要定义函数，并且利用 if 判断语句来实现对话框弹出时满足的条件。

【实现步骤】

打开 Microsoft Visual Studio 2012，选择【文件】|【新建网站】(【新建项目】)|【ASP.NET 网站】(在左边列表中选 Visual C#里面的 Web；右边选 ASP.NET Web 应用程序) 命令。

在以 ".aspx" 为后缀的文件中输入以下代码。

```html
<html>
<head>
<title>JavaScript 案例</title>
<script language="javascript">
    function conf()
    {
        ret=confirm("你确定要修改吗?");
        if(ret)
        {
            prom();
        }
    }
    function  prom()
    {
        name=prompt("请输入你的昵名:");
        if(name!=null)
        {
            alert("修改成功!!");
            na.innerHTML=name;
        }
    }
</script>
</head>
<body>
<div>
    <div>
        <div style="width:50px; float:left">昵名:</div>
            <div id="na" style="width:150px; float:left">雪儿</div>
    </div>
    <div> <input type="button" value="修改昵名" onclick="conf()" /></div>
</div>
</body>
</html>
```

保存后运行效果如图 2.31 所示。

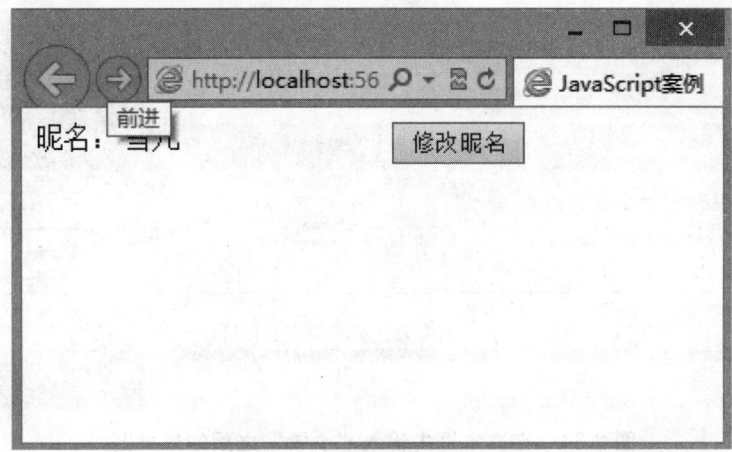

图 2.31　运行效果图（16）

单击【修改昵名】按钮之后的运行效果如图 2.32 所示。

图 2.32　单击【修改】按钮之后的运行效果图

再单击【确定】按钮之后的效果如图 2.33 所示。

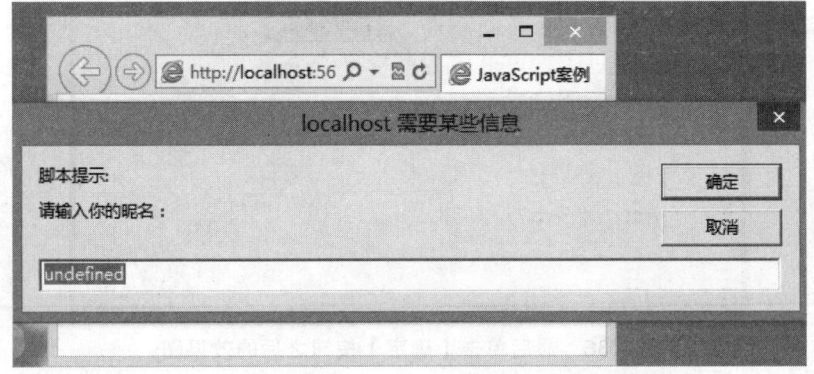

图 2.33　单击【确定】按钮之后的效果图

在文本框内输入"小雪"之后的效果如图 2.34 所示。

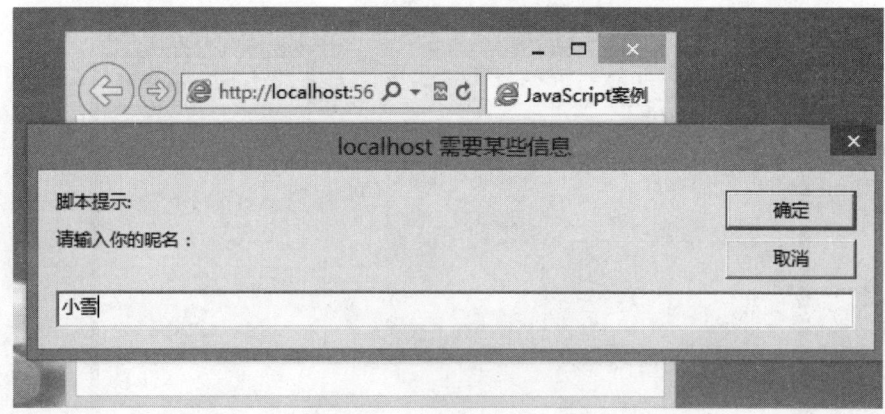

图 2.34　在文本框内输入"小雪"之后的效果图

再次单击【确定】按钮之后的效果如图 2.35 所示。

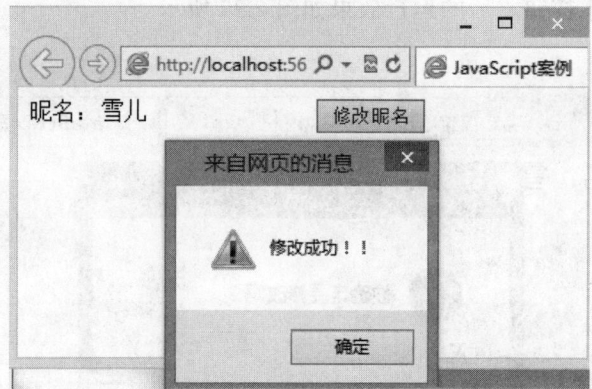

图 2.35　再次单击【确定】按钮之后的效果图

最后单击【确定】按钮之后的效果如图 2.36 所示。

图 2.36　最后单击【确定】按钮之后的效果图

对比运行的第一幅效果图，可以看到昵称已经被修改。

2.4 常用前端案例

2.4.1 页面布局设计

本文对基于表格和基于 CSS 的两种设计方法进行实际比较，并给出了如下结论：

1. 基于表格的设计

用各种能找到的浏览器来测试页面，包括 LINUX、Windows 和 Macintosh 平台的浏览器。表格布局的页面在不同浏览器中看上去都一样。"它像岩石一样坚固"，这是给表格布局的第一评价。

然而，当需要修改页面部分内容时，表格布局改起来相当费力，这是一个问题，如果我们使用 CMS（内容管理系统），内容需要被格式化就比较麻烦。

2. 基于 CSS 的设计

用 CSS 设计的感觉就好多了。代码的改变直接而透明，能清楚地控制整个过程，反观表格的设计就像在垒砖头。页面的改变越大，越感到 CSS 设计的方便和效率。

CSS 设计对节省带宽也非常有意义，将所有样式提取出来放在单独的文件中，整个站点用一个或几个样式表文件，可以使整个站点尺寸更小。

2.4.2 二级导航菜单

再按照上面的步骤新建一个 Web 窗体，打开窗体代码如下。

```html
<html xmlns="http://www.w3.org/1999/xhtml">
<head>
<meta http-equiv="Content-Type" content="text/html; charset=gb2312" />
<title>博研图书馆</title>
<style>

    #top{
    background-image:url(Images/top_bg.jpg); //此处放置你所需的图片背景
    background-repeat:no-repeat;
    height:118px;
    width:778px;


    }
    #message{
    height:30px;
    width:150px;
```

```css
padding-left:240px;
padding-top:85px;
color:#CC0000;
}
#daoh{
background-color:#CC9933;
height:20px;
width:778px;}
#date{
background-color:#CCCC00;
height:20px;
width:240px;
float:left;
padding:0px;
font-size:10px;
font-weight:bold;
color:#FFF;
}
#menu{
height:20px;
width:538px;
float:right
}
.box{ padding:0px;
font-size:10px; }
.box ul{margin:0px; padding:0px; list-style:none;}
.box ul li{margin:0px 2px 0px 0px; padding:0px; width:63px; height:20px; display:inline; float:left; border-bottom-style:none solid none none;}
.box ul li:hover ul{visibility:visible;}//当鼠标移动到菜单时,下拉列表显示出来
.box ul li a{text-align:center; width:80px; height:20px; line-height:15px; display:block; text-decoration:none; color:#FFF;}
.box ul li ul{visibility:hidden;}//下拉菜单默认设置为隐藏
.box ul li ul li{ padding:0px; width:80px; background-color:#CC9933;}
.box ul li ul li:hover{background:#666;}
body li{color:#FFF;}
strong{color:#FFFFFF;}
</style>
<script type="text/javascript">
    var timenow;
    var s;
```

```javascript
function jialing(s) {//当获取的时间值小于 10 时,加一个 0,如 9 显示为 09
    if (s < 10) {
        s = "0" + s;
        return s;
    } else {
        return s;
    }
}
function showTime() {
    var date = new Date();//获取系统当前时间
    var second = date.getSeconds();
    var month = date.getMonth() + 1;
    var da = date.getDate();
    var hour = date.getHours();
    var minute = date.getMinutes();
    second = jialing(second);
    minute = jialing(minute);
    hour = jialing(hour);
    da = jialing(hour);
    month = jialing(month);
    var weekday = new Array(7);
    weekday[0] = "星期日";
    weekday[1] = "星期一";
    weekday[2] = "星期二";
    weekday[3] = "星期三";
    weekday[4] = "星期四";
    weekday[5] = "星期五";
    weekday[6] = "星期六";
    var strDate = date.getFullYear() + '年' + month
            + '月' + da + '日 ' + weekday[date.getDay()] + hour + ':' + minute + ':' + second;
    var span = document.getElementById('showDate');
    span.innerHTML = strDate;
    timerId = setTimeout('showTime()', 1000);//每 1 秒自动刷新一次,时间显示为按秒跳动
}

function winclose() {
    if (confirm("确定退出?")) {//弹出对话框,询问是否删除。
        window.close();
    }
```

```html
    }
</script>

</head>

<body onload="showTime()">
<center>
    <div id="top">
        <div id="message">当前登录用户:</div>
    </div>
    <div id="daoh">
    <div id="date"><span id="showDate"></span></div>
    <div id="menu" class="box">
        <ul>
        <li><a href="#">首页 <strong>|</strong></a></li>

        <li><a href="#">系统设置 <strong>|</strong></a>
            <ul>
                <li><a href="#">图书馆信息</a></li>
                <li><a href="#">管理员设置</a></li>
                <li><a href="#">参数设置</a></li>
                <li><a href="#">书架设置</a></li>
            </ul>

        </li>

        <li><a href="#">读者管理 <strong>|</strong></a>
            <ul>
                <li><a href="#">读者类型管理</a></li>
                <li><a href="#">读者档案管理</a></li>
            </ul>

        </li>

        <li><a href="#">图书管理 <strong>|</strong></a>
            <ul>
                <li><a href="#">图书类型管理</a></li>
                <li><a href="#">图书档案管理</a></li>

            </ul>
```

```html
            </li>

            <li><a href="#">图书借还 <strong>|</strong></a>
                <ul>
                    <li><a href="#">图书借阅</a></li>
                    <li><a href="#">图书续借</a></li>
                    <li><a href="#">图书归还</a></li>
                </ul>


            </li>

            <li><a href="#">系统查询 <strong>|</strong></a>
                <ul>
                    <li><a href="#">图书档案查询</a></li>
                    <li><a href="#">图书借阅查询</a></li>
                    <li><a href="#">借阅到期提醒</a></li>
                </ul></li>
            <li><a href="#">更改口令 <strong>|</strong></a></li>

            <li onclick="winclose()">退出系统</li>
        </ul>
    </div>
    </div>
    <div id="mainbody"></div>
</center>
</body>
</html>
```

运行效果如图 2.37 所示。

图 2.37 二级菜单导航

2.4.3 折叠菜单

再按照上面的步骤新建一个 Web 窗体，打开窗体代码如下。

```html
<html xmlns="http://www.w3.org/1999/xhtml">
<head>
<meta http-equiv="Content-Type" content="text/html; charset=gb2312" />
<title>折叠菜单</title>
<style>

    li input {
position: absolute; left: 0; margin-left: 0; opacity: 0; z-index: 2; cursor: pointer; height: 1em; width: 1em; top: 0;
}
input + ol {
display: none;
}
input + ol > li {
height: 0; overflow: hidden; margin-left: -14px!important; padding-left: 1px;
}
li label {
cursor: pointer; display: block; padding-left: 17px; background: url（toggle-small-expand.png）no-repeat 0px 1px;
}
input: checked + ol {
background: url（toggle-small.png） 44px 5px no-repeat; margin: -22px 0 0 -44px; padding: 27px 0 0 80px; height: auto; display: block;
}
input: checked + ol > li {
height: auto;
}
</style>
</head>
<body >
<center>
    <li>
<label for="subsubfolder1">下级</label>
<input id="subsubfolder1" type="checkbox" />
<ol>
<li><a>下级</a></li>
<li>
```

```
<label for="subsubfolder2">下级</label>
<input id="subsubfolder2" type="checkbox" />
<ol>
<li><a>无限级</a></li>
<li><a>无限级</a></li>
<li><a>无限级</a></li>
<li><a>无限级</a></li>
<li><a>无限级</a></li>
<li><a>无限级</a></li>
</ol>
</li>
</ol>
</li>
</center>
</body>
</html>
```

运行效果如图 2.38 和图 2.39 所示。

图 2.38 折叠菜单（1）

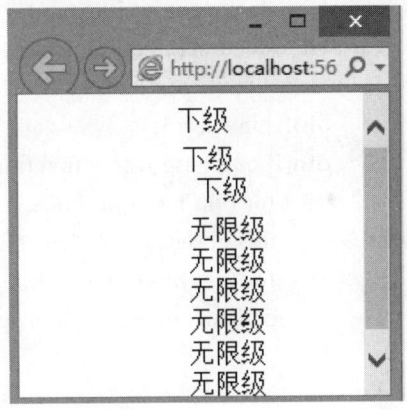

图 2.39 折叠菜单（2）

2.4.4 选项卡

再按照上面的步骤新建一个 Web 窗体，打开窗体代码如下。

```
<html xmlns="http://www.w3.org/1999/xhtml">
<head>
<meta http-equiv="Content-Type" content="text/html; charset=gb2312" />
<title>选项卡</title>
<style>
body,ul,li{margin:0;padding:0;}


body{font:12px/1.5 Tahoma;}
```

```
#outer{width:450px;margin:10px auto;}

#tab{overflow:hidden;zoom:1;background:#000;border:1px solid #000;}

#tab li{float:left;color:#fff;height:30px;cursor:pointer;line-height:30px;list-style-type:none;padding:0 20px;}

#tab li.current{color:#000;background:#ccc;}

#content{border:1px solid #000;border-top-width:0;}

#content ul{line-height:25px;display:none;margin:0 30px;padding:10px 0;}
</style>
</head>
<script>
    window.onload = function () {
        var oLi = document.getElementById("tab").getElementsByTagName("li");
        var oUl = document.getElementById("content").getElementsByTagName("ul");
        for (var i = 0; i < oLi.length; i++) {
            oLi[i].index = i;
            oLi[i].onmouseover = function () {
                for (var n = 0; n < oLi.length; n++) oLi[n].className = "";
                this.className = "current";
                for (var n = 0; n < oUl.length; n++) oUl[n].style.display = "none";
                oUl[this.index].style.display = "block"
            }
        }
    }
</script>
<body >
<center>
<div id="outer">
    <ul id="tab">
        <li class="current">第一课</li>
        <li>第二课</li>
        <li>第三课</li>
    </ul>
    <div id="content">
        <ul style="display:block;">
            <li>网页特效原理分析</li>
```

```html
            <li>响应用户操作</li>
            <li>提示框效果</li>
            <li>事件驱动</li>
            <li>元素属性操作</li>
            <li>动手编写第一个 JS 特效</li>
            <li>引入函数</li>
            <li>网页换肤效果</li>
            <li>展开/收缩播放列表效果</li>
        </ul>
        <ul>
            <li>改变网页背景颜色</li>
            <li>函数传参</li>
            <li>高重用性函数的编写</li>
            <li>126 邮箱全选效果</li>
            <li>循环及遍历操作</li>
            <li>调试器的简单使用</li>
            <li>典型循环的构成</li>
            <li>for 循环配合 if 判断</li>
            <li>className 的使用</li>
            <li>innerHTML 的使用</li>
            <li>戛纳印象效果</li>
            <li>数组</li>
            <li>字符串连接</li>
        </ul>
        <ul>
            <li>JavaScript 组成:ECMAScript、DOM、BOM,JavaScript 兼容性来源</li>
            <li>JavaScript 出现的位置、优缺点</li>
            <li>变量、类型、typeof、数据类型转换、变量作用域</li>
            <li>闭包:什么是闭包、简单应用、闭包缺点</li>
            <li>运算符:算术、赋值、关系、逻辑、其他运算符</li>
            <li>程序流程控制:判断、循环、跳出</li>
            <li>命名规范:命名规范及必要性、匈牙利命名法</li>
            <li>函数详解:函数构成、调用、事件、传参数、可变参、返回值</li>
            <li>定时器的使用:setInterval、setTimeout</li>
            <li>定时器应用:站长站导航效果</li>
            <li>定时器应用:自动播放的选项卡</li>
            <li>定时器应用:数码时钟</li>
            <li>程序调试方法</li>
        </ul>
    </div>
</center>
</body>
</html>
```

运行效果如图 2.40 所示。

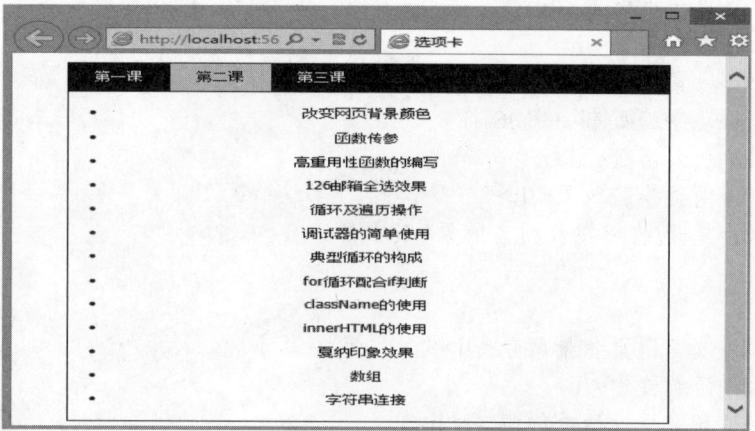

图 2.40 选项卡

2.4.5 文章列表

再按照上面的步骤新建一个 Web 窗体，打开窗体代码如下。

```
<html xmlns="http://www.w3.org/1999/xhtml">
<head>
<meta http-equiv="Content-Type" content="text/html; charset=gb2312" />
<title>文章列表</title>
<style>
ul,li,ol,dl,dt,dd{
 padding:0px;
 margin:0px;
 list-style-type: none;
}
a{ text-decoration: none;}
.list_dl{
 width:100%;
 height:auto;
 display:block;
 overflow:hidden;
 margin-bottom:8px;
 font-size:10pt;
}
.list_dl dt{
 width:100%;
 height:24px;
 margin-bottom:1px;
```

```css
  background-color:#003366;
  border-bottom-width: 2px;
  border-bottom-style: solid;
  border-bottom-color: #FF9933;
  background-image: url(images/right_tit.gif);
  background-repeat:repeat-x;
  background-position: right top;
}
.list_dl dt b{float:left;
  width:240px;
  height:24px;
  line-height:24px;
  display:block;
  color:#FFFFFF;
  margin-left:12px;}
.list_dl dt a{
  width:5em;
  height:23px;
  display:block;
  line-height:23px;
  margin-top:1px;
  color:#FFFFFF;
  float:right;
  text-align:right;
  padding-right:10px;}
.list_dl dt a.more{
  color:#C1CEDB;}
.list_dl dt a.more:hover{
color:#fff;
}
.list_dl dd{
display:block;
margin-top:4px;
clear:both;}
.list_dl ul li{
  text-align:left;
  text-indent: 1.3em;
  line-height:220%;
  border-bottom-width: 1px;
  border-bottom-style: dashed;
```

```
border-bottom-color: #CCCCCC;
background-image: url(images/list_ico.gif);
background-repeat:no-repeat;
background-position: 4px center;
}
a.link1{color:#797979;}
.list_dl ul li span{
 float:right;
 color:#9B9B9B;
 margin-right:7px;
}
</style>
</head>

<body >
<center>
<div >
    <dl class="list_dl">
<dt><b>这里是标题</b><a href="#" class="more">>>>更多</a></dt>
<dd>
<ul>
<li><span>09-07-07</span><a href="#" class="link1">[栏目标题]</a> <a href="#">关于进一步加强原材料工业管</a></li>
<li><span>09-07-07</span><a href="#" class="link1">[栏目标题]</a> <a href="#">关于进一步加强原材料工业管</a></li>
<li><span>09-07-07</span><a href="#" class="link1">[栏目标题]</a> <a href="#">关于进一步加强原材料工业管</a></li>
<li><span>09-07-07</span><a href="#" class="link1">[栏目标题]</a> <a href="#">关于进一步加强原材料工业管</a></li>
<li><span>09-07-07</span><a href="#" class="link1">[栏目标题]</a> <a href="#">关于进一步加强原材料工业管</a></li>
</ul>
</dd>
</dl>
    </div>
</center>
</body>
</html>
```

运行效果如图2.41所示。

第 2 章 Web 前端技术

图 2.41 文章列表

2.4.6 表单验证

表单验证是 JavaScript 中的高级选项之一。JavaScript 可用来在数据被送往服务器前对 HTML 表单中的这些输入数据进行验证。

再按照上面的步骤新建一个 Web 窗体，打开窗体代码如下。

```
<html>
<head>
<script type="text/javascript">
    function validate_email(field, alerttxt) {
        with (field) {
            apos = value.indexOf("@"); dotpos = value.lastIndexOf(".");
            if (apos < 1 || dotpos - apos < 2) {
                alert(alerttxt);
                return false;
            }
            else {
                return true;
            }
        }
    }
    function validate_form(thisform) {
        with (thisform) {
            if (validate_email(email, "Not a valid e-mail address!") == false) {
                email.focus();
                return false
            }
```

```
    }
</script>
</head>
<body>
<form action="submitpage.htm" onsubmit="return validate_form(this);" method="post">
Email: <input type="text" name="email" size="30">
<input type="submit" value="Submit"> 发送数据
</form>
</body>
</html>
```

运行效果如图 2.42 所示。

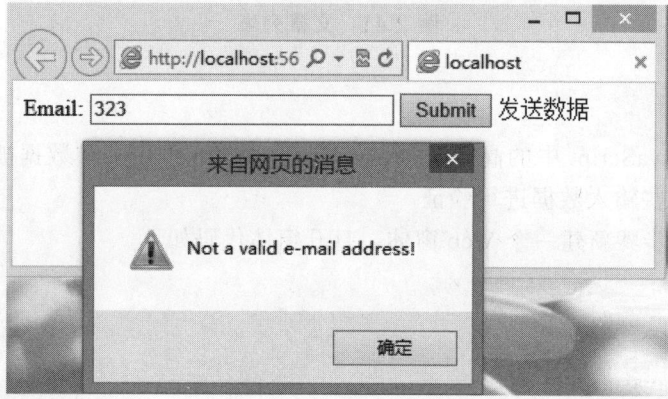

图 2.42 表单验证

第3章 面向对象

内容提示

本章将系统地介绍 Web 开发技术中用到的 C#语言，包括 C#是如何实现面向对象的三大特性，即封装、继承、多态的，以及编程中的异常处理技术。学习本章对于掌握利用面向对象技术构对建较大规模系统的方法和提高设计能力都有着非常重要的意义。

教学要求

（1）掌握面向对象的概念。
（2）掌握面向对象的三大特征。
（3）熟练地定义类和对象。
（4）掌握常见的异常处理。

内容框架图

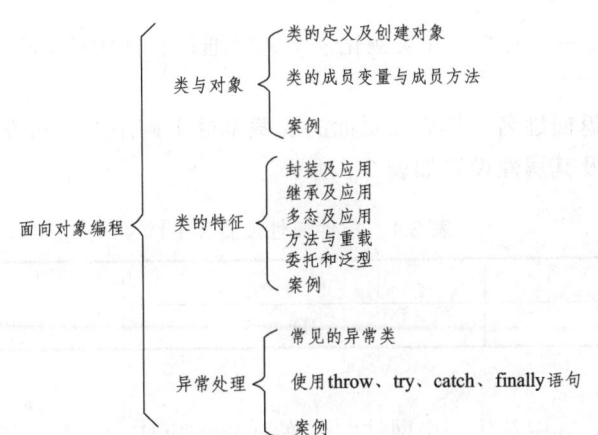

3.1 类与对象

一切事物都是对象,现实世界的个体(对象)可抽象化为程序中的对象,而个体(对象)的数据可抽象化为对象的数据成员,个体(对象)的特性抽象化为对象的属性,个性(对象)的行为及处理问题的方法成为对象的方法。

类是对象的符号表示形式,它是计算机用来创建对象的模板,是对象的抽象。对象是类的实例化,对象是按类的描述产生的。在现实世界中类是思维的领域,对象是现实的领域,房屋设计图纸是类,按照图纸建立的具体房子是对象。

3.1.1 类的定义及创建对象

1. 类的定义

类定义了对象的特征,这些特征包括表示对象内在数据的属性和描述对象行为的方法,这些特征决定了其他对象如何访问和使用本对象所包含的数据。从定义上讲,类是一种数据结构,但是这种数据结构包含数据成员、函数成员以及其他的嵌套类型。其中数据成员类型主要有常量、域;函数成员类型有方法、属性、构造函数和析构函数等。

定义类的语法如下:

```
[访问修饰符] [类修饰符] class 类名
{
    【成员名】
}
```

其中"访问修饰符"和"类修饰符"皆可省略。

2. 创建对象

对象是基于类的具体实体。对象是类的实例。创建对象的语法如下。

```
类名 对象名=new 类名( );
```

【实例 3-1】定义一个人类,并实例化一个人,通过页面中的 Label 控件显示人的姓名。

【解题思路】

利用类中的方法返回姓名,然后在页面的加载事件中调用类中的方法,将返回的值显示在页面上,所需控件及其属性设置如表 3.1 所示。

表 3.1 控件属性设置(1)

控件名	属性	值
Label1	ID	lab_name

【实现步骤】

(1)在 Visual Studio 中新建一个网站,名称为 WebSite1。

（2）右击网站根节点，在弹出的快捷菜单中选择【添加新项】|【类】命令，在打开的对话框的【名称】文本框中输入"Person"，单击【添加】按钮。

（3）在 Person 类中添加如下代码。

```
public class Person        //创建 Person 类
{
        public Person（）
        {
        //TODO： 在此处添加构造函数逻辑
        }
        private string myName；        //声明私有字段姓名
        public string Name            //定义姓名属性
        {
         get { return myName； }
         set { myName = value； }
        }
public string PrintPerson（）     //输出人的姓名的方法
        {
         return string.Format（"{0}"， Name）；
        }
}
```

（4）在网站的 Default.aspx 中添加一个 Label 控件并设置属性 ID 为 lab_name，并在 Default.aspx 页面的加载事件中输入如下代码。

```
protected void Page_Load（object sender， EventArgs e）
{
        Person p1 = new Person（）；         //实例化 Person 类
        p1.Name = "张三"；
        //调用 PrintPerson 方法，并将返回的值赋给 lab_name 的 Text 属性
        lab_name.Text = p1.PrintPerson（）；
}
```

（5）按 F5 键运行 Default.aspx，运行效果如图 3.1 所示。

图 3.1　运行效果图

工程师提示

本实例创建了一个简单的 Person 类,其中声明了字段 myName、属性 Name,并编写了一个返回姓名的方法。在 Default.aspx.cs 中实例化 Person 类,并给实例化的这个 p1 人赋上姓名,最后将创建的姓名用 Label 控件显示出来。

3.1.2 类的成员变量与成员方法

类的基本成员包括字段、属性、方法、事件。下面将对类的基本成员进行讲解。

1. 字　段

字段是直接在类或结构中声明的任何类型的变量,例如: private string myName。

2. 属　性

C#类属性包括只能读(get)、只能写(set)、可读/写(get/set)。

如实例 3-1 中的 Name 就是一个可读可写的属性。

```
public string Name        //定义姓名属性
{
        get { return myName; }
        set { myName = value; }
}
```

3. 方　法

方法是实现可以由对象或类执行的计算或操作的成员。以人类为例,简单地说方法就是吃饭、睡觉、走路……

1)方法的定义

在类中定义某个方法的一般形式为以下格式。

```
访问修饰符  返回值类型 方法名称(参数列表)
{
        语句序列
}
```

正如实例 3-1 中定义的一个返回 string 类型的方法。

```
public string PrintPerson()
{
        return string.Format("{0}", Name);
}
```

2)带参数的方法

在实例 3-1 中定义的是一个不带参数的方法,那么现在把这个例子改一改。大家都知道人是有行为的，也就是这里所说的方法。

【实例 3-2】 要求在页面输入一个人的名字，和这个人正在做的事情，然后通过 Label 控件显示这个人在干什么。

【解题思路】

在此实例中将会使用一个类，类中要包括一个方法，用于将输入的姓名和正在做的事连接起来，然后实例化该类并调用其中的方法即可。所需控件及其属性设置如表 3.2 所示。

表 3.2 控件属性设置（2）

控件名	属性名	设置的值
Label 1	ID	lab_Name
	Text	输入姓名：
Label2	ID	lab_work
	Text	输入正在做的事：
Label3	ID	lab_show
TextBox1	ID	txt_name
TextBox2	ID	txt_work
Button1	ID	btn_do
	Text	确定

【实现步骤】

（1）在 Visual Studio 中新建一个网站并添加一个类。

（2）在网站的 Default.aspx 页面中添加 3 个 Label 控件、2 个 TextBox 控件和 1 个提交按钮 Button。

（3）在新建的 Person 类中编写如下代码。

```
public class Person
{
    public Person()
    {
    //TODO: 在此处添加构造函数逻辑
    }
    private string myName;   //定义私有变量 myName
    public string Name
    {
     get { return myName; }
     set { myName = value; }
    }
public string eating(string name, string doing) //定义谁在干什么的方法(注意括号内的两
    个参数)
    {
        return string.Format(name + "正在" + doing);
    }
}
```

（4）在 Default 页面中双击 Button 按钮，然后在 btn_do_Click 事件中输入如下{}中代码。

```
protected void btn_do_Click(object sender, EventArgs e)
{
    Person p2 = new Person();
    p2.Name = string.Format(txt_name.Text);    //调用 Name 并赋值为 txt_name 中的值
    string doing = string.Format(txt_work.Text); //定义一个字符串变量接收 txt_work 中的值
    lab_show.Text = p2.eating(p2.Name,doing);   //调用 eating 方法(传递两个参数)
}
```

输入参数前运行效果图，如图 3.2 所示。

输入参数后运行效果图，如图 3.3 所示。

图 3.2　输入参数前运行效果

图 3.3　输入参数后运行效果

工程师提示

这个例子中使用了参数传递，在 Default 页面中定义了一个 string 变量 doing，方法 p2.eating（p2.Name，doing）传入了两个参数，这里通过给 Name 属性赋值，然后将 p2.Name 作为参数进行参数传递。

4. 在参数中使用 ref 和 out 参数

通常向方法中传递的是值，方法获得的是这些值的一个备份，然后使用这些备份，当方法运行完毕后，这些备份将被释放，而原来的值将不会受到影响。此外，还有其他类似于方法传递参数的形式，即引用（ref）和输出（out）。

1）创建 ref 参数

如果需要改变参数变量的值，这时可以引用 ref 关键字向方法传递参数变量，而不是变量的值。变量的值存储在内存中，可以创建一个引用，它指向变量在内存中的位置。当引用被修改时，修改的是内存中的值，因此，变量的值可以被修改。当调用一个含有引用参数的方法时，方法中的参数将指向传递给方法的相应变量，因此，当修改参数变量的值时，将导致原来变量的值被改变。

【实例 3-3】在 Web 页面中输入姓名和去年的年龄，并分别单击两个 Button 按钮调用不带 ref 参数的方法和带 ref 参数的方法，通过 Label 控件显示姓名和年龄。

第 3 章 面向对象

【解题思路】

此实例需要创建一个类，类中有两个方法：一个带有 ref 参数，一个不带有 ref 参数。向页面中拖入控件后，在 btn_YearAge 的 Click 事件中调用不带 ref 参数的方法，在 btn_NowAge 的 Click 事件中调用带 ref 参数的方法。

所需控件及其属性设置如表 3.3 所示。

表 3.3 控件属性设置（3）

控件名	属性名	设置的值
Label1	ID	Lab_Name
	Text	请输入姓名：
Label2	ID	Lab_Age
	Text	请输入去年的年龄：
Label3	ID	lab_info
TextBox1	ID	Txt_Name
TextBox2	ID	Txt_Age
Button1	ID	btn_YearAge
	Text	调用不带 ref 参数的方法
Button2	ID	btn_NowAge
	Text	调用带 ref 参数的方法

【实现步骤】

（1）在 Visual Studio 中新建一个网站，再添加一个 Web 窗体命名为"3-3.aspx"和一个类命名为"person.cs"。

（2）在网站的"3-3.aspx"页面中添加 3 个 Label 控件、2 个 TextBox 控件和 2 个 Button 控件。

（3）在新建的 Person 类中编写如下代码。

```
public class Person
{
public Person()
{//TODO: 在此处添加构造函数逻辑 }
 //利用ref参数显示今年的年龄,改变实参
public void reNowAge(ref int age)
{
        age = age + 1;
}
public void reyesAge(int age)    //没有用ref显示的仍然是去年的年龄
{
        age = age + 1;
}
}
```

（4）显示去年的年龄，在 3-3.aspx 页面中输入如下 btn_YearAge_Click 事件代码。

```
protected void btn_YearAge_Click(object sender, EventArgs e)
    {
        //定义一个整型变量接收年龄
        int age =Int32.Parse( Txt_Age.Text.ToString());
        string name = Txt_Name.Text.ToString(); //定义一个字符串变量接收姓名
        Person p1 = new Person();   //实例化 Person 类
        p1.reyesAge(age); //调用 reyesAge 方法(注意参数,没有 ref)
        lab_info.Text = name + "去年" + age.ToString() + "岁";
    }
```

（5）显示今年的年龄，在 3-3.aspx 页面的 btn_NowAge_Click 事件中输入如下代码。

```
protected void btn_NowAge_Click(object sender, EventArgs e)
    {
        int age = Int32.Parse(Txt_Age.Text.ToString());
        string name = Txt_Name.Text.ToString();
        Person p2 = new Person();
        p2.reNowAge(ref age); //注意参数中的 ref
        lab_info.Text = name + "今年" + age.ToString() + "岁";
    }
```

两种操作结果分别如图 3.4 和图 3.5 所示。

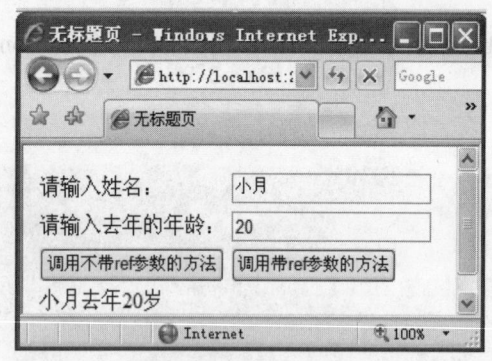 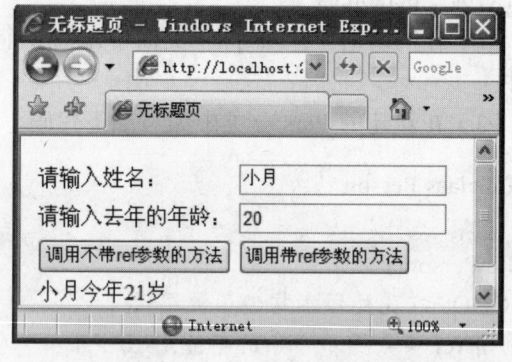

图 3.4　单击【调用不带 ref 参数的方法】按钮的结果　　图 3.5　单击【调用带 ref 参数的方法】按钮的结果

工程师提示

在运行界面中输入的初始值都是 20，但是使用 ref 参数的方法可以改变实参（age）的值。

2）创建 out 参数

out 参数与 ref 参数的作用是一样的，都是为了传递变量的地址，使变量本身被方法改变；但有所不同的是，ref 参数要求变量在方法外被初始化，而 out 参数则要求变量在方法内被初始化。

调用的时候不需要对参数进行初始化，有时候需要返回多个结果，用 return 语句一次只能返回一个结果，这个时候就可以使用输出参数 out。

【实例 3-4】 在 Web 页面中输入姓名和去年的年龄，在 Label1 中显示姓名和年龄。要求输出某人去年的年龄和今年的年龄。

【解题思路】

此实例利用 out 参数来修改变量本身，首先要在类里面写获得今年年龄的方法，且在参数前面加 out，注意，变量是在方法内初始化的。

所需控件及其属性设置如表 3.4 所示。

表 3.4 控件属性设置（4）

控件名	属性名	设置的值
Label1	ID	Lab_Name
	Text	请输入姓名：
Label2	ID	Lab_Age
	Text	请输入去年的年龄：
Label3	ID	lab_info
TextBox1	ID	Txt_Name
TextBox2	ID	Txt_Age
Button1	ID	btn_select
	Text	查询年龄

【实现步骤】

（1）在 Visual Studio 中新建一个网站，并添加一个 Web 窗体命名为 "3-4.aspx"。

（2）在网站的 "3-4.aspx" 页面中添加 3 个 Label 控件、2 个 TextBox 控件和 1 个提交按钮 Button。

（3）在 "3-4.aspx.cs" 中编写如下方法代码。

```
public void ReAge(out int yeAge, out int nowAge)
    {
    int age = Int32.Parse(Txt_Age.Text.ToString());
    yeAge = age; //变量在方法内初始化
    nowAge = yeAge + 1;
    }
```

（4）在 "3-4.aspx" 页面上双击 btn_select 按钮，并在 btn_select_Click 事件中输入如下行中代码。

```
protected void btn_select_Click(object sender, EventArgs e)
{
    string name = Txt_Name.Text.ToString();
    int x, y;
    ReAge(out x, out y);//用 out 可以返回多个值
    lab_info.Text=name+"去年"+x.ToString()+"岁,今年"+y.ToString()+"岁。";
    }
```

显示结果如图 3.6 所示。

图 3.6　显示结果（1）

工程师提示

这个实例要实现的功能与实例 3-3 一样，但是在这个实例中只编写了一个方法，而在上一个实例中编写了两个方法，用 out 参数可以返回多个值。

3）方法重载

当类中有两个以上的方法（包括隐藏的继承而来的方法）的名称相同时，只要使用的参数类型或参数个数不同，编译器便知道在何种情况下应该调用哪个方法，这称为方法的系列重载。

【实例 3-5】 利用方法重载，要在网页上的一个 Label 控件中显示人的姓名，在另一个 Label 中显示人的姓名和性别。

【解题思路】

此实例是方法重载的应用，需要创建一个类，类中包含两个方法，注意，这两个方法的方法名是相同的，这时要想到这两个方法的区别：它们的参数个数不同，一个只有一个参数（只返回姓名的方法），一个有两个参数（返回姓名和性别的方法）。在页面的加载事件中调用这两个方法即可。所需控件及其属性设置如表 3.5 所示。

表 3.5　控件属性设置（5）

控件名	属性	属性值
Label1	ID	lab_name
Label2	ID	lab_info

【实现步骤】

（1）在 Visual Studio 中新建一个网站，并添加一个 Web 窗体命名为"方法重载.aspx"和一个类命名为"Person"。

（2）在网站的"方法重载.aspx"页面上添加 2 个 Label 控件。

（3）在新建的 Person 类中编写如下代码。

```
public class Person
{
    public Person()
```

```
        {
            //TODO: 在此处添加构造函数逻辑
        }
        private string myName;
        private string mysex;
        public string Name
        {
            get { return myName; }
            set { myName = value; }
        }
        public string reInformation( string name) //方法重载(只有一个参数)
        {
            string output;
            output = "姓名是:" + name;
            return output;
        }
        public string reInformation(string name,string sex) //有两个参数
        {
            string output;
            output = "姓名是:"+name+ ",性别是:" + sex;
            return output;
        }
}
```

（4）在"方法重载.aspx"页面的 Page_Load 事件中输入下面{}中的代码。

```
protected void Page_Load(object sender, EventArgs e)
        {
            Person p=new Person ();
            lab_name.Text = p.reInformation("小李");
            lab_Info.Text = p.reInformation("小聂","男");
        }
```

显示结果如图 3.7 所示。

图 3.7　显示结果（2）

工程师提示

当传入的参数个数不同时,调用方法可以自动根据传入参数的个数判断调用哪一个方法,这就是后面将会讲解的多态。

3.1.3 案 例

通过学习前面的小节,能够掌握类的一些基本知识,对类的成员获得了初步的了解,下面将通过一个案例来巩固这些知识。

【案例 3.1】 编写一个计算器控制台程序,要求输入两个数和运算符号,得到计算结果。

【解题思路】

为了编写高质量的代码,使程序易维护、易扩展、又容易复用就要用到类,要把业务逻辑与界面逻辑分开,而且这个程序需要注意以下几点。

(1)变量命名要做到见名知义。

(2)把算法封装成类。

【实现步骤】

(1)启动 Visual Studio。

(2)从【文件】菜单中选择【新建】|【项目】|【新建项目】命令,打开【新建项目】对话框。

(3)在【项目类型】窗格中选择【Visual C#项目】选项,然后在【模板】窗格中选择【控制台应用程序】选项。

(4)如果已经打开了解决方案,则选择【关闭解决方案】选项。

(5)在【名称】文本框中输入 MathCalc 作为项目名称,在【位置】文本框中输入将要保存的目录,或单击【浏览】按钮选择目录。

(6)单击【确定】按钮。

(7)打开 Program.cs 文件编写如下代码。

```csharp
class Program
    {
    static void Main(string[] args)
    {
            try
            {
                Console.Write("请输入数字 A:");
                string strNumberA = Console.ReadLine();
                Console.Write("请选择运算符号(+、-、*、/):");
                string strOperate = Console.ReadLine();
                Console.Write("请输入数字 B:");
                string strNumberB = Console.ReadLine();
                string strResult = "";
                strResult = Convert.ToString(Operation.GetResult
```

```
(Convert.ToDouble(strNumberA),Convert.ToDouble(strNumberB),strOperate));
                Console.WriteLine("结果是:" + strResult);
                Console.ReadLine();
            }
            catch (Exception ex)
            {
                Console.WriteLine("您的输入有错:" + ex.Message);
            }
        }
    }
    public class Operation
    {
        public static double GetResult(double numberA, double numberB, string operate)
        {
            double result = 0d;
            switch (operate)
            {
                case "+": result = numberA + numberB;
                    break;
                case "-": result = numberA - numberB;
                    break;
                case "*": result = numberA * numberB;
                    break;
                case "/": result = numberA / numberB;
                    break;
            }
            return result;
        }
    }
}
```

显示结果如图 3.8 所示。

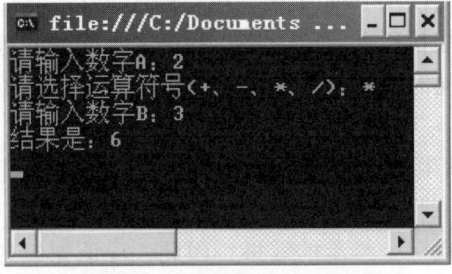

图 3.8　显示结果（3）

工程师提示

本程序将 GetResult 封装在 Operation 类中，GetResult 方法中传入 3 个参数：numberA、numberB 和 operate，分别代表数字 A、数字 B 和运算符。

3.2 类的特性

3.2.1 封装及应用

1. 封装的概念

当提及面向对象的时候，其中的对象是通过人为的封装得来的。封装就是把一些特征或功能组合到一个抽象的对象上。

2. 封装的好处

（1）使用者只需要了解如何通过类的接口使用该类，而不用关心该类的内部数据结构和数据组织方法。

（2）高内聚、低耦合一直是人们所追求的目标，用好封装恰恰可以减小耦合。

（3）只要对外接口不改变，可以随意修改内部实现，因此，可以很好地应对变化。

（4）类具有简洁清晰的对外接口，降低了使用者的学习难度。

3. 封装的实例

其实本章一开始就已经用到了封装这个概念，只是没有提出来，即在 Person 类中对类成员的封装（详见实例 3-1）。

3.2.2 继承及应用

继承是面向对象程序设计的主要特征之一，通过继承可以重用代码，可以节省进行程序设计的时间。继承就是在类之间建立一种相交关系，使得新定义的派生类的实例可以继承已有的基类的特征和能力，而且可以加入新的特性或修改已有的特性建立起类的新层次。

（1）实例化父类时，可以使用 new 子类，执行构造函数的顺序为：先执行父类构造函数，再执行子类构造函数。

（2）实例化子类时，只能使用 new 子类，执行顺序同上。

（3）实例化父类后，只能执行父类的方法，获得父类的属性等。

（4）实例化子类后，可同时执行子类和父类的方法和属性，若为同名方法，则执行子类的方法。

【实例 3-6】 新建一个学生类，继承 Person 类的一些属性，用 Label 控件显示在网页上。

【解题思路】

此实例最主要的是想达到一个继承的效果，因此，应该先想想类中都应该写些什么，本实例要求继承 Person 类的属性，所以应该先写一个 Person 类，将里面的属性写好，然后再建一个学生类，注意，这里是两个类，用学生类继承 Person 类中的属性，然后在页面的加载事件中调用即可。

所需控件及其属性设置,如表 3.6 所示。

表 3.6 控件属性设置(6)

控件名	属性	值
Label1	ID	Lab_name

【实例步骤】

(1)打开网站 WebSite1。

在网站 WebSite1 中再添加一个 student 类,然后编写如下代码。

```
public class student:Person
{
    public student()
{
    //添加逻辑构造函数
}
    private string id;//学生的学号
    /*继承的构造函数*/
    public student(string name, string sex, string d): base(name, sex)
    {
    id = d;
    }
    public string ID
    {
    get
    {
        return id;
    }
    set { id = value; }
    }
    public string reId() //返回学生的学号
    {
    string output;
    output = "学号是:" +ID;
    return output;
    }
}
```

(2)添加一个 Web 窗体命名为"继承.aspx"。在"继承.aspx.cs"的 Page_Load 事件中编写如下代码。

```
protected void Page_Load(object sender, EventArgs e)
    {
        student s = new student("小聂","男","1232");
        string output = s.reInfo();
        output+=","+ s.reId();
        Lab_name.Text = output;
    }
```

页面运行效果如图 3.9 所示。

 工程师提示

"student s = new student（"小聂"，"男"，"1232"）;"用于给 student 的构造函数传入参数，然后再调用父类的构造函数。student 类的姓名和性别是从父类继承来的。分号";"和关键字 base 用来调用带有相应参数的基类的构造函数。

图 3.9 页面运行效果（1）

3.2.3 多态及应用

1. C#多态性

多态性可以理解为具有相同名称的方法，可以实现不同的行为。简单地说，如汽车分为公交汽车、四轮驱动车、小汽车等，这就是车的多态性。

2. 多态的实现方式

（1）通过继承和方法重载都能实现多态性。
（2）C#中运行时的多态性是通过覆写虚成员实现的。
（3）通过抽象类实现多态。
（4）通过接口实现多态性。

方法重载和继承在前面已经讲过了，这里就不重复了。C#中运行时的多态性是通过覆写虚成员实现的，只有虚方法和抽象方法才能被覆写。在子类中为了满足不同需要，可以重复定义某个方法的不同实现。通过使用 override 关键字来实现覆写。

具体要求（三相同）有以下几点。
（1）相同的方法名称。

（2）相同的参数列表。
（3）相同的返回值类型。

3. 虚拟方法

（1）声明使用 virtual 关键字。
（2）调用虚方法，运行时将确定调用的对象是什么类的实例，并调用适当的重写方法。
（3）虚方法可以有实现体。

【实例 3-7】 通过虚拟方法的重写在页面上显示出人的基本信息和学生的信息。

【解题思路】

在解题之前，先按照题目的要求想一下需要写什么样的类，该写几个类。此实例是为了讲解虚拟方法的重写，因此，应该写两个类：一个是基类，一个是学生类，在基类内肯定要写人的基本属性，要实现虚拟方法的重写，需要先在基类中写一个虚拟方法，在 student 类里面还要写一个与基类同名的虚拟方法。

所需控件及其属性设置，如表 3.7 所示。

表 3.7 控件属性设置（7）

控件名	属性	设置的值
Button1	ID	Button1
	Text	实例化基类：
Button2	ID	Button2
	Text	实例化继承类：
Label1	ID	Label1
Label2	ID	Label2

【实例步骤】

（1）新建一个网站并添加两个类，分别为"Person.cs"和"student.cs"，添加一个 Web 窗体命名为"虚拟方法.aspx"。

（2）在 Person 类中编写如下代码。

```
public class Person
{
        private string myName; //创建私有变量 myName
        private string mysex;   //创建私有变量 mysex
        public string Name    //创建 Name 属性
        {
         get { return myName; }
         set { myName = value; }
        }
public string Sex        //创建 Sex 属性
        {
         get { return mysex; }
         set { mysex = value; }
        }
}
```

```csharp
//基类的虚拟方法
public virtual string reInformation(string name, string sex)
    {
      string output;
      output = "姓名是:" + name + ",性别是:" + sex;
      return output;
    }
}
```

（3）在 student 的类中编写如下代码。

```csharp
public class student:Person
XDS/'
//重写虚拟方法
public override string reInformation(string name, string sex)
    {
      string output;
      output = "学生的姓名是:" + name + ",学生的性别是:" + sex;
      return output;
    }
}
```

（4）在"虚拟方法.aspx.cs"中编写如下代码。

```csharp
protected void Button1_Click(object sender, EventArgs e)
    {
      Person p = new Person();
      Label1.Text = p.reInformation("小聂", "男");
    }
    protected void Button2_Click(object sender, EventArgs e)
    {
      student s = new student();
      Label2.Text = s.reInformation("小聂", "男");
    }
}
```

页面运行效果如图 3.10 所示。

图 3.10　页面运行效果（2）

工程师提示

在继承类中用 override 重写了基类的方法，实例化继承类再调用方法时，不会用基类中的方法。

4. 抽象类和方法

1）抽象类语法

用 abstract 修饰的类是抽象类。

下面是创建一个抽象类的语法。

```
public abstract class person
{
    //类实现——定义抽象方法、定义抽象访问器等
}
```

抽象类具有以下特性。
（1）抽象类不能实例化。
（2）抽象类可以包含抽象方法和抽象访问器。
（3）不能用 sealed（密封）修饰符修饰抽象类，这意味着抽象类不能被密封。
（4）从抽象类派生的非抽象类必须包括继承的所有抽象方法和抽象访问实现。
（5）在方法或属性声明中使用 abstract 修饰符以指示方法或属性不包含实现。

2）抽象方法语法

创建抽象方法时需要同时使用 abstract 修饰符和方法名及参数，声明语句以分号而不是语句块结束，如下所示。

```
[access-modufuers] abstract return-type method-name （[parameters]）;
```

下面的示例说明了如何创建具有抽象方法 reInformation 的抽象类 person。

```
public abstract class person
{
    public abstract void reInformation（string name， string sex）;    //抽象方法
}
```

抽象方法具有以下特性。
（1）必须被派生类覆写。
（2）可以看成是没有实现体的虚方法。
（3）如果类中包含抽象方法，那么类就必须定义为抽象类，不论是否还包含其他一般方法。

【实例 3-8】 在代码文件中分别输出学生和医生的姓名和性别。

【解题思路】

此实例主要涉及抽象类和抽象方法的用法，解题之前多看看前面的定义和讲解，这样比较有逻辑，这里需要建立一个抽象类，在抽象类中建立一个抽象方法，注意其中的关键字；

再建立两个类：一个学生类，一个医生类，注意这两个类必须重写抽象类。

【实例步骤】

（1）建立一个项目，在【新建项目】对话框中选择空项目后单击【确定】按钮。

（2）在解决方案中右击，在弹出的快捷菜单中选择【添加】|【新建项】|【代码文件】命令。

（3）在代码文件中写入如下代码。

```
using System;
public abstract class person
{
        public abstract void reInformation(string name, string sex); //抽象方法
}
public class student : person   //定义学生类
{
        public override void reInformation(string name, string sex)
        {
         string output;
         output = "学生的姓名是:" + name + ",学生的性别是:" + sex;
         Console.Write(output);
        }
}
public class doctor : person //定义一个医生类
{
        public override void reInformation(string name, string sex)
        {
         string output1;
         output1 = "医生的姓名是:" + name + ",医生的性别是:" + sex;
         Console.WriteLine(output1);
        }
}
public class program
{
        static void Main(string[] args)
        {
         student s = new student();
         s.reInformation("小明", "男");
         Console.Write("\n");
         doctor d = new doctor();
         d.reInformation("小医生", "女");
        }
}
```

页面运行效果如图 3.11 所示。

图 3.11 页面运行效果（3）

 工程师提示

要在非抽象类中实现抽象类，必须实现抽象类中的每一个抽象方法，并且每一个抽象方法必须和抽象类中指定的方法有相同个数和类型参数、相同的返回值。当要求在所有扩充类中必须实现的方法是公共的时，就可以在基类定义抽象方法。

5. 接　口

从某种程度上说，接口也是类，是一种特殊的类或抽象类。更准确地说接口只包含方法、委托或事件的签名。方法的实现是在实现接口的类中完成的。

1）接口的定义

接口这个概念在 C#和 Java 中非常相似。接口的关键词是 interface，一个接口可以扩展一个或多个其他接口。按照惯例，接口的名字以大写字母 I 开头。声明接口常用的语法如下。

```
【访问修饰符】interface 接口名称
{
    //接口体
}
```

2）接口的显式实现和隐式实现。

隐示实现如下所示。

```
public interface IReview
{
void GetReviews();
}
public class ShopReview  :  IReview
{
        public void GetReviews(){}
}
```

这种方式是隐式实现。

```
IReview rv = new ShopReview();
rv.GetReviews();
ShopReview rv = new ShopReview();
rv.GetReviews();
```

IReview 类的实例和 ShopReview 类的实例都可以调用 GetReviews 这个方法。
显式实现如下所示。

```
public interface IReview
{
void GetReviews();
}
public class ShopReview :IReview
{
        void IReview.GetReviews(){}
}
```

对于这种方式的接口实现，GetReviews 只能通过接口来调用。

```
IReview rv = new ShopReview();
rv.GetReviews();
```

采用下面的这种方式将会产生编译错误。

```
ShopReview rv = new ShopReview();
rv.GetReviews();
```

结论：
隐式实现，接口和类都可以访问。
显式实现，只有接口可以访问。
显式实现的益处如下。
（1）隐藏代码的实现。
（2）在使用接口访问的系统中，调用者只能通过接口调用而不是通过底层的类来访问。

【实例 3-9】 用显式接口实现的方式在代码文件中分别输出学生和医生的姓名和性别。

【解题思路】

对于此实例在解题之前应该认真思考类与基接口的关系，看看基接口的定义方法。因为该实例中类是通过基接口访问的，所以要注意参数的设置，这里只需要两个参数，所以在基接口中只需要写两个参数，最后在调用某个类的时候及实例化的时候 new 后面就跟该类名。

【实例步骤】

（1）建立一个项目，在【新建项目】对话框中选择空项目后单击【确定】按钮。

（2）在解决方案中右击，并在弹出的快捷菜单中选择【添加】|【新建项】|【代码文件】命令。

（3）在代码文件中写入如下代码。

```
using System;
//基接口
interface Ifunction
{
        void reInformation(string name, string sex);
```

```csharp
}
//定义学生类
class student : Ifunction
{
        void Ifunction.reInformation(string name, string sex)
        {
         string output;
         output = "学生的姓名是:" + name + ",学生的性别是:" + sex;
         Console.Write(output);
        }
}
//定义一个医生类
class doctor : Ifunction
{
        void Ifunction.reInformation(string name, string sex)
        {
         string output1;
         output1 = "医生的姓名是:" + name + ",医生的性别是:" + sex;
         Console.WriteLine(output1)
        }

}
class program
{
        static void Main(string[] args)
        {
         student s = new student();
         Ifunction a = (Ifunction)s;
         a.reInformation("小明", "男");
         Console.Write("\n");
         //doctor d = new doctor();
         //Ifunction b = (Ifunction)d;
         //b.reInformation("小白","女");
         //上面注释的代码也可替换成下面的代码
         Ifunction d = new doctor();
         d.reInformation("小白", "女");
        }
}
```

页面运行效果如图 3.12 所示。

图 3.12　页面运行效果（4）

 工程师提示

在 student 类和 doctor 类中实现接口 Ifunction 中的方法，然后在主函数中通过调用接口输出结果。

3）接口的多继承

在类继承中只能有一个类被继承，但是接口可以多继承，如果从两个或两个以上的接口派生，父接口名称之间用逗号分隔。

【实例 3-10】　实例 3-8 中只输出了学生的姓名和性别，要求再输出学号和职务。

【实例步骤】

（1）建立一个项目，在【新建项目】对话框中选择空项目后单击【确定】按钮。

（2）在解决方案中右击，并在弹出的快捷菜单中选择【添加】|【新建项】|【代码文件】命令。

（3）在代码文件中写入如下代码。

```
using System;
    //基接口
    interface Ifunction
    {
     void reInformation(string name, string sex);
    }
    interface Ifunction1
    {
     void reInfo(string id, string position);   //position 表示职位,id 表示学号
    }
class student : Ifunction,Ifunction1    //定义学生类
    {
        void Ifunction.reInformation(string name, string sex)
        {
            string output;
            output = "姓名是:" + name + ",性别是:" + sex;
            Console.Write(output);
        }
void Ifunction1.reInfo(string id, string position)
        {
            string output;
```

```
                output = "学号是:" + id + ",职务是:" + position;
                Console.Write(output);
         }
      }
}
class program
{
    static void Main(string[] args)
    {
        student s = new student();
        Ifunction a = (Ifunction)s;
        Ifunction1 b = (Ifunction1)s;
        a.reInformation("小明", "男");
        Console.Write("\n");
        b.reInfo("123","学生");
    }
}
```

按 Ctrl+F5 组合键运行程序，页面运行效果如图 3.13 所示。

图 3.13　页面运行效果（5）

【实例分析】

这个案例只是稍微做了一点改动，由这个实例可知接口可以多继承。

3.2.4 方法与重载

1. 方　法

本质上，方法是一块具有名称的代码。可以使用方法的名称执行代码，也可以把数据传入方法并接收数据输入。

方法是类的函数成员。方法有两个主要部分：方法头和方法体，如图 3.14 所示。

方法头指定方法的特征，包括：

（1）方法是否返回数据，如果返回，返回什么类型；

（2）方法的名称；

（3）什么类型的输入可以传入方法。

方法体包含可执行代码的语句序列。执行从方法体的第一条语句开始，一直到整个方法的结束。

方法还可以是另一种称为结构（struct）的用户自定义类型的函数成员。例如：下面的代码展示了一个名称为 MyMethod 的简单方法,它多次轮流调用 WriteLine 方法。

```
Void MyMethod()
{
    Console.WriteLine("First");
    Console.WriteLine("Last")
}
```

2. 重载

一个类中可以有一个以上的方法拥有相同的名称,这叫做方法重载（method overload）。使用相同名称的每个方法必须有一个和其他方法不相同的签名（signature）。

重载具体规范如下。

（1）方法名一定要相同。

（2）方法的参数表必须不同,包括参数的类型或个数,以此区分不同的方法体。

① 如果参数个数不同,就不用管它的参数类型了。

② 如果参数个数相同,那么参数的类型或参数的顺序必须不同。

（3）方法的返回类型、修饰符可以相同,也可不同。

例如：

```
public class Test
{
    public string GetName(string key)
    {
        return  key;
    }
    Public   string GetName(int key)
    {
        Return key.ToString();
    }
}
```

3.2.5　委托和泛型

1. 委　托

委托（Delegate）是一种引用方法的类型,它类似于 C++语言中函数指针的功能,但是 C++语言函数指针只能够指向静态的方法,而委托除了可以指向静态的方法之外,还可以指向对象实例的方法。当为委托分配了方法时,委托将与该方法具有完全相同的行为。委托方法的使用和其他方法一样,具有参数和返回值。

声明委托：委托类型的声明与方法声明相似,有一个返回值和任意数目、任意类型的参数。

访问修饰符 delegate 类型 委托名（参数序列）;

例如：public delegate void TestDelegate（string message）;

代码分析：定义了一个 delegate 类型，名为 TestDelegate，它包含一个 string 类型的传入参数 message，没有返回值。当 C#编译器编译这行代码时，它会生成一个新的类，该类继承自 System.Delegate 类，而类的名称为 TestDelegate。

用户可以通过委托调用方法，将方法作为参数传递给其他方法。事件处理程序就是通过委托调用方法实现的。用户也可以创建一个自定义方法，当发生特定事件时某个类（如 Windows 控件）就可以调用用户的方法。

2. 泛 型

泛型，即通过参数化类型来实现在同一份代码上操作多种数据类型的方法。泛型编程是一种编程范式，它利用"参数化类型"将类型抽象化，从而实现更为灵活的复用。

泛型的语法定义如下。

【访问修饰符】【返回类型】泛型支持类型 泛型名<l 类型参数列表>

3.2.6 案 例

通过学习前面的小节，能够掌握类的一些基本知识，对类的特性获得了初步的了解，下面将通过一个案例来巩固这些知识。

【案例 3.2】 编写一个面积和周长计算的控制台程序，要求输入选择形状、颜色和长度，得到计算结果。

【解题思路】

为了编写高质量的代码，使程序易维护、易扩展、又容易复用，这就要用到类，要把业务逻辑与界面逻辑分开，而且这个程序需要注意以下几点。

（1）变量命名要做到见名知义。

（2）把算法封装成类。

【实现步骤】

（1）启动 Visual Studio。

（2）从【文件】菜单中选择【新建】|【项目】|【新建项目】命令，打开【新建项目】对话框。

（3）在【项目类型】窗格中选择【Visual C#项目】选项，然后在【模板】窗格中选择【控制台应用程序】选项。

（4）如果已经打开了解决方案，则选择【关闭解决方案】选项。

（5）在【名称】文本框中输入 Test 作为项目名称，在【位置】文本框中输入将要保存的目录，或单击【浏览】按钮选择目录。

（6）单击【确定】按钮。

（7）打开 Program.cs 文件编写如下代码。

```
class Program
    {
        static void Main(string[] args)
```

```
        {
            Console.WriteLine("请选择输入的形状(1为圆,2为正方形):");
            String str=    Console.ReadLine();
            int xx=Int32.Parse(str.Trim());
            Console.WriteLine("请选择输入颜色(1为蓝色,其它表示输入为红色)");
            string sty= Console.ReadLine();
            int y=Int32.Parse(sty.Trim());
            string color;
                if(y==1){color="蓝色";}
                else
                {
                    Color="红色";
                }
                switch(xx)
                {
                    case 1:
                    Console.WriteLine("请输入半径");
                    String r1=Console.ReadLine();
                    Int r2=Int32.Parse(r1.Trim());
                    string y1="圆形";
                    Circle a=new Circle(r2,color,y1);
                    a.print();
                    break;
                    case 2:
                    Console.WriteLine("请输入边长");
                    String l1=Console.ReadLine();
                    Int l2=Int32.Parse(r1.Trim());
                    string y2="正方形";
                    Circle b=new Circle(l2,color,y2);
                    a.print();
                    break;
                    default:
                    Console.WriteLine("选择错误!");
                    break;
                }
            Console.Read(0;
        }
    }
```

（8）添加接口 Interface1.cs 并打开编写如下代码。

```
interface Interface1
{
    double getArea();
    double   getPerimeter();
}
```

（9）添加类 Shape.cs 并打开编写如下代码。

```
abstract class Shape
{
    public string Color="红色";
    public string getColor(string color)
    {
        string color1=color;
        return color1;
    }
    Public virtual void print()
    {}
}
```

（10）添加接口 Circle.cs 并打开编写如下代码。

```
class Circle:Shape,Interface1
{
    public float Radius;
    public string x;
    public   Circle(float r, string c,string y)
    {
        this.Radius=r;
        this.Color=c;
        this.x=y;
    }
    Public override void print()
    {
        Console.WriteLine("半径为 {0} 的 {1} 圆的面积 {2}", Radius,this.Color, this.getArea());
        Console.WriteLine("半径为 {0} 的 {1} 圆的周长 {2}", Radius,this.Color, this.getPerimeter());

    }
    public double getArea()
```

```
            return   Radius* Radius*3.14;
        }
        public double getPerimeter()
        {
            return   Radius* 2*3.14;
        }
```

}

（11）添加接口 Square.cs 并打开编写如下代码。

```
class Square:Shape,Interface1
{
        public float SideLen;
        public string x;
        public    Square(float r, string c,string y)
        {
            this.SideLen=r;
            this.Color=c;
            this.x=y;
        }
        Public override void print()
        {
            Console.WriteLine("半径为{0}的{1}正方形的面积{2}",this.SideLen,this.Color,this.getArea());
            Console.WriteLine("半径为{0}的{1}正方形的周长{2}",this.SideLen,this.Color,this.getPerimeter());

        }
        public double getArea()
        {
            return   SideLen * SideLen ;
        }
        public double getPerimeter()
        {
            return   SideLen*4;
        }
}
```

按 F5 运行，显示结果如图 3.15 所示。

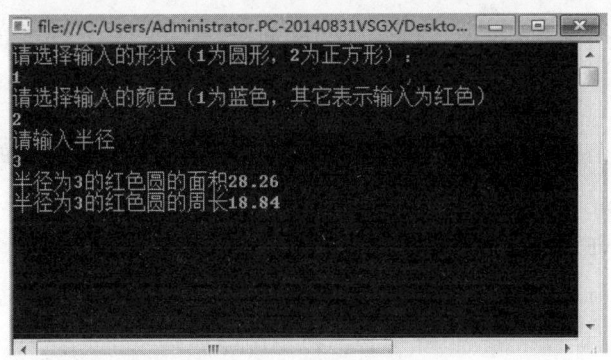

图 3.15　显示结果

3.3　异常处理

3.3.1　常见的异常类

（1）C#中所有的异常处理都被视为类，所有异常都是由 System.Exception 派生的。

（2）C#中处理错误异常的指令关键字有 4 个：try、catch、throw、finally，由这 4 个关键字所编写的代码的异常处理功能非常强大，使用也非常方便。

（3）异常处理的语法。

```
try{有可能产生错误的代码}
catch(异常处理声明)
// 声明此 catch 区段要捕获哪一种类型的异常错误,可以不用声明,这样便会让 catch 去捕获任意类型的异常错误
{异常处理程序代码}    // 当 catch 捕获到异常错误后应执行的对应程序代码
```

注意：利用 catch 来捕获 try-catch 中产生的异常错误，可以建立多个 catch 区段以捕获不同类型的异常错误。

C#中常见的异常类，如表 3.8 所示。

表 3.8　常见的异常类

异常类	说　明
OutOfMemoryException	当利用 new 关键字去初始化分配一块内存失败时
StackOverflowException	当执行程序用到堆栈资源（通常是执行 Recursion 或太多的循环）时，将堆栈资源耗尽时
NullReferenceException	当要利用 Reference 对象时，却是 NullReference
TypeInitializationException	若静态对象发生错误，但又缺乏 catch 区段去处理与对应时
ArrayTypeMismatchException	当存入数据与数组中的数据类型不同时
IndexOutOfRangeException	当超过数组的限定范围时
MulticastNotSupportedException	当要合并两个委派对象失败时
ArithmeticException	一般在运算失败时抛出，包含 DivideByzeroException 与 OverflowException 两种异常
DivideByzeroException	当使用除法运算分母为 0 所造成的错误时
OverflowException	当运算后超过数据类型的合法范围时

3.3.2 throw、try、catch、finally 语句简介

1. throw 语句

抛出的异常是一个对象，该对象的类是从 System.Exception 中派生的，如下所示。

class MyException : System.Exception {}
// ...throw new MyException();

通常 throw 语句与 try-catch 或 try-finally 语句一起使用。当抛出异常时，程序查找处理此异常的 catch 语句，也可以用 throw 语句重新抛出已捕获的异常。

```
using System;
public class ThrowTest
{
    static void Main()
    {
     string s = null;
     if (s == null)
     {
         throw new ArgumentNullException();
     }
     Console.Write("The string s is null"); // 未执行
    }
}
```

在 catch 块中可以使用 throw 语句再次抛出已由 catch 语句捕获的异常。

```
catch (InvalidCastException e)
{
    throw (e);   // 再次抛出异常
}
```

如果要再次抛出当前由无参数的 catch 子句处理的异常，则使用不带参数的 throw 语句。

```
catch
{
    throw;
}
```

2. try-catch 语句

try-catch 错误处理表达式允许将任何可能发生异常情形的程序代码放置在 try{}程序代码块中进行监控，真正处理错误异常的程序代码则被放置在 catch{}块里面，一个 try{}块可对应多个 catch{}块。

【实例 3-11】 try-catch 语句写入多个 catch 的使用。

通过两个 catch 语句进行异常捕获，它们分别是 ArgumentNullException 异常和 Exception

异常。程序代码如下：

```csharp
// try_catch_ordering_catch_clauses.cs
using System;
class MainClass
{
    static void ProcessString(string s)
    {
        if (s == null)
        {
            throw new ArgumentNullException();
        }
    }
    static void Main()
    {
        try
        {
            string s = null;
            ProcessString(s);
        }
        // 最特定的
        catch (ArgumentNullException e)
        {
            Console.WriteLine("{0} First exception caught.", e);
        }
        // 最广泛的
        catch (Exception e)
        {
            Console.WriteLine("{0} Second exception caught.", e);
        }
    }
}
```

【案例输出】

System.ArgumentNullException: Value cannot be null.
at MainClass.Main() First exception caught.

3. try-finally 语句

catch 用于处理语句块中出现的异常，而 finally 用于保证代码语句块的执行，与前面的 try 块的退出方式无关。

```csharp
// try-finally using System;
public class MainClass
{
    static void Main()
    {
        int i = 123;
        string s = "Some string";
        object o = s;
        try {
            int i = (int)o;
        }
        finally
        {
            Console.Write("i = {0}", i);
        }
    }
}
```

上面的示例将导致引发 System.InvalidCastException。尽管捕获了异常，但仍会执行 finally 块中包含的输出语句。

```
i = 123
```

4. try-catch-finally 语句

【实例 3-12】

```csharp
// try_catch_finally.cs
using System;
public class EHClass
{
    static void Main()
    {
        try
        {
            Console.WriteLine("Executing the try statement.");
            throw new NullReferenceException();
        }
        catch (NullReferenceException e)
        {
            Console.WriteLine("{0} Caught exception #1.", e);
        }
        catch
```

```
            {
                    Console.WriteLine("Caught exception #2.");
            }
            finally
            {
                    Console.WriteLine("Executing finally block.");
            }
       }
}
```

【案例输出】

```
Executing the try statement.
System.NullReferenceException： Object reference not set to an instance of an object.
 at EHClass.Main() Caught exception #1.
Executing finally block.
```

3.3.3 使用 throw、try、catch、finally 语句

通过前面几小节的学习应该对面向对象有了更好的了解，下面就用以上知识来编写一个计算器的小程序。

【任务目标】

运用所学到的类的知识编写一个简单的计算器程序，能实现加、减、乘、除等功能。

【解题思路】

要编写一个简单的计算器程序，并且具有易维护、易扩展、易复用的高质量代码。关于代码的复用可以用到继承和多态；要使代码易扩展，可以通过封装成类的方法来实现。

【实现步骤】

（1）启动 Visual Studio，新建一个项目。

（2）在【项目类型】窗格中选择【VisualC#项目】选项，然后在【模板】窗格中选择【控制台应用程序】选项。

（3）如果已经打开了解决方案，则选择【关闭解决方案】选项。

（4）在【名称】文本框输入 task 作为项目名称；在【位置】文本框中，输入要保存的目录，或单击【浏览】按钮选择目录。

（5）单击【确定】按钮。

（6）打开 Program.cs 文件编写如下代码。

```
using System;
using System.Collections.Generic;
using System.Text;
namespace RenWu
{
        public class Operation
```

```csharp
    {
        ///<summary>
        /// 得到运算结果
        /// </summary>
        /// <returns></returns>
        public virtual double GetResult(double numberA, double numberB)
        {
            double result = 0;     //定义一个虚方法
            return result;
        }
    }
    /// <summary>
    /// 加法类
    /// </summary>
    class OperationAdd : Operation
    {
        //通过关键字 override 重写虚方法
        public override double GetResult(double numberA, double numberB)
        {
            double result = 0;
            result = numberA + numberB;
            return result;
        }
    }
    /// <summary>
    /// 减法类
    /// </summary>
    class OperationSub : Operation
    {
        //通过关键字 override 重写虚方法
        public override double GetResult(double numberA, double numberB)
        {
            double result = 0;
            result = numberA - numberB;
            return result;
        }
    }
    /// <summary>
    /// 乘法类
    /// </summary>
```

```csharp
class OperationMul : Operation
{
    //通过关键字 override 重写虚方法
    public override double GetResult(double numberA, double numberB) {
        double result = 0;
        result = numberA * numberB;
        return result;
    }
}
/// <summary>
/// 除法类
/// </summary>
class OperationDiv : Operation
{
    //通过关键字 override 重写虚方法
    public override double GetResult(double numberA, double numberB)
    {
        double result = 0;
        if (numberB == 0)
            Console.WriteLine("除数不能为 0。");
        result =numberA / numberB;    //用 result 获得 number 除以 number 的值
        return result;
    }
}
public class OperationResult
{
    public static double GetResult(double numberA, double numberB,string operate)
    {
        double result = 0d;//定义一个双精度类型的变量 result 表示两个数字运算的结果
        switch (operate)    //判断输入的运算符号
        {
            //如果输入"+"号,就调用加法类的方法 GetResult(numberA, numberB);
            case "+":
                OperationAdd add = new OperationAdd();
                result=add.GetResult(numberA, numberB);
                break;
            case "-":
                OperationSub sub = new OperationSub();
```

```csharp
                    result=sub.GetResult(numberA, numberB);
                    break;
                case "*":
                    OperationMul mul = new OperationMul();
                    result= mul.GetResult(numberA, numberB);
                    break;
                case "/":
                    OperationDiv div = new OperationDiv();
                    result= div.GetResult(numberA, numberB);
                    break;
            }
            return result;
        }
    }
    class Program
    {
        static void Main(string[] args)
        {
            try
            {
                Console.Write("请输入数字 A:");
                string strNumberA = Console.ReadLine();    //获取输入的字母 A 的值
                Console.Write("请选择运算符号(+、-、*、/):");
                string strOperate = Console.ReadLine();   //获取输入的运算符号
                Console.Write("请输入数字 B:");
                string strNumberB = Console.ReadLine();//获取输入的字母 B 的值
                string strResult = "";                    //定义计算结果
                //把获取的第一个数据转换成浮点型数据
                double NumberA = Convert.ToDouble(strNumberA);
                //把获取的第二个数据转换成浮点型数据
                double NumberB = Convert.ToDouble(strNumberB);
                //调用 OperationResult 类中的 GetResult 方法,由于是静态方法,可以不实例化,直接调用
                double Result = OperationResult.GetResult(NumberA, NumberB, strOperate);
                strResult = Convert.ToString(Result);   //把结果转变成字符串
                Console.WriteLine("结果是:" + strResult); //输出结果
                Console.ReadLine();
            }
            catch (Exception ex)
```

```
            {
                Console.WriteLine("您的输入有错:" + ex.Message);
            }
        }
    }
}
```

（7）按 Ctrl+F5 组合键运行，程序运行效果如图 3.16 所示。

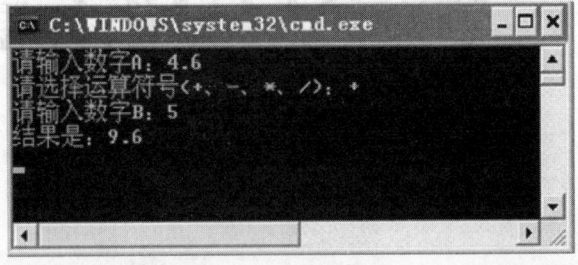

图 3.16　运行效果

 工程师提示

　　这里首先建立了一个基类 Operation 运算类，定义了两个数字求和的虚方法。然后分别定义了加法类、减法类、乘法类、除法类，继承了基类，重写了基类的方法。之后编写了一个运算结果类 OperationResult，定义了一个静态方法 GetResult GetResult（double numberA，double numberB， string operate），用 switch…case 语句判断输入的运算符并计算结果。

　　注意：除数不能为 0。

第4章 ASP.NET 基础

内容提示

随着网络的发展，Web 技术也受到了人们的青睐，本章将主要讲解.NET、ASP.NET 的理论知识和开发工具的使用方法。

教学要求

（1）了解.NET 理论知识。
（2）掌握.NET 框架知识。
（3）初步认识.NET 的网站开发。

内容框架图

ASP.NET基础
- 微软.NET发展战略
- .NET平台
- .NET框架
- ASP.NET简介
  - ASP.NET发展历程、优点及新特性
  - ASP.NET的运行环境
  - ASP.NET的开发环境
  - ASP.NET的程序结构
  - WebFrom 与页面代码分离
  - 认识 Web.config
  - 认识 Globe.asax

4.1 微软.NET 的发展战略

4.1.1 .NET 的定义

微软公司对.NET 的定义为：.NET = 新平台 + 标准协议 + 统一开发工具。微软总裁兼首席执行官 Steve Ballmer 对.NET 定义为：.NET 代表一个集合、一个环境、一个可以作为平台支持下一代 Internet 的可编程结构，新一代互联软件和服务战略，可以使微软现有的软件不仅适用于传统的个人计算机，而且能够满足新设备（如移动设备）的需要。

其最终目的就是让用户在任何地方、任何时间以及利用任何设备都能访问所需的信息、文件和程序。用户不需要知道这些文件放在什么地方，只需要发出请求，然后接收就可以了，而所有复杂的后台是完全屏蔽起来的，是"下一代 Windows 服务"，.NET 的典型特征是连通性和敏捷性。

（1）连通性：.NET 的远景是将所有的事物都连接起来。无论是人、信息、系统，还是设备；无论是一个企业的内部员工、外部合作伙伴，还是客户；无论是 UNIX、Windows，还是 MainFrame；无论是 SAP、Siebel，还是 Oracle ERP 套件；无论是桌面 PC、手机，还是手表。在一个异构的 IT 环境里，技术能够将不同的系统、设备连接起来。

（2）敏捷性：商务敏捷性和 IT 敏捷性。面向服务的商务体系结构跟面向服务的 IT 体系结构很好地配合在一起。SOA（Service-Oriented Architecture）能够给一个企业带来 IT 敏捷性和商务敏捷性。该技术是基于 SOA 思想和原则设计的，并且采用了像 XML 和 Web Services 这些支持应用整合和系统互操作的开放标准。这样，采用技术开发应用，能够带来灵活性和敏捷性，是一个非常合适的技术平台，可以用来创建支持 SOA 体系结构的 IT 系统并通过这些系统的开发和部署运行实现 IT 和商务的敏捷性。

4.1.2 .NET 的发展史

20 世纪 90 年代中后期，软件开发工具市场正经历着一场革命，微软为了保住在 Windows 平台上开发工具的霸主地位，开始着手"下一代的 Windows 服务（Next Generation Windows Services，NGWS）"计划。当时 Java 开发者利用虚拟机实现应用程序与操作系统（OSs）的无关性，实现了"一次编译，处处运行"，这将导致一些微软用户群可能会转向 Java 开发平台。

微软公司推出的开发平台主要是用于开发 Web Services 应用程序，它希望 Web Services 能够成为程序员在新的平台上采用的主流应用程序类型，正如 20 世纪 90 年代初，微软以它能够开发带有图形用户界面的桌面应用程序吸引了大批程序员一样；微软本身也计划使用该平台开发它自己的公共 Web Services（称为 My Services），它将给 Internet 上的客户提供数据存储以及其他的功能。于是在这种背景下，1998 年微软决定着手建立一个新的平台。Anders Hejlsberg 作为框架的重要成员参与了这次伟大的技术革命。（注：Anders Hejlsberg，丹麦人，微软的技术专家,C#语言的主要设计者,框架的重要设计者,进入微软之前,Anders 是 Borland 的工程师，开发了 Turbo Pascal，是 Delphi 开发工具的首席架构师）

2000 年 6 月 22 日，微软公司在雷德蒙德市（Redmond）召开了企业复兴会议，在会上宣布了一项发展 Microsoft 的计划，以重塑公司的技术和业务为主要内容。为了强化微软在人们心中的印象，微软在此时展开了一场强化运动，几乎所有的虚拟产品都打上了 Microsoft 的标签。会上宣称 "Microsoft 将会影响到程序员们编写的每一段程序代码"。这表明微软将以网络为中心，彻底转换产品研发、发布的方式，改变产品和服务的范围。随着这一计划的推出，也迫切需要一种简单而专业化的语言，一种简单而专业化的平台且便于软件人员能轻松地编写优秀软件的 C#（See Sharp）语言诞生了。于是经过一年多的喧嚣，2001 年 5 月 31 日 Office XP 正式发布，微软强调这个 XP 版本加强的是"体验"（Experience）及其网络的整合，而 "用户体验"和与网络的融合都是战略的一部分。

微软公司在 2000 年又发布.NET Framework 1.0 测试版本，当时只提供了一些最基本的开发工具和文档，要想编写程序，只能找一些第三方的编辑器（比如 UltraEdit）完成代码的编写工作，再手动使用相应的语言编译器生成可执行程序文件，极不方便；2002 年 2 月，微软发布了.NET Framework 1.0 正式版，相应地推出了 Visual Studio 2002，它是微软在开发工具上积累 4 年经验之后的一次大革新，它全面支持基于.NET 平台的各种应用程序开发，是第一个开发工具。2003 年 4 月，微软又推出了.NET Framework 1.1，相应地发布了 Visual Studio 2003 开发工具。2005 年 11 月，.NET Framework 2.0 发布，相应地发布了 Visual Studio 2005 开发工具，其中集成了许多软件工程工具（如单元测试、分布式系统设计器等），使之成为 Visual Studio 历史上对团队开发支持最好的版本。2007 年 11 月，微软发布了.NET Framework 3.5，相应的发布了 Visual Studio 2008 开发工具。2010 年 4 月 12 日，微软发布了 Visual Studio 2010 以及.NET Framework 4.0。2012 年 9 月 12 日，微软在西雅图发布了支持.NET Framework 4.0 的 Visual Studio 2012，本书的开发环境以 Visual Studio 2012 为蓝本。

4.2 .NET 平台

.NET 平台主要包含 4 个部分的内容：底层操作系统、企业服务器、框架和集成开发工具 Visual Studio。

1. 底层操作系统

微软借助其在桌面操作系统的领导地位，将 Windows 系列操作系统融入平台中。目前，Windows 7、Windows8、Windows8.1 等操作系统都支持该平台。

2. 企业服务器

.NET 平台还提供了系列服务器供企业使用。

（1）Exchange 2000 Server 及以后版本：Exchange 不是单纯的 E-mail 服务器，它更是一个复杂的信息平台。

（2）SQL Server 2000 及以后版本：SQL Server 提供完善的数据处理功能，包含数据挖掘，XML 的直接 Internet 支持。目前,在 Windows CE 中又推出了 SQL Server 2000 Windows CE Edition。

（3）BizTalk Server 2000 及以后版本：用于企业间交换商务信息，它利用 XML 作为企业内部及企业间文档传输的数据格式，可以屏蔽平台、操作系统间的差异，使商业系统的集成成为可能。

（4）Commerce Server 2000 及以后版本：用于快速创建在线电子商务。
（5）Mobile Information Server：为移动信息服务器提供可靠而且具有伸缩性的平台。

4.3 .NET 框架

4.3.1 .NET 框架

.NET 框架（.NET Framework）是由微软开发的一个致力于敏捷软件开发（Agile softwared evelopment）、快速应用开发（Rapidapplication development）、平台无关性和网络透明化的软件开发平台。.NET 是微软为下一个十年对服务器和桌面型软件工程迈出的第一步。.NET 包含许多有助于互联网和内部网应用迅捷开发的技术。

4.3.2 .NET 框架的组成

.NET 框架主要包括公共语言运行时（Common Language Runtime，CLR）和框架类库（Framework Class Library，FCL）。目前，微软发布了.NET Framework 4.5 版本。

4.3.3 集成开发工具 Visual Studio

微软将它的全部开发语言都集成在 Visual Studio 工具中，在 Visual Studio 中可以用 C# 语言、C++语言、Basic 语言、J#语言进行开发，可以开发桌面应用程序、Web 应用程序、智能设备应用程序等。

4.4 ASP.NET 的简介

ASP.NET 是.NET Framework 的一部分，是一项微软公司的技术，是一种使嵌入网页中的脚本可由因特网服务器执行的服务器端脚本技术，它可以在通过 HTTP 请求文档时再在 Web 服务器上动态地创建它们。Active Server Pages(动态服务器页面)是指运行于 IIS(Internet Information Server 服务是 Windows 开发的 Web 服务器)中的程序。

4.4.1 ASP.NET 的发展历程及新特性

1. ASP.NET 的发展历程

ASP.NET 的前身 ASP 技术，是在 IIS 2.0（Windows NT 3.51）上首次被推出的，当时是与 ADO 1.0 一起推出的，并在 IIS 3.0（Windows NT 4.0）发扬光大，成为服务器端应用程序的热门开发工具，微软还特别为它量身打造了 VisualInter Dev 开发工具，在 1994～2000年，ASP 技术已经成为微软推展 Windows NT 4.0 平台的关键技术之一，数以万计的 ASP 网站也是这个时候开始如雨后春笋般出现在网络上。它的简单以及高度可定制化的能力，也是它能迅速崛起的原因之一。不过 ASP 的缺点也逐渐浮现出来：面向过程型的程序开发方法，让维护的难度提高很多，尤其是大型的 ASP 应用程序。解释型的 VBScript 或 JScript 语言，让其性能无法完全发挥。扩展性由于其基础架构的不足而受限，虽然有 COM 元件可用，但开发一些特殊功能（如文件上传）时，没有来自内置的支持，需要寻求第三方控件商的控件。

1997 年，微软针对 ASP 的缺点（尤其是面向过程型的开发思想），开始了一个新的项目。当时 ASP .NET 的主要领导人 Scott Guthrie 刚从杜克大学毕业，他和 IIS 团队的 Mark Anders 经理一起合作两个月，开发出了下一代 ASP 技术的原型，这个原型在 1997 年的圣诞节被发展出来，并给予一个名称：XSP，这个原型产品使用的是 Java 语言。不过它马上就被纳入当时还在开发中的 CLR 平台，Scott Guthrie 事后也认为将这个技术移植到当时的 CLR 平台，确实有很大的风险（huge risk），但当时的 XSP 团队却是以 CLR 开发应用的第一个团队。

为了将 XSP 移植到 CLR 中，XSP 团队将 XSP 的内核程序全部以 C#语言进行了重构（在内部的项目代号是 "Project Cool"，但是当时对公开场合是保密的），并且改名为 ASP+，而且为 ASP 开发人员提供了相应的迁移策略。ASP+首次的 Beta 版本以及应用在 PDC 2000 中亮相，由 Bill Gates 主讲 Keynote（即关键技术的概览），由富士通公司展示使用 COBOL 语言撰写 ASP+应用程序，并且宣布它可以使用 Visual Basic .NET、C#、Perl、Nemerle 与 Python 语言（后两者由 ActiveState 公司开发的互通工具支持）来开发。

在 2000 年第二季度，微软正式推动.NET 策略，ASP+也顺理成章地改名为 ASP .NET，经过四年的开发，第一个版本的 ASP .NET 在 2002 年 1 月 5 日亮相（和.NET Framework1.0），Scott Guthrie 也成为 ASP .NET 的产品经理（后来 Scott Gu thrie 主导开发了数个微软产品，如：ASP .NET AJAX、Silverlight、SignalR 以及 ASP .NET MVC）。

2. ASP.NET 的新特性

（1）对 ASP.NET Web API 的增强。
① Web API 跟踪。
② 自动生成 API 文档或帮助页。
③ 添加 Queryable 特性（attribute），这可以让 Web API 支持 OData 语法。
（2）新增了一些模板。
① Facebook 应用程序模板，包含一些表示 Facebook 用户的类。
② SPA 模板。
（3）使用 Windows Azure 认证，对 Office 365 用户或自定义 Windows Azure 活动目录域中的用户进行认证。
（4）Web Form 中添加了更多与 MVC 类似的特性，如为强类型模型提供 CRUD 页面的基本结构（scaffolding）。
（5）Visual Studio Web Essentials 的新特性——其中最有趣的特性是，可以在编译成 JS 的语言（如 TypeScript 和 CoffeeScript）旁边放置生成的 JavaScript，并调试其原始代码。

4.4.2 ASP.NET 的开发环境

每一个正式版本的.NET 框架都会有一个与之对应的高度集成的开发环境，微软公司称之为 Visual Studio，也就是可视化工作室。随同.NET4.0 一起发布的开发工具是 Visual Studio

2012，它对基于.NET4.0 的项目开发有很大帮助，使用 Visual Studio 2012 可以很方便地进行各种项目的创建、具体程序的设计、程序调试和跟踪以及项目发布等。

4.4.3 ASP.NET 的运行环境

Internet Information Services（IIS，互联网信息服务），是由微软公司提供的基于运行 Microsoft Windows 的互联网基本服务。它最初是 Windows NT 版本的可选包，随后内置在 Windows 2000、Windows XP Professional 和 Windows Server 2003 一起发行，但在 Windows XP Home 版本上并没有 IIS。

IIS 是 Internet Information Services 的缩写，是一个 World Wide Web server。Gopher server 和 FTP server 全部被包容在里面。IIS 意味着你能发布网页，并且由 ASP（Active Server Pages）、JAVA、VBscript 产生页面，有着一些扩展功能。IIS 支持一些有趣的东西，像有编辑环境的界面（FRONTPAGE）、有全文检索功能（INDEX SERVER）、有多媒体功能（NET SHOW），其次，IIS 是随 Windows NT Server 4.0 一起提供的文件和应用程序服务器，是在 Windows NT Server 上建立 Internet 服务器的基本组件。它与 Windows NT Server 完全集成，允许使用 Windows NT Server 内置的安全性以及 NTFS 文件系统建立强大灵活的 Internet/Intranet 站点。IIS（Internet Information Server，互联网信息服务）是一种 Web（网页）服务组件，其中包括 Web 服务器、FTP 服务器、NNTP 服务器和 SMTP 服务器，分别用于网页浏览、文件传输、新闻服务和邮件发送等方面，使得它在网络（包括互联网和局域网）上发布信息成了一件很容易的事。

4.4.4 ASP.NET 的程序结构

在企业应用系统开发过程中，比较流行的 3 层结构（不包括后台数据库）是将系统分为表示层、业务逻辑层、数据访问层。

表示层——最外层（最上层），离用户最近。用于显示数据和接收用户输入的数据，为用户提供一种交互式操作的界面。对流入的数据的正确性和有效性负责，对呈现样式负责，对呈现出现的错误信息负责。

业务逻辑层——处于数据访问层与表示层中间，在数据交换中起承上启下的作用。对于数据访问层而言，它是调用者；对于表示层而言，它却是被调用者。依赖与被依赖的关系都纠结在业务逻辑层上。它负责系统领域业务的处理，负责逻辑性数据的生成、处理及转换。

数据访问层——有时候也称为持久化层，其功能主要负责数据库的访问，可以访问数据库系统、二进制文件、文本文档或 XML 文档。简单地说，就是实现数据库的 SELECT、INSERT、UPDATE 和 DELETE 操作。数据访问层对数据的正确性和可用性不负责，对数据的用途不了解，不负担任何业务逻辑。

4.4.5 WebForm 与页面代码分离

（1）我们先创建一个页面。

```
1  <%@ Page Language="C#" AutoEventWireup="true" CodeFile="Default.aspx.cs" Inherits="_Default" %>
2
3  <!DOCTYPE html>
4
5  <html xmlns="http://www.w3.org/1999/xhtml">
6  <head runat="server">
7  <meta http-equiv="Content-Type" content="text/html; charset=utf-8"/>
8      <title></title>
9  </head>
10 <body>
11     <form id="form1" runat="server">
12     <div>
13
14     </div>
15     </form>
16 </body>
17 </html>
18
```

（2）后台文件。

```
1  using System;
2  using System.Collections.Generic;
3  using System.Linq;
4  using System.Web;
5  using System.Web.UI;
6  using System.Web.UI.WebControls;
7
8  public partial class _Default : System.Web.UI.Page
9  {
10     protected void Page_Load(object sender, EventArgs e)
11     {
12
13     }
14 }
```

（3）WebForm1.aspx 页面文件的头部 Inherits 对象，它的值是 MyWebSiteTest.WebForm1（后台文件）命名空间 MyWebSiteTest，然后是个类（后台的代码块是一个类文件），只不过这个类继承的是 System.Web.UI.Page，这是所有 asp.net 的页面的基类。只要继承于 System.Web.UI.Page 的类的命名空间与页面头标签属性 Inherits 的值一致，就可以将后台代码和前台页面关联起来了。

第 5 章 ASP.NET 用户界面设计

教学要求

（1）了解主题的应用。
（2）掌握母版页的使用方法。
（3）掌握用户控件的使用。
（4）了解站点地图与页面导航。

内容框架图

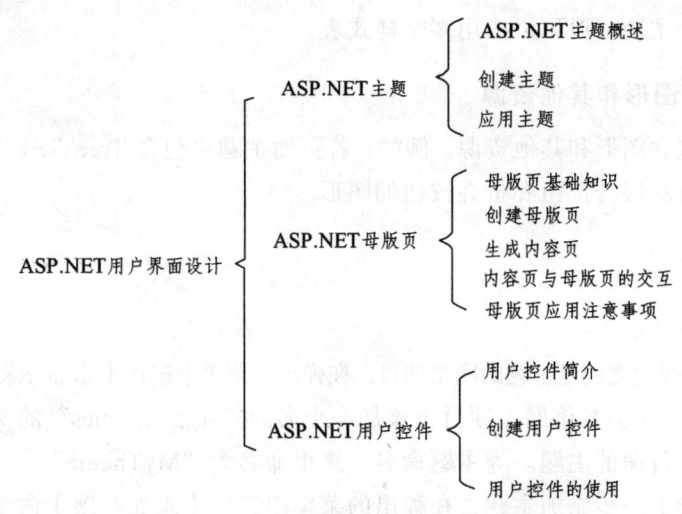

5.1 ASP.NET 主题

5.1.1 概述

ASP.NET 的主题和外观特性，使开发者能够把样式和布局信息存放到一组独立的文件中，统称为主题（Theme）。通过改变主题的内容，而不用改变站点的单个页面，就可以轻易地改变站点的样式。

ASP.NET 主题是定义网站中页面和控件的外观的属性集合。主题可以包括外观文件（定义 ASP.NET Web 服务器控件的属性设置），还可以包括级联样式表文件（.css）和图形资源等。通过应用主题，可以为页面提供一致的外观。

1. 外观文件

外观文件扩展名.skin，它包含各种类控件（如 Button、Label、TextBox 或 Calendar 控件等）的属性设置。例如：下面是 Button 控件的控件外观：

<asp：Button ID="Button1" runat="server" Text="Button" />

2. 级联样式表

主题还可以包含级联样式表（.css 文件），将.css 文件放在主题文件夹中，样式表自动作为主题的一部分加以应用。

主题可以定义控件或网页的许多属性，而不仅仅是样式表属性，主题还可以包括图形。每页只能应用一个主题，但可以应用多个样式表。

3. 主体中的图形和其他资源

主题还可以包含图形和其他资源。例如：若页面主题中包含 TreeView 空间的外观，则在主题中包括用于表示展开按钮和折叠按钮的图形。

5.1.2 创建主题

创建主题的步骤如下：

（1）右键单击要为之创建主题的网站项目，在弹出的菜单中选择【添加 ASP.NET 文件夹】→【主题】命令，此时就会在该网站项目下添加一个名为"App_Themes"的文件夹，并在该文件中自动添加一个待命的主题。为主题命名，这里命名为"MyTheme"。

（2）右键单击上一步添加主题，在弹出的菜单中选择【添加新项】命令，打开"添加新项"的对话框。在该对话框选择"外观文件"模板，并为外观文件命名，这里命名为 MySkinFile.Skin，如图 5.1 所示，单击"添加"按钮，就会创建外观文件。

第 5 章 ASP.NET 用户界面设计

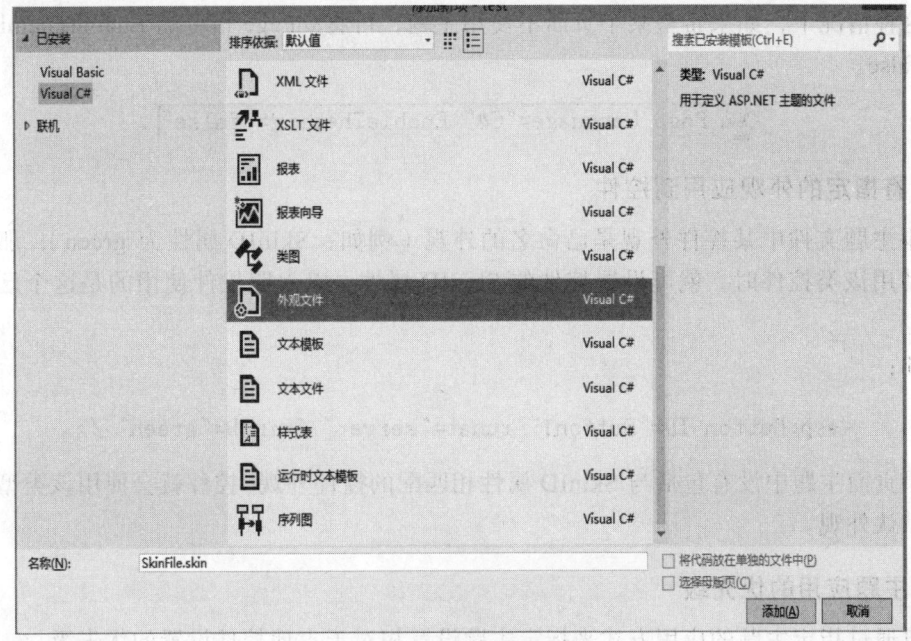

图 5.1 添加外观文件

（3）按照说明格式编写控件的外观。

```
<asp：Button    runat="server"    BackColor="#FFFFC0" />
<asp：Button    runat="server" SkinID="green" BackColor="#00FFC0" />
```

5.1.3 应用主题

主题可以应用到当前 ASP.NET 网页，也可以应用到站内所有 ASP.NET 网页。

1. 将主题应用到个别网页

定义主题之后，可以使用@Page 指令的 Theme 或 StyleSheetTheme 属性将该主题应用到个别 ASP.NET 网页上。

例如：将主题 MyTheme 应用到 Index.aspx 上，可以按如下设置：

```
<%@ Page Title="" Language="C#" Theme="MyTheme"
```

2. 将主题应用到网站中的所有页

设置配置文件（Web.config）中的 pages 节，可将主题应用到网站中的所有页。

例如：

```
<configuration>
  <system.web>
    <compilation debug="true" targetFramework="4.5"/>
    <httpRuntime targetFramework="4.5"/>
    <pages theme="MyTheme" />
  </system.web>
</configuration>
```

在这种情况下，如果希望某个页面不使用主题，可将@Page 指令的 EnableTheming 属性设置为 false。

```
<%@ Page Language="C#" EnableTheming="false"
```

3. 将指定的外观应用到控件

如果主题文件中某控件外观是已命名的外观（例如：SkinID 属性为 green），那么，在网页中使用该类控件时，就可设置控件的 SkinID 属性，以表明控件使用的是这个已命名的外观。

例如：

```
<asp:Button ID="Button1" runat="server" SkinID="green" />
```

如果页面主题中没有包括与 SkinID 属性相匹配的控件外观，控件就会使用该类型控件所定义的默认外观。

4. 主题应用的优先级

可以通过指定主题的应用方式来指定主题设置相对于本地控件设置的优先级。

如果主题是通过@Page 指令或配置的<pages/>节的 Theme 属性应用的，则主题中的外观属性将重洗页面中目标控件的同名属性。

如果主题是通过设置@Page 指令或配置的<pages/>节的 StyleSheetTheme 属性应用的，可以将主题定义作为服务器端样式来应用。主题中的外观属性可被页面中的控件属性重写。

如果应用程序应用了 Theme 又应用了 StyleSheetTheme，则按以下顺序应用控件的属性。首先应用 StyleSheetTheme 属性，然后应用页中的控件属性（重写 StyleSheetTheme），最后应用 Theme 属性（重写控件属性和 StyleSheetTheme）。

5. 以编程方式应用页面主题

在网页的 PreInit 事件中，可以用代码设置页面的 Theme 属性。

例如：根据查询字符串中传递的值按条件设置页面主题。

```
protected void Page_PreInit(object sender, EventArgs e)
{
    switch (Request.QueryString["theme"])
    {
        case "Blue":
            Page.Theme = "BlueTheme";
            break;
        case "Pink":
            Page.Theme = "PinkTheme";
            break;
    }
}
```

步骤：

（1）右键单击要为之创建主题的网站项目，在弹出的菜单中选择【添加 ASP.NET 文件夹】→【主题】命令，此时就会在该网站项目下添加一个名为"App_Themes"的文件夹，并在该文件中自动添加一个待命的主题。为主题命名，这里命名为"MyTheme"。

（2）右键单击上一步添加主题，在弹出的菜单中选择【添加新项】命令，打开"添加新项"的对话框。在该对话框选择"外观文件"模板，并为外观文件命名，这里命名为 MySkinFile.Skin。

（3）按照说明格式编写控件的外观。

```
<asp:Button runat="server" BackColor="#FFFFCC0" />
<asp:Button runat="server" SkinID="green" BackColor="#00FFC0" />
```

```
<%@ Page Language="C#" Theme="MyTheme" AutoEventWireup="true" CodeFile="Default.a
<!DOCTYPE html>

<html xmlns="http://www.w3.org/1999/xhtml">
<head runat="server">
<meta http-equiv="Content-Type" content="text/html; charset=utf-8"/>
    <title></title>
</head>
<body>
    <form id="form1" runat="server">
    <div>
    
        <asp:Button ID="Button1" runat="server" Text="Button" />
        <br />
        <asp:Button ID="Button2" runat="server" SkinID="green" Text="Button" />
    
    </div>
    </form>
</body>
</html>
```

5.2 ASP.NET 母版页

5.2.1 母版页的基础知识

1. 母版页

母版页是 ASP.NET 提供的一种重用技术，可帮助整个网站进行统一的布局。在这种技术中，网页被分成两类，外观描述一致的网页称为母版页（Master Page），引用母版页的网页称为内容页（Content Page）。单个母版页可以为应用程序中的所有页（或一组页）定义所需要的外观和标准行为。当用户请求内容页时，这些内容页与母版页合并，将母版页的布局与内容页的内容组合在一起输出。

母版页在具有扩展名为.master 的 ASP.NET 文件，它具有可以包括静态文本、HTML 元素和服务器控件的预定义布局。母版页由特殊的@Master 指令识别，该指令替换了用于普通.aspx 页的@Page 指令。

该指令看起来类似于以下代码：

```
<%@ Master Language="C#" AutoEventWireup="true"
    CodeFile="MasterPage.master.cs" Inherits="Web_MasterPage" %>
```

与一般页面不同，母版页包括一个或多个 ContentPlaceHolder（内容占位控件）。这些占位控件定义可替换内容出现的区域，可替换内容是在内容页中定义的。所谓内容页就是绑定到特定母版页的 ASP.NET 页，通过创建各个内容页来定义母版页的占位控件的内容，从而实现页面的内容设计。

在内容页的@Page 指令中通过使用 MasterPageFile 属性来指向要使用的母版页，从而建立内容页和母版页的绑定。

```
<%@ Page Title="内容页" Language="C#" MasterPageFile="~/Web/MasterPage.master"
    AutoEventWireup="true" CodeFile="Default.aspx.cs" Inherits="Web_Default" %>
<asp:Content ID="Content1" ContentPlaceHolderID="head" Runat="Server">
</asp:Content>
```

2. 母版页的执行原理

母版页和内容页的运行过程可以概括为以下 5 个步骤。

（1）用户通过键入内容页的 URL 来请求该页。

（2）获取内容页后，读取@Page 指令。如果该指令引用一个母版页，则也读取该母版页；如果是第一次请求这两个页，则两个页都要进行编译。

（3）母版页合并到内容页的控件树中。

（4）各个 Content 控件的内容合并到母版页中相应的 ContentPlaceHolder 控件中。

（5）呈现得到的结果页。

5.2.2 创建母版页

提示：只能在 Visual Sudio 里面才能使用母版页。

创建母版页的步骤如下：

打开项目，选择"项目的根目录"选项后右击鼠标，在出现的快捷菜单中选择【添加新项】|【母版页】命令，如图 5.2 所示。

第 5 章 ASP.NET 用户界面设计

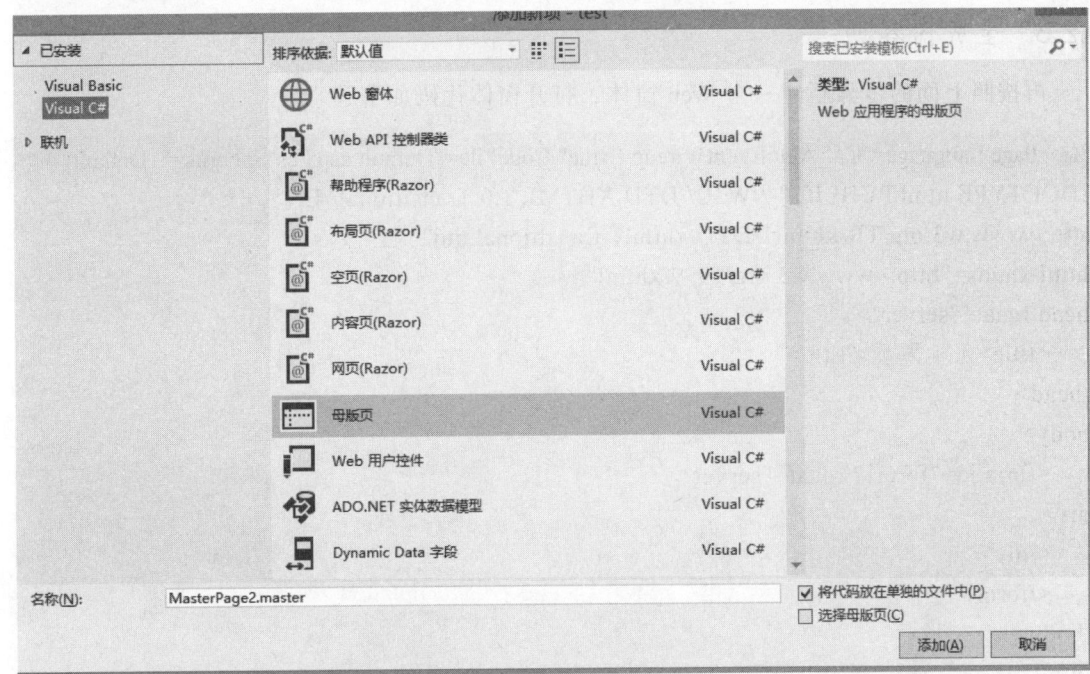

图 5.2 添加母版页

添加母版页代码如下：

```
<%@ Master Language="C#" AutoEventWireup="true" CodeFile="MasterPage.master.cs" Inherits="MasterPage" %>
<!DOCTYPE html PUBLIC "-//W3C//DTD XHTML 1.0 Transitional//EN" "http: //www.w3.org/TR/xhtml1/DTD/xhtml1-transitional.dtd">
<html xmlns="http: //www.w3.org/1999/xhtml">
<head runat="server">
    <title>无标题页</title>
    <asp: ContentPlaceHolder id="head" runat="server">
    </asp: ContentPlaceHolder>
</head>
<body>
    <form id="form1" runat="server">
    <div>
        <asp: ContentPlaceHolder id="ContentPlaceHolder1" runat="server">

        </asp: ContentPlaceHolder>
    </div>
    </form>
</body>
</html>
```

5.2.3 生成内容页

再按照上面的步骤新建一个 Web 窗体，打开窗体代码如下：

```
<%@ Page Language="C#" AutoEventWireup="true" CodeFile="Default.aspx.cs" Inherits="_Default" %>
<!DOCTYPE html PUBLIC "-//W3C//DTD XHTML 1.0 Transitional//EN"
"http://www.w3.org/TR/xhtml1/DTD/xhtml1-transitional.dtd">
<html xmlns="http://www.w3.org/1999/xhtml">
<head runat="server">
    <title>无标题页</title>
</head>
<body>
    <form id="form1" runat="server">
<div>
    </div>
    </form>
</body>
</html>
```

对比可以看到母版页和一般 Web 窗体的不同之处就在于整个网站中每个页面不同的区域，也就是每个页面都要编辑的区域，即以上有灰色背景的区域。

注意：母版页的编辑方式和普通的 Web 窗体的编辑方式是一样的。

调用母版页的步骤如下。

新建一个 Web 窗体，将【语言】栏后面的【选择母版页】复选框选中，然后单击【添加】按钮（见图 5.3），选择一个母版页后单击【确定】按钮（见图 5.4）。

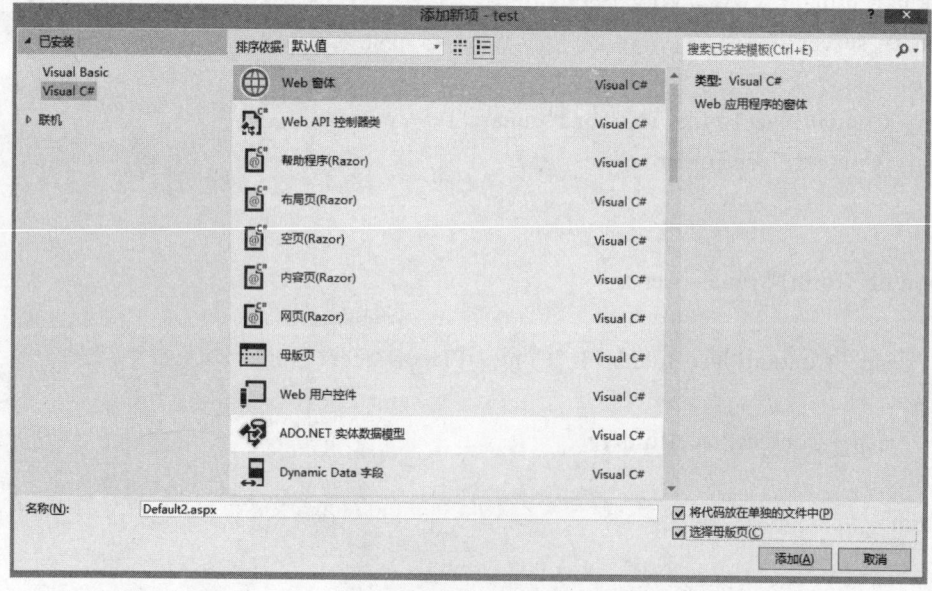

图 5.3　添加 Web 页面

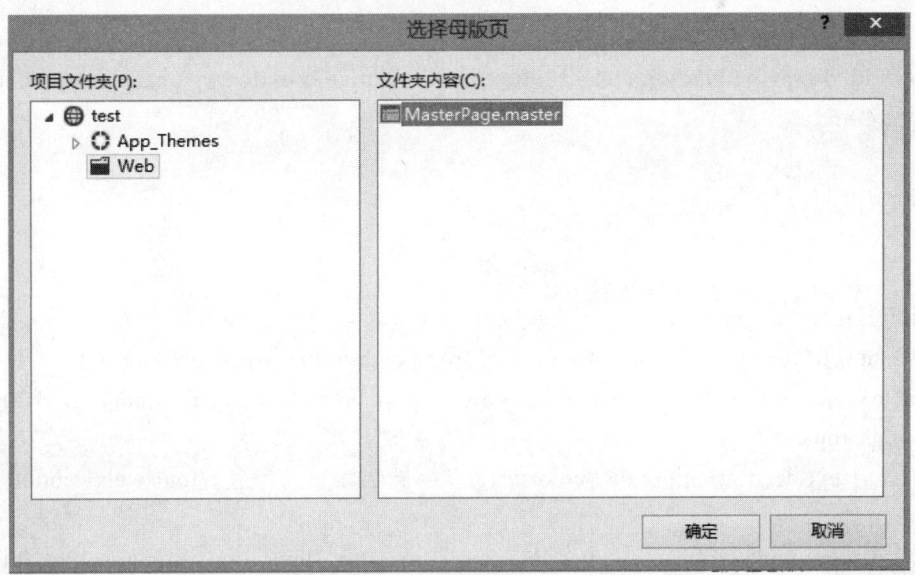

图 5.4　选择母版页

5.2.4　内容页与母版页的交互

做一个简单的母版,并在 Web 窗体中应用母版。

【解题思路】

本案例主要是运用母版来对页面进行一个总体划分,把网页保持不变的元素总体划成一块,这样就能减少很多的代码冗余量。

【实现步骤】

1. 新建 CSS 样式表

打开一个项目,选中项目根目录后右击鼠标,在弹出的快捷菜单中选择【添加新项】|【样式表】命令,并将该样式表命名为"main"。

在样式表中输入以下代码。

```
*{ margin:0; padding:0; list-style:none}
img{ border:0;   }
a{ text-decoration:none; }
body{
    background:url(../images/uav_02.jpg) repeat-x;font: normal 13px/22px "微软雅黑";              }
#container{width:980px;height:100%;margin:0 auto                                             }
#head{width:980px;height:120px;float:left;background:#53a5b5;
}
#head_logo{width:980px;height:70px;float:left;background:url(../images/logo.png) no-repeat;
}
```

```css
/*导航*/
.navBar{width:980px;height:40px; float:left;position:relative; z-index:1;    background:none;
line-height:40px;
}
.nav{color:#fff; }
.nav .m{
    float:left;
    position:relative; }
.nav h3{float:left; font-size:100%;   font-size:14px; height:40px; overflow:hidden}
.nav h3 a{text-decoration:none;    list-style:none; display:block; color:#fff    padding:0 20px;
vertical-align:top}
.nav .on h3 a{text-decoration:none;    color:#fff /*导航字体当前颜色*/font-weight:bold
    }
.nav .sub{ display:none;width:80px; padding:0px 10px 10px 10px;    position:absolute; left:0;
top:40px; }
.nav .sub li{height:24px; line-height:24px;float:left; width:80px;background:#53A5B5;}
.nav .sub li a{text-decoration:none;    display:block; padding-left:8px; color:#FFF;
    font-weight:bold;}
.nav .sub li a:hover{color:#FC6;}
.nav #m5 .sub{ width:80px; left:auto; }
/*底部*/
#footer{width:980px;height:80px;line-height:24px;float:left;
    background:#53a5b5;color:#FFF;text-align:center;padding-top:14px;}
```

2. 新建母版

选中项目根目录后右击鼠标，在弹出的快捷菜单中选择【添加新项】|【母版页】命令，并将该母版页命名为"main"。

在母版中输入以下代码。

```html
<!DOCTYPE html PUBLIC "-//W3C//DTD XHTML 1.0 Transitional//EN"
"http://www.w3.org/TR/xhtml1/DTD/xhtml1-transitional.dtd">
<html xmlns="http://www.w3.org/1999/xhtml">
<head>
<meta http-equiv="Content-Type" content="text/html; charset=utf-8" />
<title>无人机</title>
<link rel="stylesheet" type="text/css" href="../css/Main.css"/>
<link rel="stylesheet" type="text/css" href="../css/Index.css"/>
<script type="text/javascript" src="../jquery/jquery1.42.min.js"></script>
<script type="text/javascript" src="../jquery/jquery.SuperSlide.2.1.1.js"></script>
</head>
```

```html
<body>
<div id="container">
    <div id="head">
        <div id="head_logo"></div>
        <div class="navBar">
        <ul class="nav">
            <li id="m1" class="m">
                <h3><a href="#" style="color:#FC6">网站首页</a></h3>
            </li>
            <li id="m2" class="m">
                <h3><a href="NewsPic.html">新闻中心</a></h3>
                <ul class="sub">
                    <li><a href="NewsPic.html">图片新闻</a></li>
                    <li><a href="News.html">焦点新闻</a></li>
                </ul>
            </li>
            <li id="m3" class="m">
                <h3><a href="#">科普知识</a></h3>
            </li>
            <li id="m4" class="m">
                <h3><a href="#">合作单位</a></h3>
            </li>
            <li id="m5" class="m">
                <h3><a href="#">关于我们</a></h3>
            </li>
        </ul>
        </div>
    </div>
    <div id="footer">
技术支持:静挚工作室<br />
地址:四川省成都市高新区西区大道 2000 号  四川托普信息技术职业学院  邮编:611743  <br />
郑重声明:以上无人机图片均为网上下载,若涉及版权问题请与我们联系我们将不再使用该图片  联系电话:18382414616
    </div>
</div>
</body>
</html>
```

3. 新建 Web 窗体

选择根目录后右击鼠标,在弹出的快捷菜单中选择【添加新项】|【Web 窗体】命令,并

将该窗体命名为"Main";然后勾选"选择母版页"前面的复选框,最后单击【确定】按钮,即将占位符区域转换成自定义区域。

在自定义区域内输入以下代码。

```html
/div>
    <div id="content">
        <div class="focusBox" >
        <ul class="pic">
            <li><a href="#" target="_blank"><img src="../images/1.jpg"/></a></li>
            <li><a href="#" target="_blank"><img src="../images/2.jpg"/></a></li>
            <li><a href="#" target="_blank"><img src="../images/3.jpg"/></a></li>
            <li><a href="#" target="_blank"><img src="../images/4.jpg"/></a></li>
            <li><a href="#" target="_blank"><img src="../images/5.jpg"/></a></li>
        </ul>
        <a class="prev" href="javascript:void(0)"></a>
        <a class="next" href="javascript:void(0)"></a>
        <ul class="hd">
            <li></li>
            <li></li>
            <li></li>
            <li></li>
            <li></li>
        </ul>
    </div>
<script type="text/javascript">
jQuery(".focusBox").slide({ mainCell:".pic",effect:"left", autoPlay:true, delayTime:300});
</script>

<!-----------------------------------图片新闻开始--------------------------------->
<div class="box">
    <div class="headline">图片新闻<i>PictureNews</i>
    <span><a href="NewsPic.html" target="_blank">more&gt;&gt;</a></span></div>
    <div class="headline_bottom"></div>
    <div class="newsPic_bd">
    <div class="focus" style="margin:0 auto">
<div id="pic">

</div>
<div class="tip-bg"></div>
<div id="tip">
<ul>
```

```html
        <li></li>
        <li></li>
        <li></li>
        <li></li>
    </ul>
</div>
<div class="btn">
<ul>
    <li class="prev" id="focus_btn_left"></li>
    <li class="next" id="focus_btn_right"></li>
</ul>
</div>
</div>
<script type="text/javascript">jQuery(".focus").slide({ titCell:"#tip li", mainCell:"#pic ul",effect:"left",autoPlay:true,delayTime:200 });</script>


        </div>
</div>
<!---------------------------------图片新闻结束---------------------------------->
<!---------------------------------焦点新闻开始---------------------------------->
<div class="box">
    <div class="headline">焦点新闻<i>News</i>
    <span><a href="News.html" target="_blank">more&gt;&gt;</a></span>
    </div>
    <div class="headline_bottom"></div>
    <div class="news_bd">

    </div>
</div>
<!---------------------------------焦点新闻结束---------------------------------->
<!---------------------------------通知公告开始---------------------------------->
<div class="box">
    <div class="headline">通知公告<i>Notice</i>
    <span><a href="#">more&gt;&gt;</a></span></div>
    <div class="headline_bottom"></div>
    <div id="txtMarqueeTop">
        <div class="sideBox_bd">

            </div>
        </div>
```

```html
            <script type="text/javascript">jQuery("#txtMarqueeTop").slide({ mainCell:"ul",autoPlay:true,effect:"topMarquee",interTime:100,vis:7   });</script>

        </div>
        <!---------------------------------通知公告结束--------------------------------->
        <!------------------------Marquee 图片不间断向左滚动无人机科普开始--------------------->
        <div class="box_big">
            <div class="headline">无人机科普<i>Popularization of science</i>
            <span><a href="#">more&gt;&gt;</a></span></div>
            <div class="headline_bottomlang"></div>
            <div class="science_bd">
                <div id="beauty" style="overflow: hidden; width:620px;height:200px; margin-top:7px">
                    <table cellSpacing=0 cellpadding=0 border=0>
                        <tbody>
                            <tr>
                                <td id=beauty1>
                                    <!--滚动部分表格开始-->

                                    <!--滚动部分表格结束-->
                                </td>
                                <td id=beauty2></td>
                            </tr>
                        </tbody>
                    </table>
                </div>
                <!--图片不间断向左滚动开始-->

            </div>
        </div>

        <!------------------------Marquee 图片不间断向左滚动无人机科普结束--------------------->
        <!--------------------------Tab 实验室简介、学子风采开始-------------------------->
        <div class="box">
            <div class="notice" >
            <div class="tab-hd">
            <ul class="tab-nav">
                <li><a href="#" >实验室简介<i>Introduce</i></a></li>
                <li><a href="#" >学子风采<i>Style</i></a></li>
```

```
        </ul>
    </div>
    <div class="headline_bottom"></div>
        <div class="tab-bd">
            <div class="tab-pal">

            </div>

        </div>
        <script type="text/javascript">jQuery(".notice").slide({ titCell:".tab-hd li",mainCell:".tab-bd",delayTime:0 });</script>

</div>
```

保存并运行，效果如图 5.5 所示。

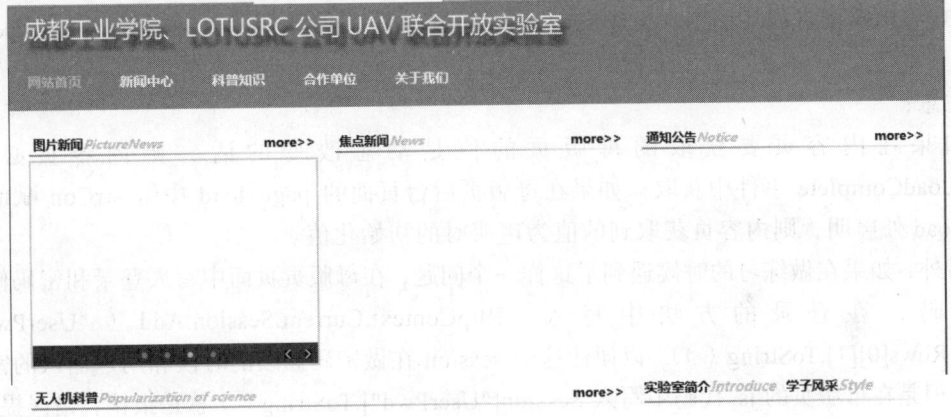

图 5.5 运行效果图

5.2.5 母版页应注意的事项

1. JavaScript 调用控件

1）调用客户端控件

直接调用母版页或子页面的所有客户端控件（input）的属性，客户端控件无论是在内容页还是在母版页，它的 id、name 等属性值都不会发生变化。

2）调用服务器端控件

要注意在应用了母版页的内容页中，母版页的 Form 属性会变为<form name="aspnetForm" method="post" action="HomePage.aspx" id="aspnetForm">；凡是控件中带有 runat="server"的控件，其 id 的属性值会加上"ctl00$"（由于控件类型的不同，前面附加的值也不同，如还有可能是"ctl00_"），其 name 属性值亦同理，具体可以通过查看源文件得到相应的 id 与 name 值。

2. 内容页引用母版页的成员变量值

（1）在母版页的后台页面写入 public string strCon=System.Configuration.ConfigurationManager.AppSettings["ConnStr"];

（2）在内容页的.aspx 中写入<%@ MasterType VirtualPath="~/MasterPageApplication/ParentPage.master" %><%@ MasterType VirtualPath="~/MasterPageApplication/ParentPage.master" %><%@ MasterType VirtualPath="~/MasterPageApplication/ParentPage.master" %><%@ MasterType VirtualPath="~/MasterPageApplication/ParentPage.master" %>；

（3）在内容页的.cs 中引用方法是 SqlHelper.ExecuteDataset(Master.strCon, CommandType.Text, sql);

注意：

如果在内容页要获取的母版页的值是动态改变的话，则内容页必须在 Page_LoadComplete 事件中获取；如果在母版页后台页面的 page_load 中给 strCon 赋值，在 page_load 外声明，则内容页获取到的值为声明时的初始化值。

另外，如果在做练习的时候遇到了这样一个问题，在母版页页面中写入登录和密码修改的 js 代码，在登录的方法中写入 HttpContext.Current.Session.Add（"UserPwd"，dtUser.Rows[0][1].ToString（）），以便让这个 session 在做密码修改的时候和用户输入的密码做比较；但是在母版页的 js 代码中写入 Session["UserPwd"].ToString（）总是报错，错误提示是：未将引用对象实例化。在母版页的 page_load（）方法中写入 string ss=Session["UserPwd"].ToString（）是可以得到密码的。在同事的帮助下，找到了解决方法，就是在 js 方法中将 Session["UserPwd"].ToString（）改成 HttpContext.Current.Session["UserPwd"].ToString（）就可以得到密码了。但此时 page_load（）方法下的 string ss=Session["UserPwd"].ToString（）又开始报错。所以新的问题又出来了，Session 与 HttpContext.Current.Session 到底有什么区别呢？

以下是我在 MSDN 中找到的结果：Session 属性提供对 HttpSessionState 类的属性和方法的编程访问。由于 ASP.NET 页包含对 System.Web 命名空间（含有 HttpContext 类）的默认引用，因此，在.aspx 页上可以引用 HttpContext 的成员，而不需要使用对 HttpContext 的完全限定类引用。例如：可使用 Session（"SessionVariable1"）获取或设置会话状态变量 SessionVariable1 的值。但是，如果要从 ASP.NET 代码隐藏模块中使用 HttpResponse 的成员，则必须在模块中包括对 System.Web 命名空间的引用，同时还要包括对当前活动的请求/响应上下文以及要使用的 System.Web 中的类的完全限定引用。例如：在代码隐藏页中，必须指定完全限定名称 HttpContext.Current.Session（"SessionVariable1"）。如果未启用会话状态，则无法设置或获取会话状态值。若要为应用程序配置会话状态设置，请在 Web.config 文件中设置 sessionState 元素的 mode 属性。启用会话状态后，如果请求一个会话状态变量中不存在的值，则会返回 null。

5.3 ASP.NET 用户控件

5.3.1 用户控件简介

在 ASP.NET 中：使用与 ASP.NET 页相同的语法，以声明方式创作服务器控件，该控件用.ascx 扩展名保存为文本文件。用户控件允许对页功能进行分区和重用。第一次请求时，页框架立即将用户控件分析为从 System.Web.UI.UserControl 派生的类，并将该类编译到一个程序集中；页框架在后面的请求中将重用该程序集。由于用户控件不需要预编译就可以进行页面样式的创作和部署，因此，开发起来很容易。

在 Windows 窗体中：在应用程序内部或应用程序之间提供一致性行为和用户界面的复合控件。用户控件可以是某个应用程序的本地控件，也可以添加到库中并编译成 DLL 供多个应用程序使用。

通常，开发服务器控件有两种方法。

第一种方法，就是所说的自定义控件开发，即继承如 Control 的基类实现服务器控件。

第二种开发服务器控件的方法，即开发用户控件。创建用户控件与创建普通 ASP.NET Web 页面类似，但是如同简述的那样，它们会有些不同。下面列举了创建用户控件必须采取的主要步骤。

（1）创建一个扩展名为.ascx 的文本文件。这是用户控件和 ASP.NET Web 页面的第一个不同点，后者使用的扩展名为.aspx。

（2）在文本文件顶部添加@Control 指令，并通过 Language 属性来设置所选择的编程语言，如 C#。这是用户控件和 Web 页面的第二个不同点。后者使用@Page 指令而不是@Control。

（3）向文本文件添加 HTML 标记文本和 ASP.NET 服务器控件。可以添加除 html、body 和 form 之外的任何 HTML 标记。这是因为用户控件不能单独使用，而必须作为 Web 页面的一部分使用。这是用户控件和 Web 页面的第三个不同点。由于 Web 页面自身独立，因此，最终用户能够直接访问它，而对于用户控件则不是这样。

5.3.2 创建用户控件

（1）创建 asp 引用程序，添加→新建项→web→web 用户控件→命名为 WebUserControl。
（2）进入设计视图，从工具箱中拖入控件 Button1，TextBox1。
（3）按 F1 键进入代码视图。
（4）代码如下所示。

```
namespace Courses
{
    public partial class WebUserControl : System.Web.UI.UserControl
    {
```

```csharp
        //在自定义的控件中定义一个事件,绑定委托为 EventHandler<AddInfoClickEventArgs>,
事件名称为 AddInfoClick
        public event EventHandler<AddInfoClickEventArgs> AddInfoClick;
        protected void Page_Load(object sender, EventArgs e)
        {

        }
        //在自定义控件的 Button1_Click 事件中来触发自定义控件事件 AddInfoClick
        protected void Button1_Click(object sender, EventArgs e)
        {
            //检测自定义事件有没有绑定方法,即有没有注册事件
            if(AddInfoClick!=null ){
                //声明一个发布的消息
                var ex = new AddInfoClickEventArgs {Name =TextBox1.Text};
                //事件触发
                AddInfoClick(this,ex);
            }
        }
    }
    //定义事件参数类,用于控件给预定者发布自身消息内容
    public class AddInfoClickEventArgs:EventArgs{
        public string Name{get;set;}
    }
}
```

（5）进入另外一个 web 窗体，拖入一个 Label 控件，然后从解决方案资源管理器中拖入自定义控件 Label，WebUserControl。

（6）代码如下所示。

```csharp
public partial class WebForm1 : System.Web.UI.Page
    {
        protected void Page_Load(object sender, EventArgs e)
        {
            //在载入的时候给事件注册一个方法 WebUserControl1_AddInfoClick,即发布者
(自定义控件)触发事件、发布消息后，预订者
            //WebUserControlUse 将会执行 WebUserControl1_AddInfoClick 方法
            this.WebUserControl1.AddInfoClick += new EventHandler<AddInfoClickEventArgs>
(WebUserControl1_AddInfoClick);
            if (!IsPostBack)
            {
            }
```

```
public void WebUserControl1_AddInfoClick(object sender, AddInfoClickEventArgs e)
{
    Label1.Text = e.Name;
}
}
```

注意：① 其中事件注册的方法是自己键入。

② 自定义控件的 AddInfoClick 是被 Button 的 Click 事件触发，即 Button 的 Click 事件触发自定义控件 WebUserControll 的 AddInfoClick 事件（发布消息：ex）。预订者注册了事件，所以会执行注册事件的方法，即 WebUserControll_AddInfoClick()方法，并能够接收从发布者传来的参数 ex。

5.3.3 用户控件的使用

创建一个用户控件，实现本站搜索功能。

用户控件：

```
<%@ Control Language="C#" AutoEventWireup="true" CodeFile="WebUserControl2.ascx.cs" Inherits="_UserControls_WebUserControl2" %>
<p>
<asp: TextBox ID="TextBox1" runat="server"></asp: TextBox>
  <asp: Button ID="Button1" runat="server" Text="查询" />
</p>
```

页面：

```
<%@ Page Language="C#" AutoEventWireup="true" CodeFile="Default5.aspx.cs" Inherits="Default5" %>

<%@ Register src="_UserControls/WebUserControl2.ascx" tagname="WebUserControl2" tagprefix="uc1" %>

<!DOCTYPE html PUBLIC "-//W3C//DTD XHTML 1.0 Transitional//EN" "http://www.w3.org/TR/xhtml1/DTD/xhtml1-transitional.dtd">

<html xmlns="http://www.w3.org/1999/xhtml">
<head runat="server">
    <title></title>
</head>
<body>
    <form id="form1" runat="server">
    <div>
    
        <uc1: WebUserControl2 ID="WebUserControl21" runat="server" />
```

```
      </div>
    </form>
</body>
</html>
```

加粗的部分是用户控件的代码（笔者是直接将 ascs 拖到 aspx 的，也可以自己写代码）。

在用户控件的事件中，定义一个事件（这边需要传一个参数，查询条件也就是用户控件的 textbox 的值）。

我们必须将用户控件 textbox 的参数传到页面去，并且在 load 事件中执行。

页面的 cs 文件：

```
using System;
using System.Collections.Generic;
using System.Linq;
using System.Web;
using System.Web.UI;
using System.Web.UI.WebControls;

public partial class Default5 : System.Web.UI.Page
{
    protected void Page_Load(object sender, EventArgs e)
    {
        WebUserControl21.myEvent += new _UserControls_WebUserControl2.mydele(WebUserControl21_myEvent);    // 注意:WebUserControl21 是引用的用户控件 id


    }

    void WebUserControl21_myEvent(string content)
    {
        Response.Write("条件是"+content);


    }
}
```

第6章 ASP.NET 服务器控件技术

教学要求

（1）掌握 ASP.NET 控件的公有属性和基本事件。
（2）掌握常用 ASP.NET 控件的使用方法。

内容框架图

ASP.NET服务器控件技术
- 服务器控件概述
- 标准控件
  - 标准控件简介
  - 文本控件
  - 图像控件
  - 表单控件
  - 链接控件
  - 表格控件
  - 容器控件
- 数据控件
  - 数据控件简介
  - GridView 控件
  - DataList 控件
  - Repeater 控件
  - chart 控件
  - ListView 控件
- 数据验证控件
  - 验证控件简介
  - RequiredFieldValidator 控件
  - CompareValidator 控件
  - RangeValidator 控件
  - RegularExpressionValidator 控件
  - ValidationSummary 控件

6.1　Web 服务器控件概述

6.1.1　概　述

在一个 Web 应用程序中，网页元素除了前面介绍到的 HTML 元素外，其余绝大多数控件都运行于服务器端，我们把这些控件称为 Web 控件。每一个控件实质上是一个对象，属于同一个类。它们凭着各自不同的属性、事件和方法在网页上表现给人们一种"所见即所得"的效果。那么根据它们不同的特点，把这些控件分为标准控件、验证控件、数据控件、导航控件等类别，这一节我们将讲到标准控件、验证及导航控件，数据控件将在后面章节中讲到。

Web 服务器控件层次结构，如图 6.1 所示。

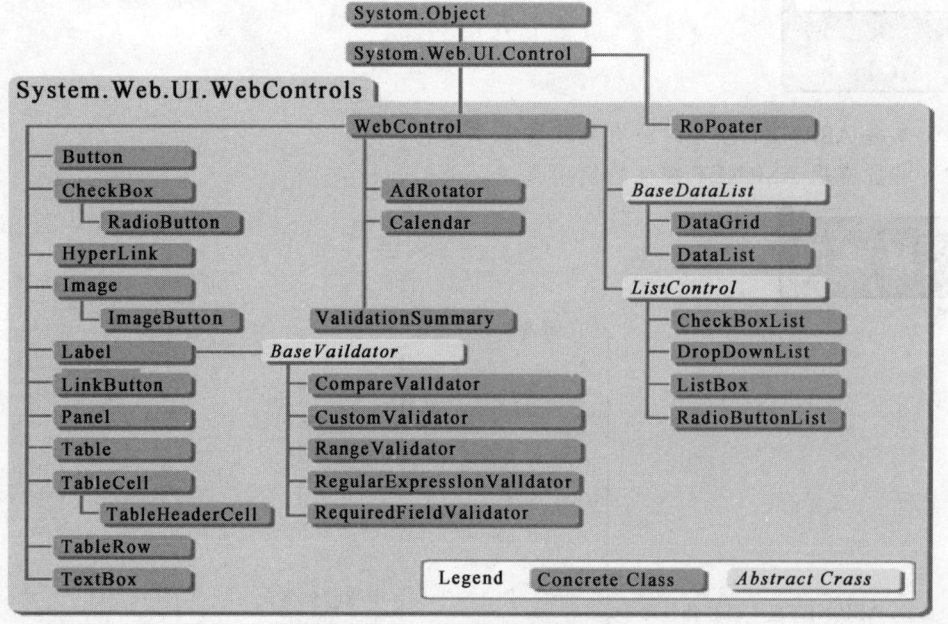

图 6.1　Web 服务器控件层次结构

图 6.1 讲述了 Web 服务器控件的类继承关系，如下所示。

```
System.Object
  System.Web.UI.Control
    System.Web.UI.WebControls.WebControl
      ……
```

Web 服务器控件的命名空间：System.Web.UI.WebControls。

Web 服务器控件基本语法如下。

`<asp: controlType id = "ControlID" runat = "server" thisProperty = "this value" thatProperty = "that value"/>`。

工程师提示

控件标签总是以"asp:"开始,即标记前缀。controlType 即控件的类型或类,如 Button、CheckBox、Gridview 等。Id 属性以编程方式引用控件实例。Runat 告知该控件在服务器端运行。thisProperty、thatProperty 等是后面添加上去的属性。

6.1.2 Web 服务器控件常见属性及事件

Web 服务器控件常用属性,如表 6.1 所示。

表 6.1 Web 服务器控件常用属性

属 性	说 明
AutoPostBack	控件的属性内容发生改变时,Web 表单自动将数据返回,传到服务器
DataSource	指定控件进行数据绑定的数据源
DataBind	将控件与数据源进行数据绑定
Font	控件字体
ForeColor	控件前景色,表示方法如 skyblue 或#f6f6f6
BackColor	控件背景色,表示方法同上
BorderColor	控件的边界色
Height	控件高度,单位 px(像素)、pt、cm、mm 等
Width	控件宽度
Style	控件的风格,在该属性中可以使用 CSS(层叠样式表单)
CssClass	指定 CSS 层叠样式风格
Enabled	True or False 值,表示该控件是否被激活
ToolTip	当光标在控件上停留时,显示提示信息
Visible	Value="True"或"False",表示控件显示或隐藏

Web 服务器控件基本事件,如表 6.2 所示。

表 6.2 Web 服务器控件基本事件

Init	在初始化页后激发
Load	在加载页后激发
PreRender	在呈现该页前激发
DataBinding	在要计算控件的数据绑定表达式时激发
Unload	在卸载该页时激发
Disposed	在控件已被释放后激发

6.2 标准控件

6.2.1 标准控件简介

在了解了 Web 服务器控件架构以及相关属性、事件之后，我们将在此基础上给大家介绍比较常用的一些基本控件，即标准控件。通常创建标准控件有两种方式，即拖动控件到设计页面或手动在源码编辑页面中编写。Visual Studio 设计面板如图 6.2 所示。

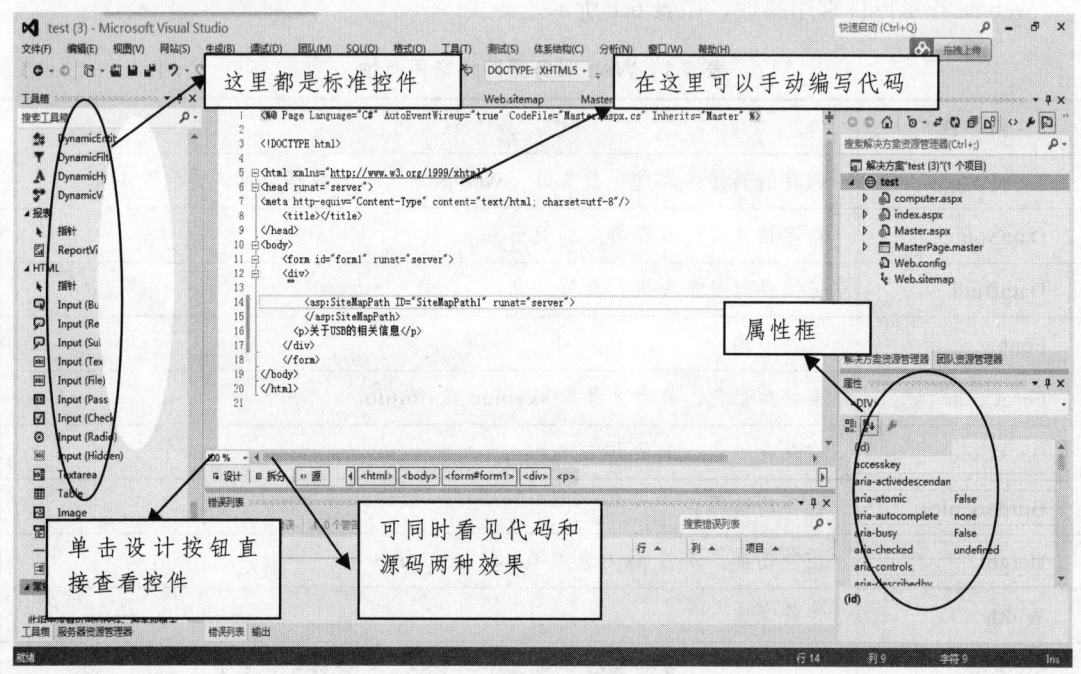

图 6.2 Visual Studio 设计面板

下面将对各个标准控件作详细的介绍，希望大家在学习完这些标准控件之后能找到其中一些控件的共性和不同之处，并在此基础上做进一步的对比学习，为更好地学习这些控件埋下伏笔。

6.2.2 文本控件

1. Label 控件

Label 控件在页面中，主要用来显示不可编辑的静态文本，通常在需要响应按钮单击等待时以及更改页面文本显示时会用到该控件，在不必要的情况应尽量少使用 Label 控件以减少对服务器资源的占用。定义一个 Label 控件，语法如下。

<asp：Label ID="lbname" runat="server" text="FirstName" AsscociateControlID=""关联控件ID"></asp：TextBox>

注意：Label 控件无法接收用户输入焦点，但是在这里可以通过它的 AsscociateControlID 属性将 Label 控件与其他控件相关联，用户可以通过同时按 Alt 键和自己为 Label 控件定义的

访问键（如设置属性 AccessKey 为 True）导航到关联控件。

 工程师提示

一般情况下都习惯将 Label 控件和 TextBox 文本控件相结合使用。如果只是简单地显示文本，建议不使用该控件以减少对服务器资源的占用。

2. TextBox 控件

TextBox 控件有多种显示效果，使用非常灵活，相当于 HTML 中的<Input Type="Text">、<Input Type="Password">或<TextArea>元素，利用 TextBox 服务器控件，用户可以向 Web 窗体中输入信息（包括文本、数字和日期）。另外，通过配置其属性，TextBox 可以接受单行、多行或者密码形式的数据。TextBox 控件如下所示，其使用的语法定义如表 6.3 所示。

<asp：TextBox ID="控件名称" runat="server" text="字符串"></asp：TextBox>

表 6.3　TextBox 控件使用的语法

属　性	说　　明
AutoPostback	在输入信息时，数据是否自动回发送到服务器
MaxLength	文本框允许显示的最大字符数
ReadOnly	文本框内容只读，不可编辑
Rows	多行文本框显示的行数
TextMode	文本控件的行为模式
Wrap	文本自动换行

其中，TextMode 的取值和对应的模式如下：

（1）MultiLine：多行模式。

（2）Password：密码输入模式。

（3）SingleLine：单行输入模式。

TextBox 控件的重要事件如下：

TextChanged：文本改变事件，即当文本框的内容在向服务器的各次发送过程更改时发生。

 工程师提示

当使用 TextBox 控件的文本改变事件时，一定将其 AutoPostBack 属性设置为 True，否则不会达不到预期的效果。在后面我们要讲到的 DropDownList 等控件亦是如此，请大家特别注意这一点。

3. 按钮控件

人们一般使用按钮控件实现确定、提交或是页面跳转功能，将网页上的具体表单信息值回发给服务器。ASP.NET 提供的这 3 种控件使用方法相同，只是他们的表现形式不尽相同。Button 控件是纯粹的按钮控件；LinkButton 是一种带有超链接样式的按钮控件（类似于 HTML 中的<a href/>标签）；而 ImageButton 控件是带有图像的控件,用户可以通过该控件的 ImageUrl

属性设置该按钮控件要显示的图像的路径，ImageAlign 属性设置其控件在网页上显示的位置。

三种按钮控件语法定义如下。

（1）普通按钮：<asp：Button ID="Button1" runat="server" Text="Button" />。

（2）超链接按钮：<asp：LinkButton ID="LinkButton1" runat="server">控件显示的超链接文本为</asp：LinkButton>。

（3）图像按钮：<asp：ImageButton ID="ImageButton2" runat="server"/ >。

按钮控件公有属性如表 6.4 所示。

表 6.4　按钮控件公有属性

属　　性	说　　明
CaseValidation	单击时是否启动验证，值为 True/False
CommandName	与之关联的命令名称
CommandArgument	与 CommandName 关联的命令参数
PostBackUrl	单击按钮时所发送的 url
ValidationGroup	控件导致回发时应验证的组

按钮控件最常用的事件如下：

（1）Click：单击事件，在单击按钮时激发。

（2）Command：在单击按钮并定义关联的命令时激发。

【实例 6-1】 按钮控件的基本用法。

【实现步骤】

（1）打开 Visual Studio 2012，选择【文件】|【新建】|【项目】命令，选择【Web】列表框下的【ASP.NET 应用程序】选项，确定后再在项目上右击，在弹出的快捷菜单中选择【添加】|【新建文件夹】命令，将其命名为"image"，把需要用到的图片添加或拖动到到该文件夹中。

（2）在默认页面 Default.aspx 上分别添加一个 Button 控件、一个 LinkButton 控件和一个 ImageButton 控件，并给各自命名为 btnNormal 、btnImage 和 lbtlink。选中 ImageButton，右击选择【属性】命令，通过设置其 ImageUrl 来设置控件显示的图片的路径，再设置其 ImageAlign 属性，代码如下。

```
……
<body>
    <form id="form1" runat="server">
    <div>
        普通按钮->>
        <asp:Button ID="btnNormal" runat="server" Text="Button" />
        <br />
        图像按钮->>
        <asp:ImageButton ID="btnImage" ImageAlign="middle" ImageUrl ="~/image/
          701213.jpg" runat= "server" />
        <br />
```

```
            超链接按钮->>
            <asp:LinkButton ID="lbtlink" runat="server">超链接按钮</asp:LinkButton>
        </div>
    </form>
</body>
……
```

保存文件，按钮控件运行效果如图 6.3 所示。

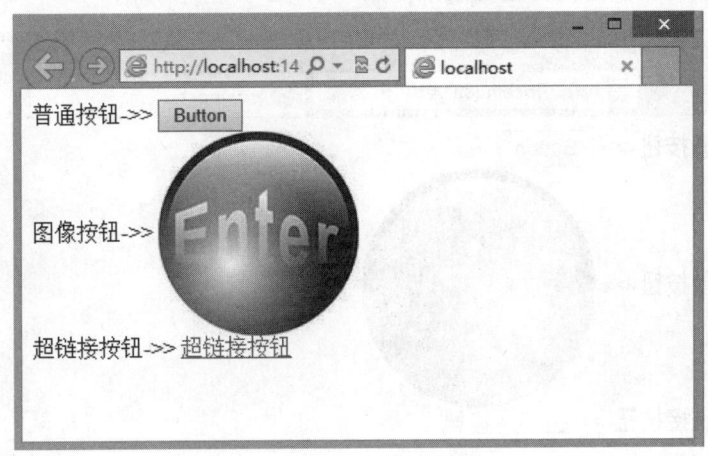

图 6.3　按钮控件运行效果（1）

（3）再在控件上右击选择【属性】命令或按 F4 键，在弹出的【属性】对话框中单击 按钮，找到 Click 事件，并双击进入后可以看到如下代码（也可以在【设计】命令中直接双击控件进入）。

```
protected void btnNormal_Click(object sender, EventArgs e)
{
    //这里添加相应事件处理代码
}
protected void btnImage_Click(object sender, ImageClickEventArgs e)
{
    //这里添加相应事件处理代码
}
protected void lbtlink_Click(object sender, EventArgs e)
{
    //这里添加相应事件处理代码
}
```

（4）在上面的基础上将 LinkButton 的 CommandName、CommandArgument 属性值分别设置为 show、hello。

```
<asp:LinkButton ID="lbtlink" runat="server" CommandArgument="hello" CommandName="show" onclick="lbtlink_Click" oncommand="lbtlink_Command">超链接按钮</asp:LinkButton>
```

进入 Command 事件下的代码如下。

```
protected void lbtlink_Command(object sender, CommandEventArgs e)
{
    if (lbtlink.CommandName == "show")
        Response.Write(lbtlink.CommandArgument.ToString());
}
```

单击超链接按钮，按钮控件运行效果如图 6.4 所示。

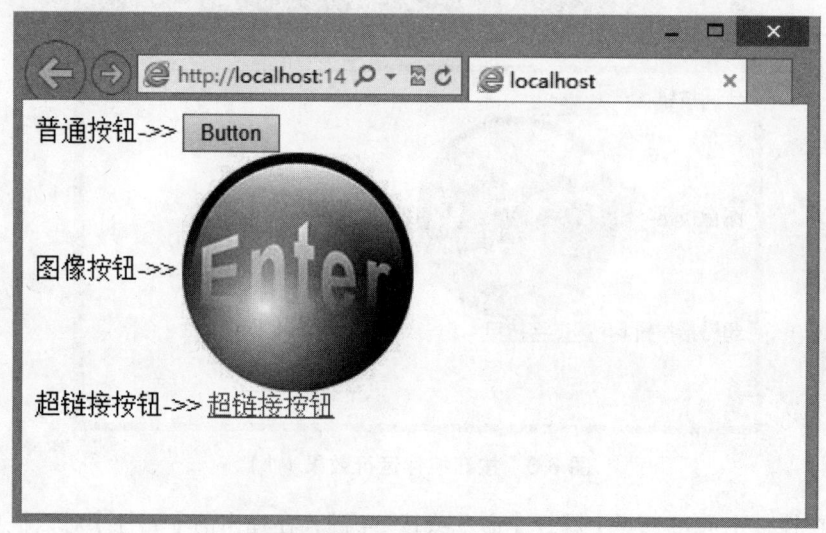

图 6.4　按钮控件运行效果（2）

 工程师提示

CauseValidation 给出或设置当按钮被单击时，是否启动验证。CommandName 和 CommandArgument 一般用在一个 Web 表单中有多个按钮的情况，其中 CommandName 用来判断用户单击的是哪个按钮，从而执行相应的操作。后面控件的添加步骤和这里类似，我们在后面将不再给出详细的实现步骤。

6.2.3　图像控件

1. Image 服务器控件

Image 服务器控件可以在 Web 页面上显示图像，并可以通过服务器端代码来控制图像。Image 控件语法格式如下所示。

```
<asp:Image Id="控件名" Runat="Server" ImageUrl="图片所在地址"
  AlternateText="图形还未加载时所替代的文字" ImageAlign="图像相对网页上其他元素的对齐方式(NotSet|Bottom|Right……)"/>
```

2. ImageMap 控件（可做了解）

ImageMap 控件允许在图片中定义一些热点（HotSpot）区域。当用户单击这些热点区域时,将会引发连接或者单击事件。当需要对某幅图片进行局部交换时,使用 ImageMap 控件。ImageMap 控件的一些重要属性如下。

(1) HotSpotMode(热点模式)指定图像映射是否导致回发或导航行为,常用选项有 NotSet:未设置项;Navigate:定向操作项; PostBack:回发操作项;Inactive:无任何操作。

(2) HotSpots(作用点集合)类是一个抽象类,它下面有 CircleHotSpot(圆形热区)、RectangleHotSpot(方形热区)和 PolygonHotSpot(多边形热区)3 个子类。

ImageMap 最常用的事件有 Click,通常在 HotSpotMode 为 PostBack 时用到。当需要设置 HotSpots 属性时,可以做可视化设置。

6.2.4 列表控件

1. DropDownList 控件

下拉列表框控件 DropDownList 允许用户从预定义的多个选项中选择一项,并且在选择前用户只能看到第一个选项,其余的选项将都"隐藏"起来。

下面在开发环境中创建一个 DropDownList 控件,单击【属性】对话框中的 Items 选项后面的控钮,进入选项编辑窗口,如图 6.5 所示。

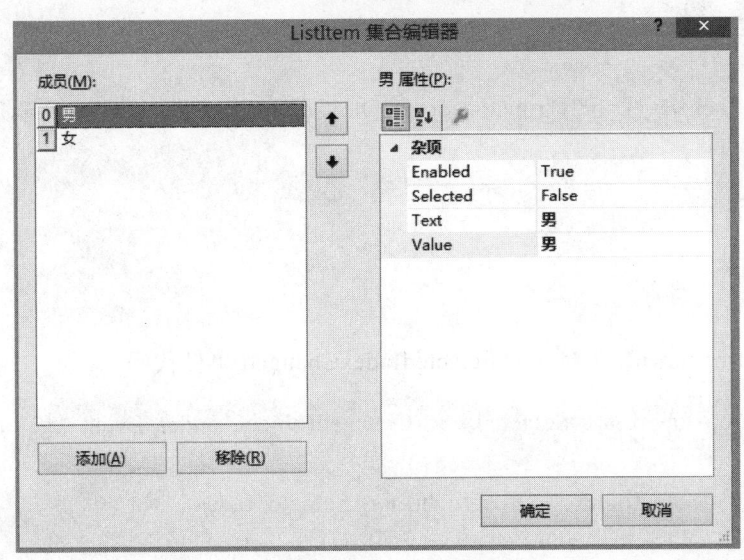

图 6.5 下拉列表框控件

在【属性编辑器】对话框中,单击【添加】按钮,可以添加一个选项。在右侧窗口可输入该选项的值,添加好后的代码如下。

```
<asp：DropDownList ID="DropDownList2" runat="server">
    <asp：ListItem>请选择--</asp：ListItem>
    <asp：ListItem>男</asp：ListItem>
    <asp：ListItem>女</asp：ListItem>
</asp：DropDownList>
```

如果想在上面的基础上选择 DropDownList 控件中的不同项让页面做出不同的响应效果，该怎么来实现呢？

【实例 6-2】 DropDownList 控件的使用。

【实现步骤】

（1）首先在添加好的页面放置两个控件：一个 DropDownList 控件和一个 Label 控件；然后单击 ▷ 按钮，在出现的列表框中选择【编辑项】选项；最后单击【添加】按钮，代码如下。

```
<html xmlns="http://www.w3.org/1999/xhtml">
<head runat="server">
    <title>下拉列表框控件</title>
</head>
<body>
    <form id="form1" runat="server">
    <div>
    <asp:DropDownList ID="DropDownList1" runat="server" onSelectedIndexChanged =
        "DropDownList1_SelectedIndexChanged" AutoPostBack="True">
        <asp:ListItem>男</asp:ListItem>
        <asp:ListItem>女</asp:ListItem>
    </asp:DropDownList>
        <br />
        <asp:Label ID="Label1"runat="server"ForeColor="Red" Text=""></asp:Label>
        <br />
    </div>
    </form>
</body>
</html>
```

（2）编辑 DropDownList 控件的 SelectedIndexChanged 事件代码。

```
protected void DropDownList1_SelectedIndexChanged(object sender, EventArgs e)
{
    Label1.Text = "SelectIndex:"+DropDownList1.SelectedIndex+"<br/>"+
                "SelectValue:"+DropDownList1.SelectedValue+"<br/>"+
                "selectIndex:"+DropDownList1.SelectedItem.Text;
}
```

最后保存并按 F5 键运行程序，运行效果如图 6.6 所示。

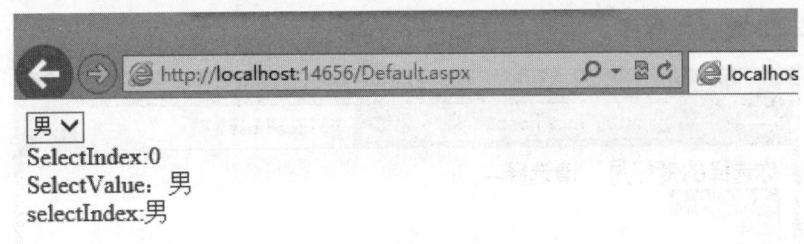

图 6.6 运行效果

 工程师提示

在使用 DropDownList 下拉列表框控件的 SelectedIndexChanged 事件时,务必将其属性 AutoPostBack 值设置为 True。

2. ListBox 控件

ListBox 列表框控件同下拉列表框控件 DropDownList 类似,列表框控件 ListBox 可以实现从预定义的多选项中选择单项或多项的功能。与 DropDownList 类区别在于:ListBox 在用户选择操作前可以看到所有的选项,并可以实现选择。

下面我们创建一个 ListBox 控件,单击【属性】对话框中 Items 属性旁的 ... 按钮添加 ListItem 集合,代码如下。

```
<asp:ListBox ID="ListBox1" runat="server" AutoPostBack="True">
    <asp:ListItem>请选择--</asp:ListItem>
    <asp:ListItem>足球</asp:ListItem>
    <asp:ListItem>篮球</asp:ListItem>
</asp:ListBox>
```

注意:ListBox 控件的常用属性和事件与 DropDownList 基本相似,其中 Rows 属性是获取或设置 ListBox 控件中所要显示的行数。另外,ListBox 还有一个属性:SelectMode,它用来控制是否支持多行选择,当其取值为 ListSelectionMode 枚举值时,包括以下两种模式。

(1)Multiple:多项选择模式,默认选项。

(2)Single:单项选择模式。

双击列表框,在 SelectedIndexChanged 事件的触发方法中输入如下代码。

```
protected void ListBox1_SelectedIndexChanged(object sender, EventArgs e)
{
    for (int i = 0; i < ListBox1.Items.Count; i++)
    {
        if (ListBox1.Items[i].Selected)
        {
            Response.Write("你选择的爱好是:" + ListBox1.Items[i].Text);
        }
    }
}
```

保存并按 F5 键运行程序，运行效果如图 6.7 所示。

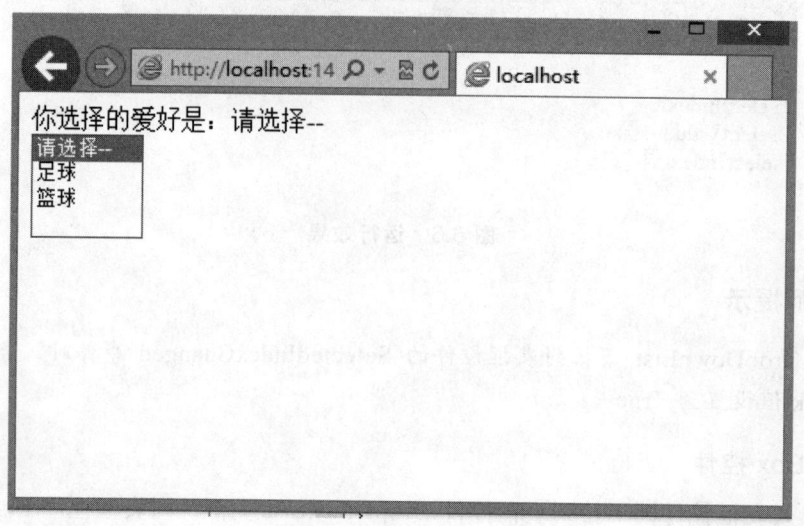

图 6.7 运行结果

 工程师提示

在使用 ListBox 下拉列表控件的 SelectedIndexChanged 事件时，务必将其属性 AutoPostBack 值设置为 True。

6.2.5 链接控件

HyperLink 控件可以在页面上创建链接控件以链接到相应页面。有点类似 HTML 中的<a href>元素，它还可以通过代码动态地设置链接目标。

其语法格式如下。

<asp：HyperLink ID="HyperLink1" runat="server">自定义内容</asp：HyperLink>

HyperLink 控件常用属性如表 6.5 所示。

表 6.5 HyperLink 控件常用属性

属　性	说　明
ImageUrl	图像所在 URL【~/picture/sohu.BMP】
NavigateUrl	目标超链接【~/hhh.aspx】
Target	NavigateUrl 的目标框架【_blank】

 工程师提示

HyperLink 与前面讲到的 LinkButton 虽说都是超链接控件，但是它们在功能上有所差异，当用户单击控件时，HyperLink 控件会立即将用户"导航"到目标 URL，表件不会回送到服务器上。LinkButton 控件则首先将表件发回到服务器上，然后将用户导航到目标 URL。

6.2.6 选择控件

1. 单选控件 RadioButton

RadioButton 允许用户选择 True 状态和 False 状态,但是只能选择其一。
RadioButton 使用语法定义如下。

```
<asp: RadioButton ID="RadioButton1" runat="server" />
```

RadionButton 控件属性如表 6.6 所示。

表 6.6 RadionButton 控件属性

属 性	说 明
GroupName	单选按钮所属组
ValidationGroup	控件导致回发验证的组
AutoPostBack	单击控件自动回发服务器(True|False)

工程师提示

GroupName 属性,相当于 HtmlInputRadioButton 的 Name 属性,具有同一个 Name 的多个单选按钮中只能选取一个,如果某个单选按钮的 Checked 属性被设置为 True,则组中所有其他单选按钮自动变为 False。

2. 单选组控件 RadioButtonList

RadioButtonList 是封装一组 RadioButton 控件的列表控件,通过属性 Items 属性为该控件添加 ListItem 集合。其语法定义如下。

```
<asp: RadioButtonList ID="RadioButtonList1" runat="server">
    <asp: ListItem>计科系</asp: ListItem>
    <asp: ListItem>电商系</asp: ListItem>
</asp: RadioButtonList>
```

工程师提示

注意 AutoPostBack 属性以及 CheckedChanged 事件。RadioButton 控件有 CheckedChanged 事件,当 RadionButton 控件的选择状态发生改变时触发,要触发该事件则必须将 AutoPostBack 属性值设置为 True。

3. 复选控件 CheckBox

CheckBox 控件显示允许用户选择 True 或 False 条件的复选框。其语法定义如下。

```
<asp: CheckBox ID="CheckBox1" checked="控件选中状态(True|False)" Text="select" runat="server"/>
```

CheckBox 控件的用法和 RadioButton 基本相同,在这里就不做具体介绍了。

4. 复选组控件 CheckBoxList

CheckBoxList 复选框列表控件和 RadioButtonList 控件用法类似,可通过绑定数据源来动态创建。其基本语法如下。

```
<asp：CheckBoxList ID="CheckBoxList1" runat="server" Height="51px">
    <asp：ListItem>1</asp：ListItem>
    <asp：ListItem>2</asp：ListItem>
</asp：CheckBoxList>
```

 工程师提示

常用的应用程序开发中这些控件都非常实用。例如：性别的选择、所在地的选择以及投票系统的开发,都可以使用这些控件,极大地简化了开发人员的开发过程。

【实例 6-3】 选择控件的具体运用。

【实现步骤】

(1)首先创建一个页面,然后在工具箱里拖出 RadioButton 控件 RadioButtonList 控件、CheckBoxList 控件、CheckBox 控件、Label 控件和 Button 控件,如图 6.8 所示。

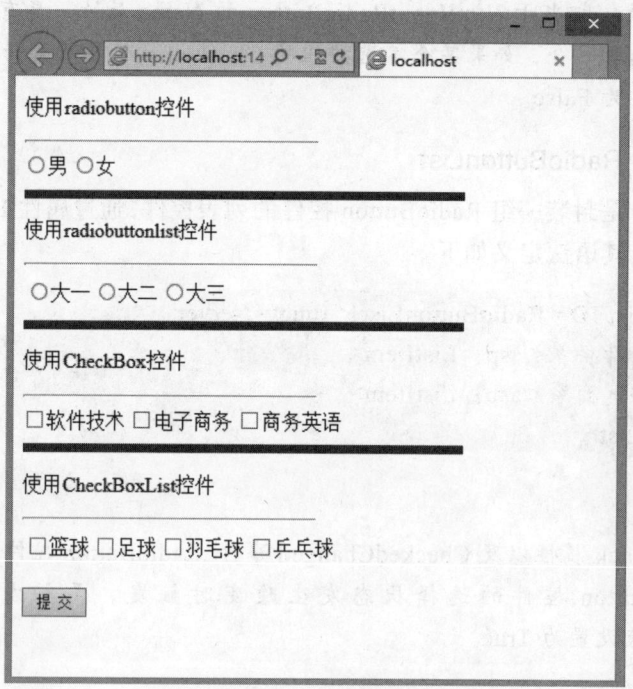

图 6.8 选择控件

(2)编写页面代码,设置属性,代码如下所示。

```
<form id="form1" runat="server">
<div>
```

① 使用 radiobutton 控件,代码如下所示。

```
<hr align="left" width="50%"/>
    <asp: RadioButton ID="RadioButton1" runat="server" Text="男"/>
    <asp: radiobutton ID="Radiobutton2" runat="server" Text="女"/><br />
    <asp: Label ID="label1" runat="server"></asp: Label>
<hr align="left" width="75%" color="red" size="5"/>
```

② 使用 radiobuttonlist 控件，代码如下所示。

```
<hr align="left" width="50%"/>
    <asp: RadioButtonList ID="RadioButtonList1" runat="server"
        RepeatDirection="Horizontal">
    <asp: ListItem>大一</asp: ListItem>
    <asp: ListItem>大二</asp: ListItem>
    <asp: ListItem>大三</asp: ListItem>
    </asp: RadioButtonList>
    <asp: Label ID="label2" runat="server"></asp: Label>
    <strong><hr align="left" width="75%" color="red" size="5"/></strong>
```

③ 使用 CheckBox 控件，代码如下所示。

```
<hr align="left" width="50%"/>
    <asp: CheckBox ID="CheckBox1" runat="server" Text="软件技术"/>
    <asp: CheckBox ID="CheckBox2" runat="server" Text="电子商务"/>
    <asp: CheckBox ID="CheckBox3" runat="server" Text="商务英语"/><br />
    <asp: Label ID="label3" runat="server"></asp: Label>
    <strong><hr align="left" width="75%" color="red" size="5"/></strong>
```

④ 使用 CheckBoxList 控件，代码如下所示。

```
<hr align="left" width="50%"/>
    <asp: CheckBoxList ID="CheckBoxList1" runat="server" RepeatDirection = "Horizontal">
    <asp: ListItem>篮球</asp: ListItem>
    <asp: ListItem>足球</asp: ListItem>
    <asp: ListItem>羽毛球</asp: ListItem>
    <asp: ListItem>乒乓球</asp: ListItem>
    </asp: CheckBoxList>
    <asp: Label ID="label4" runat="server"></asp: Label><br />
    <asp: Button ID="Button1" runat="server" Text="提 交" onclick="Button1_Click" />
</div>
</form>
```

（3）在 Button1 单击事件里写入如下代码。

```
protected void Button1_Click(object sender, EventArgs e)
    {
```

```csharp
/*RadioButton 部分的相关代码*/
string st="";
if (RadioButton1.Checked)
{
    st = RadioButton1.Text;
}
if (Radiobutton2.Checked)
{
    st = Radiobutton2.Text;
}
label1.Text = "你选择的性别是:" + st;
/*RadioButtonlist 部分的相关代码*/
if (RadioButtonList1.SelectedValue!="")
{
    label2.Text = "你目前就读的年级是:" + RadioButtonList1.SelectedValue.
               ToString();
}
/*CheckBox 部分的代码*/
string result = "";
if (CheckBox1.Checked == true)
{
    result += CheckBox1.Text;
}
if (CheckBox2.Checked == true)
{
    result += CheckBox2.Text;
}
if (CheckBox3.Checked == true)
{
    result += CheckBox3.Text;
}
label3.Text = "你喜欢的专业有:" + result;
string res = "";
for (int i = 0; i < CheckBoxList1.Items.Count;i++ ) /*CheckBoxlist 部分的
                                                      相关代码*/
{
    if(CheckBoxList1.Items[i].Selected)
        res += CheckBoxList1.Items[i].Value;
}
label4.Text = "你喜欢的运动有:" +res;
    }
}
```

单击【提交】按钮，选择控件运行效果如图 6.9 所示。

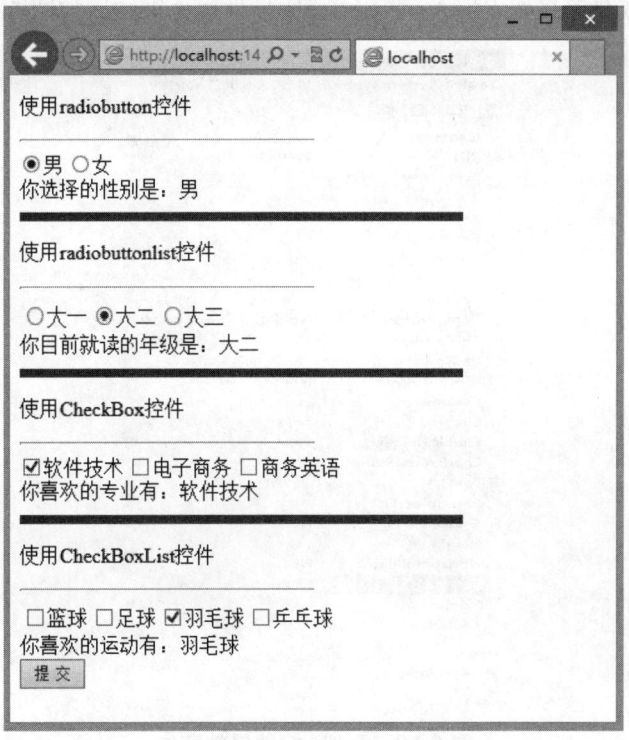

图 6.9　选择控件运行效果

工程师提示

属性 RepeatDirection 表示对控件进行排序，横向排列为 Horizontal、纵向排列为 Vertical，默认的是 Horizontal。

6.2.7　表格控件

Table 表格控件可以在 Web 窗体上创建表格，表格内容是静态的，不过它更加便于实现动态内容的编程。Table 控件的重要属性如表 6.7 所示。

表 6.7　Table 控件的重要属性

属　　性		说　　明
GridLines	None	不显示网格线
	Horizontal	水平显示
	Vertical	垂直显示
	Both	既水平又垂直显示
	Rows	表中行的集合

那么，我们该怎样手动地去创建表格的行集合和列集合呢？

【实例 6-4】　用视图方式操作表格控件。

（1）我们在页面上放置一个 Table 控件，然后在 Table 控件上右击，在弹出的快捷菜单中选择【属性】命令或是直接按 F4 键，弹出 Table 控件属性窗体，如图 6.10 所示。

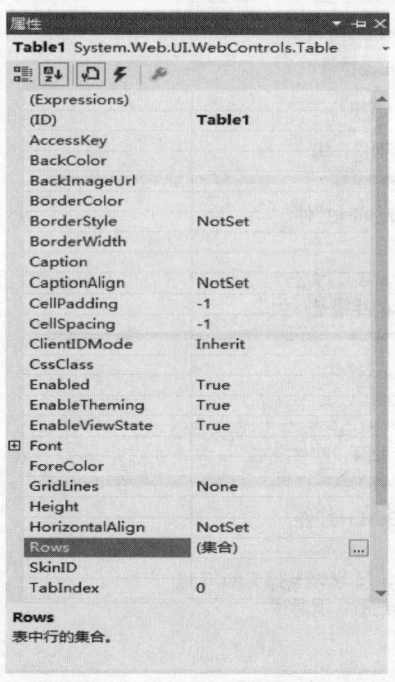

图 6.10　Table 控件属性窗体

（2）单击 Rows 属性旁的按钮，再单击【添加】按钮，然后单击【确定】即可添加表行单元格，如图 6.11 所示。

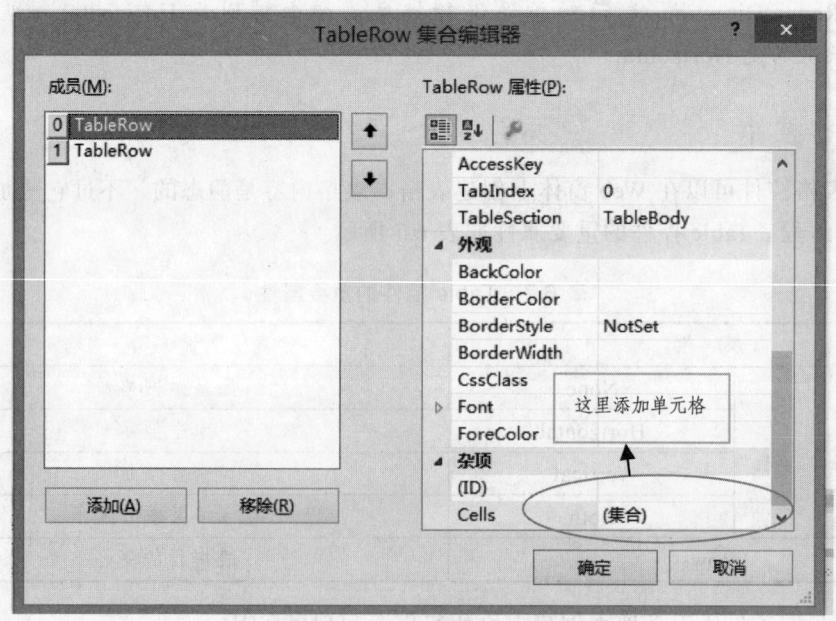

图 6.11　Table 行属性

（3）同上，单击 Cells 属性对应的 按钮即可添加表列单元格，如图 6.12 所示。

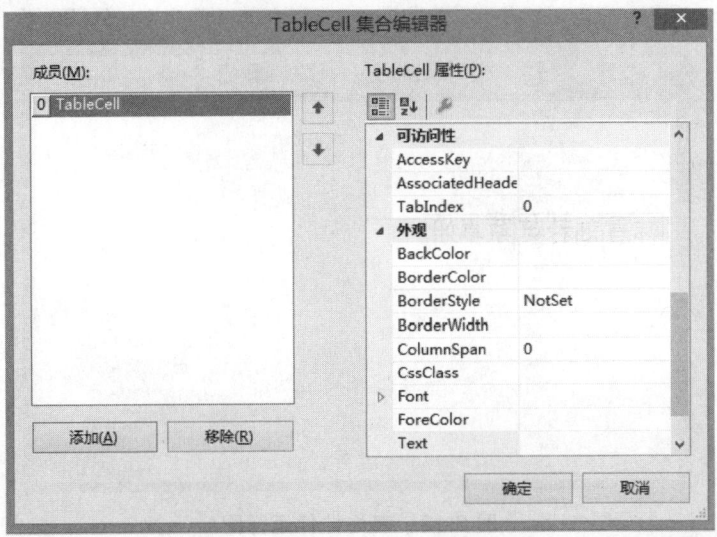

图 6.12　Table 列属性

【实例 6-5】　用代码方式操作表格控件。

通过代码创建一个 1 行 3 列的 Table 控件，代码如下。

```
<html xmlns="http://www.w3.org/1999/xhtml">
<head runat="server">
    <title>表格控件实例</title>
</head>
<body>
    <form id="form1" runat="server">
    <div>
        <asp:Table ID="Table2" runat="server" GridLines="Vertical">
            <asp:TableRow ID="TableRow1" runat="server">
                <asp:TableCell ID="TableCell1" runat="server">韩雪</asp:TableCell>
                <asp:TableCell ID="TableCell2" runat="server">刘若英</asp:TableCell>
                <asp:TableCell ID="TableCell3" runat="server">蔡卓妍</asp:TableCell>
            </asp:TableRow>
            <asp:TableRow ID="TableRow2" runat="server">
            </asp:TableRow>
            <asp:TableRow ID="TableRow3" runat="server">
            </asp:TableRow>
        </asp:Table>
    </div>
    </form>
</body>
</html>
```

表格控件运行效果如图 6.13 所示。

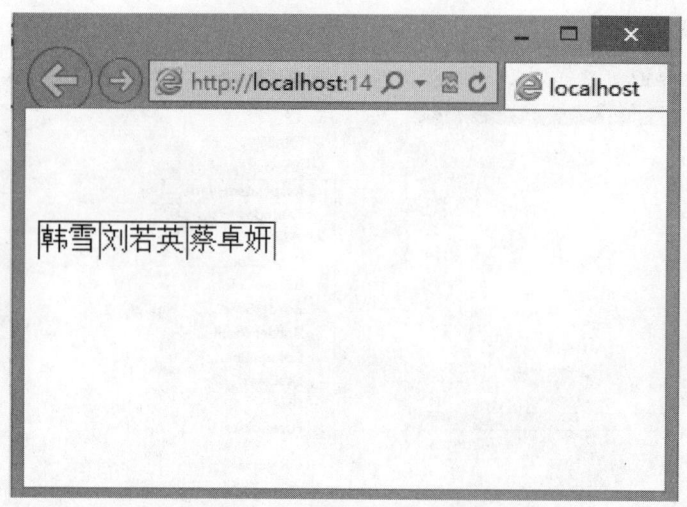

图 6.13 表格控件运行图

6.2.8 容器控件

Panel 控件是其他控件的容器。作为容器，它可以统一控制其内部的一组控件，如隐藏、显示等。另外，在使用代码自动生成控件时，也常常在 Panel 控件中实现。

有两种方式可以在页面上添加一个 Panel 对象。

（1）在"标准"工具箱中通过鼠标拖动或双击操作，添加对象。

（2）通过代码实现添加。

```
<html xmlns="http://www.w3.org/1999/xhtml">
<head runat="server">
    <title>容器控件例子</title>
</head>
<body>
    <form id="form1" runat="server">
    <div>
        <asp:Panel ID="Panel1" runat="server">
            <asp:TextBox ID="TextBox1" runat="server"></asp:TextBox>
            <asp:Button ID="Button1" runat="server" Text="确定" />
        </asp:Panel>
    </div>
    </form>
</body>
</html>
```

Panel 控件常用属性如表 6.8 所示。

表 6.8 Panel 控件常用属性

属　性	说　明
DefaultButton	获取或设置 Panel 控件中包含的默认按钮的标识符
Direction	获取或设置在 Panel 控件中显示包含文本的控件方向
ScrollBars	获取或设置 Panel 控件中滚动条的可见性和位置
HorizontalAlign	获取或设置面板中的控件水平方式
Visible	获取或设置一个值，该值指示面板及其内部的所有控件是否呈现在页面上

6.3　数据控件

6.3.1　数据控件简介

Microsoft Expression Web 中提供了两种类型的 ASP.NET 数据控件：一种是数据源控件，用于设置数据库或 XML 数据源的连接属性；另一种是数据控件，用于显示来自数据源控件中指定的数据源的数据。

6.3.2　GridView 控件

GridView 控件的功能十分强大，一个简单的控件就可以把数据管理的很好。

1. 在 GridView 控件中随意显示数据库中的信息

GridView 控件中有一个 AutoGenerateColumns 属性，它的作用就是控制 GridView 控件是否在运行的时候自动生成相关联的列，一般情况下把这个属性设置成 false，这是因为我们需要的是一个 DIY 的 GridView 控件。

然后点击右上角的箭头，选择编辑列添加一个 BoundField 字段，选择数据 DataField 属性，在后面填上自己想要显示数据库中某一列的列名，在外观 HeaderText 属性中填写数据库中要显示的列名并加以提示。然后点击确定按钮，控件中就会显示出如图 6.14 所示信息。然后在 asp 后台中添加链接数据库代码就可以了。

活动题目	活动内容
数据绑定	数据绑定
数据绑定	数据绑定
数据绑定	数据绑定
数据绑定	数据绑定
数据绑定	数据绑定

图 6.14　GridView 控件显示数据库信息

2. 在 GridView 控件中实现编辑删除的功能

点击 GridView 控件右上角的箭头，选择编辑列，添加 CommandField 字段，设置此字段行为属性 ShowDeleteButton 和 ShowEditButton 为 True，点击确定即可。效果如图 6.15 所示。

图 6.15 在 GridView 控件中实现编辑、删除功能

但是此时的编辑删除不会有任何功能，这是因为 GridView 控件中有好多事件，只有实现编辑删除功能时触发相应的事件才可以用。

（1）RowEditing 事件。

RowEditing 事件的作用就是点击编辑时可以显示"更新"和"取消"两个选项。运行结果如图 6.16 所示。

图 6.16 RowEditing 运行效果

双击此事件，在后台添加代码如下。

```
protected void GridView1_RowEditing（object sender， GridViewEditEventArgs e）
{
    GridView1.EditIndex = e.NewEditIndex；
    this.shuaxin（ ）；
}
```

（2）RowCancelingEdit 事件。

事件 RowCancelingEdit 就是实现"取消"功能。双击此事件填写代码如下。

```
protected void GridView1_RowCancelingEdit(object sender, GridViewCancelEditEventArgs e)
{
    GridView1.EditIndex = -1;
    this.shuaxin();
}
```

（3）RowUpdating 事件。

RowUpdating 事件可实现"更新"功能。双击此事件添加代码如下。

```
protected void GridView1_RowUpdating(object sender, GridViewUpdateEventArgs e)
{
```

```
    this.GridView1.EditIndex = e.RowIndex;
    string title = GridView1.DataKeys[e.RowIndex].Value.ToString();
    string cotent = ((TextBox)(GridView1.Rows[e.RowIndex].Cells[1].Controls[0])).Text;

    string strsql = "update activities set cotent='" + cotent + "'
            where title='" + title + "'";
    SqlConnection con = new SqlConnection(ConfigurationManager.
            ConnectionStrings["username"].ConnectionString);
    SqlCommand cmd = new SqlCommand(strsql, con);
    con.Open();
    cmd.ExecuteNonQuery();
    con.Close();
    GridView1.EditIndex = -1;
    this.shuaxin();
}
```

(4) RowDeleting 事件。

RowDeleting 事件实现"删除"功能, 双击事件添加代码如下。

```
protected void GridView1_RowDeleting(object sender, GridViewDeleteEventArgs e)
{
    string title = GridView1.DataKeys[e.RowIndex].Value.ToString();
    string delete = "delete activities  where title='" + title + "'";
SqlConnection con = new SqlConnection(ConfigurationManager.
    ConnectionStrings["username"].ConnectionString);
    SqlCommand cmd = new SqlCommand(delete, con);
    con.Open();
    cmd.ExecuteNonQuery();
     con.Close();
    GridView1.EditIndex = -1;
    this.shuaxin();  //自己写的链接数据库的方法;
}
```

附: shuaxin(); 代码:

```
    private void shuaxin()
    {
        SqlConnection sqlcon = new SqlConnection(ConfigurationManager.
                ConnectionStrings["username"].ConnectionString);
        sqlcon.Open();
        SqlDataAdapter da = new SqlDataAdapter(@"select * from activities", sqlcon);
        DataSet ds = new DataSet();
        da.Fill(ds);
```

```
        if (ds.Tables[0].Rows.Count > 0)
        {
            GridView1.DataSource = ds;
            GridView1.DataBind();
        }
        sqlcon.Close();
    }
```

注：GridView 控件中有一个 DataKeyNames 属性，设置 datakeyname 是在点击行时获得该行数据的主键。

6.3.3 DataList 控件

DataList 控件可用于创建模板化的列表数据，可以显示诸如一行中有多列的内容，可用于任何重复结构中的数据，如表格。

1. DataList 控件的模板

① AlternatingItemTemplate 为每一个间隔项提供内容和布局；如果没有定义，在 DataList 中将为每一项使用 ItemTemplate。

② EditItemTemplate 为当前正在编辑的项提供内容和布局；如果没有定义，在 DataList 中将为正在编辑的项使用 ItemTemplate。

③ FooterTemplate 为页脚提供内容和布局；如果没有定义，DataList 将不会有页脚。

④ HeaderTemplate 为标题提供内容和布局；如果没有定义，DataList 将不会有标题行。

⑤ ItemTemplate 必须定义，它是每一项的内容和布局的默认定义。

⑥ SelectedItemTemplate 为当前选中的行提供内容和布局；如果没有定义，ItemTemplate 将被使用。

⑦ SeparatorTemplate 为项与项之间的分隔符提供内容和布局；如果没有定义，将不会使用分隔符。

2. DataList 控件的常用属性

1）DataList 控件的常用属性

① Caption：作为 HTML caption 元素显示的文本。

② CellPadding：单元格内容和边框之间的像素数。

③ CellSpacing：单元格之间的像素数。

④ DataKeyField：指定数据源中的键字段。

⑤ DataKeys：每条记录的键值的集合。

⑥ DataMember：设定多成员数据源中的数据成员。

⑦ DataSource：为控件设置数据源。

⑧ EditItemIndex：编辑的行，从零开始的行索引；如果没有项被编辑或清除对某项的选择，设置其值为-1。

⑨ Items：控件中的所有项的集合。
⑩ RepeatColumns：设置显示的列数。
⑪ RepeatDirection：如果为 Horizontal，项是从左到右，然后从上到下显示；如果是 Vertical，项是从上到下，然后从左到右显示。默认值为 Vertical。
⑫ SelectedIndex：当前选中项的索引，从 0 开始，如果没有选中任何项，或清除对某项的选择，将其值设置为-1。
⑬ SelectedItem：返回当前选中的项。
⑭ SelectedValue：返回当前的选中项。
⑮ ShowFooter：是否显示页脚，默认值为 True，仅当 FooterTemplate 不为 null 时有效。
⑯ ShowHeader：是否显示标题行，默认值为 true，仅当 HeaderTemplate 不为 null 时有效。

2）DataList 控件的常用事件
① DataBinding：当控件绑定到数据源时触发（继承自 Control）。
② DeleteCommand：当单击"Delete"按钮时触发。
③ EditCommand：当单击"Edit"按钮时触发。
④ Init：当控件初始化时触发（继承自 Control）。
⑤ ItemCommand：当单击控件中的一个按钮时触发。
⑥ ItemCreated：当控件中的所有行创建完毕后触发。
⑦ ItemDataBound：当绑定数据时触发。
⑧ PreRender：在控件呈现在页面之前触发（继承自 Control）。
⑨ UpdateCommand：当单击"Update"按钮时触发。

3. DataList 控件的使用方法

首先，创建一个页面，把 DataList 控件拖到表单中，代码如下。
`<asp：Label ID="TitleLabel" runat="server" Text='<%# Eval（"Title"） %>' />`

4. 实现 DataList 控件的编辑功能

DataList 控件没有内置编辑等功能，如果要实现编辑，我们需要自己编写代码控制，为了实现编辑功能，我们要在页面中使用编辑模板。

首先，设置编辑按钮的属性，可以将"编辑"按钮的"CommandName"属性设置为"edit"；然后就可以实现 DataList 控件的 EditCommand 事件。双击 EditCommand 事件，在生成的事件代码中编写如下代码。

```
protected void DataList1_EditCommand(object source, DataListCommandEventArgs e)
{
    DataList1.EditItemIndex = e.Item.ItemIndex;
    DataBind();
}
```

修改和取消的思路与编辑按钮的思路完全一致：分别将修改和取消按钮对应的

CommandName 属性设置为 update 和 Cancel；然后编写 UpdateCommand 事件和 CancelCommand 事件对应的事件代码。

取消的操作代码，如下所示。

```
protected void DataList1_CancelCommand(object source, DataListCommandEventArgs e)
{
    DataList1.EditItemIndex = -1;
    DataBind();
}
```

更新的操作代码，如下所示。

```
protected void DataList1_UpdateCommand(object source, DataListCommandEventArgs e)
{
    //从选中记录中获取各更新参数的值
    SqlDataSource1.UpdateParameters["ID"].DefaultValue = ((TextBox)e.Item.FindControl("TextBox1")).Text;
    SqlDataSource1.UpdateParameters["Title"].DefaultValue = ((TextBox)e.Item.FindControl("TextBox2")).Text;
    SqlDataSource1.UpdateParameters["Price"].DefaultValue = ((TextBox)e.Item.FindControl("TextBox3")).Text;
    SqlDataSource1.UpdateParameters["Images"].DefaultValue = ((TextBox)e.Item.FindControl("TextBox4")).Text;
    //提交更新
    SqlDataSource1.Update();
    //设置到浏览状态
    DataList1.EditItemIndex = -1;
    //重新绑定
    DataBind();
}
```

删除确定的代码，如下所示。

```
protected void DataList1_ItemDataBound(object sender, DataListItemEventArgs e)
{
    if (e.Item.ItemType == ListItemType.AlternatingItem || e.Item.ItemType == ListItemType.Item)
    {
        LinkButton lnkDelete = (LinkButton)e.Item.FindControl("lnkDelete"); //找到删除的按钮
        lnkDelete.Attributes.Add("onclick","return window.confirm('你确认要删除吗?')");//给按钮增加单击事件
    }
}
```

5. DataList 控件的分页

DataList 控件没有内置分页和排序的功能，需要编写代码手工实现。

分页一般需要以下条件：

① 每页显示记录数（PageSize）；

② 总记录数（Count）；

③ 总页数；

④ 当前页。

基于 PagedDataSource 类的分页，常见属性包括：

① CurrentPageIndex 当前页；

② PageCount 总页数；

③ Count 总记录数；

④ PageSize 每页记录数；

⑤ DataSource 数据源；

⑥ AllowPaging 控件是否实现自动分页功能。

只要将数据源和当前页数赋值给 PagedDataSource 类的实例对象，其他属性（总记录数和总页数）可以自动计算得出。

编写绑定的方法如下所示。

```
private void Databind()
    {
        PagedDataSource pds = new PagedDataSource();
        pds.DataSource = Product.GetProducts();  //获得记录集的方法
        pds.AllowPaging = true;  //允许分页
        pds.PageSize = 4;    //页大小
        pds.CurrentPageIndex = Page;  //当前页
        Label1.Text = "    第    " + (pds.CurrentPageIndex + 1).ToString() + "    页    共 " + pds.PageCount.ToString() + "页";
        DataList1.DataSource = pds;
        DataList1.DataBind();
    }
```

6.3.4 Repeater 表单控件

1. Repeater 控件的用法流程及实例

1) Repeater 控件的用法流程

① 首先建立一个网站，新建一个网页 index.aspx。

② 添加或建立 APP_Data 数据文件，然后将用到的数据库文件放到 APP_Data 文件夹中。

③ 打开数据库企业管理器，数据库服务器为 local（.），然后将 APP_Data 文件夹中的数据库附加到数据库服务器中。

④ 添加 Ling to SQL 类。

⑤ 打开视图、服务器资源管理器，右击数据库服务器，选择添加链接，然后选择数据库服务器、数据库类型以及数据库表，然后完成。

⑥ 将需要用到的表全部选中，然后拖动到以.dbml 为后缀的文件中，然后保存。到这一步，数据表的附加以及与网站的链接就完成了。

2）Repeater 控件的用法实例

目标：通过使用 Repeater 数据控件，让数据表中的数据在表格中显示。

① 添加样式文件，然后在样式文件中，书写表格的样式代码。

② 在 index.aspx 的设计模式下，插入表格，通常插入两行（一行为标题行，一行为内容行），这是因为 Repeater 控件会自动循环。然后在源代码界面中，将刚插入的表格的第一行的单元格改为标题单元格，即将<td>改为<th>。

③ 选中表格，然后选择格式，然后选择附加样式表。接下来，需要将源代码中的头部样式代码删除、将行样式删除，并且书写新建的样式表中的类或 ID 到表格中。

④ 将光标放到 table 前面，双击 repeater 控件，这样 Repeater 控件的代码就添加到了 Table 代码的前面，然后分别为 Repeater 控件添加头部模版（<HeaderTemplate></HeaderTemplate>）、列表模版（<ItemTemplate></ItemTemplate>）和尾部模版（<FooterTemplate></FooterTemplate>）。

注意：

头部模版放置表格开始及第一行标题行（<table><tr><th></th></tr>）；列表模版放置表格第二行（<tr></tr>）；尾部模版放置表格结束（</table>）。插入表格时只需插入两行即可，显示数据时是根据数据库表循环显示的。项目模板，会进行循环显示，放置表格第二行。

⑤ 在标题行的单元格中书写将要显示的数据库中字段的别名，在内容行的单元格中书写数据库中的字段名，方式为：<td><%#Eval（"数据库字段名"） %></td>。

核心代码，如下所示。

```
<body>
    <form id="form1" runat="server">
    <div>
    <!--光标放到 table 前面,双击 repeater 控件,三个缺一不可-->
        <asp:Repeater ID="Repeater1" runat="server">
        <HeaderTemplate><!--头部模版,放表格开始及第一行标题-->
        <table class="ts"><!--插入表格时只需插入两行即可,显示数据时是根据数据库表循环显示的-->
            <tr>
                <th>
                    学号</th>
                <th>
                    姓名</th>
                <th>
```

```
                    性别</th>
                <th>
                    籍贯</th>
                <th>
                    年龄</th>
        </tr></HeaderTemplate>
        <ItemTemplate><!--项目模板,会进行循环显示,放置表格第二行-->
        <tr>
                <td>
                    <%#Eval("number") %> <!--HTMl 中插入其他代码需要用<% %>括起来,Eval("数据库中的字段名")-->
                </td>
                <td>
                   <%#Eval("name")%> </td>
                <td>
                   <%#Eval("sex")%> </td>
                <td>
                    <%#Eval("place")%></td>
                <td>
                    <%#Eval("age")%> </td>
        </tr>
        </ItemTemplate>
        <FooterTemplate><!--底部模板-->
        </table>         <!--表格结束部分-->
        </FooterTemplate>
        </asp:Repeater>

    </div>
    </form>
</body>
```

注意：

HTML 中插入其他代码需要用<% %>括起来。

⑥ 然后在 index.aspx.cs 的 Page_Load（ ）事件中绑定数据源。

核心代码，如下所示。

```
public partial class citynumber : System.Web.UI.Page
{
    DataClassesDataContext dc = new DataClassesDataContext();
    protected void Page_Load(object sender, EventArgs e)
    {
```

```
        var query = from c in dc.city select c;
        Repeater1.DataSource = query;
        Repeater1.DataBind();
    }
}
```

⑦ 运行 index.aspx 页面即可看到数据库中各字段的信息。

2. 当通过 Table 显示数据库中的字段时，为字段添加超链接

新建两个页面，index.aspx 页面和 Cities.aspx 页面。
（1）index.aspx 页面代码，如下所示。

```
<body>
    <asp:Repeater ID="Repeater1" runat="server">
    <HeaderTemplate>
    <table class="ts">
        <tr>
            <th>
                省份名称</th>
            <th>
                省份编号</th>
        </tr>
    </HeaderTemplate>
    <ItemTemplate>
    <tr>
        <td>
            <a   href='Cities.aspx?pro=<%#Eval("proID")   %>'   target="_blank"><%#Eval("proName") %></a></td><!--添加超链接,超链接放到内容的两边-->
        <td>
            <%#Eval("proID")%></td>
    </tr>
    </ItemTemplate>
    <FooterTemplate>
    </table>
    </FooterTemplate>
    </asp:Repeater>
    <form id="form1" runat="server">
    <div>
    </div>
    </form>
</body>
```

(2) index.aspx.cs 中的代码，如下所示。

```csharp
public partial class index : System.Web.UI.Page
{
    DataClassesDataContext dc = new DataClassesDataContext();
    protected void Page_Load(object sender, EventArgs e)
    {

        var query = from c in dc.province select c;
        Repeater1.DataSource = query;
        Repeater1.DataBind();

    }
}
```

(3) Cities.aspx 页面中的代码，如下所示。

```html
<body>
    <form id="form1" runat="server">
    <div>

        <asp:GridView ID="GridView1" runat="server" CellPadding="4" ForeColor="#333333"
            GridLines="None" Width="909px">
            <FooterStyle BackColor="#507CD1" Font-Bold="True" ForeColor="White" />
            <RowStyle BackColor="#EFF3FB" />
            <PagerStyle BackColor="#2461BF" ForeColor="White" HorizontalAlign="Center" />
            <SelectedRowStyle BackColor="#D1DDF1" Font-Bold="True" ForeColor="#333333" />
            <HeaderStyle BackColor="#507CD1" Font-Bold="True" ForeColor="White" />
            <EditRowStyle BackColor="#2461BF" />
            <AlternatingRowStyle BackColor="White" />
        </asp:GridView>

    </div>
    </form>
</body>
```

(4) Cities.aspx.cs 页面中的代码，如下所示。

```csharp
public partial class Cities : System.Web.UI.Page
{
    DataClassesDataContext dc = new DataClassesDataContext();
    protected void Page_Load(object sender, EventArgs e)
    {
```

```
        int    id =Convert.ToInt32(Request.QueryString["pro"].ToString());
        var query = from c in dc.city where c.proID == id select c;
        GridView1.DataSource = query;
        GridView1.DataBind();

    }
}
```

运行 index.aspx 页面，通过单击超链接就能够跳转到 Cities.aspx 了，并且在该页面显示信息。

6.3.5　Chart 控件

1．Chart 控件的主要属性

Chart 控件的主要属性，如图 6.17 所示。

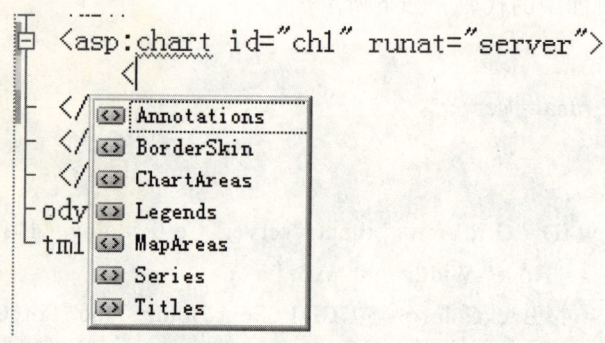

图 6.17　Chart 控件的主要属性

Annotations--图形注解集合，ChartAreas--图表区域集合，Legends--图例集合，Series--图表序列集合（即图表数据对象集合），Titles--图标的标题集合。

1）Annotations 属性

Annotations 属性是对图形的一些注解对象的集合，所谓注解对象，类似于对某个点的详细或批注的说明。一个图形上可以拥有多个注解对象，可以添加十多种图形样式的注解对象，包括常见的箭头、云朵、矩行、图片等注解符号，通过各个注解对象的属性，可以方便地设置注解对象的放置位置、呈现的颜色、大小、文字内容样式等常见的属性。

2）ChartAreas 属性

ChartAreas 属性是一个图表的绘图区，如在一幅图中显示多个绘图。图表控件并不限制添加多少个绘图区域，可以根据需要进行添加。对于每一个绘图区域，可以设置各自的属性，例如：X、Y 轴属性、背景等。

3）Legends 属性

Legends 属性是一个图例的集合，即标注图形中各个线条或颜色的含义，同样，一个图片也可以包含多个图例说明。

4) Series 属性

Series 属性是表数据对象的集合，应该说是 MSChart 的关键部分。它是实际的绘图数据区域，实际呈现的图形形状是由此集合中的每一个图表来构成的，可以往集合里面添加多个图表，每一个图表可以有自己的绘制形状、样式、独立的数据等。

5) Titles 属性

Titles 属性是图标的标题集合，它就是图表的标题配置，同样可以添加多个标题。如图 6.18 所示。

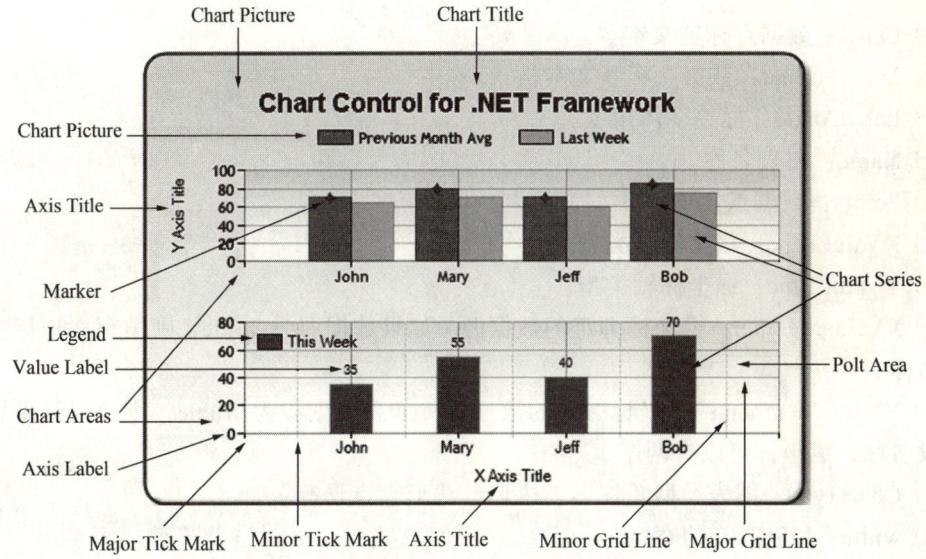

图 6.18 Titles 属性

6) 其他属性

（1）AlignmentOrientation：图表区对齐方向，定义两个绘图区域间的对齐方式。

（2）AlignmentStyle：图表区对齐类型，定义图表间用以对其的元素。

（3）AlignWithChartArea：参照对齐的绘图区名称。

（4）InnerPlotPosition：图表在绘图区内的位置属性。

（5）Auto：是否自动对齐。

（6）Height：图表在绘图区内的高度（百分比，取值在 0~100）。

（7）Width：图表在绘图区内的宽度（百分比，取值在 0~100）。

（8）X，Y：图表在绘图区内左上角的坐标。

（9）Position：绘图区位置属性，同 InnerPlotPosition。

（10）Name：绘图区名称。

（11）Axis：坐标轴集合。

（12）TitleAlignment：坐标轴标题对齐方式。

（13）Interval：轴刻度间隔大小。

（14） IntervalOffset：轴刻度偏移量大小。

（15） MinorGrid：次要辅助线。

（16） MinorTickMark：次要刻度线。

（17） MajorGrid：主要辅助线。

（18） MajorTickMark：主要刻度线。

（19） DataSourceID：MSChart 的数据源。

（20） Palette：图表外观定义。

（21） IsValueShownAsLabel：是否显示数据点标签，若为 true，在图表中显示每一个数据值。

（22） Label：数据点标签文本。

（23） LabelFormat：数据点标签文本格式。

（24） LabelAngle：标签字体角度。

（25） Name：图表名称。

（26） Points：数据点集合。

（27） XValueType：横坐标轴类型。

（28） YValueType：纵坐标轴类型。

（29） XValueMember：横坐标绑定的数据源（如果数据源为 Table，则填写横坐标要显示的字段名称）。

（30） YValueMembers：纵坐标绑定的数据源（如果数据源为 Table，则填写纵坐标要显示的字段名称，纵坐标可以有两个）。

（31） ChartType：图表类型（柱形、饼形、线形、点形等）。

（32） width：MSChart 的宽度。

（33） height：MSChart 的高度。

2. 数据绑定方式

MSChart 提供了多种绑定数据的方式，如下所示。

1）数组绑定

```
double [] yval = { 2,6,4,5,3};
string [] xval = { "Peter", "Andrew", "Julie", "Mary", "Dave"};
Chart1.Series["Series 1"].Points.DataBindXY(xval,yval);
```

2）DataReader 绑定

```
string fileNameString = this.MapPath(".");
fileNameString += "..\\..\\..\\..\\data\\chartdata.mdb";
string myConnectionString = "PROVIDER=Microsoft.Jet.OLEDB.4.0;Data Source=" + fileNameString;
string mySelectQuery="SELECT Name, Sales FROM REPS WHERE RegionID < 3;";
OleDbConnection myConnection = new OleDbConnection(myConnectionString);
OleDbCommand myCommand = new OleDbCommand(mySelectQuery, myConnection);
```

```csharp
    myCommand.Connection.Open();
    OleDbDataReader myReader = myCommand.ExecuteReader(CommandBehavior.CloseConnection);
    Chart1.Series["Default"].Points.DataBindXY(myReader, "Name", myReader, "Sales");
    myReader.Close();
    myConnection.Close();
```

3）DataTable 绑定

```csharp
    string fileNameString = this.MapPath(".");
    fileNameString += "..\\..\\..\\..\\data\\chartdata.mdb";
    string myConnectionString = "PROVIDER=Microsoft.Jet.OLEDB.4.0;Data Source=" + fileNameString;
    string mySelectQuery="SELECT Name, Sales FROM REPS;";
    OleDbConnection myConnection = new OleDbConnection(myConnectionString);
    OleDbCommand myCommand = new OleDbCommand(mySelectQuery, myConnection);
    myCommand.Connection.Open();
    OleDbDataReader myReader = myCommand.ExecuteReader(CommandBehavior.CloseConnection);
    Chart1.DataBindTable(myReader, "Name");
    myReader.Close();
    myConnection.Close();
```

4）Excel 绑定

```csharp
    string fileNameString = this.MapPath(".");
    fileNameString += "..\\..\\..\\..\\data\\ExcelData.xls";
    string sConn = "Provider=Microsoft.Jet.OLEDB.4.0;Data Source=" +
    fileNameString + ";Extended Properties=\"Excel 8.0;HDR=YES\"";
    OleDbConnection myConnection = new OleDbConnection( sConn );
    myConnection.Open();
    OleDbCommand myCommand = new OleDbCommand( "Select * From [data1$A1:E25]", myConnection );
    OleDbDataReader myReader = myCommand.ExecuteReader(CommandBehavior.CloseConnection);
    Chart1.DataBindTable(myReader, "HOUR");
    myReader.Close();
    myConnection.Close();
    foreach(Series ser in Chart1.Series)
    {
    ser.ShadowOffset = 1;
    ser.BorderWidth = 3;
    ser.ChartType = SeriesChartType.Line;
    }
```

6.3.6 ListView 控件

在讲 ListView 控件前我们先来讨论下 Asp.net 的特性。对于 Asp.net，微软为我们封装了众多的控件，将控件拖曳到页面上就可以使用控件进行编程，而且值得称道的是有些封装良好的控件还可以进行可视化的设置，可以直接进行开发使用，如 ListView 控件。

ListView 控件是功能最强大的数据绑定控件，它能够可视化的开发实现数据的基本操作增删改，另外还支持排序和分页，只不过其分页的效果必须配合 DataPager 控件。这种分页对于小数据量来说还是很高效的，但对于大数据量来说它的效率就很低下了。

优点：支持增、删、改、排序，继承了分页功能，还支持自定义模板。

缺点：影响程序性能，大数据量分页效率低下。

ListView 控件的特点及用法，如图 6.19 所示。

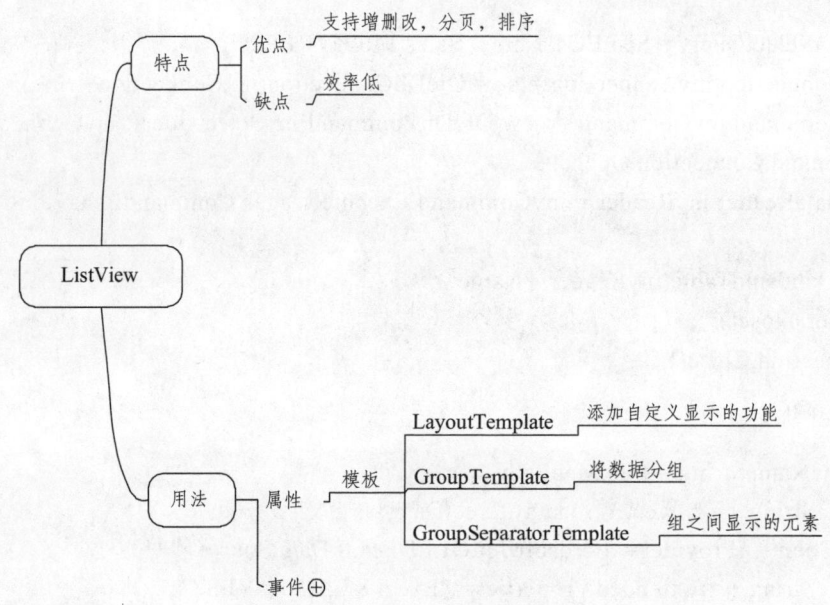

图 6.19 ListView 的特点及用法

ListView 是.net 封装良好的控件，该控件是从 framework 3.5 开始集成的。对它的操作能够完全通过设计前台代码的方式实现，能够通过可视化的设计窗口完成设计，并且在不编写后台代码的基础上完成开发。

对于下面示例中使用到的数据源我们使用 SqlDataSource 控件进行绑定；在该控件中添加了增、删、改、查语句，并在语句中指定了使用的参数。

```
[html] view plaincopy
    <!--当为 sql 语句添加参数时，和 sql 语句的参数添加方法相同；另外如果想要获取行的主键，需要在控件中绑定 DataKeyNames，并且在控件中添加 SelectedValue 属性即可-->
    <asp:SqlDataSource ID="SqlDataSource1" runat="server" ConnectionString="<%$ ConnectionStrings:MyBlogConnectionString %>" DeleteCommand="DELETE FROM match WHERE (id=@id)" InsertCommand="INSERT INTO match(name) VALUES (@name)" SelectCommand="SELECT match.* FROM match" UpdateCommand="UPDATE match SET name = @name where id=
```

```
@id">
        <DeleteParameters>
          <asp:ControlParameter ControlID="ListView1" Name="id" PropertyName="SelectedValue" />
        </DeleteParameters>
        <InsertParameters>
          <asp:Parameter Name="name" />
        </InsertParameters>
        <UpdateParameters>
          <asp:Parameter Name="name" />
          <asp:ControlParameter ControlID="ListView1" Name="id" PropertyName="SelectedValue" />
        </UpdateParameters>
    </asp:SqlDataSource>
```

提示：想要在 ListView 中实现增、删、改的功能，方法有两种：其一可通过在 SqlDataSource 中编写增、删、改语句实现；其二是在后台代码中编写控制。下面的代码示例采用的是第一种方法，这种方法能够在不编写后台代码的情况下直接实现增、删、改，.NET 封装了具体的实现过程。

表格的基本样式，使用 CSS 样式来控制显示表格的样式。

```css
[css] view plaincopy
<style>
    table {
        border:solid 1px #cccccc;
        width:250px;
    }
    table th {
        color: #00FFFF;
        background: #284775;
        font-weight: normal;
        padding: 2px;
    }
    table tr {
        border:solid 1px black;
    }
    td {
        border:groove 1px #ffd800;
    }
</style>
```

1. 编 辑

在编辑时和 DataList 控件相同,ListView 也是在 EditItemplate 模板中定义需要的控件,当单击编辑按钮后将会跳转进入编辑界面。需要说明的是在下面的示例中都使用了 LayoutTemplate 模板,它里面的内容应该存放用户自定义的内容,即控件封装的功能以外的其他显示内容。

```html
[html] view plaincopy
<asp:ListView ID="ListView1" runat="server" DataMember="DefaultView" DataSourceID="SqlDataSource1">
    <AlternatingItemTemplate>
      <tr style="background-color:#cccccc;">
        <td>
          <asp:Button ID="EditButton" runat="server" CommandName="Edit" Text="编辑" />
        </td>
        <td>
          <asp:Label ID="idLabel" runat="server" Text='<%# Eval("id") %>' />
        </td>
        <td>
          <asp:Label ID="nameLabel" runat="server" Text='<%# Eval("name") %>' />
        </td>
      </tr>
    </AlternatingItemTemplate>
    <EditItemTemplate>
      <tr style="">
        <td>
          <asp:Button ID="UpdateButton" runat="server" CommandName="Update" Text="更新" />
          <asp:Button ID="CancelButton" runat="server" CommandName="Cancel" Text="取消" />
        </td>
        <td>
          <asp:Label ID="idLabel1" runat="server" Text='<%# Eval("id") %>' />
        </td>
        <td>
          <asp:TextBox ID="nameTextBox" runat="server" Text='<%# Bind("name") %>' />
        </td>
      </tr>
    </EditItemTemplate>

    <ItemTemplate>
```

```
        <tr style="">
          <td>
            <asp:Button ID="EditButton" runat="server" CommandName="Edit" Text="编辑" />
          </td>
          <td>
            <asp:Label ID="idLabel" runat="server" Text='<%# Eval("id") %>' />
          </td>
          <td>
            <asp:Label ID="nameLabel" runat="server" Text='<%# Eval("name") %>' />
          </td>
        </tr>
    </ItemTemplate>
    <LayoutTemplate>
      <table runat="server" cellpadding="0" cellspacing="0">
        <tr runat="server">
          <td runat="server">
            <table id="itemPlaceholderContainer" runat="server" border="0" style="">
              <tr runat="server" style="">
                <th runat="server"></th>
                <th runat="server">id</th>
                <th runat="server">name</th>
              </tr>
              <tr id="itemPlaceholder" runat="server">
              </tr>
            </table>
          </td>
        </tr>
        <tr runat="server">
          <td runat="server" style="">
          </td>
        </tr>
      </table>
    </LayoutTemplate>
</asp:ListView>
```

通过上面的前台代码在不编写后台代码的情况下能够轻松实现编辑的功能，开发简单。代码的效果如图 6.20 所示。

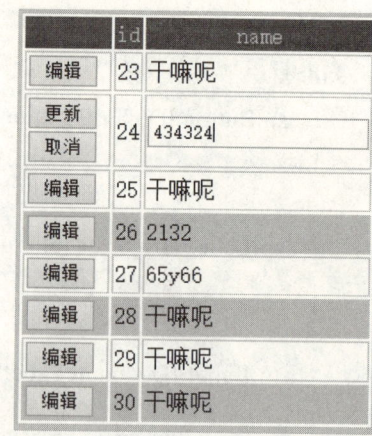

图 6.20 编辑效果图

2. 删除和插入

删除是通过在 Itemplate 模板中添加删除命令来实现的，需要我们设计 ListView 控件的 DatakeyNames 属性指定控件的主键值，这样在 SqlDataSource 中使用的属性@id 才能生效。

```html
[html] view plaincopy
<asp:ListView ID="ListView1" runat="server" DataMember="DefaultView" DataSourceID="SqlDataSource1" DataKeyNames="id" InsertItemPosition="LastItem">
  <AlternatingItemTemplate>
    <tr style="">
      <td>
        <asp:Button ID="DeleteButton" runat="server" CommandName="Delete" Text="删除" />
      </td>
      <td>
        <asp:Label ID="idLabel" runat="server" Text='<%# Eval("id") %>' />
      </td>
      <td>
        <asp:Label ID="nameLabel" runat="server" Text='<%# Eval("name") %>' />
      </td>
    </tr>
  </AlternatingItemTemplate>
  <InsertItemTemplate>
    <tr style="">
      <td>
        <asp:Button ID="InsertButton" runat="server" CommandName="Insert" Text="插入" />
        <asp:Button ID="CancelButton" runat="server" CommandName="Cancel" Text="清除" />
      </td>
      <td> </td>
      <td>
```

```
            <asp:TextBox ID="nameTextBox" runat="server" Text='<%# Bind("name") %>' />
        </td>
    </tr>
</InsertItemTemplate>
<ItemTemplate>
    <tr style="">
        <td>
            <asp:Button ID="DeleteButton" runat="server" CommandName="Delete" Text="删除" />
        </td>
        <td>
            <asp:Label ID="idLabel" runat="server" Text='<%# Eval("id") %>' />
        </td>
        <td>
            <asp:Label ID="nameLabel" runat="server" Text='<%# Eval("name") %>' />
        </td>
    </tr>
</ItemTemplate>
<LayoutTemplate>
    <table runat="server">
        <tr runat="server">
            <td runat="server">
                <table id="itemPlaceholderContainer" runat="server" border="0" style="">
                    <tr runat="server" style="">
                        <th runat="server"></th>
                        <th runat="server">id</th>
                        <th runat="server">name</th>
                    </tr>
                    <tr runat="server" id="itemPlaceholder">
                    </tr>
                </table>
            </td>
        </tr>
        <tr runat="server">
            <td runat="server" style="">
            </td>
        </tr>
    </table>
</LayoutTemplate>
</asp:ListView>
```

删除效果图，如图 6.21 所示。

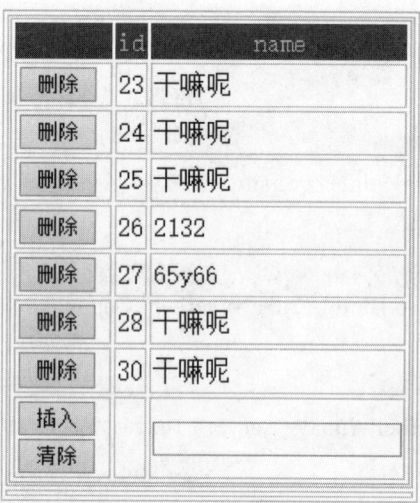

图 6.21 删除效果图

3. 分页和排序

分页是通过在 LayoutTemplate 模板中添加 DataPager 控件来实现的，因此，可以通过修改 DataPager 的属性值来指定显示的导航样式。

DataPager 中的 Fields 字项用来添加分页的标签，其中 NextPreviousPagerField 控制按钮导航，通过设置它的属性来显示第一页、上一页等的导航按钮，另外可通过设置 NumericPagerField 来指定页数导航。

```html
[html] view plaincopy
<LayoutTemplate>
  <table runat="server">
    <tr runat="server">
      <td runat="server">
        <table id="itemPlaceholderContainer" runat="server" border="0" style="">
          <tr runat="server" style="">
            <th runat="server">id</th>
            <th runat="server">name</th>
          </tr>
          <tr runat="server" id="itemPlaceholder">
          </tr>
        </table>
      </td>
    </tr>
    <tr runat="server">
      <td runat="server" style="background-color:#284775;">
        <asp:DataPager ID="DataPager1" runat="server">
          <Fields>
```

```
                <asp:NextPreviousPagerField ButtonType="Button"
                    ShowFirstPageButton="True"
                    ShowLastPageButton="True" />
                <asp:NumericPagerField ButtonType="Button" ButtonCount="3" />
            </Fields>
        </asp:DataPager>
      </td>
    </tr>
</table>
<!--排序事件,必须放在 LayoutTemplate 模板中,并且 CommandName 值为 Sort,CommandArgument
值为需要排序的数据库字段名称-->
    <asp:Button Text="按 id 排序" runat="server" CommandName="Sort" CommandArgument= "id" />
</LayoutTemplate>
```

排序的实现是通过在 LayoutTemplate 模板中添加 asp.net 控件来实现的,设置控件 CommandName="Sort",并将 CommandArgument 赋值为需要排序的数据库字段名称,如想要对 id 排序,则 CommandArgument="id"。

运行效果如图 6.22 所示。

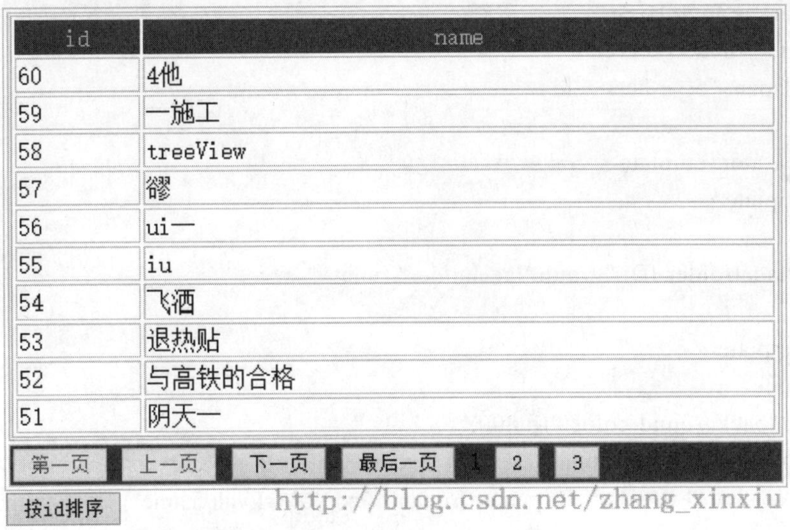

图 6.22 分页和排序效果图

4. 分 组

分组也是 ListView 控件的一大特色,把数据当作一个个的子集显示到控件上,就好像是分块显示一样,把一部分数据分到一个块中,另一部分数据分到另一个块中,可通过设置该控件的 GroupItemCount 来控制数据所分的组数。如图 6.23 所示。

另外在分组时需要在 GroupTemplate 模板中添加一个 ID 名称为 itemPlaceholder 的 PlaceHolder 控件,然后在 LayoutTemplate 模板中添加一个 ID 名称为 groupPlaceholder 的 PlaceHolder 控件,这样就能够简单地达到对数据分组的目的了。

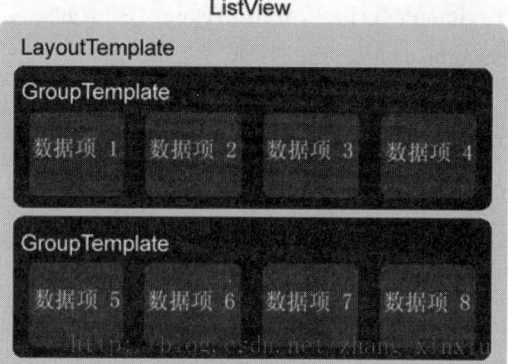

图 6.23 分组

```html
[html] view plaincopy
<asp:ListView ID="ListView1" GroupItemCount="5" runat="server" DataSourceID="SqlDataSource1">
  <GroupTemplate>
    <tr>
      <asp:PlaceHolder runat="server" ID="itemPlaceholder" />
    </tr>
  </GroupTemplate>
  <GroupSeparatorTemplate>
    <tr id="Tr1" runat="server">
      <td colspan="5"><hr /></td>
    </tr>
  </GroupSeparatorTemplate>
  <LayoutTemplate>
    <table>
      <asp:PlaceHolder ID="groupPlaceholder" runat="server" />
    </table>
  </LayoutTemplate>
  <ItemTemplate>
    <td style="background-color:#ffd800;">
      id:<asp:Label ID="id" runat="server" Text='<%#Eval("id") %>'></asp:Label><br />
      name:<asp:Label ID="Label1" runat="server" Text='<%#Eval("name") %>'></asp:Label><br />
    </td>

  </ItemTemplate>
</asp:ListView>
```

分组后的示例图，如图 6.24 所示。

6.3.7 对比升华

有关数据绑定的控件已经讨论完毕，最后让我们回过头来继续讨论下几种经常使用的数据绑定控件。如图 6.25 所示。

id:23 name:干嘛呢	id:24 name:干嘛呢	id:25 name:干嘛呢	id:26 name:2132	id:27 name:65y66
id:28 name:干嘛呢	id:44 name:天天	id:30 name:干嘛呢	id:45 name:分公司的风格	id:46 name:tyre
id:47 name:一头热呀	id:48 name:分公司地方	id:49 name:特丫头	id:50 name:一头热呀	id:51 name:阴天一
id:52 name:与高铁的合格	id:53 name:退热贴	id:54 name:飞洒	id:55 name:iu	id:56 name:ui一
id:57 name:谬	id:58 name:treeView	id:59 name:一施工	id:60 name:4他	

图 6.24　分组示例图

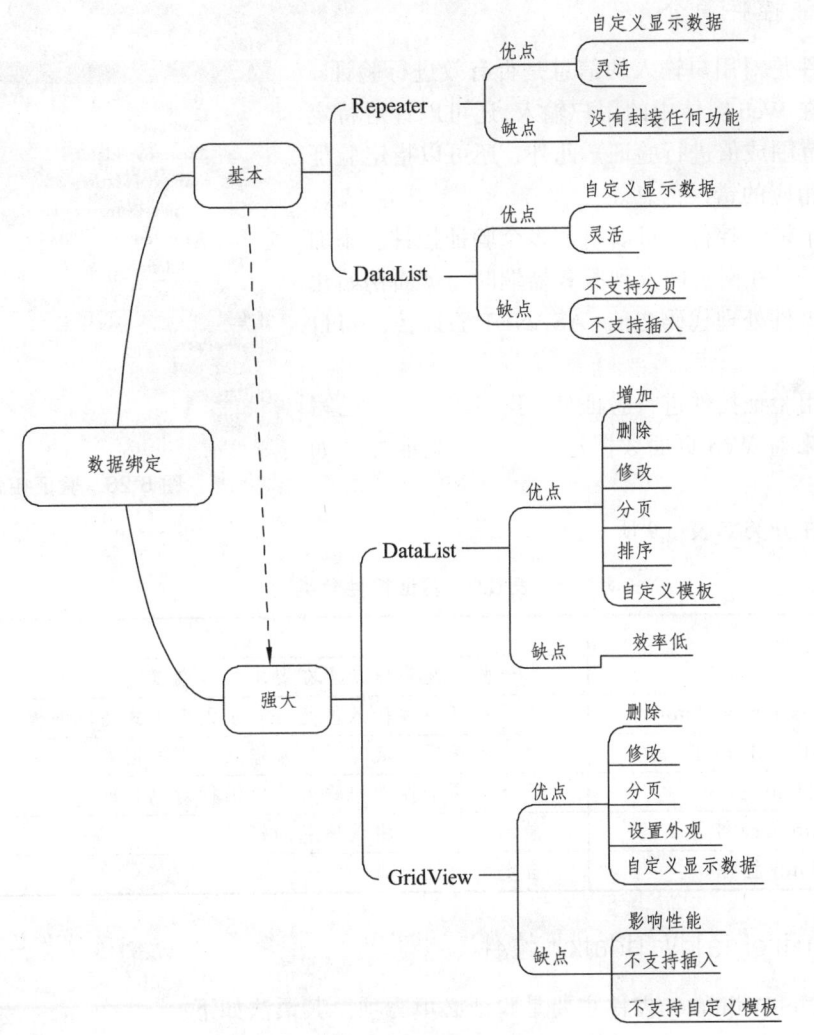

图 6.25　经常使用的数据绑定控制

对于数据绑定控件来说 Repeater 控件是最基础的,也因为最原始所以受到广大开发人员的喜爱,对有经验的程序员来说在开发时往往采用 Repeater,因为它使用灵活、稳定、不会产生恶意代码并且效率高。

对比几种控件,这就不得不说说.net 平台的厉害之处了,针对不同开发程度的人员封装了不同的开发控件,对于菜鸟级别的开发人员来说 GridView 和 ListView 应该是他们的首选,因为操作简单,只需要点几个按钮选几个选项就能实现强大的功能。另外对于老程序员来说习惯了编写代码,这时候首选当然是 Repeater。不多对于学习人员来说还是推荐使用 Repeater 控件,因为它的功能少、而且灵活,得到学习的机会更多。

6.4 数据验证控件

6.4.1 验证控件简介

验证控件是对用户输入的信息是否有效进行验证。它可以验证在 Web 窗体中的用户输入,还可以针对特定模式、特定范围或值进行验证。此外,还可以指定验证出错时显示相应的错误信息。

对于一个输入控件,可以附加多个验证控件。添加验证控件之后,在网页回发到服务器端时、页面初始化之后和调用事件处理代码之前,ASP.NET 验证控件将自动执行验证。

除了使用验证控件进行验证外,我们还可以自己写一个验证类来对 Web 页面数据进行验证。验证控件如图 6.26 所示。

图 6.26 验证控件

验证控件分类如表 6.9 所示。

表 6.9 验证控件分类

验证控件种类	控件的作用
RangeValidator 控件	用于验证某个值是否在要求的范围以内
RegularExpressionValidator 控件	用于验证控件输入值是否和正则表达式指定的模式相匹配
RequiredFiedValidator 控件	用于确保用户填写了必须输入的那些控件
CompareValidator 控件	用于对两个控件中输入的值进行对比验证
ValidationSummary 控件	显示所有验证错误信息的摘要
CustomValidator 控件	自定义验证逻辑

6.4.2 RequireFieldValidator 控件

RequireFieldValidator 控件主要是验证必填写项。其语法如下。

<asp: RequiredFieldValidator ID = "RequiredFieldValidator1" runat = "server" ErrorMessage = "错误信息提示" ControlToValidate = "被验证控件 ID"> </asp: RequiredFieldValidator>

【实例 6-6】 RequireFieldValidator 控件的运用,代码如下所示。

```html
<html xmlns="http://www.w3.org/1999/xhtml">
<head runat="server">
    <title>RequiredFieldValidator 控件实例</title>
</head>
<body>
    <form id="form1" runat="server">
    <div>
        <table id="TABLE1" style="width: 645px; height: 171px">
            <tr>
                <td colspan="3" style="text-align: center; height: 27px;">
                    <span style="font-size: 16pt"><strong>  
                    <span style="font-size: 14pt"> 填写个人资料
                    (RequiredFieldValidator 控件)</span></strong></span></td>
            </tr>
            <tr>
                <td style="width: 80px; height: 8px">
                    <span style="font-size: 16pt"><strong>用户名:</strong></span></td>
                <td style="width: 10px; height: 8px">
                    <asp:TextBox ID="usename" runat="server" Height="19px" Width=
                        "148px" ></asp:TextBox></td>
                <td style="width: 100px; height: 8px">
                    <asp:RequiredFieldValidator ID="RequiredFieldValidator1"
                        runat="server" ControlToValidate="usename"
                    ErrorMessage="请输入用户名"></asp:RequiredFieldValidator></td>
            </tr>
            <tr>
                <td style="width: 80px; height: 41px;">
                    <span style="font-size: 16pt"><strong>密码:</strong></span></td>
                <td style="width: 10px; height: 41px;">
                    <asp:TextBox ID="password" runat="server" TextMode="Password">
                    </asp:TextBox>
                </td>
                <td style="width: 100px; height: 41px;">
                    <asp:RequiredFieldValidator ID="RequiredFieldValidator2" runat=
                        "server" ControlToValidate="password"
                    ErrorMessage="请输入密码"></asp:RequiredFieldValidator> </td>
            </tr>
            <tr>
                <td style="width: 80px">
```

> 在这里指定被验证的控件的名称!

```
                <span style="font-size: 16pt"><strong>学历:</strong></span></td>
                <td style="width: 10px">
                    <asp:DropDownList ID="xueli" runat="server">
                        <asp:ListItem>-请选择学历-</asp:ListItem>
                        <asp:ListItem>大专</asp:ListItem>
                        <asp:ListItem>本科</asp:ListItem>
                        <asp:ListItem>研究生</asp:ListItem>
                    </asp:DropDownList></td>
                <td style="width: 100px">
                    <asp:RequiredFieldValidator ID="RequiredFieldValidator3" runat=
                        "server" ControlToValidate="xueli"
                        ErrorMessage="请选择学历" InitialValue="-请选择学历-">
                        </asp:RequiredFieldValidator></td>
            </tr>
            <tr>
                <td style="width: 80px; height: 32px;">
                </td>
                <td style="width: 10px; height: 32px;">
                    <asp:Button ID="Button1" runat="server" Height="30px" OnClick=
                        "Button1_Click" Text="提交"
                        Width="108px" /></td>
                <td style="width: 100px; height: 32px;">
                </td>
            </tr>
            <tr>
                <td colspan="3">
                    <asp:Label ID="message" runat="server" Height="98px" Width=
                        "271px"></asp:Label>
                </td>
            </tr>
        </table>
    </div>
         
    </form>
</body>
</html>
```

运行程序,单击【提交】按钮后的效果如图 6.27 所示。

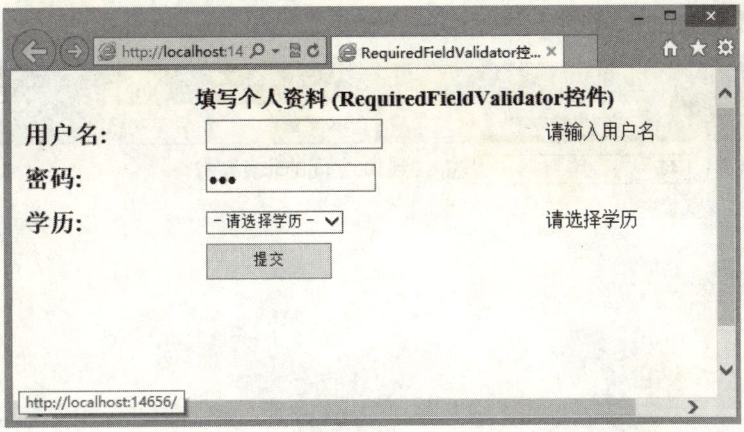

图 6.27　RequireFieldValidator 控件运行效果图

6.4.3　RangeValidator 控件

RangeValidator 控件用于测试输入控件的值是否在指定范围内。该控件的使用声明格式如下。

```
<asp：RangeValidator ID="该验证控件名" runat="server"
    ControlToValidate="被验证的控件 ID"
    ErrorMessage="将显示的错误信息"
    MaximumValue="最大值"
    MinimumValue="最小值">
</asp：RangeValidator>
```

【实例 6-7】 RangeValidator 控件的运用，代码如下所示。

```
<html xmlns="http://www.w3.org/1999/xhtml" >
<head runat="server">
    <title>文本控件</title>
</head>
<body>
    <form id="form1" runat="server">
    <div style="height: 488px">
        成绩:<asp:TextBox ID="chengji" runat="server"></asp:TextBox>
        <asp:RangeValidator ID="RangeValidator1" runat=
            "server" ControlToValidate="chengji"
            ErrorMessage="输入 0 到 100 之间的非负整数"MaximumValue="100" MinimumValue=
                "0" Type="Integer"></asp:RangeValidator><br />
        <br />
    </div>
    </form>
</body>
</html>
```

程序运行效果如图 6.28 所示。

图 6.28　RangeValidator 控件运行效果

工程师提示

程序中定义了一个文本框控件和一个 RangeValidator 控件，如果用户在文本控件中输入的值不在 1～100，则超出数值定义范围，给出错误提示信息。还有一个值得注意的问题就是当文本框为空的时候，该控件不能启动验证。我们必须将 RequiredFiedValidator 控件与其他几个控件结合使用。

6.4.4　CompareValidator 控件

CompareValidator 控件主要对两个文本控件中用户输入的值进行比较，不同则显示相应错误信息，用法和以上控件类似。

【实例 6-8】 CompareValidator 控件的运用，代码如下所示。

```
<html xmlns="http://www.w3.org/1999/xhtml">
<head runat="server">
    <title>CompareValidator 控件</title>
</head>
<body>
    <form id="form1" runat="server">
    <div style="width:400px;">
        <table style="width: 365px; height: 90px">
            <tr>
                <td class="style4">
                    密码：
                </td>
                <td class="style5">
                    <asp:TextBox ID="password" runat="server" TextMode=
                    "Password"></asp:TextBox>
                </td>
```

```
                <td class="style6">
                     
                </td>
            </tr>
            <tr>
                <td class="style7">
                    确认密码:
                </td>
                <td class="style8">
                    <asp:TextBox ID="repassword" runat="server" TextMode=
                        "Password"></asp:TextBox>
                </td>
                <td class="style9">
                    <asp:CompareValidator ID="CompareValidator1" runat="server"
                        ControlToCompare="password" ControlToValidate="repassword"
                        ErrorMessage="密码不一致"></asp:CompareValidator>
                </td>
            </tr>
            <tr>
                <td class="style10">
                </td>
                <td colspan="2" class="style11">
                    <asp:Button ID="Button1" runat="server" Height="26px"
                        OnClick="Button1_Click" Text="确定"
                        Width="106px" />
                </td>
            </tr>
        </table>
    </div>
    </form>
</body>
</html>
```

指定被比较控件名称!

运行程序，单击【确定】按钮后效果如图 6.29 所示。

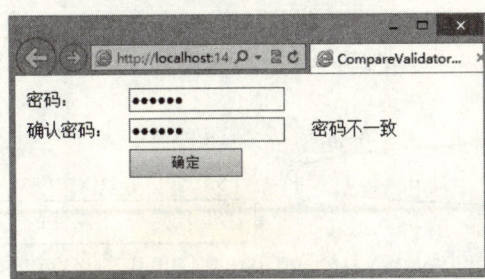

图 6.29 CompareValidator 控件运行效果

6.4.5 RegularExpressionValidator 控件

RegularExpressionValidator 控件主要用于验证相关输入控件的值是否与正则表达式指定的模式相匹配。正则表达式常用符号如表 6.10 所示。

表 6.10 正则表达式常用符号

符 号	作 用
[]	用来接受定义的单一字符； 例如：[a-zA-Z]只接受 a～z 或 A～Z 的英文字符
{}	可以用来表示接受多少字符； 例如：[a-zA-Z]{4}表示只接受 4 个字符
.	可以用来表示接受除了空白以外的任意字符； 例如：.{4}表示接受 4 个除了空白以外的字符
*	表示最少 0 个字符，最多到无限个字符； 例如：{a-zA-Z}*表示不限制数目，接受这之间任意字符，也可以不输入
+	表示最少一个字符，最多到无限个字符； 例如：{a-zA-Z}+表示不限制数目，接受其中至少任意的一个字符

【实例 6-9】 RegularExpressionValidator 控件的运用，代码如下所示。

```
<html xmlns="http://www.w3.org/1999/xhtml" >
<head runat="server">
    <title>无标题页</title>
</head>
<body>
    <form id="form1" runat="server">
    <div>
        <span style="font-size: 16pt"><strong>填写用户资料<br />
        </strong></span>
        <br />
        <span style="font-size: 14pt"><strong>用户名：  
            <asp:TextBox ID="usename" runat="server"></asp:TextBox>
            <asp:RequiredFieldValidator    ID="RequiredFieldValidator1"    runat= "server"
ErrorMessage="请输入用户名" ControlToValidate="usename"> </asp:RequiredFieldValidator>
<br />
            身份证号:<asp:TextBox ID="idcard" runat="server"></asp:TextBox>
            <asp:RegularExpressionValidator    ID="RegularExpressionValidator1"    runat="server"
ControlToValidate="idcard"
            ErrorMessage="身份证号必须15 或 18 位
" ValidationExpression= "\d{17}[\d|X]|\d{15}"></asp:RegularExpressionValidator>
<br />  ◀ 这里指定符合条件的正则表达式！
            邮政编码:<asp:TextBox ID="postcode" runat="server"></asp:TextBox>
            <asp:RegularExpressionValidator    ID="RegularExpressionValidator2"    runat="server"
```

ControlToValidate="postcode"
            ErrorMessage="邮政编码是 6 位" ValidationExpression= "\d{6}"></asp:RegularExpressionValidator>
        电话号码:<asp:TextBox ID="phonecode" runat="server"></asp:TextBox>
            <asp:RegularExpressionValidator ID="RegularExpressionValidator3" runat="server" ControlToValidate="phonecode"
            ErrorMessage="电话号码格式不对" ValidationExpression= "(\(\d{3}\)|\d{3}-)?\d{8}"></asp:RegularExpressionValidator>
        E-mail:
        <asp:TextBox ID="Email" runat="server"></asp:TextBox>
        <asp:RegularExpressionValidator ID="RegularExpressionValidator4" runat="server" ControlToValidate="Email"
            ErrorMessage="邮件格式不对" ValidationExpression= "\w+([-+.']\w+)*@\w+([-.]\w+)*\.\w+([-.]\w+)*"></asp:RegularExpressionValidator>
        公司主页</strong></span>:<asp:TextBox ID="main" runat="server"> </asp:TextBox>
    <asp:RegularExpressionValidator ID="RegularExpressionValidator5" runat= "server" ControlToValidate="main"
            ErrorMessage="网址格式不对" ValidationExpression= "http(s)?://([\w-]+\.)+[\w-]+(/[\w- ./?%&=]*)?"></asp:RegularExpressionValidator>

        <asp:Button ID="Button1" runat="server" Text="提交" onclick= "Button1_Click" />
         </div>
    </form>
</body>
</html>
```

按 F5 键，运行结果如图 6.30 所示。

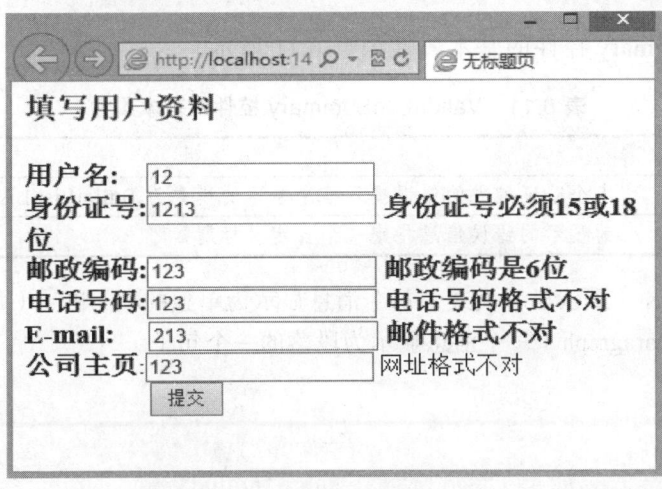

图 6.30  RegularExpressionValidator 控件运行效果
```

工程师提示

以上用到了一些常用的正则表达式,请大家在学习之余多总结,在这里就不对其做详细的介绍说明了。

6.4.6 CustomValidator 控件

CustomValidator 控件是用户自定义验证控件,用户可以通过该控件的 ServerValidate 事件创建服务器端验证函数来实现自己定义的验证逻辑,也可以使用 ClientValidatonFunction 属性指定与该控件相关联的客户端脚本函数名称来达到相同的验证效果。我们在这里就不做具体地讲解了,大家可以参考其他书籍加以消化,其语法格式如下。

```
<asp:CustomValidator ID="控件 ID" runat="server"
  ErrorMessage="验证控件无效时显示的错误消息"
    ClientValidationFunction="客户端脚本验证功能"
    ControlToValidate="要验证的控件 ID"
        ValidateEmptyText="控件文本为空时,验证程序是否验证控件(True|False)"
            ValidationGroup="验证程序所属的组">
</asp: CustomValidator>
```

6.4.7 ValidationSummary 控件

ValidationSummary 控件主要是用于显示页面中所有验证错误的摘要。当页面上有很多验证控件时,我们可以使用一个 ValidationSummary 控件在某一个位置总结来自 Web 页面上所有验证程序的错误信息,语法格式如下。

```
<asp:ValidationSummary ID="控件 ID" runat="server"
    ShowSummary="true|false,控件显示摘要信息"
    ShowMessageBox="true|false,消息框显示摘要信息"
        HeaderText="标题文字"/>
```

ValidationSummary 控件的基本属性如表 6.11 所示。

表 6.11 ValidationSummary 控件的基本属性

属性名称	功能说明
DisplayMode	各个验证控件的错误提示信息显示的模式为 BulletList|List|SingleParagraph
HeaderText	为显示的错误信息指定一个自定义标题

说明:BulletList(默认显示模式,每个消息显示为单独的项)|List(每个消息显示在单独的行中)|SingleParagraph(每个消息显示为段落的一个句子)。

6.4.8 案 例

【任务目标】

通过以上对服务器控件基本知识的学习和了解,现在就运用所学的知识编写一个填写个人资料的页面,来熟悉一下服务器控件。

【解题思路】

通过相应的标准控件来接收用户所填写的个人信息,通过验证控件对用户信息进行核对,然后读取标准控件里面的信息再进行保存。所需控件及其属性设置如表 6.12 所示。

表 6.12 所需控件及其属性设置

控件名	属　性	属性值
Image	ID	IMG_HeadImage
FileUpload	ID	FP_HeadImage
Label	ID	Lbl_Name
	Text	姓名：
TextBox	ID	Txt_InputName
RequiredFieldValidator	ID	RF_Name
	ErrorMessage	请输入姓名
	ControlToValidate	Txt_InputName
Label	ID	Lbl_Sex
	Text	性别：
RadioButton	ID	RD_SexM
	Text	男
RadioButton	ID	RD_SexW
	Text	女
Label	ID	Lbl_Professional
DropDownList	ID	DropDownList
Label	ID	Lbl_Love
	Text	爱好：
CheckBoxList	ID	CB_Love

【实现步骤】

(1) 在 Visual Studio 2012 中新建一个网站命名为"任务四",并在根目录下新建一个文件夹用来存放用户头像图片,并将其命名为"HeadImage"。

(2) 在网站中新建一个网页并设计,代码如下。

```
<head runat="server">
    <title>第 4 章任务</title>
</head>
<body>
    <form id="form1" runat="server">
    <div style="width:100%; height:100%">
        <div style="width:600px; margin:0 auto; height:240px;">
            <div style="width:240px; height:230px; float:left;">
```

```html
            <div>
                <asp:Image ID="IMG_HeadImage" runat="server" Height="190px"
                    Width="240px" />
            </div>
            <div>
                <asp:FileUpload ID="FP_HeadImage" runat="server" /></div>
        </div>
        <div style="width:350px; height:230px; float:left;">
            <ul style=" width:335px; height:220px; margin-left:20px;">
                <li style="display:block; list-style:none; width:300px;
                    height:40px; margin-top:20px;">
                    <div style="width:300px; height:25px; margin-top:8px;">
                        <asp:Label ID="Lbl_Name" runat="server" Text=
                            "姓名:"></asp:Label>
                        <asp:TextBox ID="Txt_InputName" runat="server" Width=
                            "224px"></asp:TextBox>
                    </div>
                    <asp:RequiredFieldValidator ID="RF_Name" runat="server"
                        ErrorMessage="请输入姓名" ControlToValidate=
                        "Txt_InputName" ></asp:RequiredFieldValidator>
                </li>
                <li style="display:block; list-style:none; width:300px;
                    height:40px; margin-top:10px;">
                    <div style="width:300px; height:25px; margin-top:8px;">
                        <asp:Label ID="Lbl_Sex" runat="server" Text="性别:">
                            </asp:Label>
                        <asp:RadioButton ID="RD_SexM" runat="server" Text=
                            "男" />
                        <asp:RadioButton ID="RD_SexW" runat="server" Text=
                            "女" />
                    </div>
                </li>
                <li style="display:block; list-style:none; width:300px;
                    height:40px; margin-top:10px;">
                    <div style="width:300px; height:25px; margin-top:8px;">
                        <asp:Label ID="Lbl_Professional" runat="server" Text=
                            "职业:"></asp:Label>
                        <asp:DropDownList ID="DRp_Professional" runat="server">
                            <asp:ListItem>学生</asp:ListItem>
                            <asp:ListItem>老师</asp:ListItem>
```

```
                                </asp:DropDownList>
                            </div>
                        </li>
                        <li style="display:block; list-style:none; width:320px;
                              height:40px; margin-top:10px;">
                            <div style="width:320px; height:25px; margin-top:8px;">
                                <div style="float:left; margin-top:5px;">
                                    <asp:Label ID="Lbl_Love" runat="server" Text=
                                        "爱好:"></asp:Label>
                                </div>
                                <div style="float:left;">
                                    <asp:CheckBoxList ID="CB_Love" runat="server"
                                        RepeatColumns="4">
                                        <asp:ListItem>篮球</asp:ListItem>
                                        <asp:ListItem>跑步</asp:ListItem>
                                        <asp:ListItem>听歌</asp:ListItem>
                                        <asp:ListItem>看书</asp:ListItem>
                                    </asp:CheckBoxList>
                                </div>
                            </div>
                        </li>
                    </ul>
                    <asp:Button ID="Btn_Seave" runat="server" onclick=
                        "Btn_Seave_Click"
                        Text="保存信息" />
                </div>
            </div>
        </div>
    </form>
</body>
</html>
```

（3）双击【保存信息】按钮，进入按钮的单击事件，并写入以下代码。

```
protected void Btn_Seave_Click(object sender, EventArgs e)
    {
        //判断用户是否上传头像
        if (FP_HeadImage.FileName != null)
        {
            //获取图片名
            string faleName = FP_HeadImage.FileName;
            //获取服务器上的绝对路径
```

```
        string ServerMapth = Server.MapPath("HeadImage")+faleName;
        //保存图片
        FP_HeadImage.SaveAs(ServerMapth);
        //将用户头像显示
        IMG_HeadImage.ImageUrl = "HeadImage\\"+faleName;
    }
    //定义变量保存用户性别
    string Sex = "";
    //判断用户性别
    if (RD_SexM.Checked == true)
    {
        Sex = "男";
    }
    else
    {
        Sex = "女";
    }
    //获取用户职业
    string Professional = DRp_Professional.SelectedValue;
    //获取用户爱好信息
    string Love = CB_Love.SelectedValue;
    //将用户所有信息保存到 Session
    Session.Add("Sex",Sex);
    Session.Add("Professional",Professional);
    Session.Add("Love",Love);
}
```

操作前的效果如图 6.31 所示。

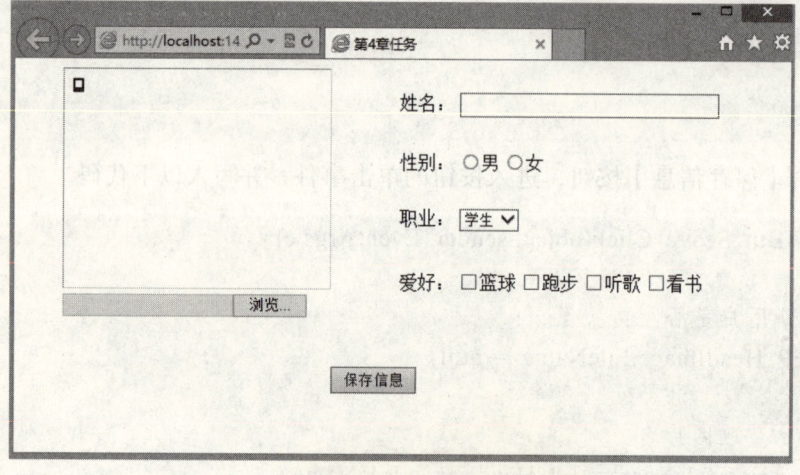

图 6.31 操作前的效果

运行后未输入姓名的效果如图 6.32 所示。

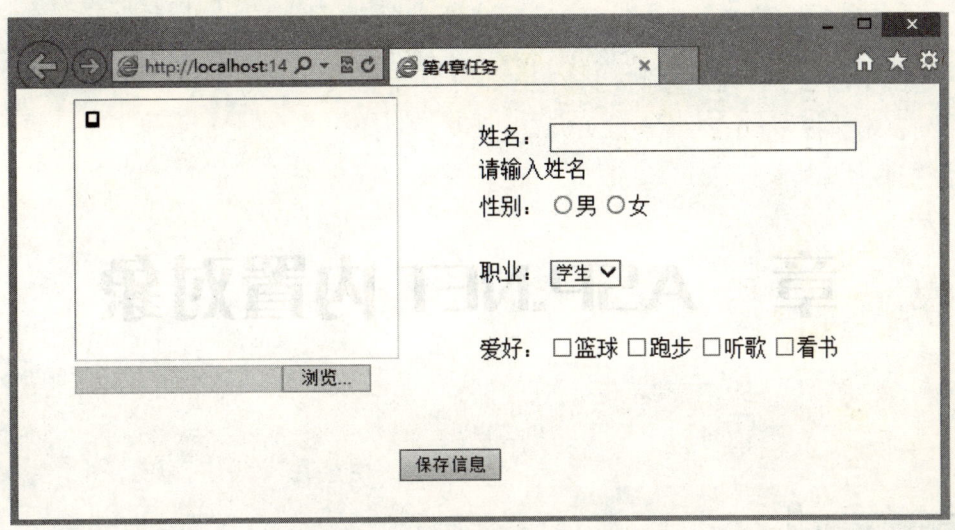

图 6.32　运行后未输入姓名的效果

正确操作效果如图 6.33 所示。

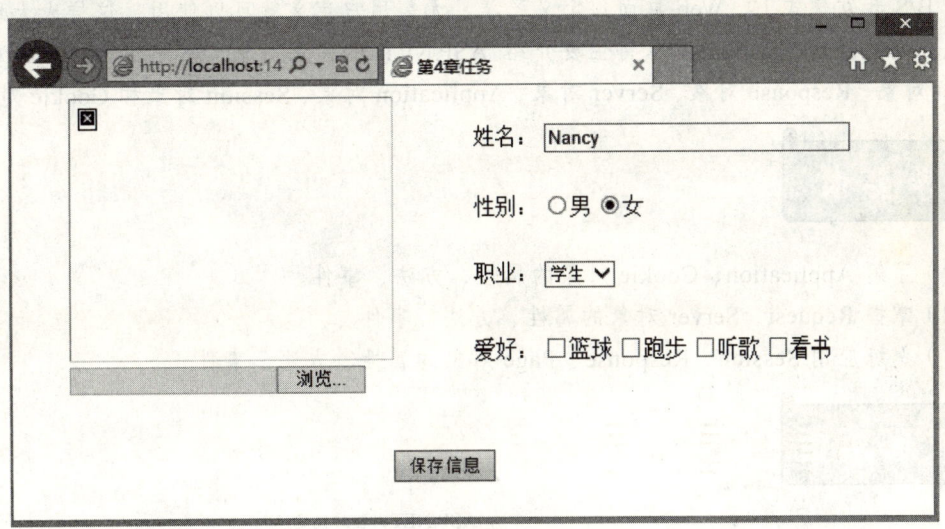

图 6.33　正确操作效果

第 7 章 ASP.NET 内置对象

内容提示

在 B/S 开发模式下，Web 页面预定义了类，无需用户定义就可以使用，这样大大地提升了系统开发的性能和速度。本章将主要介绍 ASP.NET 的内置对象，其中包括 Page 对象、Request 对象、Response 对象、Server 对象、Application 对象、Session 对象和 Cookie 对象等。

教学要求

（1）了解 Application、Cookie 对象的属性、方法、事件。
（2）掌握 Request、Server 对象的属性、方法、事件。
（3）熟练应用 Session、Response、Page 对象的属性、方法、事件。

内容框架图

ASP.NET 内置对象
- ASP.NET 内置对象概述
- Page 对象
- Request 对象
- Response 对象
- Server 对象
- Application 对象
- Session 对象
- Cookie 对象

7.1 ASP.NET 内置对象概述

当 Web 应用程序运行时，ASP.NET 将维护有关当前应用程序、每个用户会话、当前 HTTP 请求、请求的页等方面的信息。ASP.NET 包含一系列类，用于封装这些上下文信息。ASP.NET 对象为开发者提供了基本的请求、响应、会话等处理功能，这些称之为内置对象。内置对象是程序设计中最频繁使用的元素之一，在 ASP.NET 中也是必不可少的。

内置对象与其他部分的关系如图 7.1 所示。

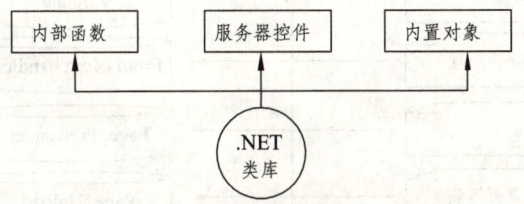

图 7.1 内置对象与其他部分的关系

1. ASP.NET 页面处理过程

ASP.NET 页面处理过程及触发的事件，如表 7.1 所示。

表 7.1 ASP.NET 页面处理过程及触发的事件

处理过程	触发事件	说 明
页请求		页请求发生在页生命周期开始之前
开始	触发 Page_Init 事件	在开始阶段，设置页属性。在此阶段，页还将确定请求是回发请求还是新请求，并设置 IspostBack 属性
页初始化		在页初始化期间，可以使用页中的控件，并设置每个控件的 UniqueID 属性
加载	触发 Page_Load 事件	在加载期间，如果当前请求是回发请求，则将使用从视图状态和控件状态恢复的信息中加载控件属性
验证	触发 Validate 事件	在验证期间，将调用所有验证控件的 Validate 方法，此方法将设置各个验证控件和页的 IsValid 属性
回发事件处理	触发 Form event handler 事件	如果请求是回发请求，则将调用所有事件处理程序
呈现	触发 Page_PreRender 事件	在呈现期间，视图状态将被保存到页，然后页将调用每个控件，以将其呈现的输出提供给页的 Response 属性的 OutputStream
卸载	触发 Page_Unload 事件	完全呈现页，将页发送至客户端并准备丢弃时将调用卸载事件。此时，将卸载页属性（如 Resoponse 和 Request）并执行清理

ASP.NET 页面处理过程如图 7.2 所示。

工程师提示

在页面处理的某些特定阶段，页面会自动触发一些事件，而与服务器控件相关联的其他事件则在服务器端触发并得到处理。

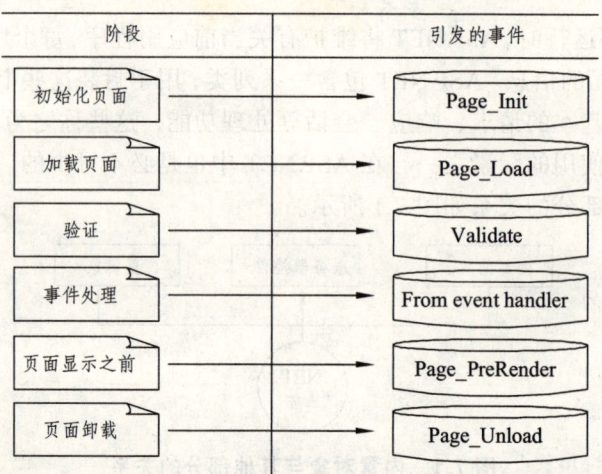

图 7.2　ASP.NET 页面处理过程

2. 执行过程详尽说明

ASP.NET 的页面处理过程（即 ASP.NET 网页的生命周期）：当浏览器第一次请求一个 .aspx 文件时，.aspx 文件将被 .NET 的公共语言运行并被编译器编译。此后再有用户访问此页面时，CLR 会直接执行编译过的 .aspx 文件代码。

ASP.NET 和所有的服务器端进程一样，当 .aspx 页面被客户端请求时，页面的服务器端代码被执行，执行结果被返回到浏览器端，这一点和 ASP.NET 并没有什么太大的不同。但值得一提的是，ASP.NET 的架构为用户做了许多别的事情，例如：它会自动处理浏览器的表单提交，把各个表单域的输入值变成对象的属性，使得用户可以像访问对象属性那样来访问客户的输入；它还把客户的事件映射到不同的服务器端事件。

ASP.NET 页面被请求后，首先触发 Init 事件进行初始化。将 .aspx 源文件中静态声明的所有控件实例化，并采用各自的默认值。

初始化之后，页面框架将加载页面的视图状态。视图状态代表了页面的调用上下文信息。通常，它包含上次服务器处理页面的控件状态。当在首次页面会话中请求时，视图状态为空。

存储视图状态之后，页面中控件的状态与页面最后一次显示在浏览器中的状态相同。下一步是处理回发数据，使控件有机会更新其状态，从而准确反映客户端相应的 HTML 元素的状态。例如：服务器的 TextBox 控件对应的 HTML 元素是 <Input Type="Text">。在回发数据阶段，TextBox 检索 <Input> 的当前值，并使用该值来刷新自己的状态，每个控件都要从回发的数据中提取值并更新自己的部分属性。

在处理完回发数据之后，将触发 Page_Load 事件。如果 ASP.NET 程序定义了 Page_Load 事件的处理方法，就将执行这个方法。

接着执行的是与数据变化有关系的事件，如 TextBox 控件的 TextChanged 事件。处理完回发事件之后页面就可以显示了。

最后触发卸载事件（Unload 事件），在此事件中，应该释放所有可能占用的关键资源。在此事件之后，也就是最后，浏览器接收 HTTP 响应数据包并显示页面。详见表 7.1 和图 7.2。

ASP.NET 定义了多个内置对象，它们是全局对象，即不必事先声明就可以直接使用。例如：Response.Write（"你好！"），就是直接使用 Response 对象传送信息到浏览器的。

ASP.NET 主要有 7 个内置对象，如表 7.2 所示。

表 7.2 ASP.NET 主要的内置对象

对象名	说　明
Response	发送信息到浏览器
Request	从浏览器获取信息
Server	提供服务器端的属性和方法
Session	存储单个客户端信息到服务器端
Application	存储客户共享信息到服务器端
Cookie	Cookie 将信息保存在客户端，而 Session 和 Application 将信息保存在服务器端
Page	用于设置网页的有关属性、方法和事件

ASP.NET 的七大内置对象，基本内容如下。

（1）Response 对象：用于动态响应客户端请示，控制发送给用户的信息，并将动态生成响应。但它只提供了一个数据集合 Cookie。

（2）Request 对象：它是 Page 对象的成员之一，主要是让服务器取得客户端浏览器的一些数据，包括从 HTML 表单用 Post 或 Get 方法传递的参数、Cookie 和用户认证。

（3）Server 对象：它提供对服务器上的方法和属性的访问。其中大多数方法和属性是作为实用程序的功能服务的。

（4）Session 对象：用于存储特定的用户会话所需的信息，它可以让一个用户访问多个页面之间的切换信息，也会保留该用户的信息。

（5）Application 对象：是一个应用程序级的对象，包含的数据可以在整个 Web 站点中被所有用户使用，并且可以在网站运行期间持久地保存数据。

（6）Cookie 对象：Cookie 是一小段文本信息，伴随着用户请求和页面在 Web 服务器和浏览器之间传递。

（7）Page 对象：充当页中所有服务器控件的命名容器，它的命名空间为 System.Web.UI。

每个对象都有各自的属性、方法、集合或事件。任何一个对象都有静态属性，又有动态属性。属性代表了对象的静态特性，它用来描述对象的特征。集合是对象的动态特性，如 Request 对象的 QueryString 是由一组相关值构成的。事件指的是对象所具有的某种动作。每个对象都可以对一个被称为事件的动作进行识别和响应。事件是一种预先定义好的特定动作，而且是对象能够识别的动作，并由用户或系统激活。例如：对于 Session 对象，会话产生 OnStart 事件。

访问对象属性的语法格式如下。

对象名.属性名。

例如：访问 Page 对象的 IsPostBack 属性的语法格式为：Page.IsPostBack（注：Page 对象可以省略）。

访问对象的集合与访问对象的方法类似。对象的集合都有一个 Count 属性，它是集合中值的个数。

访问对象方法的语法格式如下。

对象名.语法名（参数表）。

例如：访问 Response 对象的 Write 方法的语法格式为 Response.Write（"你好"）。

对象事件处理过程的定义如下。

```
对象名_事件名（参数表） 或  事件名（参数表）
{
        //过程语句
}
```

例如：

```
protected void Page_Load（object sender， EventArgs e）
{
        //过程语句
}
```

上面的代码定义的是 Page 对象的 Load 事件的处理过程。

ASP.NET 事件的处理过程都有以下两个参数。

（1）object sender：事件处理过程的第一个参数，表示发生该事件的源对象。

（2）EventArgs e：事件处理过程的第二个参数，表示传递给事件处理程序的额外描述，作为辅助之用。

7.2 Response 对象

Response 对象代表了服务器响应对象。每次客户端发出一个请求的时候，服务器就会用一个响应对象来处理这个请求，处理完这个请求之后，服务器就会销毁这个响应对象，以便继续接收其他客户端请求。它用于将服务器端的信息发送到浏览器，包括将服务器端的数据用超文本的格式发送到浏览器上，重新定向浏览器到另一个 URL 或 Cookie 的值。

7.2.1 Response 对象的属性、方法

Response 对象派生自 Http Response 类，它的主要属性如表 7.3 所示。

Buffer 属性和 BufferOutput 属性的功能相同，保留 Buffer 属性是为了与 ASP.NET 兼容。Response 对象的常用方法，如表 7.4 所示。

表 7.3　Response 对象的主要属性

属性名	值	操作	描述
Buffer	Bool	读/写	是否使用缓冲
BufferOutput	Bool	读/写	是否使用缓冲
Charset	String	读/写	字符编码方式
ContentType	String	读/写	输出 HTTP 内容类型
Cookies	对象	读/写	设置客户端的 Cookie
IsClientConnected	Bool	只读	客户端是否仍处于与服务器的连接中

表 7.4　Response 对象的常用方法

方法名	描述
AppendHeader	添加或更新 HTML 头部的内容
AppendToLog	将自定义记录添加到 IIS 日志文件
Clear	清除缓冲的 HTML 输出
ClearContent	清除缓冲的 HTML 输出
ClearHeaders	清除缓冲的 HTML 头
End	停止处理当前页面并返回当前结果
Flush	将缓冲区中的数据发送到客户端并清除缓冲区
Redirect	通知浏览器连接到指定的 URL（即重定向）
Write	将指定的内容写入页面文件
WriteFile（filename）	将指定的文件内容写入 HTTP 输入

在程序设计中通常使用 Response 的 Write 方法向浏览器传送响应，用 Redirect 实现页面的重新定向。

Clear 方法与 ClearContent 方法的功能相同，保留此方法是为了与 ASP.NET 兼容。

7.2.2　Response 对象的使用

Response 对象最常用的方法是 Write，用于向浏览器发送信息。在前面的几个例子中都用到了该方法，下面将不再讨论。

1. 重新定向

Response 对象的 Redirect 方法可将当前网页转到指定页面，称为重新定向，使用的方法如下。

Response.Redirect(URL)

例如：

Response.Redirect("index.aspx")//跳转到相对路径的页面
Response.Redirect("http://www.126.com")//跳转到指定网页

2. 添加自定义日志记录

服务器的日志通常记录客户的访问信息，对于系统管理十分重要。利用 Response 对象的 AppendToLog 方法可向 IIS 日志文件中添加自定义项，从而为实现个性化的系统管理提供了条件。

3. 缓冲处理

缓冲处理是指将输出暂时存放在服务器的缓冲区，待程序执行结束或接收到 Flush 和 End 指令后，再将输出数据发送到客户端浏览器。Response 对象的 BufferOutput 和 Buffer 属性用于设置是否进行缓冲。Response 对象的 ClearContent（Clear）、Flush 和 ClearHeaders 3 个方法用于进行缓冲处理。

4. 发送文件内容到浏览器

如果有大量的数据要发送到浏览器，那么当使用 Write 方法时，其中的参数串会很冗长，会影响程序的可读性。此时，可以使用 Response 的 WriteFile 方法来发送数据。

WriteFile 方法用于将指定的文件内容发送到客户端的浏览器。例如：下面的程序是将 test.txt 的内容发送到浏览器。

```
public partial class _Default : System.Web.UI.Page
{
    protected void Page_Init(object sender, EventArgs e)
    {
        Response.Charset = "GB2312"; //设置输出流的 HTTP 字符集
        Response.WriteFile("~/test.1.aspx");//路径代表根目录下的 test.1.aspx 文件相
        对路径
        Label1.Text =   DateTime.Now.ToString( );
    }
}
```

发送文件到浏览器的页面效果如图 7.3 所示。

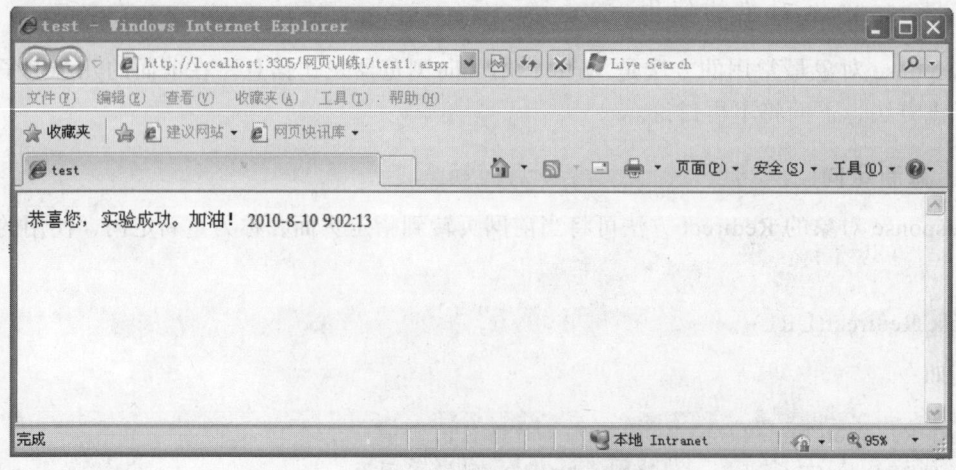

图 7.3　发送文件到浏览器的页面效果

第7章 ASP.NET 内置对象

 工程师提示

Response 对象是 HttpResponse 类的一个实例，此对象封装了返回到 HTTP 客户端的输出，提供向浏览器输出信息或发送指令的功能，用于页面执行期。

【思考】 Response 对象有哪些常用属性、方法、事件，它们各自的用处是什么？

7.3 Request 对象

Request 对象封装了客户端请求信息，主要功能是从客户端取得信息，包括浏览器的种类、用户输入表单中的数据、Cookies 中的数据和客户端认证等。

7.3.1 Request 的属性、方法和事件

Request 对象包含众多的属性和方法，如表 7.5 所示。

表 7.5 Request 的常用属性和方法

属 性	说 明
Body	获取 HTTP 响应的正文仅返回存储在响应缓冲区中的正文部分
BytesRecv	获取客户端接收到的响应中的字节数
BytesSent	获取在 HTTP 请求中发送的字节数
CodePage	获取用于设置 HTTP 响应正文的代码页
ContentLength	获取响应正文的大小（以字节为单位）
Headers	获取响应中头的集合
HeaderSize	获取所有响应头合并后的大小（以字节为单位）
HTTPVersion	获取发出该响应的服务器使用的 HTTP 版本
Path	获取请求的路径
Port	获取请求所用的服务器端口
ResultCode	获取服务器的响应状态代码
Server	获取发送响应的服务器名称
TTFB	获取在接收到响应的第一个字节前花费的毫秒数
TTLB	获取在接收到响应的最后一个字节前花费的毫秒数
UseSSL	检查服务器和客户端是否使用 SSL 连接进行请求和响应

Request 对象还包含多个集合，它们在程序设计中比 Request 的属性更为常用。这些对象集合是只读的。Request 对象常用集合的名称和描述，如表 7.6 所示。

表 7.6 Request 对象常用集合的名称和描述

名 称	描 述
Cookies	浏览器的 Cookies 信息
Browser	浏览器的支持功能
Form	客户端表单元素中所输入的信息
Params	QueryString、Form、Cookies 和 ServerVaribles 项的数据
QueryString	URL 请求字符串
ServerVariable	服务器环境变量的值

Request 对象的常用方法有以下两个：

（1）MapPath：将参数 VirtualPath 指定的虚拟路径转化为实际路径。

（2）SaveAs：将 HTTP 请求保存到磁盘中。

7.3.2 Request 对象的作用

Request 对象主要用于获取客户端表单数据、服务器环境变量、客户端浏览器信息及客户端浏览器的 Cookies，它们主要是 Request 对象的集合数据。

1. 获取表单信息

获取表单数据是 Request 对象的主要用途。动态网页的最主要特征是浏览器与服务器之间的交互性。表单是标准 HTML 的一部分，它允许用户利用表单中的复选框、单选按钮、列表框等元素为服务器端的应用提供初始数据，用户通过单击表单中的"提交"按钮提交数据，服务器通过读取表单元素获得相应的值。

服务器获取表单数据的方式取决于客户端表单提交的方式。表单提交方式中最常用的是用 Request 对象的 Params 来读取表单数据。

使用 Params 集合或简略形式读取表单数据的处理过程是：Request 对象首先在 QueryString 集合中搜索表单项变量的值，若找到即返回相应的值；否则，在 Form 集合中搜索，若找到也返回相应的值，若都找不到，则返回 Nothing。

【实例 7-1】利用 Form 数据集合从客户端获取表单信息。

【解题思路】

因为控件都放在 Form 表单里，所以可以通过 Request 对象的 Form 数据集合来获取其中的值。所需控件及其属性设置如表 7.7 所示。

表 7.7 实例 7-1 所需控件及其属性设置

控件名称	属 性	属性值
Label	ID	Lbl_output
	Text	输入密码：
TextBox	ID	Txt_input
Button	ID	Btn_ok
	Text	提交

【实现步骤】

（1）打开 Visual Studio 2012，新建一个网站。

（2）在 Defaul.aspx 文件中添加控件并进行布局。

（3）按 F7 键进行操作代码的编写，Default.aspx.cs 中的具体代码如下。

```
public partial class _Default : System.Web.UI.Page
{
    protected void Btn_ok _Click(object sender, EventArgs e)
    {
        Response.Write("你密码是:" + Request.Form["Txt_input"]+"<br>");
        if (Request.Form["Txt_input"] == "12345")
            Response.Write("密码正确");
        else
            Response.Write("密码错误");
    }
}
```

运行程序，当用户输入密码并单击【提交】按钮后的页面效果如图 7.4 所示。

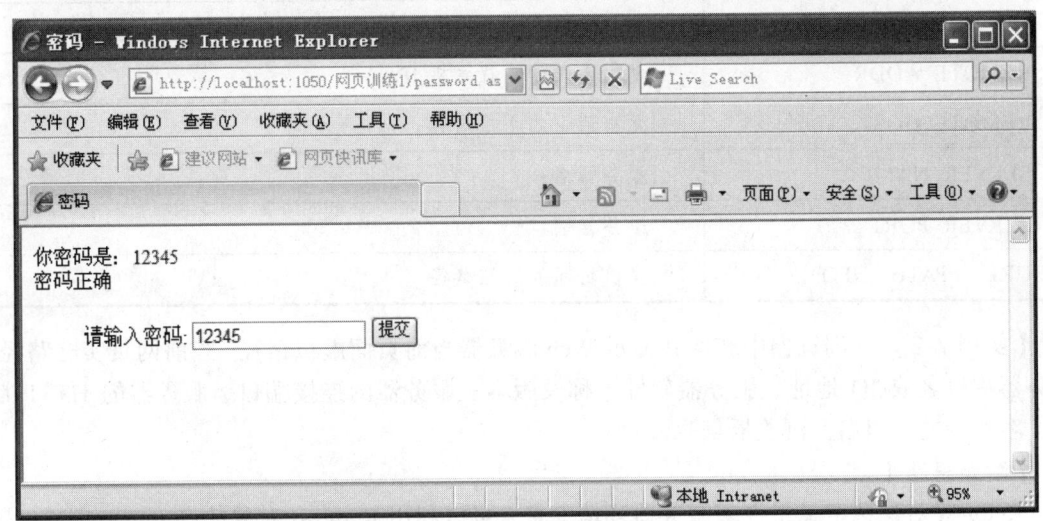

图 7.4 用户输入密码并单击【提交】按钮后的页面效果

 工程师提示

也可以使用 QueryString 集合或简略形式改写本程序。但需要注意的是，Form 集合对应的方法是 Post（即使用 Request.Form 属性获取数据，读取<Form></Form>之间的表单数据时，提交方式要设置为 Post）；而 QueryString 对应的方法是 Get（即 Request 对象的 QuerySting 属性可以获取 HTTP 查询字符串变量集合，可以读取地址信息。但要注意的是，提交方式要设置为 Get）。使用 Post 方法可以将大量数据发送到服务器端。

2. 获取服务器环境变量

Request 对象的 ServerVariables 数据集合可用来读取服务器变量信息。它由一些预定义的服务器环境变量组成，这些变量都是只读变量。服务器常用的一些环境变量如表 7.8 所示。

表 7.8 服务器常用的环境变量

名 称	描 述
ALL_HTTP	客户端发送的所有 HTTP 标头
CONTENT_LENGTH	客户端发出的内容长度
XONTENT_TYPE	客户端发出的数据类型
HTTP_HOST	客户端的主机名
HTTP_USER-AGENT	客户端的浏览器信息
HTTPS	浏览器是否以 SSL 发送
LOCAL_ADDR	服务器 IP 地址
PATH_TRANSLATED	当前页面的实际路径
QUERY_STRING	客户端以 Get 方式返回数据
REMOTE_ADDR	发出请求的远程主机 IP
REMOTE_HOST	发出请求的主机名称
SERVER_NAME	服务器名
SERVER_PORT	服务器端口
URL、PATH_INFO	当前页面的虚拟路径

【实例 7-2】在浏览器中获取并显示 Web 服务器当前页面虚拟路径、当前网页实际路径、服务器主机名或 IO 地址、服务器软件名称及版本、服务器的连接端口、服务器的 HTTP 版本、客户端的主机名及浏览器信息。

【解题思路】

Request 对象预定义了许多服务器环境变量，可以利用 Request 对象的 ServerVariables 数据集合来读取服务器变量信息。

所需控件及其属性设置如表 7.9 所示。

表 7.9 【实例 7-2】所需控件及其属性设置

控件名称	属 性	属性值
Label	ID	Lbl_output

【实现步骤】

新建一个网站，在 Default.aspx 页面中添加一个 Label 控件，设计效果如图 7.5 所示。

第 7 章 ASP.NET 内置对象

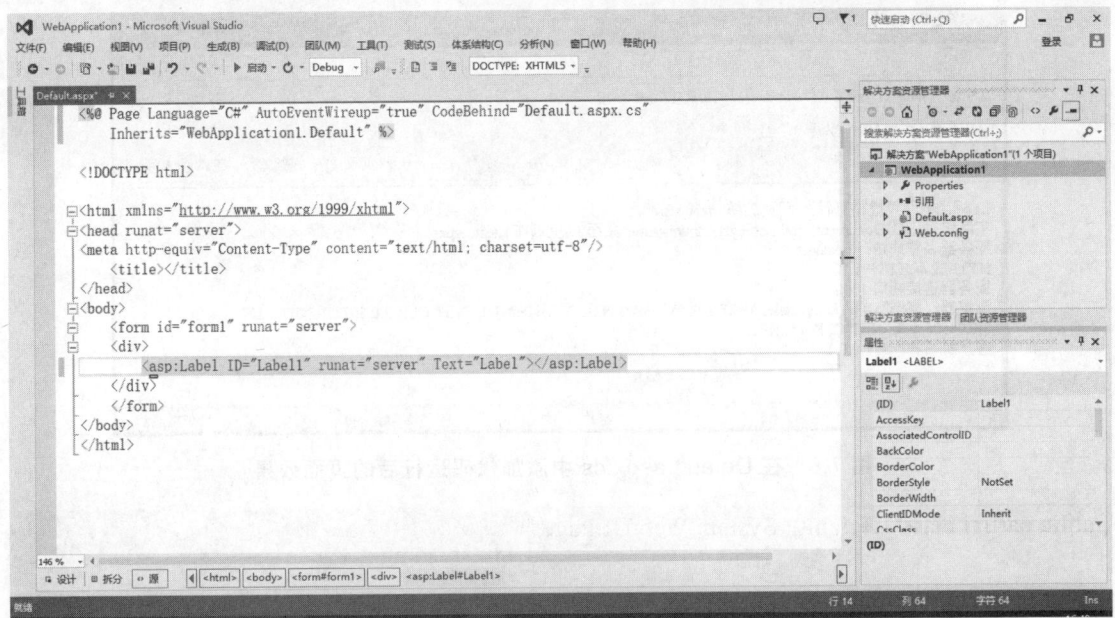

图 7.5 添加 Label 控件后的页面效果

然后，按 F7 键进行操作代码的编写，Default.aspx.cs 中的具体代码如下。

```
public partial class _Default : System.Web.UI.Page
{
    protected void Page_Init(object sender, EventArgs e)
    {
        Lbl_output.Text += "当前网页虚拟路径:" + Request.ServerVariables["URL"] + "<br>";
        Lbl_output.Text += "实际路径:" + Request.ServerVariables["PATH_TRANSLATED"] + "<br>";
        Lbl_output.Text += "服务器名称或 IP:" + Request.ServerVariables["SERVER_NAME"] + "<br>";
        Lbl_output.Text += "HTTP 版本:" + Request.ServerVariables["SERVER_PROTOCOL"] + "<br>";
        Lbl_output.Text += "服务器连接端口:" + Request.ServerVariables["SERVER_PORT"] + "<br>";
        Lbl_output.Text += "浏览器:" + Request.ServerVariables["HTTP_USER_AGENT"] + "<br>";
        Lbl_output.Text += "客户机名称:" + Request.ServerVariables["REMOTE_HOST"] + "<br>";
    }
}
```

在 Default.aspx.cs 中添加代码运行后的页面效果，如图 7.6 所示。

工程师提示

还可以利用 HTTP 标头获取服务器和浏览器的信息。通过 Resquest 对象的 ServerVariables 集合包含的 ALL_HTTP、ALL_RAW 两个环境变量来获得 HTTP 标头信息，代码如下。

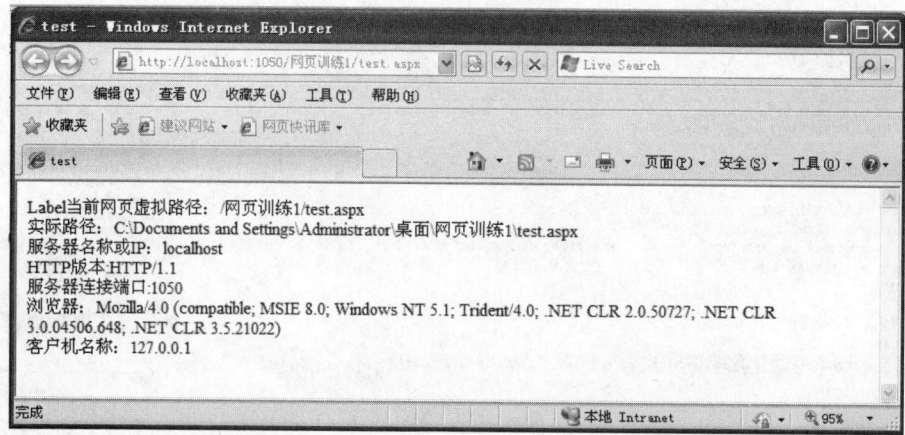

图 7.6 在 Default.aspx.cs 中添加代码运行后的页面效果

```
public partial class _Default : System.Web.UI.Page
{
    protected void Page_Init(object sender, EventArgs e)
    {
        Lbl_output.Text += "所有已经格式化的 HTTP 头:<br>";
        Lbl_output.Text += "<pre>" + Request.ServerVariables["ALL_HTTP"] + "</pre><br>";
        Lbl_output.Text += "所有未格式化的 HTTP 头:<br>";
        Lbl_output.Text += "<pre>" + Request.ServerVariables["ALL_RAW"] + "</pre><br>";
    }
}
```

利用 HTTP 标头来获取服务器与浏览器信息的页面效果如图 7.7 所示。

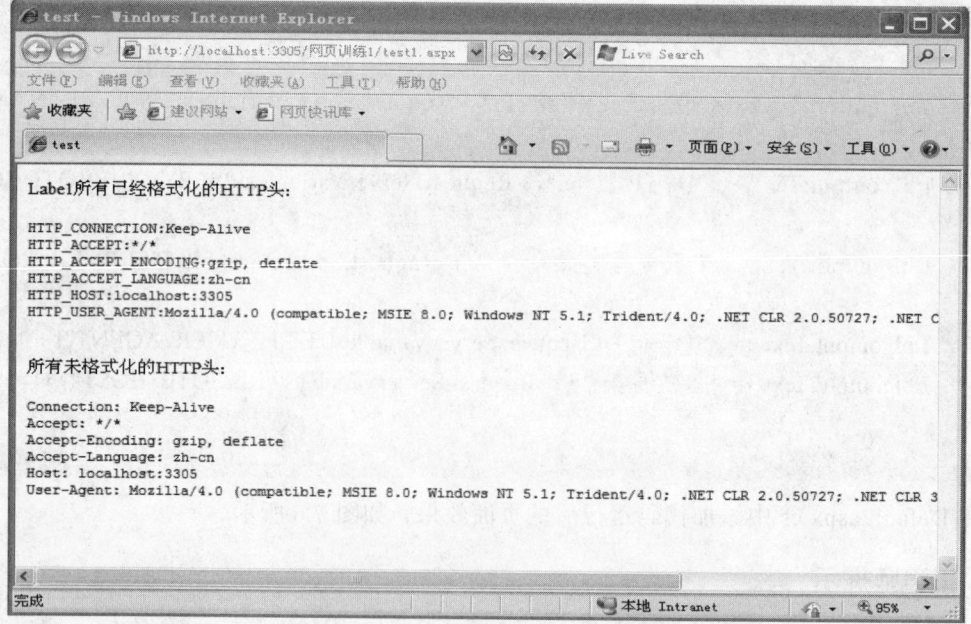

图 7.7 利用 HTTP 标头获取服务器与浏览器信息的页面效果

3. 获取客户浏览器信息

Request 对象的 Browser 集合是 HttpBrowserCapabilities 类型的对象，包含了正在请求的浏览器的能力信息。主要的浏览器信息，如表 7.10 所示。

表 7.10 浏览器信息

名 称	描 述
ActiveXControls	是否支持 ActiveX 控件
BackgroundSounds	是否支持背景音乐
Beta	是否为测试版本
Browser	用户代理中有关浏览器的描述
ClrVersion	客户端安装的.NET 的 CLR 版本
Cookies	是否支持 Cookies
Frames	是否支持框架
JavaApplets	是否支持 JavaApplets
MSDomVersion	支持的 Microsoft HTML 文档模型对象版本
JavaScript	是否支持 JavaScript
Platform	客户端操作系统
VBScript	是否支持 VBScript
Version	浏览器版本
W3CDomversion	支持的 W3C XML 对象模型版本号
Win16	客户端是否为 Win16 计算机
Win32	客户端是否为 Win32 计算机

4. 获取客户端浏览器的 Cookies

Request 对象的 Cookie 数据集合用来记录客户端的信息，它由 HttpCookies 类派生。通常，当浏览器访问 Web 服务器时，服务器用 Response 对象的 Cookie 集合向客户端的 Cookie 写入信息。客户端的 Cookie 信息存放在磁盘上，记录了浏览器的信息、何时访问 Web 服务器、访问过哪些页面等信息。使用 Cookie 的主要优点是服务器能够依据它快速获取浏览者的信息，而不必将浏览者信息存放在服务器上。Cookie 对象的属性，如表 7.11 所示。

表 7.11 Cookie 对象的属性

名称及值	描 述
Domain="..."	可访问此 Cookie 对象的域
Expires="#Date#"	Cookie 对象的终止时间
HasKey	Cookie 是否含有子键
Item[key]= "val"	向 Cookie 对象中添加名为 key、值为 val 的子键
Name="..."	Cookie 对象的名称
Value="..."	Cookie 对象的值
Values[key]= "val"	向 Cookie 对象中添加名为 key、值为 val 的子键

工程师提示

Cookie 对象的 Values 属性和 Item 属性功能相同,保留 Item 属性是为了与 ASP.NET 兼容。

7.4 Server 对象

Server 对象是最基本的 ASP.NET 对象,它派生自 HttpServerUtility 类,提供了服务器端的基本属性和方法,可通过 Page 对象的 Server 属性获取对应的 Server 对象,即 Page.Server。通常 Page 可省略,直接使用 Server 进行操作。

7.4.1 Server 对象的属性、方法和事件

Server 对象有两种属性,具体如下。

(1) MachineName:服务器的计算机名称,为只读属性。

(2) ScriptTimeOut:获取或设置程序执行的最长时间,即程序必须在该段时间内执行完毕,否则将自动终止。时间以秒为单位,系统默认值为 90 s。例如:ScriptTimeOut=100,表示程序执行的最长时间为 100 s。

Server 对象的常用方法,如表 7.12 所示。

表 7.12　Server 对象的常用方法

方法名	描述
CreateObject(type)	创建由 type 指定的对象或服务器组件的实例
Execute(path)	执行由 path 指定的 ASP.NET 程序
GetLastError()	获取最近一次发生的异常
HtmlEncode(string)	将 string 指定的字符串进行编码
MapPath(path)	将参数 path 指定的虚拟路径转换成实际路径
Transfer(url)	结束当前的 ASP.NET 程序,然后执行 URL 指定的程序
UrlEncode(string)	对 string 执行 URL 编码

7.4.2 Server 对象的使用

使用 Server 对象可以进行 HTML 编码和解码、URL 编码和解码,执行指定的 ASP.NET 程序,将程序的虚拟路径转换为实际路径及进行文件操作等。

1. HTML 和 URL 编码和解码

Server 的 HtmlEncode 方法用于对字符串进行编码,使其不被浏览器按 HTML 语法进行解释,而按字符串原样显示在浏览器中。当不想将传送的字符串中与 HTML 标记相同的串解释为 HTML 标记时,可使用该方法。

【实例 7-3】 HTML 编码和解码。

【解题思路】 通过 HtmlEncode 和 HtmlDecode 方法将内容显示在网页上。

所需控件及其属性设置如表 7.13 所示。

表 7.13 【实例 7-3】所需控件及其属性设置

控件名称	属　性	属性值
Label 1	ID	Lbl_output

【实现步骤】

（1）打开 Visual Studio 2012，新建一个网站，并添加一个 Label 控件。

（2）在 Default.aspx.cs 文件中输入以下代码：

```
public partial class _Default : System.Web.UI.Page
{
    protected void Page_Init(object sender, EventArgs e)
    {
        string htmlstr;
        htmlstr = "<html><head><title>页面标题</title></head>";
        htmlstr += "<body><p>正文部分</p></body></html>";
        Lbl_output.Text += "<h3>使用 HTMLEncode 方法,不解释标记:</h3>";
        Lbl_output.Text += Server.HtmlEncode(htmlstr) + "<hr>";
        Lbl_output.Text += "<h3>使用 HTMLDecode 方法,解释标记:</h3>";
        Lbl_output.Text += Server.HtmlDecode(htmlstr) + "<hr>";
    }
}
```

HTML 编码和解码的页面效果，如图 7.8 所示。

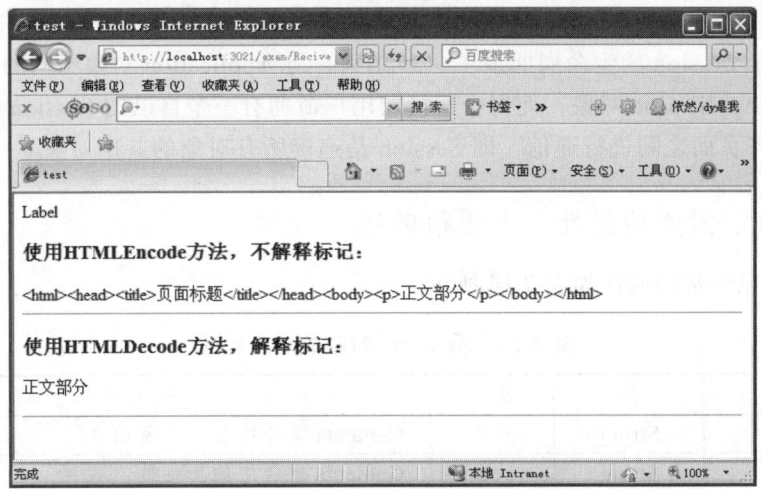

图 7.8　HTML 编码和解码的页面效果

 工程师提示

与 HTML 类似，URL 串也可以进行编码、解码。例如：当在浏览器中使用 Get 方式传送数据到服务器时，被传送的表单变量将附在 URL 之后，并在浏览器的地址栏中显示出来。

2. 执行指定的程序

Server 的 Execute 方法和 Transfer 方法都可以让服务器执行指定的程序。Execute 类似于高级语言中的过程调用，可将程序转移到指定的程序中。当程序执行结束后，流程将返回到原程序的中断点继续执行，而 Transfer 则是终止当前执行的程序，转去执行指定的程序。

3. 路径转换

在程序中给出的文件路径通常是虚拟路径，即相对于虚拟根目录的路径。在有些应用中需要访问服务器的文件、文件夹或数据库文件，此时就需要将虚拟文件路径转换为实际文件路径。使用 Server 对象的 MapPath 方法可以实现这种路径转换。

7.5 Session 对象

Session 对象派生自 HttpSessionState 类，它与 Application 对象一样，都是 ASP.NET 文件的公用对象。Session 对象用来保存与特定用户相关的信息，Session 中的数据保存在服务器端，在客户端需要的时候创建 Session，在客户端不需要的时候销毁 Session，使它不再占用服务器内存。由于服务器并不知道客户端是否依然存在，因此，它也无法确定客户端什么时间不再使用它，但是如果在客户端不再使用的时候不及时销毁 Session，服务器很快就会内存不足。为了解决这个问题，ASP.NET 给 Session 加了一个生命周期，当服务器发现 Session 超过它的生命周期时，就会释放该 Session 所占用的内存空间。在 ASP.NET 中，Session 的默认生命周期是 20 分钟，也就是当 9:00 的时候设置了一个 Session 时，如果在 9:20 之前客户端没有任何请求，那么它的生命周期就将在 9:20 结束。但是如果用户在 9:19 又向服务器发送了一个请求，那么这个 Session 现在的生命周期就是在当前时间的基础上再加上 20 分钟，也就是此时这个 Session 的生命周期是在 9:39 结束。与 Application 对象不同的是，所有连接用户共用一个 Application 对象，而每个连接的用户都拥有一个自己的 Session 对象，用于在该用户访问的各页面之间进行通信，即 Session 是连接所有对象的共用对象。

7.5.1 Session 对象的属性、方法和事件

Session 对象的常用属性如表 7.14 所示。

表 7.14 Session 对象的常用属性

属性名	值	操作	描述
Contents[]	String	只读	Contents 集合中指定变量的值
Count	String	只读	Contents 集合中的变量数
IsReadOnly	Bool	只读	Session 是否只读
IsNewSession	Bool	只读	获取的 Session 对象是否是与当前请求一起创建的
Item[]	String	读/写	Contents 集合指定变量的值
Keys	变量集合	只读	Contents 集合中的所有变量
Timeout	Int	读/写	设置 Session 对象的失效时间

Session 对象的用法与 Application 对象非常相似，它也用 Contents 和 StaticObjects 存储变量和对象，其引用方法与对象的设置方法都与 Application 对象相同。

Session 对象的常用方法有 Add、Clear、Abandon、CopyTo、Remove、RemoveAll、RemoveAt，由于其使用方法与 Application 对象的使用方法相同，这里不再讲解。

Session 对象的事件主要如下。

（1）OnStart：当 ASP.NET 用户会话产生时触发，一旦有任一用户对本服务器请求任一页面即产生该事件。

（2）OnEnd：当 ASP.NET 用户会话结束时触发，当使用 Abandon（）方法或超时时也会触发该事件。

这两个事件和 Application 的 OnStart、OnEnd 事件一样，也必须放在 Global.asax 文件中。

Session 对象的生命周期始于用户第一次打开网页，在以下情况之一发生时结束。

（1）关闭浏览器窗口。

（2）断开与服务器的连接。

（3）浏览器在 Timeout 设置的时间内没有与服务器联系。

7.5.2　Session 对象的使用

Session 对象可以记录用户访问网站的数据，配合 Application 对象实现更完善的网站计数器和在线人数统计，可以在页面之间传递信息。

【实例7-4】 利用 Session 对象统计页面被访问的次数。

【解题思路】

第一次访问时，由于 Session 对象刚被创建，因此，IsNewSession 为 True；而当用户不断地单击刷新时，因为 Session 对象已经被创建，所以 IsNewSession 为 False。

【实现步骤】

（1）打开 Visual Studio 2012 创建一个网站。

（2）对 Default.aspx.cs 文件中的代码进行修改，如下所示。

```
public partial class _Default : System.Web.UI.Page
{
        protected void Page_Init(object sender, EventArgs e)
        {
        if (Session.IsNewSession )
        {
            Application.Lock();
            Application.Set("count",Convert.ToInt32(Application ["count"]) + 1);
            //实现的功能与下一句代码实现的功能等效
            //Application["count"] = (Convert.ToInt32(Application["count"]) +
                1).ToString();
            Application.UnLock();
        }
        }
}
```

刷新页面前的效果如图 7.9 所示。

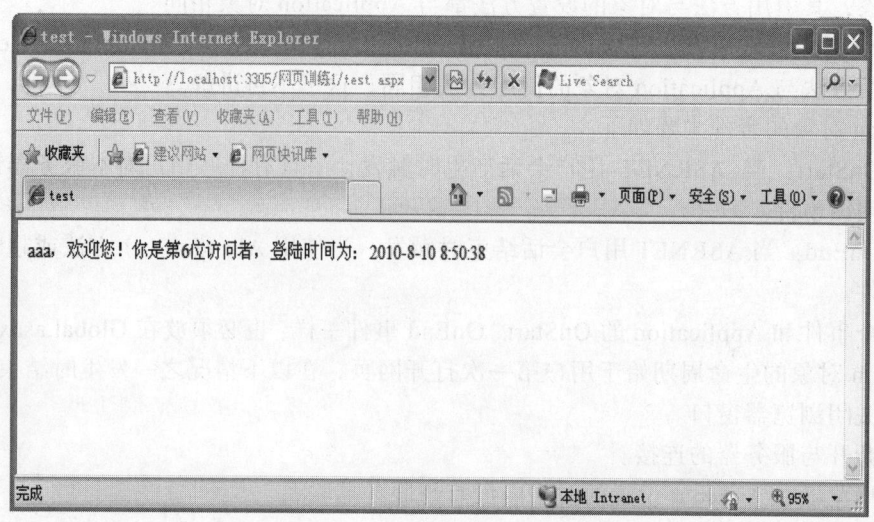

图 7.9 刷新页面前的效果

刷新页面后的效果如图 7.10 所示。

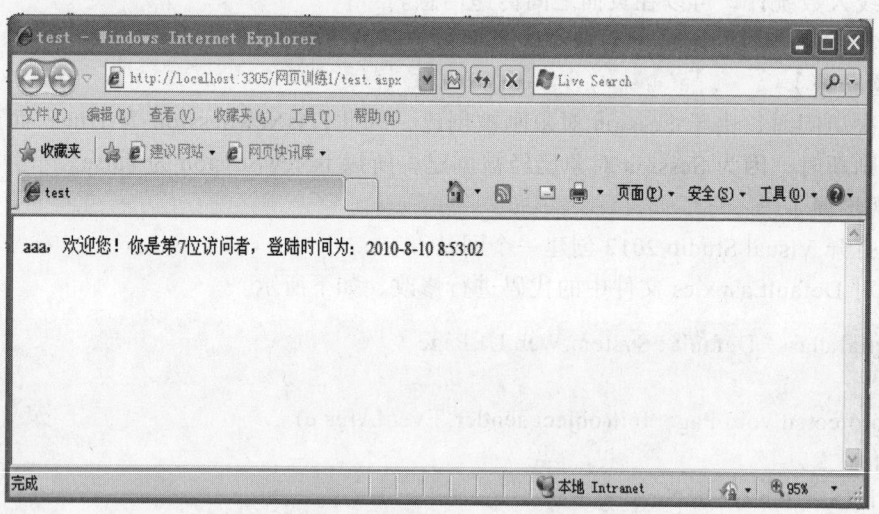

图 7.10 刷新页面后的效果

Session 对象主要是在页面之间进行数据传递的，因此，接下来给出一个通过 Session 对象来传递参数的实例。

【实例 7-5】 用户登录成功后跳转到另一页面并显示用户信息。
【解题思路】
通过 Session 对象保存用户信息，并在另一页面调用输出。
所需控件及其属性设置如表 7.15 所示。

表 7.15 实例 7-5 所需控件及其属性设置

控件名	属 性	属性值
Label 1	ID	Lbl_username
	Text	用户名：
Label 2	ID	Lbl_userpwd
	Text	密码：
TextBox 1	ID	Txt_username
TextBox 2	ID	Txt_userpwd
Button 1	ID	Btn_ok
Button 2	Button 2	Button 2

【实现步骤】

（1）打开 Visual Studio 2012，新建一个网站，添加一个页面并命名为"Main.aspx"。
（2）在 Main.aspx.cs 文件中输入以下代码。

```
public partial class Main : System.Web.UI.Page
{
        protected void Btn_ok_Click(object sender, EventArgs e)
        {
        //定义用户名和密码
        string username="lisenlin";
        string userpwd="123456";
        //判断输入的用户名和密码是否正确
        if (this.Txt_username.Text == username && this.Txt_userpwd.Text == userpwd)
        {
             //将用户名和密码添加到 Session 的 Contents 集合中
             Session.Contents.Add("username", username);
             Session.Contents.Add("userpwd", userpwd);
             //跳转到 Default.aspx 页面
             Response.Redirect("Default.aspx");
        }
        }
}
```

用户登录时的页面效果如图 7.11 所示。

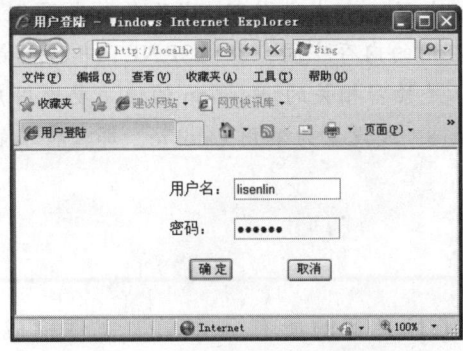

图 7.11 用户登录时的页面效果

当单击【确定】按钮时，跳转到 Default.aspx 页面，并在 Default.aspx 页面中显示用户的用户名和密码。

Default.aspx.cs 文件的代码如下。

```
public partial class _Default : System.Web.UI.Page
{
    protected void Page_Load(object sender, EventArgs e)
    {
        //判断用户是否正常登录
        if (Session.Contents["username"] != null)
        {
            //读取 Session 的 Contents 集合中的 username 和 userpwd 的值并输出
            Response.Write("用户名:"+Session.Contents["username"].ToString()
            +"<br/>");
            Response.Write("密码:"+Session.Contents["userpwd"].ToString());
        }
    }
}
```

用户登录成功后的页面效果如图 7.12 所示。

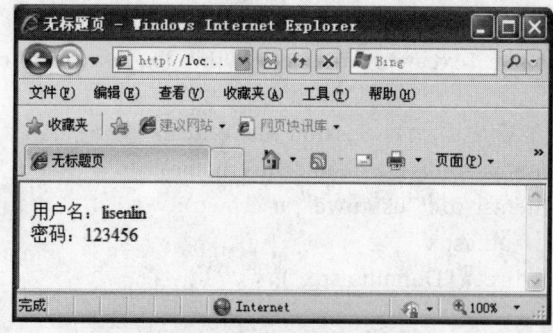

图 7.12　用户登录成功后的页面效果

工程师提示

前面已经提到给 Session 加了一个生命周期，当服务器发现 Session 超过了它的生命周期时，就会释放该 Session 所占用的内存空间，在 ASP.NET 中 Session 的默认生命周期只有 20 分钟，并且 Session 与 Cookie 是紧密相关的。Session 的使用要求用户浏览器必须支持 Cookie，如果浏览器不支持使用 Cookie，或设置为禁用 Cookie，那么将不能使用 Session。

7.6　Application 对象

在同一虚拟目录及其子目录下的所有 ASP.NET 文件构成了 ASP.NET 应用程序。Application 对象的主要作用是让在同一个应用内的多个用户共享信息，并在服务器运行期间持久地保存数据。Application 对象派生自 HttpApplicationState 类。

7.6.1 Application 对象的属性、方法和事件

Application 对象的属性如表 7.16 所示。

表 7.16 Application 对象的属性

属性名	值	操作	描述
AllKeys[index]	String	只读	AllKeys 从 Contents 集合中返回所有的变量名字
Contents[name]	String	只读	Contents 集合中名称为 name 的变量值
Count	String	只读	Contents 集合中的变量个数
Item[name]	String	读/写	Contents 集合中名称为 name 的变量值
Static[name]	object	读/写	StaticObject 集合内的所有变量对象

Application 对象有两个集合，具体如下。

（1）Contents 包含所有非对象变量，是 Application 对象的默认集合。例如：若 Application 对象包含变量 cnt，则访问变量的形式为 Application（"cnt"）。

（2）StaticObjects：包含所有的对象变量，它们是在 Gloabal.asax 文件中以"<Object Runat="Server" Scope="Application"…</Object>"形式定义的对象变量。

Application 对象常用的方法，如表 7.17 所示。

表 7.17 Application 对象常用的方法

方法名	描述
Add（name，value）	向 Contents 集合中添加名称为 name、值为 value 的变量
Clear	清除 Contents 集合中的所有变量
Get（{name，index}）	获取名称为 name 或下标为 index 的变量值
GetKey（index）	获取下标为 index 的变量名
Lock	锁定，禁止其他用户修改 Application 对象变量
RemoveAll	清除 Contents 集合中的所有变量
RemoveAt（index）	从 Contents 集合中删除下标为 index 的变量
Set（name，value）	将名称为 name 的变量修改为 value
UnLock	解除锁定，允许其他用户修改 Application 对象的变量

Application 对象有以下几个事件。

（1）OnStar 事件：在整个 ASP.NET 应用中首先被触发的事件，也就是在一个虚拟目录中第一个 ASP.NET 程序被执行时触发。

（2）OnEnd 事件：在整个应用停止时被触发，通常发生在服务器被重启或关机时。

（3）OnbeginRequest 事件：在每一个 ASP.NET 程序被请求时发生，即客户每访问一个 ASP.NET 程序就触发一次该事件。

（4）OnEndRequest 事件：ASP.NET 程序结束时触发该事件。

这 4 个事件名前的 On 都可以省略，如 Application_OnStar 与 Application_Star 是相同的。Application 对象的事件只能在 Global.asax 文件中定义。Global.asax 是 ASP.NET 应用程序的共享文件，必须放在 Web 站点或虚拟目录的主目录下。当客户端连接 Web 服务器时，首先

会检查 Web 主目录下是否有 Global.asax 文件，若有，就先执行这个文件。

7.6.2 Application 对象的使用

Application 对象主要用于在访问同一个网站的各个客户端之间共享信息，记录整个网站的信息，如访问人数、在线人数、在线调查结果等。

【实例 7-6】 如何制作网站访问量计数器？

【解题思路】

因为 Application 对象可以保存所有用户的公共变量，所以可以用它实现计数功能。

【实现步骤】

（1）打开 Visual Studio 2012，新建一个网站，添加一个 Label 控件。

（2）在 Default.aspx.cs 文件中输入以下代码。

```
public partial class Recive : System.Web.UI.Page
{
    protected void Page_Init(object sender, EventArgs e)
    {
        Application.Lock();
        Application.Set("count", Convert.ToInt32(Application["count"]) + 1);
        //实现的功能与下一句代码实现的功能等效
        //Application["count"] = (Convert.ToInt32(Application["count"]) +
            1).ToString();
        Application.UnLock();
    }
    protected void Page_Load(object sender, EventArgs e)
    {
        Label1.Text = "aaa,欢迎你!你是第" + Application["count"].ToString() +
        "位访问者,登录时间为:" + DateTime.Now.ToString();
    }
}
```

网站访问量计数器的页面效果如图 7.13 所示。

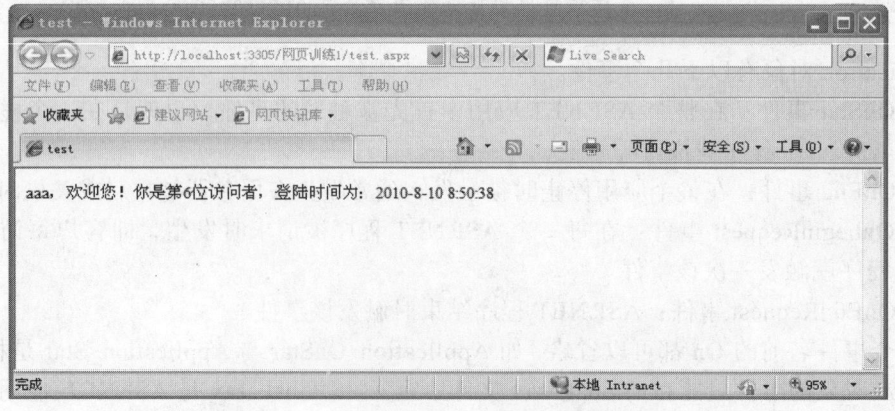

图 7.13 网站访问量计数器的页面效果

工程师提示

在本实例中使用 Application 对象的变量 count 对来访人数进行累计,即应用程序每被执行一次,变量 count 就自增 1;若多人同时访问网站,对 count 增 1 的操作会造成最终 count 只被加 1,因此,增加之前应当对其进行锁定。

虽然可以像对待一般变量那样对 Application 进行操作,但与一般变量不同的是,Application 对象变量的形式不但可以是简单变量,也可以是数组。

7.7 Cookie 对象

Cookie 是一小段文本信息,伴随着用户请求和页面在 Web 服务器和浏览器之间传递。用户每次访问站点时,Web 应用程序都可以读取 Cookie 包含的信息。

Cookie 跟 Session、Application 类似,也是用来保存相关信息的,但 Cookie 和其他对象的最大不同是 Cookie 将信息保存在客户端,而 Session 和 Application 将信息保存在服务器端。也就是说,无论何时用户连接到服务器,Web 站点都可以访问 Cookie 信息。这样,既方便用户的使用,也方便了网站对用户的管理。

ASP.NET 包含两个内部 Cookie 集合。它们通过 HttpRequest 的 Cookies 集合,访问的集合包含通过 Cookie 标头从客户端传送到服务器的 Cookie。通过 HttpResponse 的 Cookies 集合,访问的集合包含一些新 Cookie,这些 Cookie 在服务器上被创建并以 Set-Cookie 标头的形式传输到客户端。

Cookie 不是 Page 类的子类,因此,在使用方法上跟 Session 和 Application 不同,使用 Cookie 的优点如下。

(1)可配置到期规则。Cookie 可以在浏览器会话结束时到期,也可以在客户端计算机上无限期存在,这取决于客户端的到期规则。

(2)不需要任何服务器资源。Cookie 存储在客户端并在发送后由服务器读取。

(3)简单性。Cookie 是一种基于文本的轻量结构,包含简单的键值对。

(4)数据持久性。虽然客户端计算机上 Cookie 的持续时间取决于客户端上的 Cookie 过期处理和用户干预;但是,Cookie 通常是客户端上持续时间最长的数据保留形式。

与此同时,使用 Cookie 对象也有它的缺点,具体如下。

(1)大小受到限制。大多数浏览器对 Cookie 的大小有 4 096 字节的限制,即使在当今新的浏览器和客户端设备版本中也最多支持 8 192 字节的 Cookie 大小。

(2)用户配置为禁用。有些用户禁用了浏览器或客户端设备接收 Cookie 的能力,因此限制了这一功能。

(3)潜在的安全风险。Cookie 可能会被篡改。用户可能会操纵其计算机上的 Cookie,这意味着会对安全性造成潜在风险,或导致依赖 Cookie 的应用程序失败。另外,虽然 Cookie 只能将它们发送到客户端的域访问,但历史上黑客已经发现从用户计算机上的其他域访问 Cookie 的方法。可以手动加密和解密 Cookie,但这需要额外的编码,并且因为加密和解密需要耗费一定的时间而影响应用程序的性能。

7.7.1 Cookie 对象的属性

Cookie 对象的属性如表 7.18 所示。

表 7.18 Cookie 对象的属性

属性	说明	属性值
Name	获取或设置 Cookie 的名称	Cookie 的名称
Value	获取或设置 Cookie 的值	Cookie 的值
Expires	获取或设置 Cookie 的过期日期和时间	作为 DateTime 实例的 Cookie 过期日期和时间
Version	获取或设置此 Cookie 符合的 HTTP 状态维护版本	此 Cookie 符合的 HTTP 状态维护版本

Cookie 对象的方法如表 7.19 所示。

表 7.19 Cookie 对象的方法

方法	说明
Add	新增一个 Cookie 变量
Clear	清除 Cookie 集合中的变量
Get	通过变量名或索引得到 Cookie 的变量值
GetKey	以索引值来获取 Cookie 的变量名称
Remove	通过 Cookie 变量名来删除 Cookie 变量

7.7.2 Cookie 对象的使用

【实例 7-7】设置 Cookie，将用户的登录信息保存在客户端，从而较长久地保存用户登录信息。

【解题思路】

创建名称为"LastVisit"的新 Cookie，将该 Cookie 的值设置为当前用户的相关信息（如用户登录账号、用户 IP、登录时间等），并将其添加到当前 Cookie 集合中，所有 Cookie 均通过 HTTP 输出流在 Set-Cookie 头中发送到客户端。

所需控件及其属性设置如表 7.20 所示。

表 7.20 实例 7-7 所需控件及其属性设置

控件名	属性	属性值
Label 1	ID	Lbl_username
	Text	用户名：
Label 2	ID	Lbl_userpwd
	Text	密码：
TextBox 1	ID	Txt_username
TextBox 2	ID	Txt_userpwd
	TextMode	Password
Button 1	ID	Btn_ok
	Text	确定
Button 2	ID	Btn_exit
	Text	取消
Label 3	ID	Lal_outputcookie

【实现步骤】

（1）打开 Visual Studio 2012，新建一个网站，添加一个页面并命名为"Main.aspx"。
（2）在 Main.aspx.cs 文件中输入以下代码。

```csharp
public partial class Main : System.Web.UI.Page
{
    protected void Btn_ok_Click(object sender, EventArgs e)
    {
        string username="lisenlin";//定义用户名和密码
        string userpwd="123456";
        //判断输入的用户名和密码是否正确
        if (this.Txt_username.Text == username && this.Txt_userpwd.Text == userpwd)
        {
            //创建 Cookie 并设置其有效日期
            HttpCookie cookie = new HttpCookie();//创建 Cookie 对象
            DateTime dt = DateTime.Now;//定义时间对象
            TimeSpan ts = new TimeSpan(1, 0, 0, 0);//Cookie 有效作用时间,具体信息不查阅 MSDN
            cookie.Expires = dt.Add(ts);//添加作用时间
            //向 Cookie 中添加信息
            cookie.Values.Add("username",username);
            cookie.Values.Add("userpwd",userpwd);
            //把 Cookie 对象写入到客户端 Cookie 集合中
            Response.AppendCookie(Cookie);
            //在 Label 中显示 Cookie 中的信息
            string mes = "<br/>用户名是:"+
                Request.Cookies["Info"].Values["username"].ToString() +
                "<br/>密码是:"+Request.Cookies["Info"].Values["userpwd"].ToString();
            lbl_outputcookie.Text = mes;
        }
    }
}
```

输入密码前的页面效果如图 7.14 所示。

输入正确的用户名和密码，单击【确定】按钮后的页面效果如图 7.15 所示。

工程师提示

Response.AppendCookie（Cookie）是将编辑好的 Cookie 对象写入客户端，也是向客户端添加 Cookie 信息的关键一步。

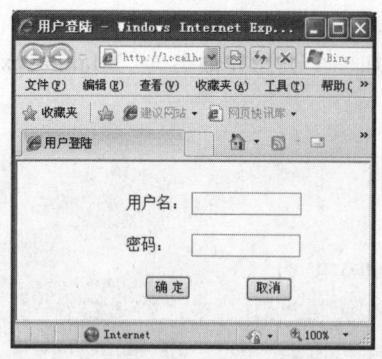

图7.14 输入密码前的页面效果

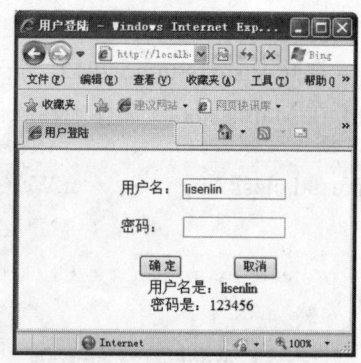

图7.15 输入正确用户名和密码后的页面效果

7.8 Page 对象

Page 类与扩展名为.aspx 的文件相关联，对应 Web Form 窗体，用来设置网页有关的各种属性、事件和方法。这些文件在运行时被编译为 Page 对象，并缓存在服务器内存中。如果要使用代码隐藏技术创建 Web 窗体页，应从该类派生。应用程序快速开发（RAD）设计器（如 Visual Studio.NET）时，自动使用该模型创建 Web 窗体页。

Page 对象充当页中所有服务器控件的命名容器，命名空间为 System.Web.UI。

7.8.1 Page 对象的属性

Page 对象的常用属性，如表 7.21 所示。

表 7.21 Page 对象的常用属性

属性名	描述
Cache	获取与该页驻留的应用程序关联的 Cache 对象
ClientTarget	获取或设置一个值，该值使用户得以重写对浏览器功能的自动检测，并指定针对特定的浏览器客户端页的呈现方式
Controls（从 Control 继承）	获取 ControlCollection 对象，该对象表示 UI 层次结构中指定服务器控件的子控件
EnableViewState	获取或设置一个值，该值指示当前页请求结束时该页是否保持其视图状态以及它包含的任何服务器控件的视图状态
ErrorPage	获取或设置错误页，在发生未处理的页异常事件时请求浏览器将被重定向到该页
IsPostBack	获取一个值，该值指示是否正为响应客户端回发而加载，或它是否正被首次加载和访问
IsValid	获取一个值，该值指示页验证是否成功
Page（从 Control 继承）	获取对包含服务器控件的 Page 实例的引用
Parent（从 Control 继承）	获取对页 UI 层次结构中服务器控件的父控件的引用
Site（从 Control 继承）	获取有关服务器控件所属 Web 站点的信息
Trace	为当前 Web 请求获取 TraceContext 对象
User	获取有关发出页请求的用户的信息
Validators	获取请求的页上包含的全部验证控件的集合
Visible	获取或设置指示是否呈现 Page 对象的值
Application	用来记录访问 Web 程序的所有用户共享的变量

工程师提示

一般情况下，Application 对象用来记录访问 Web 程序的所有用户共享的变量；Cache 对象用于进行数据缓存，提高程序效率；Request 对象用于获得客户端的输入；Server 对象用于提供服务器信息；Session 对象用于记录来访用户的信息。

7.8.2 Page 对象的方法

Page 对象有比较多的方法，表 7.22 给出了 Page 对象的主要方法。

表 7.22 Page 对象的主要方法

方法名	描述
DataBind（从 Control 继承）	将数据源绑定到被调用的服务器控件及其所有子控件中
Dispose（从 Control 继承）	使服务器控件得以在从内存中释放之前执行最后的清理操作
FindControl（从 Control 继承）	已重载，在当前的命名容器中搜索指定的服务器控件
HasControls（从 Control 继承）	确定服务器控件是否包含任何子控件
MapPath	检索虚拟路径（绝对的或相对的）映射到的物理路径
Equals（从 Object 继承）	已重载，确定两个 Object 实例是否相等
IsClientScriptBlockRegistered	确定该页是否注册了客户端脚本块

7.8.3 Page 对象的主要事件

Page 对象的主要事件如表 7.23 所示，最常用的事件是 Init、Load 和 UnLoad。

表 7.23 Page 对象的主要事件

事件	描述
Init	当服务器控件初始化时发生；初始化是控件生存期的第一步
Load	当服务器控件被加载到 Page 对象中时发生
Unload	当服务器控件从内存中卸载时发生
DataBinding	当服务器控件绑定到数据源时发生
Disposed	当从内存释放服务器控件时发生，这是请求 ASP.NET 页时服务器控件生存期的最后阶段
Error	当引发未处理的异常时发生
PreRender	当服务器控件将要呈现给其包含的 Page 对象时发生
AbortTransaction	当用户中止事务时发生
CommitTransaction	当事务完成时发生

 工程师提示

Page 对象的主要方法对 ASP.NET 编程基础也很重要。

【实例 7-8】 在一个网页中显示进入网页的时间。

【解题思路】

实现页面加载时数据的初始化,将会用到 Page 对象的加载事件 Page_Load 等事件及 Page 对象的属性和方法,在 Page 对象的加载事件中对一些控件的属性进行修改。所需控件及其属性设置如表 7.24 所示。

表 7.24 实例 7-8 所需控件及其属性设置

控件名称	属 性	属性值
Label 1	Text	空
	ID	Lbl_Ioutputnowtime
Label 2	Text	要添加的日期:
	ID	Lbl_Addtime
DropDownList	ID	DropDownList_year
Button	ID	Btn_add
TextBox	Text	添加
	ID	txt_output

【实现步骤】

(1)打开 Visual Studio 2012,新建一个名称为"实例 7-8"的网站。

(2)在 Default.aspx 文件中添加 2 个 Label 控件和 1 个 DropDownList 控件、1 个 Button 控件和 1 个 TextBox 控件,并设置其属性。

在 Default.aspx.cs 文件中输入以下代码。

```
public partial class test : System.Web.UI.Page
{
        protected void Page_Init(object sender, EventArgs e)
        {
        DropDownList_year.Items.Add("2008 年");
        DropDownList_year.Items.Add("2009 年");
        DropDownList_year.Items.Add("2010 年");
        }
 protected void Page_Load(object sender, EventArgs e)
{
Lbl_Ioutputnowtime.Text = "现在时间:"+DateTime.Now.ToString();
        if (!IsPostBack)
        {
                Lbl_Ioutputnowtime.Text = "你是第一次访问本站,现在时间:" + DateTime.Now.ToString();
        }
}
        protected void Btn_add_Click(object sender, EventArgs e)
        {
        if (txt_output.Text != "")
```

第 7 章 ASP.NET 内置对象

```
        {
            DropDownList_year.Items.Add(txt_output.Text.Trim());
        }
}
```

页面运行效果如图 7.16 与图 7.17 所示。

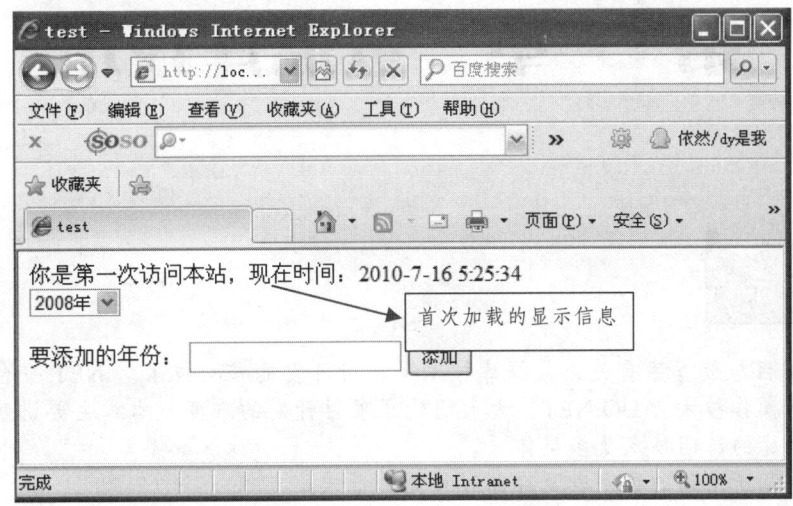

图 7.16 首次加载时的页面效果

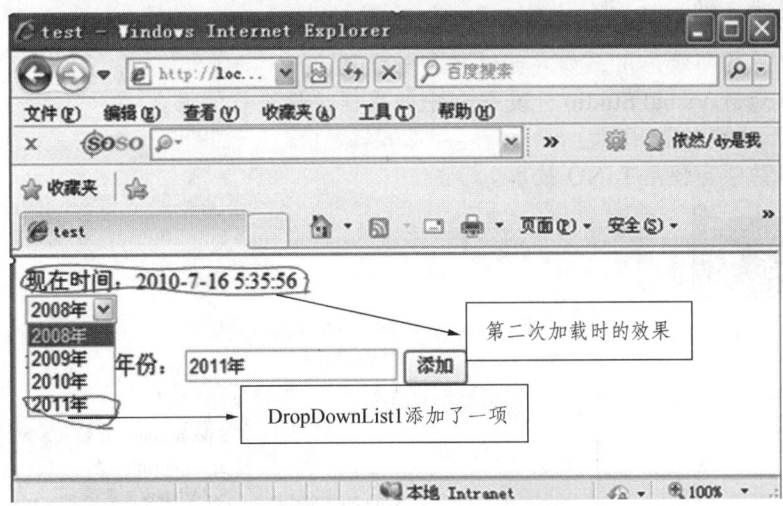

图 7.17 第二次加载时的页面效果

工程师提示

在 C/S 模式下几乎所有对象的事件都可以从"属性"窗口的事件选项卡中进行代码编写；而在 B/S 模式下有许多对象的事件不能通过这样的方式进行代码编写，只能通过手写输入，如 Page 对象的 Init 事件。

第 8 章 数据库技术

内容提示

97%的项目与数据库有关,数据库技术是项目开发的核心技术。.NET 平台提供了非常方便的数据库操作技术 ADO.NET,大大简化了项目开发的难度。本章主要讲解数据库的基础知识、数据库的访问技术及多层体系。

提示:本章所用到的数据表及存储过程见本章末。

教学要求

掌握数据库的高级应用,如存储过程和触发器。
(1)熟练地对 Visual Studio 开发平台中的数据控件进行使用。
(2)掌握 ADO.NET 技术。
(3)理解并学会使用 LINQ 技术。

内容框架图

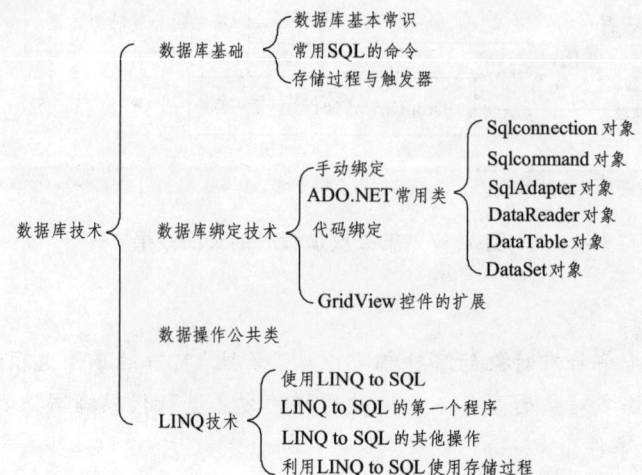

8.1 数据库基础

8.1.1 数据库的基本概念

1. 数 据

数据是指描述事物的数量、属性、位置及相互关系的一组符号。人们通过数据对事物信息进行传递、保存与管理。

因此，数据既可以是数字，也可以是文字、图像与声音等，或是它们的集合。如图 8.1 所示，形象地表现了数据的构成。

2. 数据库

关于数据库的定义有很多种，笼统地说，它就是一个用来存储数据的"仓库"。比较严格的定义就是：数据库是按照数据结构来组织、存储和管理数据的仓库。数据库由数据和数据对象组成。数据对象也就是数据库的基本元素，由表、存储过程、视图、触发器等组成，如图 8.2 所示。这些对象的创建和使用将在后面进行详细介绍。

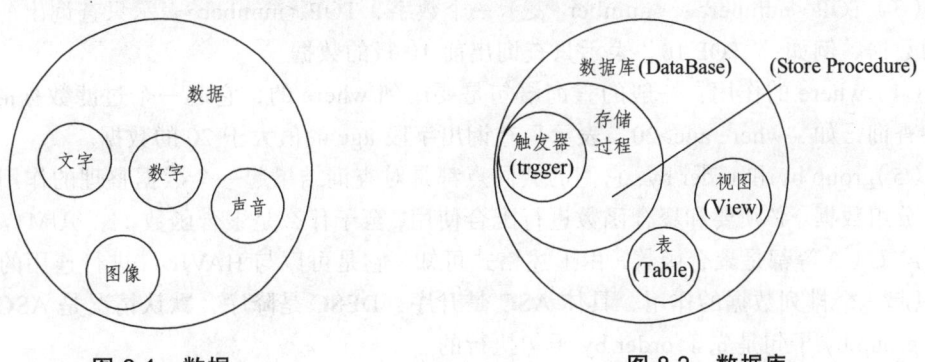

图 8.1 数据 　　　　　　　图 8.2 数据库

3. 数据库管理系统

数据库管理系统（DBMS）是用于管理数据的计算机软件，它使用户能够方便地定义和操作数据，维护数据的安全性和完整性，以及进行多用户下的并发控制和恢复数据库。常用的数据库管理系统有 Oracle、Sybase、Informix、Microsoft SQL Server、Microsoft Access、Visual FoxPro 等。目前，最常用的是 Microsoft 公司的 Microsoft SQL Sever，它是一种典型的关系型数据库管理系统，它使用 Transact-SQL 语言完成数据操作，具有可靠性、可伸缩性、可用性、可管理性等特点，为用户提供了完整的数据库解决方案。本书将使用 SQL Sever 2005 进行讲解。

8.1.2 常用的 SQL 命令

Microsoft SQL Sever 数据库是使用 Transact-SQL（简称 T-SQL）语言完成对数据的操作的，这些对数据进行操作的 T-SQL 语句被称为 SQL 命令，它包括查询、添加、删除和更新等,SQL 命令在程序开发中占有很重要的地位,为了方便读者记忆,本节将做简单的介绍,如果要详细学习这方面的知识,请读者参考相关书籍。

1. 数据查询(select)

数据查询的基本语法格式如下。

```
select [ ALL | DISTINCT| TOP <number>] <变量名>[,<变量名>,...]
from   <表名或视图名> [, <表名或视图名>,...]
[where <条件表达式>]
[group by <列名 1> [HAVING <条件表达式>]]
[order by <列明 2> [ASC | DESC]]
```

语法说明如下。

(1)符号说明:"[]"表示里面的内容可有可无;"<>"表示一个字段名或是表名等的参数。

(2)ALL 和 DISTINCT:在查询中,往往会有重复的数据,ALL 表示把所有的数据全部查询出来,DISTINCT 表示过滤重复的数据,可不写这两个关键词,默认情况下是 ALL。注意:该关键词必须跟在所查询的字段的最前面。

(3)TOP <number>:<number>表示一个数字,TOP <number>表示只查询出前<number>行的数据。例如:"TOP 10"表示只查询出前 10 行的数据。

(4)where 的作用:一般的查询语句是要用到 where 的,它起一个过滤数据的作用,即条件查询,如"where age>20"表示只查询出字段 age 的值大于 20 的数据。

(5)group by 和 order by:它们的共同点都是对查询结果起一个数据整理的作用,group by 表示分组数据,必须要和聚合函数进行配合使用,至于什么是聚合函数,像 SUM( )、COUNT( )、AVG( )等都是聚合函数,由上述格式可知,它是可以与 HAVING 进行连用的;而 order by 只起一个排列数据的作用,具体 ASC 是升序、DESC 是降序,默认情况是 ASC 排列。另外,group by 子句是先于 order by 子句执行的。

附加内容如下。

Select 语句其实是 SQL 命令中是最为复杂的一种,例如:使用 LIKE 进行模糊查询,利用 JOIN 进行的多表链接查询,查询的嵌套,IN 和 NOT IN 的使用等。其中常使用 LIKE 进行模糊查询里面常用的一些通配符读者要特别记忆,如表 8.1 所示。

表 8.1 常用通配符

通配符	说 明
%	包含 0 个或任意多个字符,例如 where name like '李%',是查询姓李的所有的人
_	代表一个字符
[^]	非(指定范围的单个字符),像 where name like 'D[^O]G,表示第二个字母除 O 以外的所有字母
escape	Like 中的字句,可转义一些特殊字符

还有一些比较常用的关键词如下。

(1)ALTER:表修改。例如:ALTER tableName。

（2）DROP：表删除。例如：drop PROC proc_name（表示删除一个存储过程）。
（3）AS+STR：用于查询中，STR 表示字符串。表示修改列名为 STR。

2. 数据添加（INSERT）

数据添加的基本语法格式如下。

```
INSERT INTO <表名> [(<属性列 1> [,<属性列 2>],…]
VALUES (<常量 1>[,<常量 2>]…)
```

语法说明如下。

从上面可以看到，INSERT 语句比 select 语句简单得多，而且变化也少，在这里需要注意，"<表名>"后面加"（）"表示指定添加新列的某个字段，若不加，则表示要为新行全部添加字段值，若在前面指定了要添加的列名，则在后面添加 VALUES 值时字段要一一对应。若未指定，则按照数据表设计的列名顺序进行添加，若某列值设为自增量，则在后面书写的时候不予考虑。

3. 数据更新（UPDATE）

数据更新的基本语法格式如下。

```
UPDATE <表名>
SET <列名>=<表达式或值>[, <列名>=<表达式或值>][, …]
[where <条件>]
```

语法说明如下。

这句较前两句更简单，需要注意的是 where 子句的使用，当只需要修改数据表中的一条数据或一部分数据时，如果忘记添加 where 子句，将会导致严重的数据丢失的后果，虽然语法中可以不写，但是读者要尤为注意。

4. 数据删除（DELETE）

数据删除的基本语法格式如下。

```
DELETE   [FROM] <表名>
[WHERE =<条件>]
```

语法说明如下。

DELETE 语句也很简单，但它同 UPDATE 语句一样，需要注意 where 子句的取舍。

8.1.3 存储过程与触发器

1. 存储过程（Store Procedure）

存储过程是完成某一特定功能的 SQL 语句集，在创建时，经过系统编译后存储于数据库中。存储过程在人们做软件系统开发的时候要大量用到，因为它有以下几个优点。

（1）由于存储过程起到了封装 SQL 语句的作用，因此，它能够实现 T-SQL 语句的重用与共享。

（2）由于存储过程只是在创建时才被系统编译，当在调用执行它时不会再进行编译，因此，它能够提高数据库的运行速度。

（3）由于存储过程的封装性，用户在访问时不再执行多条 SQL 语句，从而大大减少了网络流量及网络负载。

（4）系统管理员可指定某一存储过程的权限分配，因此，它具有较高的安全性。

（5）存储过程能够更好地利用服务器内存。例如：存储过程可以利用存储在内存中的表变量来处理数据量不大的数据。

1）存储过程的创建

创建存储过程的基本语法格式如下。

```
Create proc pc_name
[@parameter data_type][output] [, …]
[with {repcompile | encryption}]
AS
SQL_statement
```

2）说　明

（1）proc 是存储过程的表示，也可以用 procedure 进行代替。

（2）pc_name 表示存储过程名。

（3）@parameter 表示变量名，这个可写可不写，写了表示该存储过程是带参数的，在调用的时候就必须要书写所要传递的参数值，可根据需要书写多个参数，但调用赋值时要注意一一对应。"@"为参数标识符。

（4）加了"output"后缀的表示该参数可传回。

（5）recompile 表示每次执行该存储过程时都要进行编译。

（6）encryption 表示该存储过程的内容将被加密。

（7）出现"AS"后，表示该存储过程所要执行的内容就此开始，后面的 SQL_statement 表示要执行的 SQL 命令语句。

存储过程的功能远不止封装一段 SQL 命令，它还可以支持 SQL 命令编程，大家都知道，在存储过程中我们可以定义变量，给变量赋值，并且支持 if…else、switch…case 等编程中常用的语句，接下来是一个简单的存储过程。

【实例 8-1】

这里所设计的是两张表，一张是单位类型表（HonorBranch），另一张是单位名称表（UnitInfo），它们的表结构与关系如图 8.3、图 8.4 与图 8.5 所示。每一个单位必须要对应一个单位类型，当新增了一个单位，如果没有符合的单位类型与之对应时，就由用户手动输入单位类型后，先向 HonorBranch 添加新输入的单位类型，再向 UnitInfo 表中添加相应的单位，同时与相应的单位类型进行对应。如果存在与之匹配的单位类型，则直接向单位表中插入单位，同时匹配单位类型表中的单位名。其存储过程的工作原理，如图 8.6 所示。

提示：本节所用数据库设计见本章末备注。

第 8 章 数据库技术

图 8.3　HonorBranch 表设计

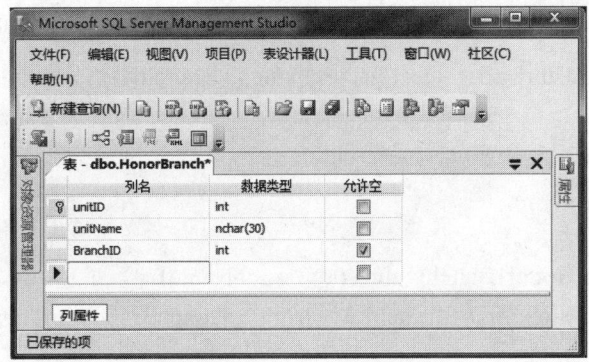

图 8.4　UnitInfo 表设计

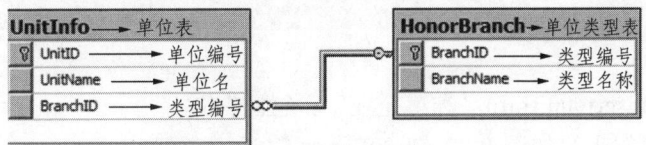

图 8.5　表关系图

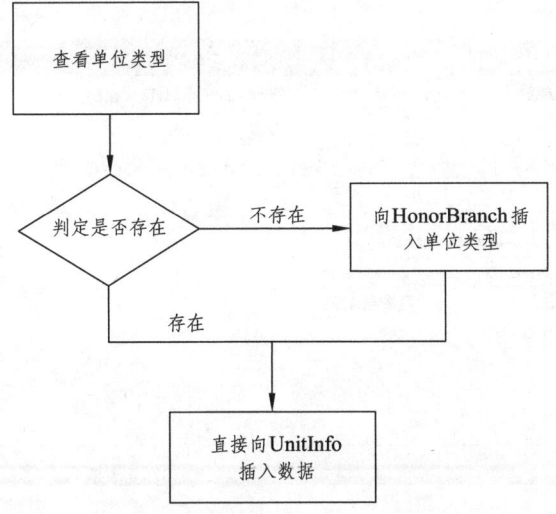

图 8.6　存储过程的工作原理

下面是该存储过程的代码。

```sql
/*两个参数分别是单位名称和单位类型*/
Create procedure [dbo].[insert_unitinfo]
    (@UnitName nchar(30),@BranchName nchar(10))/*这里定义参数*/
As
    declare @BranchID int    /*注意:这是定义一个变量的语法*/
/*查看当前的类型名称是否存在*/
    select @BranchID=BranchID from HonorBranch where BranchName=@BranchName
/*存在则直接插入*/
    if(@BranchID>0)
     begin
        Insert into UnitInfo values(@UnitName,@BranchID)
     end
/*不存在则先插入当前类型,再添加单位*/
    Else
     Begin
        insert into HonorBranch values(@BranchName)
        select @BranchID=BranchID from HonorBranch where BranchName = @BranchName
        insert into UnitInfo values(@UnitName,@BranchID)
end
```

执行代码如下。

代码段 1：execinsert_unitinfo '鑫盛企业'，'企业单位'

代码执行前的数据表，如图 8.7、图 8.8 所示。

在执行了上述代码后，其执行效果和数据表中的视图如图 8.9～图 8.11 所示。

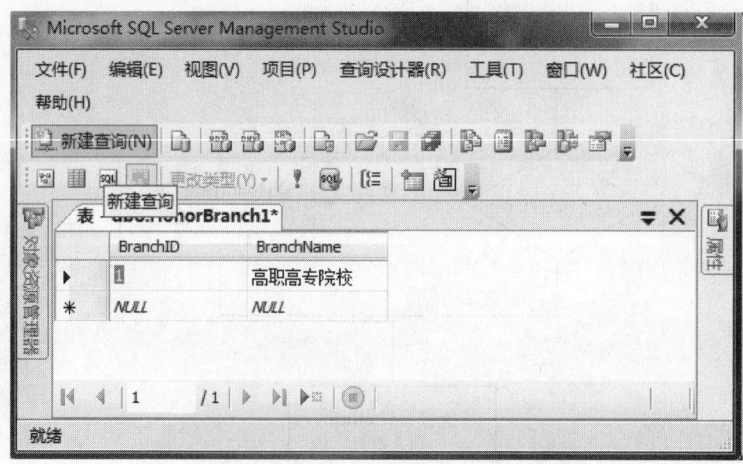

图 8.7　HonorBranch 表执行前的数据

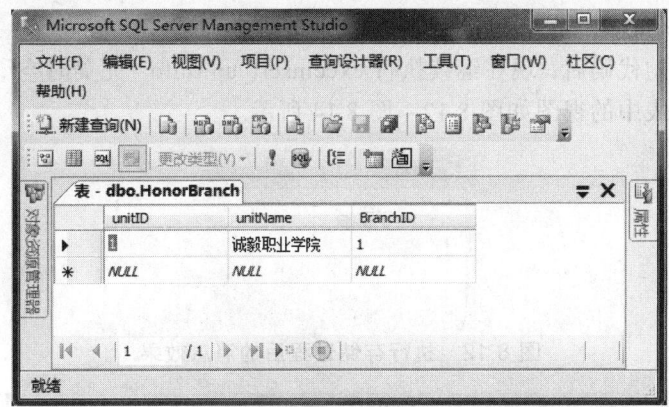

图 8.8　unitInfo 表执行前的数据

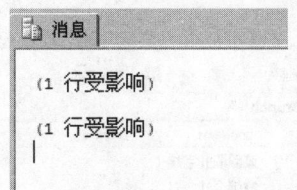

图 8.9　执行存储过程后的消息效果

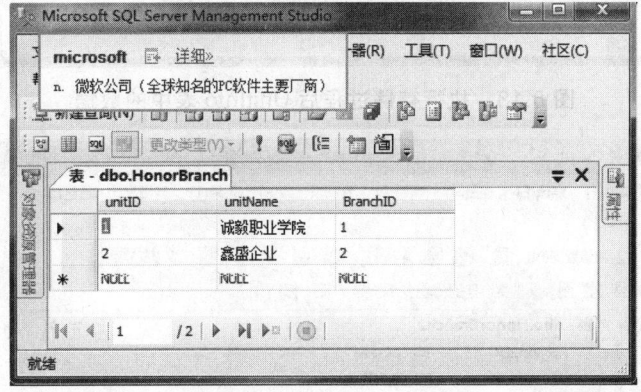

图 8.10　执行存储过程后 UnitInfo 表中的数据

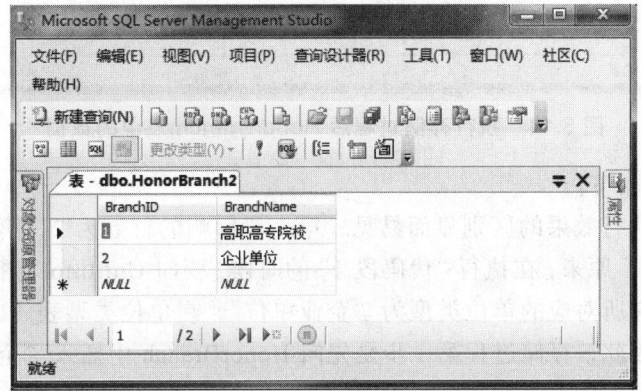

图 8.11　执行存储过程后 HonorBranch 表中的数据

代码段 2：execinsert_unitinfo '完美时空','企业单位'。

在执行了前面的代码后，现在继续执行 execinsert_unitinfo '完美时空','企业单位'代码，其执行效果和数据表中的视图如图 8.12~图 8.14 所示。

图 8.12　执行存储过程后的消息效果

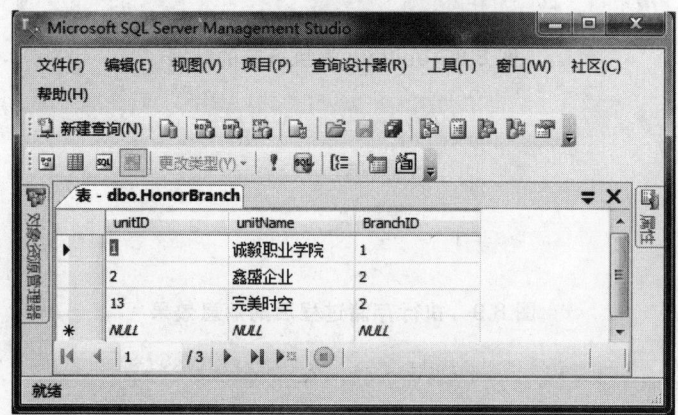

图 8.13　执行存储过程后 UnitInfo 表中的数据

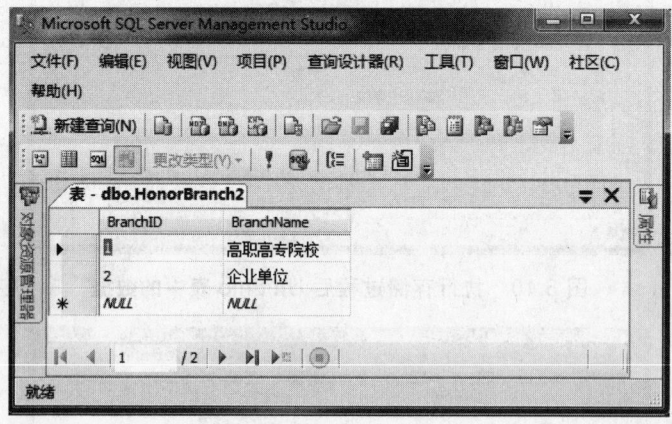

图 8.14　执行存储过程后 HonorBranch 表中的数据

运行结果分析如下：

上面两段代码执行效果的区别显而易见，第一段影响的行数为 2，第二段影响的行数为 1。这是什么原因呢？原来，在执行"代码段 1"的时候，要向 UnitInfo 表中插入一个名为"鑫盛企业"的公司，它所对应的单位类型为"企业单位"，在单位类型表（HonorBranch）中并没有该单位类型，因此，存储过程第一步是先向 HonorBranch 中插入"企业单位"这样一个单位类型的数据，插入后再向 UnitInfo 表中插入"鑫盛企业"这样一个单位名。因此，影响行数为两行。

在"代码段 2"执行后为什么影响的行数为 1？原来，向 UnitInfo 表中插入"完美时空"这样一个公司时，它所对应的单位类型仍为"企业单位"，在 HonorBranch 表中存在这样一个单位类型，所以存储过程在执行的时候并不需要像"代码段 1"那样做两张表的数据插入，而是直接向 UnitInfo 表中插入"完美时空"的数据。

存储过程代码分析如下。

（1）在创建时，(@UnitName nchar（30），@BranchName nchar（10））括号中括起来的部分相当于是 C#语法中方法的形参，注意别漏掉形参的参数类型。

（2）delcare 的作用是申明一个变量，这里同样注意的是别漏掉变量的类型，如 declare @BranchID int。

（3）if（条件）Begin…end 的使用相当于 C#中 if（条件）{……}语法。因此，如果 if 后面只有一句代码，可省略掉 Begin 与 end；若是两句或两句以上的代码，则不能省略。在 else 子句中，同理。

补充：若要给定义好的变量赋初值，则使用 set 关键字。

如 declare @BranchID int

　　Set @BranchID=1

读者是不是看到了存储过程的强大之处了，学好存储过程，在 Web 开发中会受益无穷。本节讲得很简略，希望读者参考相关的书籍继续学习。

2. 触发器（TRIGGER）

触发器，顾名思义，该"器"在被触发时才能执行它的任务，就像编程语言当中的事件，例如：鼠标左键双击某一文件夹，只有双击了才能行使文件夹被打开这样一个任务。"器"里面规定了所要完成一个什么样的动作。

其实触发器就是一种特殊的存储过程，如图 8.15 所示，是为了确保数据的完整与系统的正常工作而出现的一种高级技术，在数据库中，只有执行了像 INSERT、UPDATE、DELETE 这样的 SQL 命令，才可以利用触发器触发相应的事件。由此可知，触发器是自动运行的一组 SQL 语句集。

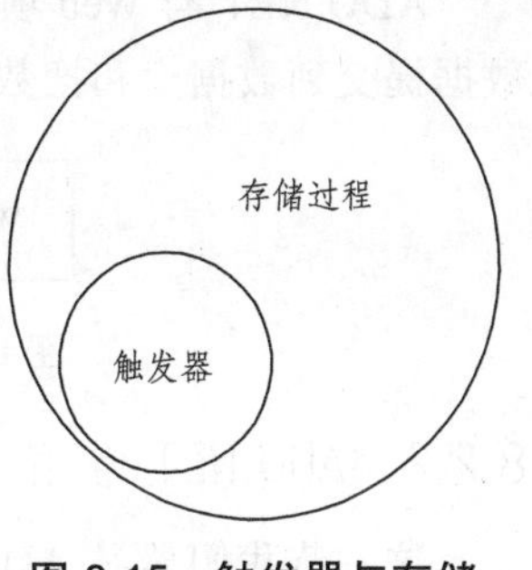

另外，当数据库操作有效执行过后，触发器也要等其他约束条件都被校验成功过后才能够执行它的任务，比如主键、外键关系等，所以说其他约束条件优先于触发器。

图 8.15　触发器与存储过程的关系图

1）触发器的创建

触发器创建的基本语法格式如下。

```
create trigger trigger_name
on tableName [ with encryption]
for {insert | update | delete}
as [begin]
sql_statement
[end]
```

2）说　明

（1）trigger 是创建触发器的关键词，后面紧跟触发器名。

（2）encryption 起加密作用，可根据需要决定是否添加。

（3）On 后紧跟表名，只有当这张表的数据发生改变后，该触发器才能生效。

（4）For 后紧跟数据发生变化的类型，根据需要，可全都有，也可仅有一个，表示该表发生该事件后，执行触发器。

（5）As 表示后面要写该触发器的执行内容（sql_statement）。begin 和 end 是逻辑执行词，被它们包围的 SQL 语句表示一个执行程序段，相当于 C# 语言中的"{}"，若执行内容复杂，建议使用它们。

（6）触发器允许嵌套，最多只能嵌套 32 层。

8.2　ADO.NET 的常用类

8.2.1　ADO.NET 概述

ADO.NET 的名称起源于 ADO（ActiveX Data Objects），这是一个广泛的类组，之所以叫作 ADO.NET，是因为 Microsoft 希望表明这是在 .NET 编程环境中优先使用的数据库访问接口。

ADO.NET 是一组面向 .NET 程序员公开访问数据的类。ADO.NET 为创建分布式数据共享应用程序提供了一组丰富的组建。它提供了对关系数据、XML 和应用程序数据的访问，因此，它是 .NET Framework 中不可缺少的部分。

ADO.NET 与 Web 项目、数据库之间的关系，如图 8.16 所示。它的功能就是把项目上的数据提交到数据库和把数据库中的数据返回到项目中。

图 8.16　ADO.NET 与 Web 项目、数据库之间的关系

8.2.2　ADO.NET 常用类

这一节我们学习 ADO.NET 操作数据库的几个对象。试想一下，把数据库比喻为一座城池，我们能对这座城池做些什么呢？

首先我们有一个目的，进城做什么？是进城买房子还是搞破坏还是去买东西……，然后就是寻找进城的线路，知道线路了就应该进城了。在城门口守城的卫官会盘查你，进城干什么？还要出城吗，什么时候出城？有些人是进城安家做买卖的，通常会告诉家人自己在城里生活得怎么样，也有些人是孤家寡人，进城之后就不再出城与外界联系。这样他们就会得到不同的"令牌"，如果要往城外带个口信就会根据这块"令牌"把口信带给指定的人，而进城破坏或是孤家寡人不需要与外界联系的，使用的则是特殊的"令牌"。拿到"令牌"之后则进城办事情，办完事情之后买东西的人则会把买的东西都搬出来，需要给家里报平安的人也会让人帮自己把口信带回去。如果是稍口信的话很简单，只需要一条信息就可以解决。但如果是买的东西需要搬出来就需要用东西来装，如果比较少就用一个箱子装，但是太多的话就需要用车辆来拖走。到这里基本上所有的事情都完成了。

通过这个例子我们对比一下对数据库的操作：添加、修改、删除和查看数据。其中，前3者是可以没有返回值的，直接执行操作即可，但也可以有返回值，返回该操作影响的行数；而查看数据则必须有返回值，返回值可以是数组或是数据表。

下面来学习在几个操作中将要用到的内置对象，它们的关系如图8.17所示。

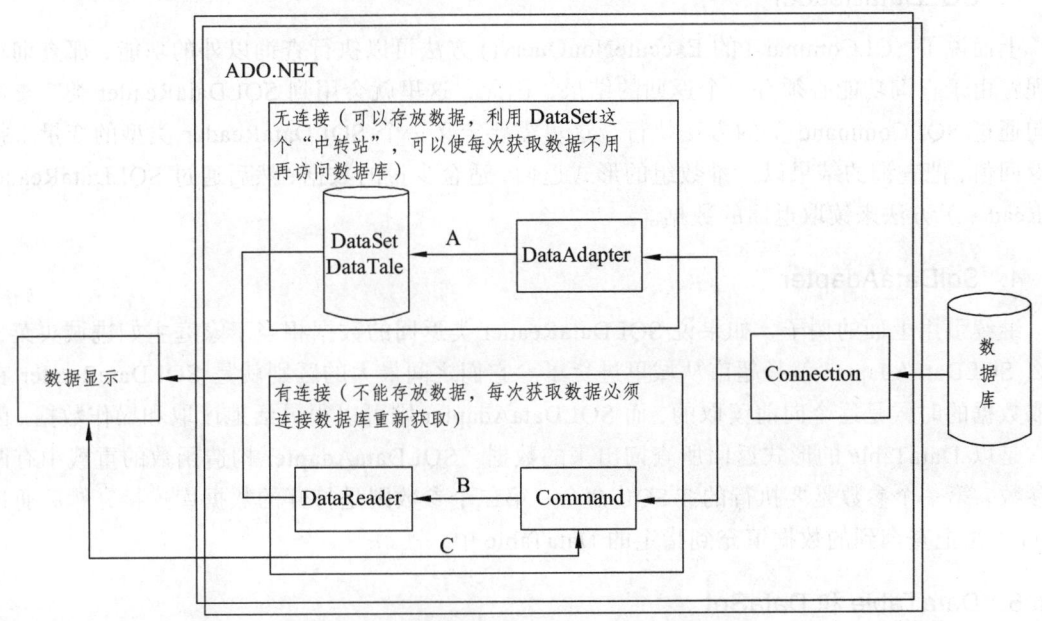

图8.17　将要用到的内置对象之间的关系

A路线为查询数据，返回的结果为数据表。

B路线也为查询数据，返回的结果为数组。

C线路为增、删、改数据，数据需要从项目中获取，执行操作后可以返回执行结果，也可以不返回。

工程师提示

由于数据库的种类繁多，为了访问多种数据库，ADO.NET封装了多个类来访问不同的数据库，它们的区别就是前缀。例如：OleDbConnection、OdbcConnection、SQLConnection等。因为本书使用的是SQL Server数据库，所以以后使用到的都是前缀为"SQL"的类。

1. SQLConnection

像之前说的，要进城的话就必须要先找到进城的路。SQLConnection就是实现这个功能的类。它的ConnectionString属性表示连接到数据库的连接字符串，连接字符串中包括数据库所在计算机的IP地址、登录数据库的用户信息、数据库的安全设置。建立连接后通过Open（）方法和Close（）方法来打开和关闭连接。切记在连接操作完毕后要关闭连接，否则会出错。

2. SQLCommand

找到进城的路了，就应该去申请进城的"令牌"了，就类似现在出国办签证一样，肯定会问你：到什么地方去，去做什么？它的 Connection 属性表示需要执行命令的数据库连接，CommandText 属性表示当前需要执行的 T-SQL 命令。Command 对象常用的方法有 ExecuteReader() 方法、ExcrteScalar() 方法、ExecuteNonQuery() 方法，通常使用 ExecuteNonQuery() 方法来执行查询以外的功能，同时返回影响的行数。

3. SQLDataReader

上面说了 SQLCommand 的 ExecuteNonQuery() 方法可以执行查询以外的功能，那查询功能呢？由于查询功能必须有一个返回的结果，因此，这里就会用到 SQLDataReader 类。查询语句通过 SQLCommand 类的方法执行，这里需要定义一个 SQLDataReader 类型的变量来接收返回值，把查询的结果以二维数组的形式返回，适合少量的数据；然后通过 SQLDataReader 的 Read（）方法来读取返回的数据。

4. SqlDataAdapter

继续引用上面的例子，如果说 SQLDataReader 类返回的数据相当于家庭主妇进城买菜，那么 SQLDataAdapter 就是超市从城里进货了。它们之间最大的区别就是 SQLDataReader 在读取数据的时候是逐个向前读取的，而 SQLDataAdapter 则可以很灵活地读取和操作数据。因为它是以 DataTable 的形式返回所查询出来的数据。SQLDataAdapter 构造函数的重载中有两个参数，第一个参数是要执行的 T-SQL 命令；第二个参数则是打开的数据库连接，然后通过 Fill() 方法把查询到的数据填充到指定的 DataTable 中。

5. DataTable 和 DataSet

DataTable 和 DataSet 这两个类都是容器，DataTable 是内存中的数据表；DataSet 则是内存中的数据库，可以包含多个 DataTable。DataSet 中的 DataTable 是有序排列的，同时每个 DataTable 也可以贴上标签（Name），当获取数据的时候就可以根据数据表的所在位置或名称来定位到表，然后再定位到具体的某一行来获取数据。

6. 对象之间的区别

以上的几个对象可分为两大类：一类是需要时刻连接数据库的；另一类是断开连接后也能操作的。

1）与数据库保持连接的有 SQLConnection、SQLCommand 和 SQLDataAdapter

因为要对数据库执行一些对应的操作，所以这几个对象需要时刻与数据库保持连接才能执行，就像要进城里办事情必须要人进了城才能做一样。其中 SQLCommand 能执行所有的 SQL 命令，但如果是查询命令的话，返回的将是一个数组，所以如果查询的数据量稍大或是需要表结构建议使用 SQLDataAdapter。因为它不仅能将查询的数据填充到数据集中，同时也能把表的结构填充到数据集中，这样就能形成一个在内存中的数据库，省去了每次都连接数据库检索数据的时间。

2）无连接的有 SQLDataReader、DataTable 和 DataSet

无连接也就是在断开了与数据库连接之后仍然可以正常使用的对象。它的原理就在于已经把数据库中需要的数据保存到内存中。就像把城里的东西都搬到乡下的小店里去,虽然规模很小,但是不用进城也能买到自己需要的东西。

SQLDataReader 所保存的是数组类型的数据,在检索数据的时候是以数组的形式填充到该对象的。

DataTable 相对 SQLDataReader 要灵活多了,它是以数据表的形式存放数据的,不仅能存放表中的数据,而且能保存表的结构,对它的操作和对数据库中表的操作基本类似。

DataSet 是最后出场的当然也是最强大的,它相当于是内存中的数据库,可以包含多个 DataTable。在数据库中有自己的表、表名、表结构和表与表之间的关系。

8.3 数据操作

8.3.1 数据库连接配置

在程序能够使用数据库之前,它必须建立一个连接。连接是建立与数据库会话的操作。会话是一系列的查看、插入、更新、删除和用数据库执行其他管理命令的操作。当程序连接后会话就开始了;同样的,当程序断开连接后,会话就结束了。

为了连接数据库,.Net 需要提供某种类型的连接参数,.Net 提供了连接类 SqlConnection(SQL 数据库)和 OleDbConnection。

要实现数据源的连接,首先要引出连接字符串的概念。

连接字符串(Connection String)是在连接数据源时所提供的必要的连接信息,其中包括连接的服务器对象、源程序、密码和所访问的数据库对象等信息,是进行数据库连接必不可少的信息。可以利用工具和手动方式建立连接字符串的设置。

下面是一个数据库标准安全连接:

DataSource=.;InitialCatalog=bdcrmDB;Integrated Security=True;UseID=sa;Password=yyhcsa201;

解释:

Data Source=服务器地址;nitial Catalog=数据库的名字;Integrated Security=True;UseID=数据库登录用户名;Password=数据库登录密码;

8.3.2 数据的增、删、改、查操作

首先,在 SQLServer 2008 中新建一个名为 TestDb 的数据库,并在 TestDb 数据库中新建一张表名为 UserInformation 的表,注意:表中 ID 设为自增。如表 8.2 所示。

表 8.2 UserInformation 表

字段名	数据类型	数据长度	主　键	是否为空
ID	Int	4	是	否
UserName	nvarchar	MAX	否	否
UserSex	nvarchar	10	否	否
UserTelephone	nvarchar	50	否	否

然后，在 TestDb 中新建存储过程命名为 selectedbyname，代码如下，右键执行。

```sql
create procedure [dbo].[selectedbyname]
@name nvarchar（MAX）
as
begin
select * from UserInformation where UserName=@name
end
```

新建一个 Web 窗体，命名为 ASUD.aspx，在上面添加控件如图 8.18 所示。

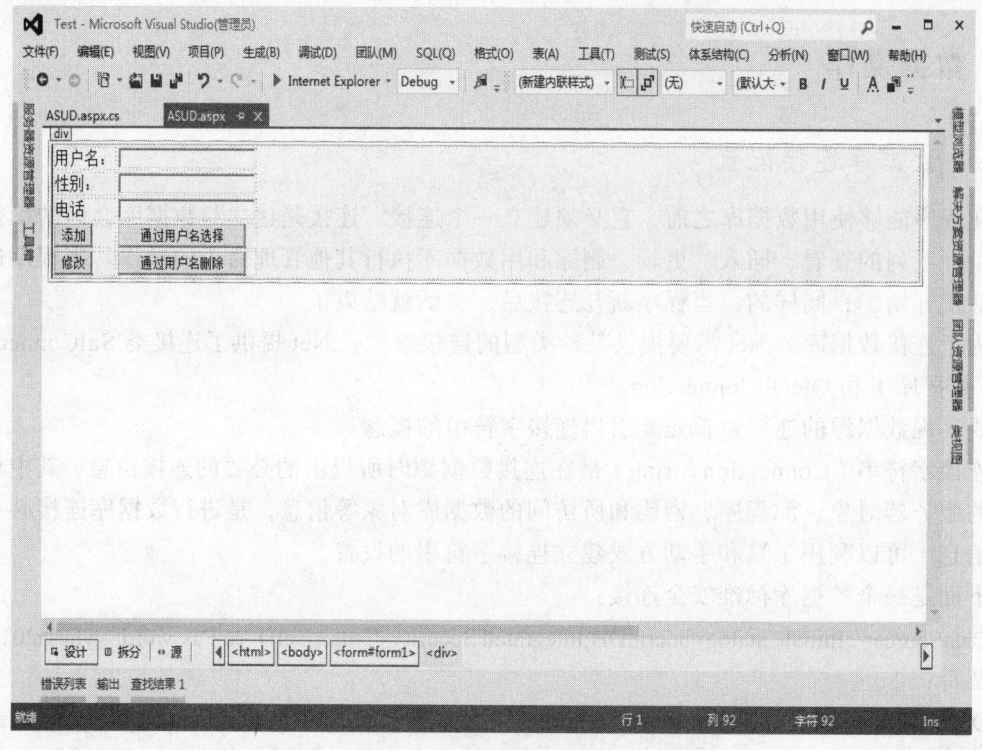

图 8.18　添加控件后，ASUD.aspx 效果图

1．数据的增加

双击添加 Button 控件，添加如下代码。

```csharp
protected void Btn_Add_Click(object sender, EventArgs e)
        {
                if (txt_telephone.Text != "" && txt_usersex.Text != "" && txt_telephone.Text != "")
                {
                        string username = txt_username.Text.Trim();
                        string usersex = txt_usersex.Text.Trim();
                        string usertelephone = txt_telephone.Text.Trim();
                        string sqlstr = "insert into UserInformation (UserName, UserSex,
```

```
UserTelephone) values ('" + username + "','" + usersex + "','" + usertelephone + "')";
                SqlConnection sqlconnection = new SqlConnection("Data Source=.;Initial Catalog=TestDb;Integrated Security=True");//设置连接字符串
                sqlconnection.Open();//打开数据库连接
                SqlCommand cmd = new SqlCommand(sqlstr, sqlconnection);
                cmd.ExecuteNonQuery();//执行 sqlstr 这条 sql 命令
                sqlconnection.Close();//关闭链接
                Response.Write("<script language=javascript>alert('添加成功!');</" + "script>");
            }
            else
            {
                Response.Write("<script language=javascript>alert('信息未填写完整!');</" + "script>");
            }
        }
```

运行后的页面如图 8.19 所示。

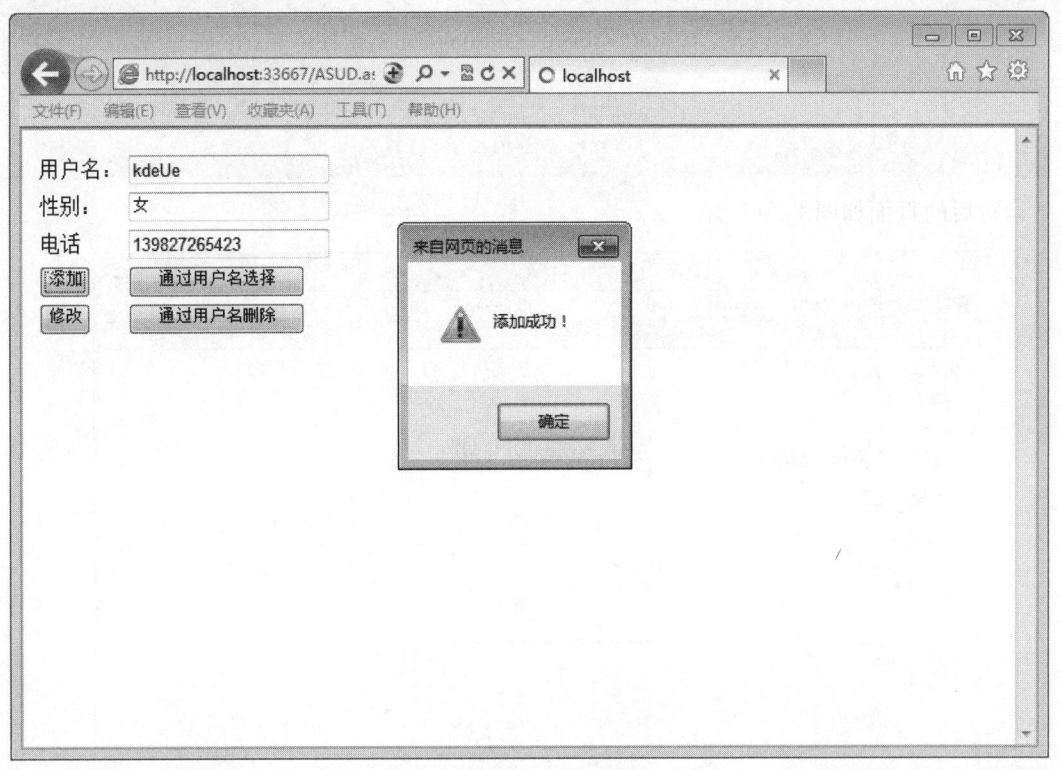

图 8.19 添加 Button 控件运行效果图

2. 数据的删除

双击通过用户名删除 Button 控件，添加如下代码。

```
protected void Btn_Delete_Click(object sender, EventArgs e)
    {
        if (txt_username.Text != "")
        {
            string username = txt_username.Text.Trim();
            string sqlstr = "delete UserInformation where UserName='" + username + "'";
            SqlConnection sqlconnection = new SqlConnection("Data Source=.;Initial Catalog=TestDb;Integrated Security=True");//设置连接字符串
            sqlconnection.Open();//打开数据库连接
            SqlCommand cmd = new SqlCommand(sqlstr, sqlconnection);
            cmd.ExecuteNonQuery();//执行 sqlstr 这条 sql 命令
            sqlconnection.Close();//关闭链接
            Response.Write("<script language=javascript>alert('删除成功!');</" + "script>");
        }
        else
        {
            Response.Write("<script language=javascript>alert('删除失败!!');</" + "script>");
        }
    }
```

运行后的页面如图 8.20 所示。

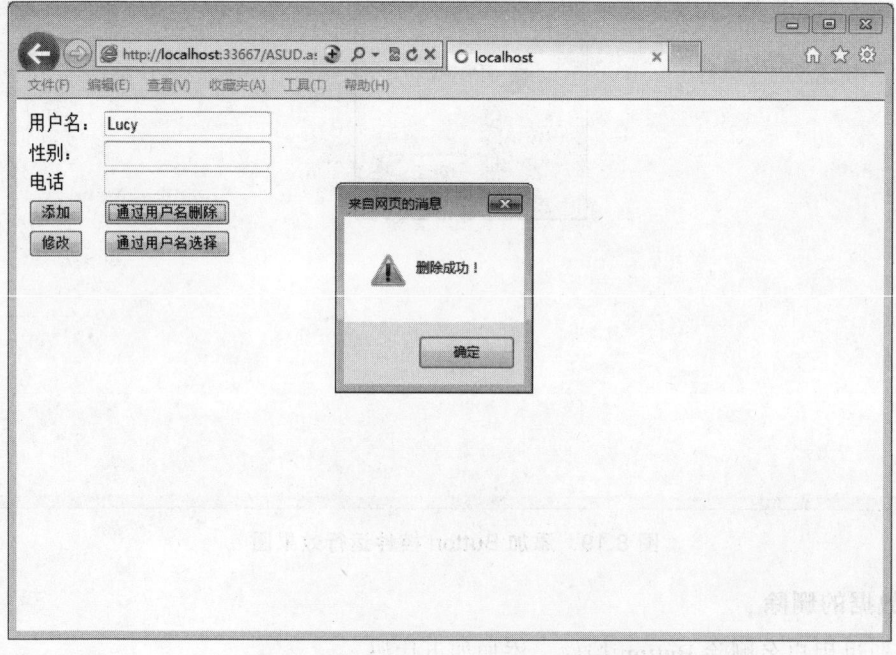

图 8.20 删除 Button 控件运行效果图

3. 数据的修改

双击修改 Button 控件，添加如下代码。

```csharp
protected void Btn_Update_Click(object sender, EventArgs e)
        {
            if (txt_username.Text != "")
            {
                string username = txt_username.Text.Trim();
                string usersex=txt_usersex.Text.Trim();
                string usertelephone=txt_telephone.Text.Trim();
                string sqlstr = "update UserInformation set UserSex='"+usersex+"',UserTelephone='"+usertelephone+"' where UserName='" + username + "'";
                SqlConnection sqlconnection = new SqlConnection("Data Source=.;Initial Catalog=TestDb;Integrated Security=True");//设置连接字符串
                sqlconnection.Open();//打开数据库连接
                SqlCommand cmd = new SqlCommand(sqlstr, sqlconnection);
                cmd.ExecuteNonQuery();//执行 sqlstr 这条 sql 命令
                sqlconnection.Close();//关闭链接
                Response.Write("<script language=javascript>alert('更新成功!');</" + "script>");
            }
            else
            {
                Response.Write("<script language=javascript>alert('更新失败!!');</"+"script>");
            }
        }
```

运行后的页面如图 8.21 所示。

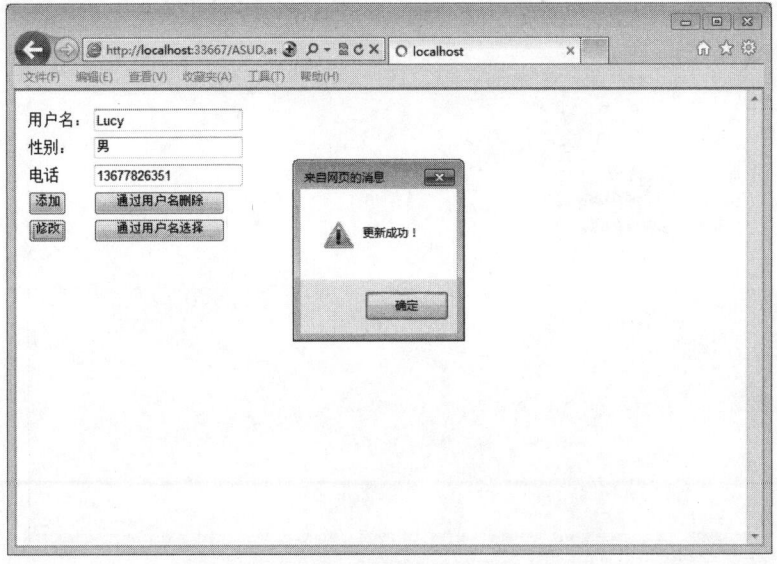

图 8.21 修改 Button 控件运行效果图

4. 数据的查询

双击选择 Button 控件，添加如下代码。

```
protected void Btn_Select_Click(object sender, EventArgs e)
        {
            if (txt_username.Text != "")
            {
                DataTable dt = new DataTable();
                string username = txt_username.Text.Trim();
                string sqlstr = "select * from UserInformation where UserName='" + username + "'";
                SqlConnection sqlconnection = new SqlConnection("Data Source=.;Initial Catalog=TestDb;Integrated Security=True");//设置连接字符串
                sqlconnection.Open();//打开数据库连接
                SqlDataAdapter adapter = new SqlDataAdapter(sqlstr, sqlconnection);
                adapter.Fill(dt);
                txt_telephone.Text = dt.Rows[0]["UserTelephone"].ToString();
                txt_usersex.Text = dt.Rows[0]["UserSex"].ToString();
                sqlconnection.Close();//关闭链接
                Response.Write("<script language=javascript>alert('查询成功!');</" + "script>");
            }
            else
            {
                Response.Write("<script language=javascript>alert('查询失败!!');</" + "script>");
            }
        }
```

运行后的页面如图 8.22 所示。

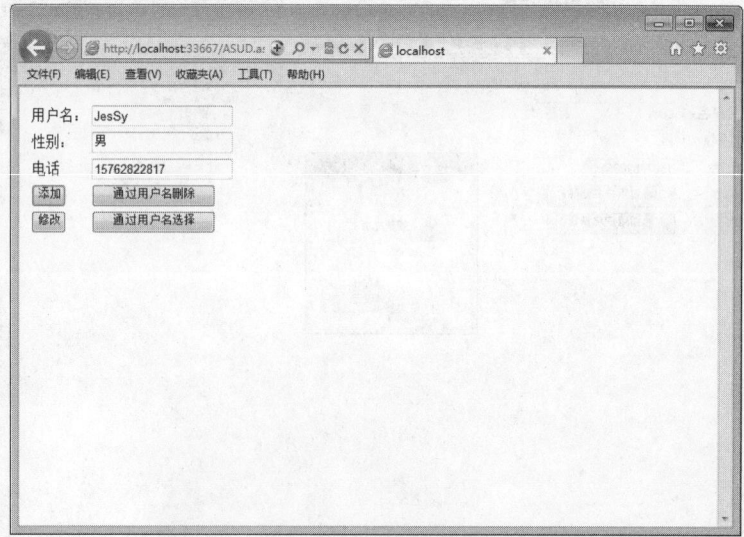

图 8.22　选择 Button 控件运行效果图

8.3.3 调用存储过程

调用之前在建数据库时创建的存储过程 selectedbyname，通过传一个用户名到存储过程，找到与之相关数据行的信息，并显示在 ASUD.aspx 页面上，就是将 8.3.2 中的修改查询按钮下的代码，改为调用存储过程来查询信息。

代码如下：

```
protected void Btn_Select_Click(object sender, EventArgs e)
{
    if (txt_username.Text != "")
    {
        DataTable dt = new DataTable();
        string username = txt_username.Text.Trim();
        string sqlstr = "exec selectedbyname @name";
        SqlConnection sqlconnection = new SqlConnection("Data Source=.;Initial Catalog=TestDb;Integrated Security=True");//设置连接字符串
        sqlconnection.Open();//打开数据库连接
        dt= ExecuteDataTable(sqlconnection,sqlstr,new SqlParameter("@name", username));

        txt_telephone.Text = dt.Rows[0]["UserTelephone"].ToString();
        txt_usersex.Text = dt.Rows[0]["UserSex"].ToString();
        sqlconnection.Close();//关闭链接
        Response.Write("<script language=javascript>alert('查询成功!');</" + "script>");
    }
    else
    {
        Response.Write("<script language=javascript>alert('查询失败!!');</" + "script>");
    }
}
public static DataTable ExecuteDataTable(SqlConnection conn, string cmdText,
    params SqlParameter[] parameters)
{
    using (SqlCommand cmd = conn.CreateCommand())
    {
        cmd.CommandText = cmdText;
        cmd.Parameters.AddRange(parameters);
        using (SqlDataAdapter adapter = new SqlDataAdapter(cmd))
        {
            DataTable dt = new DataTable();
```

```
                    adapter.Fill(dt);
                    return dt;
                }
        }
}
```

运行查看某个名字的信息,如图 8.23 所示。

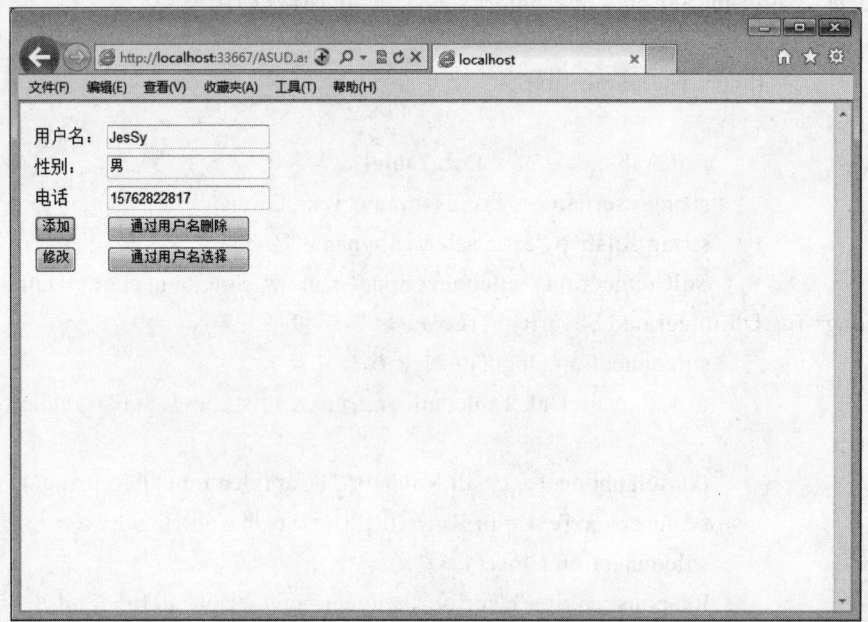

图 8.23 调用存储过程运行效果图

8.4 数据绑定

8.4.1 将数据绑定到 DataList、GridView、Repeater

在以后两个小节中将要使用的 Music 表,如表 8.3 所示。

表 8.3 Music 表

字段名	数据类型	数据长度	主键	是否为空
MusicID	Int	4	是	否
MusicName	Varchar	50	否	否
SinferName	Varchar	50	否	否

创建一个用于插入数据的存储过程,代码如下。

```
create procedure insert_music
@MusicName varchar(50),@SinferName varchar(50)
```

```
as
declare @MusicID int
set @MusicID=(select max(MusicID+1) from music)
insert music values(@MusicID,@MusicName,@SinferName)
```

创建一个用于自动排序的触发器，代码如下。

```
create trigger tri_update_music
on music
        after delete
as
        begin
           update music set MusicID=MusicID-1 where MusicID>(select MusicID from deleted)
        end
```

数据绑定就是把数据库中指定的需要显示的数据全部显示到数据控件中。很显然，数据绑定会用到查询命令，但是对于刚入门的人来说，Visual Studio 编译环境为我们准备了一种最为简单，不用写一行代码的绑定方式。

常用于绑定数据的控件主要有 3 个，分别是 DropDownList、DataList 和 GridView。由于手动绑定的方式都是一样的，先配置数据源，然后选择数据源；因此，这里就以 DataList 为例进行说明。

1. 用 DataList 控件手动绑定数据

DataList 控件是以模板为基础的数据绑定控件，与 Repeater 控件有许多相似之处，可以定义 Repeater 控件所具有的 5 个模板，还增加了 SelectedItemTemplate 模板（定义选定项的内容和布局）和 EditItemTemplate 模板（定义当前编辑项的内容和布局）。

与 Repeater 控件相比较，DataList 控件最大的优势在于它有内置的样式和属性，可以使用模板编辑器和属性生成器来设计模板和设置属性，并支持分页和排序。由于增加了两个模板，功能上更加强大了。

DataList 控件常用属性如表 8.4 所示。

表 8.4 DataList 控件常用属性

属性名称	说　　明
AlternatingItemStyle	获取 DataList 控件中交替项的样式属性
AlternatingItemTemplate	获取或设置 DataList 中交替项的模板
DataSource	获取或设置源，该源包含用于填充控件中的项的值列表
DataKeys	获取 DataKeyCollection 对象，它存储数据列表控件中每个记录的键值
EditItemIndex	获取或设置 DataList 控件中要编辑的选定项的索引号
Items	获取表示控件内单独项的 DataListItem 对象的集合
SelectedIndex	获取或设置 DataList 控件中的选定项的索引
SelectedItem	获取 DataList 控件中的选定项
SelectedItemStyle	获取 DataList 控件中选定项的样式属性
ShowHeader	获取或设置一个值，该值指示是否在 DataList 控件中显示页眉节

DataList 控件常用事件如表 8.5 所示。

表 8.5 DataList 控件常用属性

事件名称	说明
DataBinding	当服务器控件绑定到数据源时发生
DeleteCommand	对 DataList 控件中的某项单击 Delete 按钮时发生
EditCommand	对 DataList 控件中的某项单击 Edit 按钮时发生
Init	当服务器控件初始化时发生；初始化是控件生存期的第一步
ItemCommand	当单击 DataList 控件中的任一按钮时发生
ItemCreated	当在 DataList 控件中创建项时在服务器上发生
ItemDataBound	当项被数据绑定到 DataList 控件时发生
Load	当服务器控件加载到 Page 对象中时发生
PreRender	在加载 Control 对象之后、呈现之前发生
SelectedIndexChanged	在两次服务器发送之间，在数据列表控件中选择了不同的项时发生
UpdateCommand	对 DataList 控件中的某项单击 Update 按钮时发生

【实例 8-2】 为 DataList 配置数据源并绑定。

【解题思路】

利用控件的数据源配置手动操作，实现控件对数据库数据的绑定。

【实现步骤】

（1）拖放一个 SqlDataSource 控件和一个 DataList 控件到界面上，如图 8.24 所示。

（2）给 SqlDataSource 配置数据源。选中 SqlDataSource 控件，单击右上角的箭头，如图 8.25 所示。

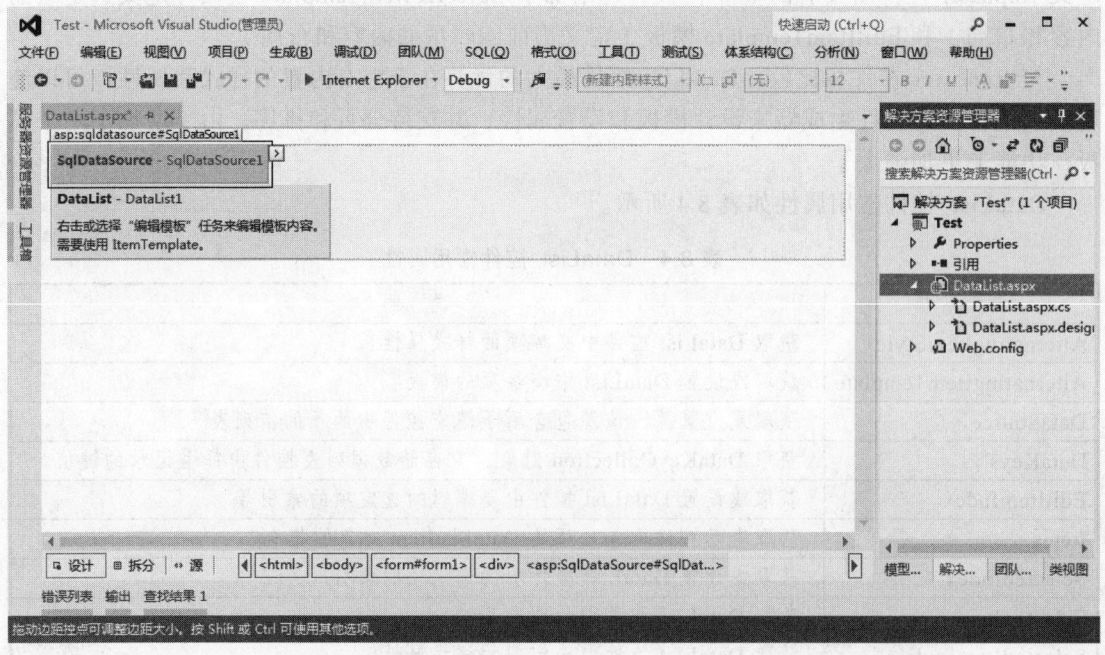

图 8.24 拖放一个 SqlDataSource 控件和一个 DataList 控件到界面上

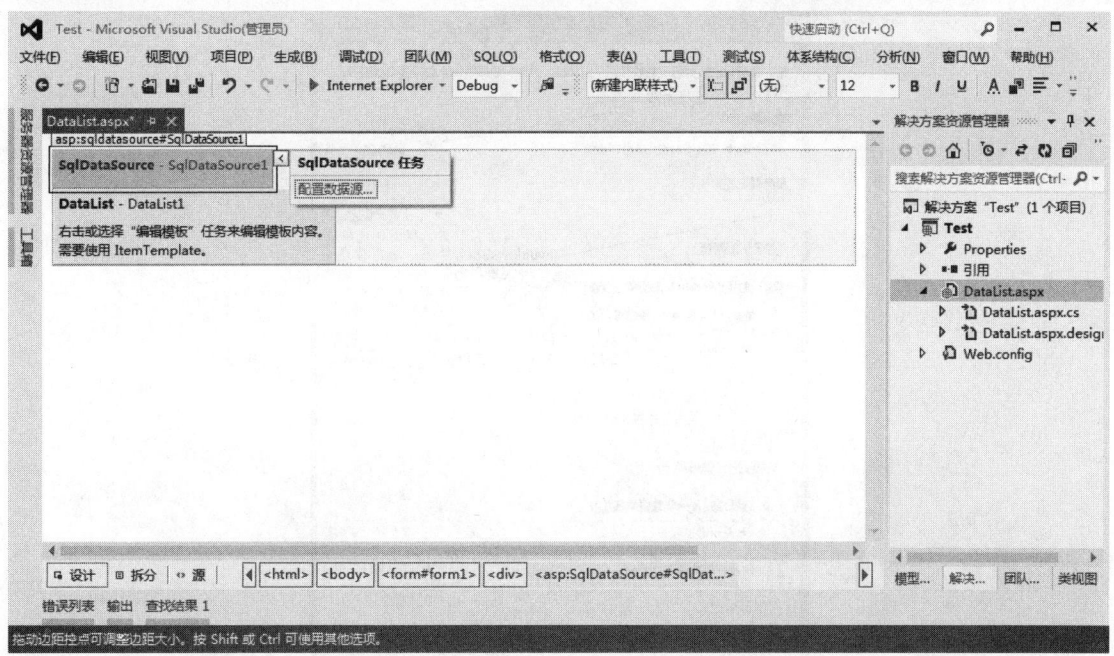

图 8.25　给 SqlDataSource 配置数据源

单击后进入下一个窗体，如图 8.26 所示。

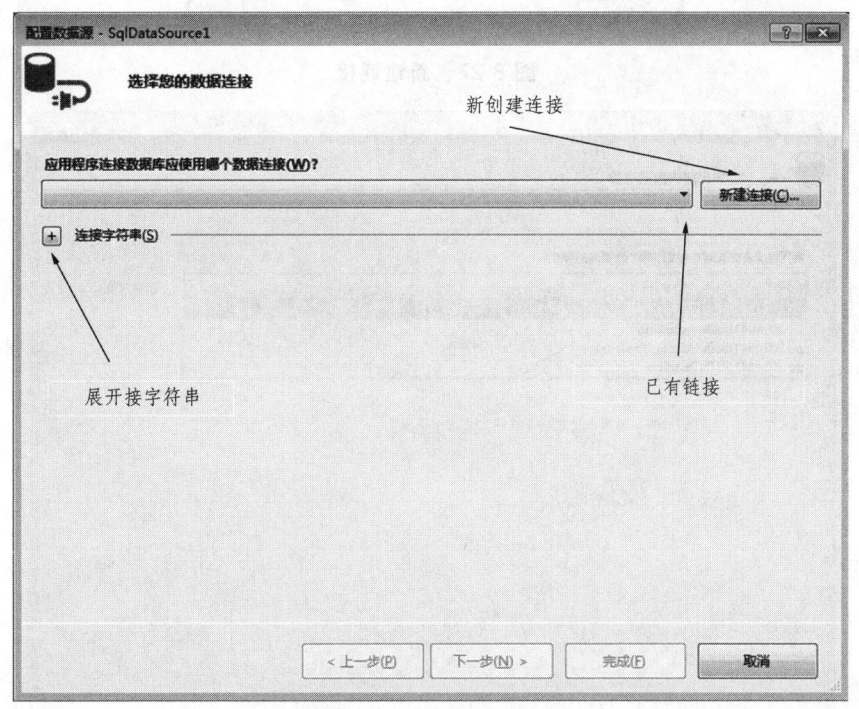

图 8.26　配置数据源

单击【新建连接】按钮，如图 8.27 所示。
回到最初的界面，如图 8.28、图 8.29、图 8.30 所示。

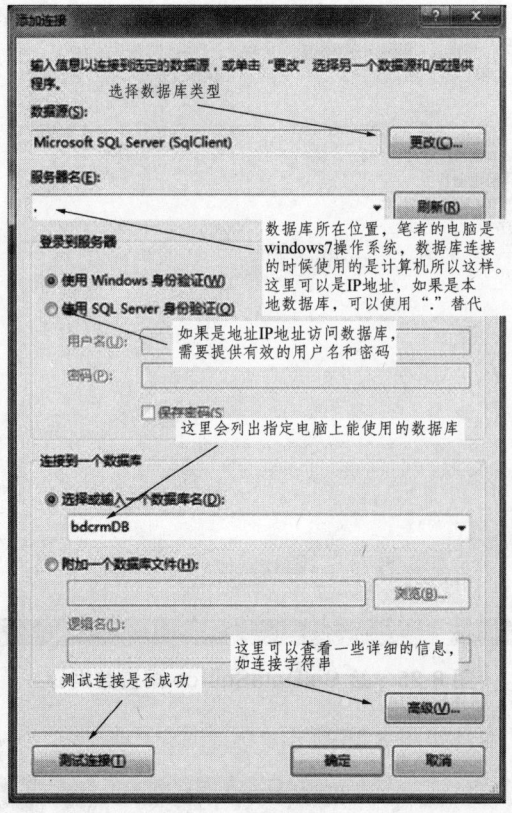

图 8.27 新建连接

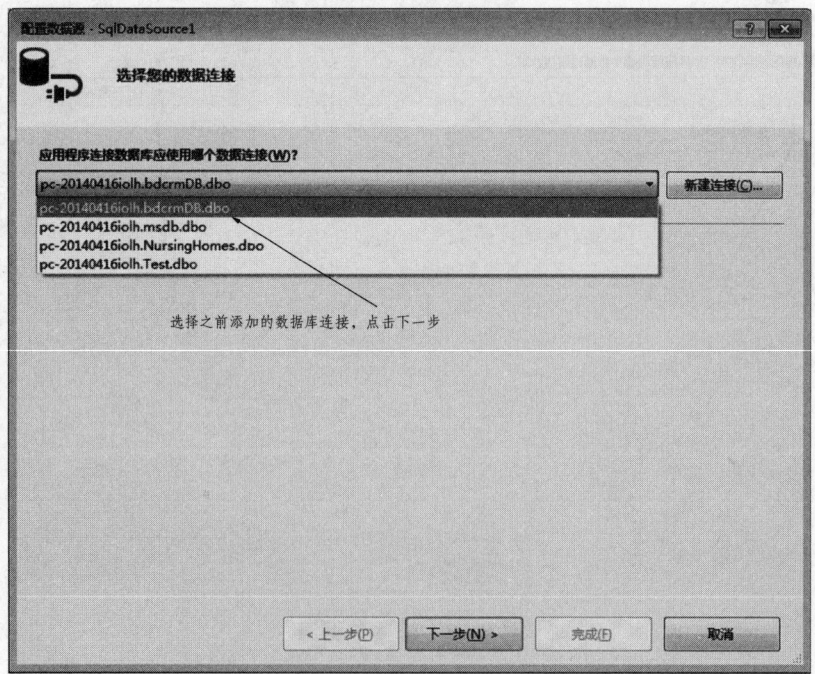

图 8.28 选择数据连接

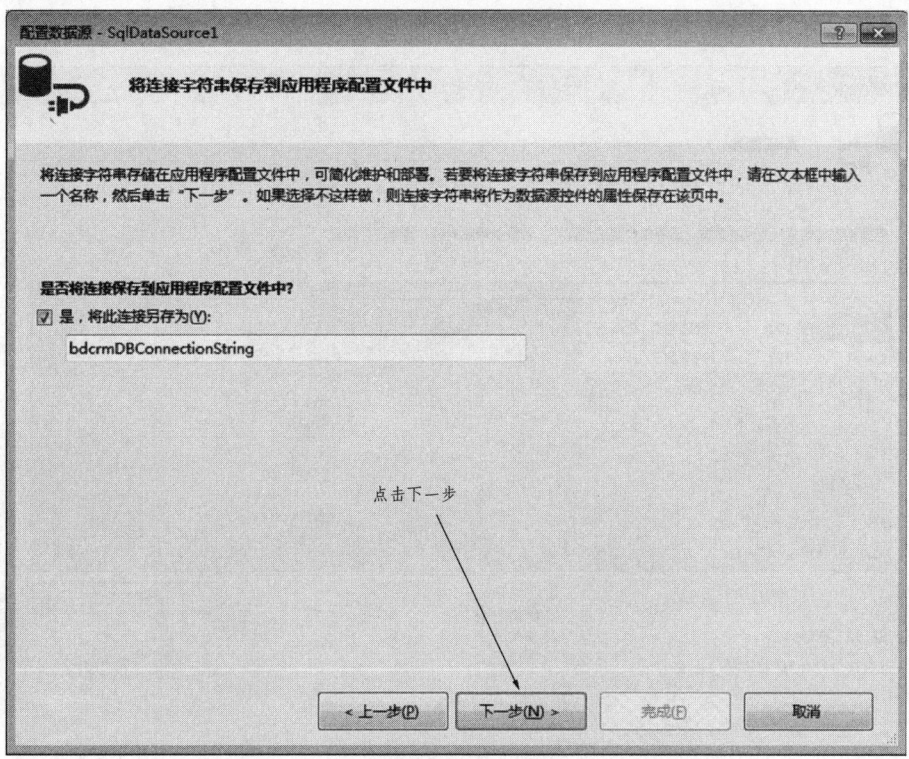

图 8.29 将连接字符串保存到配置文件中

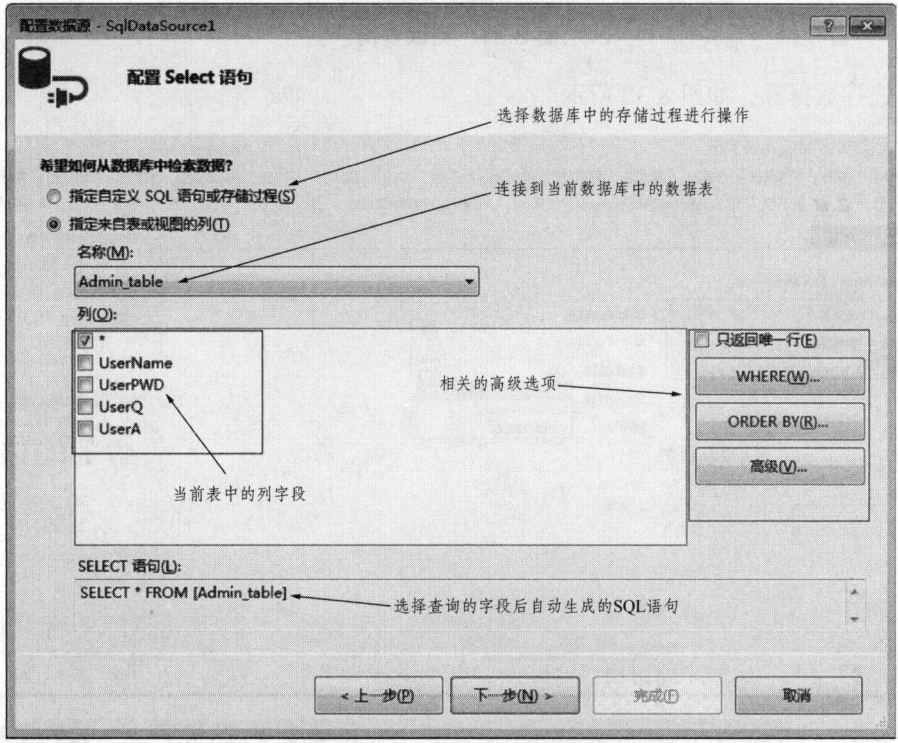

图 8.30 配置 Select 语句

单击【下一步】按钮，进入最后的阶段，如图 8.31 所示。

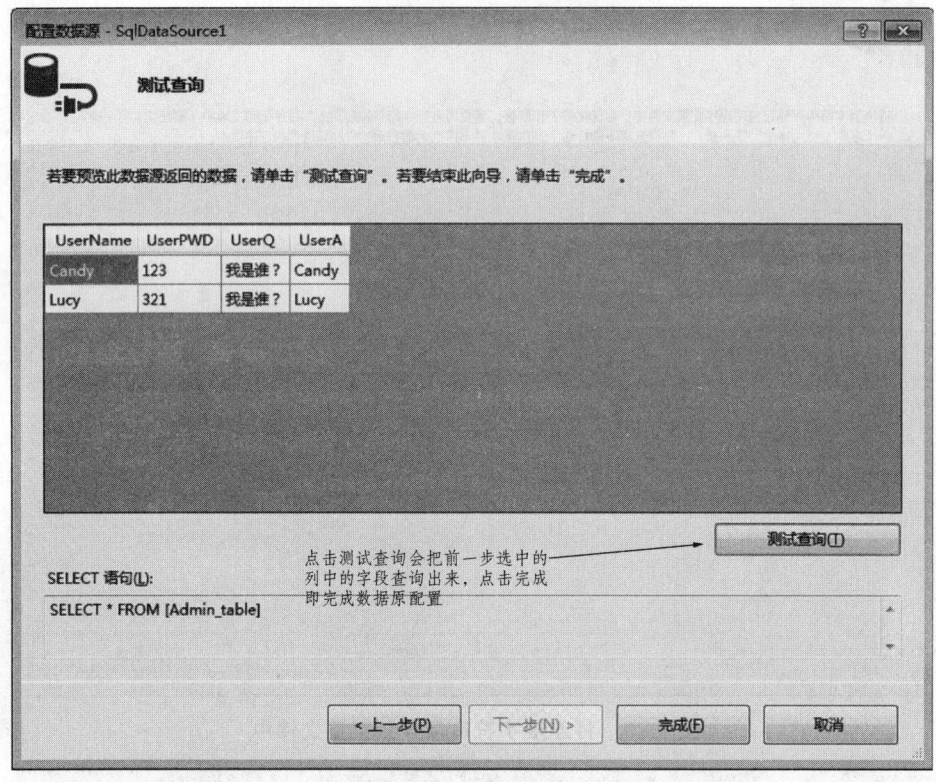

图 8.31 测试查询

（3）选择数据源，如图 8.32 所示。

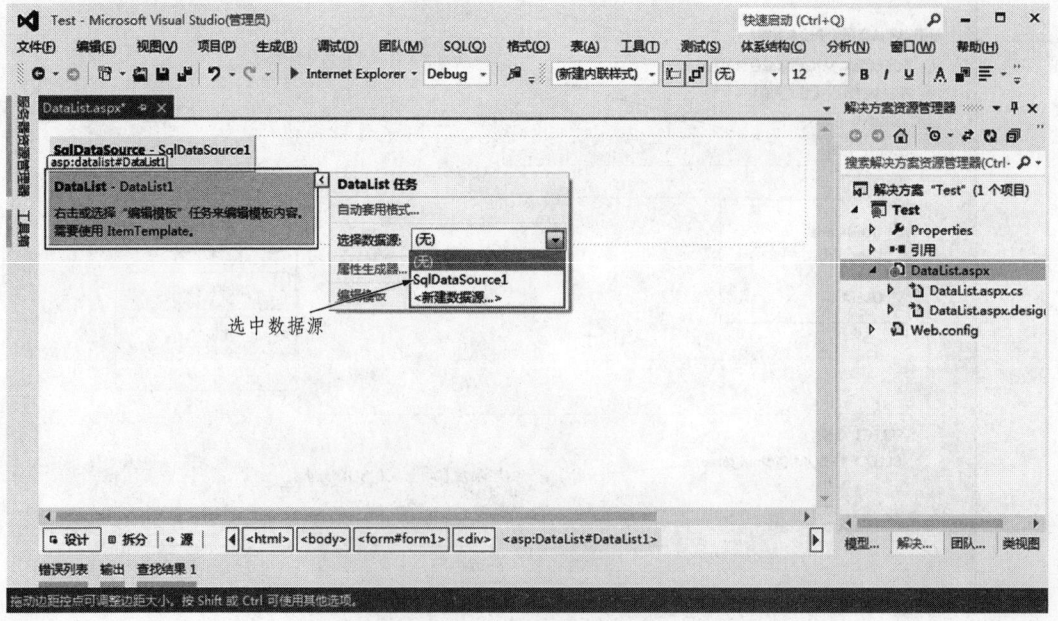

图 8.32 选择数据源

如图 8.32 所示，选择配置好的数据源即可。效果如图 8.33、图 8.34 所示。

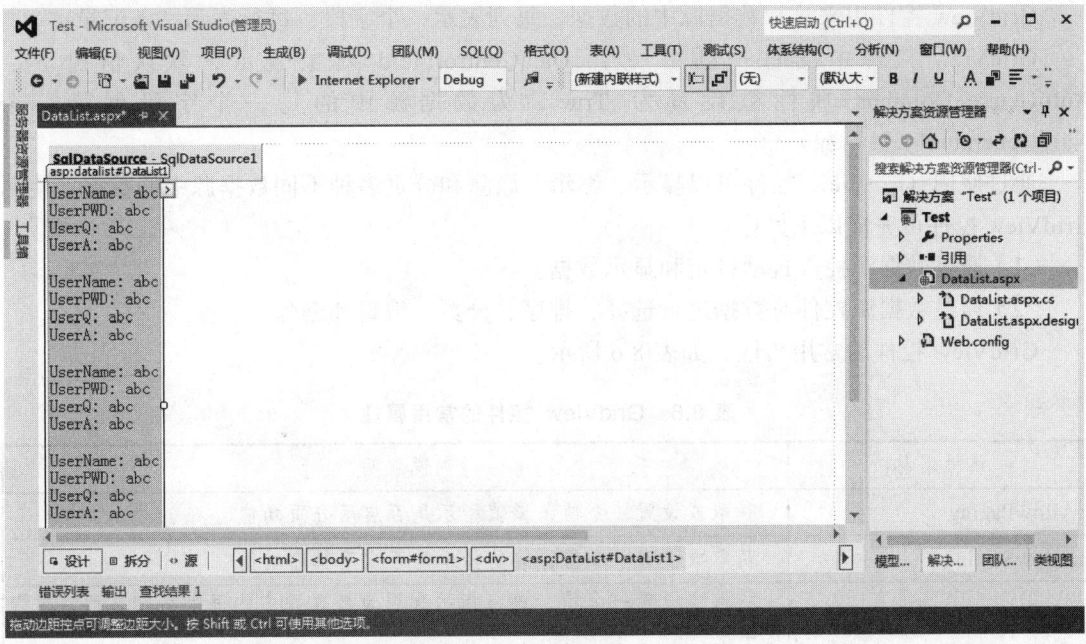

图 8.33　选择配置好的数据源之后的效果

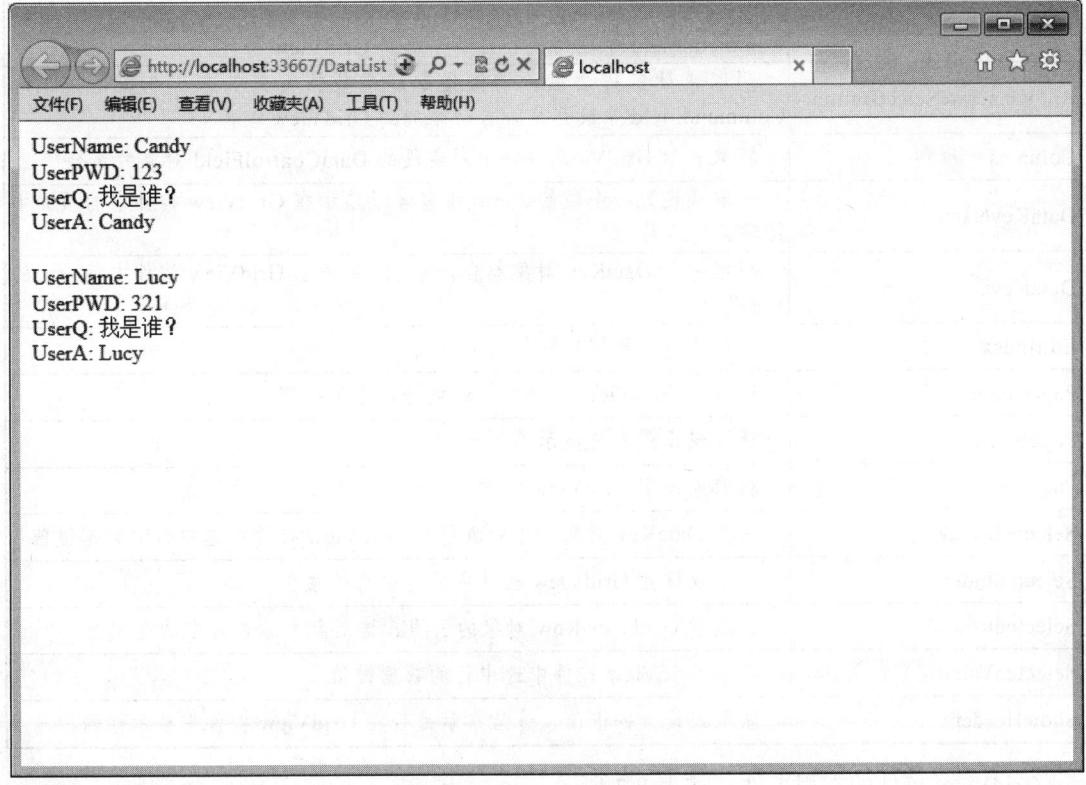

图 8.34　运行之后的效果

2. 用 GridView 控件手动绑定数据

GridView 控件用来显示数据源中的数据，每列表示一个字段，每行表示一条记录。

GridView 控件中的每一列由一个 DataControlField 对象表示，默认情况下，AutoGenrateColumns 属性被设置为 True，为数据源中的每一个字段创建一个 AutoGeneratedField 对象。

通过使用 GridView 控件可以显示、编辑、删除和分页多种不同数据源中的数据。使用 GridView 控件可完成以下操作。

（1）通过数据源控件自动绑定和显示数据。

（2）通过数据源控件对数据进行选择、排序、分页、编辑和删除。

GridView 控件的常用属性，如表 8.6 所示。

表 8.6 GridView 控件的常用属性

属性名称	说 明
AllowPaging	获取或设置一个值，该值指示是否启用分页功能
AllowSorting	获取或设置一个值，该值指示是否启用排序功能
AutoGenerateColumns	获取或设置一个值，该值指示是否为数据源中的每个字段自动创建绑定字段
AutoGenerateDeleteButton	获取或设置一个值，该值指示每个数据行都带有"删除"按钮的 CommandField 字段列是否自动添加到 GridView 控件
AutoGenerateEditButton	获取或设置一个值，该值指示每个数据行都带有"编辑"按钮的 CommandField 字段列是否自动添加到 GridView 控件
AutoGenerateSelectButton	获取或设置一个值，该值指示每个数据行都带有"选择"按钮的 CommandField 字段列是否自动添加到 GridView 控件
Columns	获取表示 GridView 控件中列字段的 DataControlField 对象的集合
DataKeyNames	获取或设置一个数组，该数组包含了显示在 GridView 控件中的项的主键字段的名称
DataKeys	获取一个 DataKey 对象集合，这些对象表示 GridView 控件中每一行的数据键值
EditIndex	获取或设置要编辑的行的索引
PageCount	获取在 GridView 控件中显示数据源记录所需的页数
PageIndex	获取或设置当前显示页的索引
PageSize	获取或设置 GridView 控件在每页上所显示的记录的数目
SelectedDataKey	获取 DataKey 对象，该对象包含 GridView 控件中选中行的数据键值
SelectedIndex	获取或设置 GridView 控件中的选中行的索引
SelectedRow	获取对 GridViewRow 对象的引用，该对象表示控件中的选中行
SelectedValue	获取 GridView 控件中选中行的数据键值
ShowHeader	获取或设置一个值，该值指示是否在 GridView 控件中显示标题行

GridView 控件的常用事件，如表 8.7 所示。

表 8.7 GridView 控件的常用事件

事件名称	说 明
PageIndexChanged	当单击某一页导航按钮时，在 GridView 控件处理分页操作之后发生
PageIndexChanging	当单击某一页导航按钮时，在 GridView 控件处理分页操作之前发生
PreRender	在加载 Control 对象之后，呈现之前发生
RowCancelingEdit	单击编辑模式中某一行的【取消】按钮之后，在该行退出编辑模式之前发生
RowCommand	当单击 GridView 控件中的按钮时发生
RowCreated	在 GridView 控件中创建行时发生
RowDataBound	在 GridView 控件中将数据行绑定到数据时发生
RowDeleting	当单击某一行的【删除】按钮时，在 GridView 控件删除该行之前发生
RowEditing	发生在单击某一行的【编辑】按钮之后，GridView 控件进入编辑模式之前
RowUpdating	发生在单击某一行的【更新】按钮之后，GridView 控件对该行进行更新之前
SelectedIndexChanging	发生在单击某一行的【选择】按钮之后，GridView 控件对相应的选择操作进行处理之前
Sorting	当单击用于列排序的超链接时，在 GridView 控件对相应的排序操作进行处理之前发生

【实例 8-3】 上面讲了一个 DataList 控件的数据绑定，下面我们来讲一下 GridView 控件的数据绑定，还是不写任何代码来实现数据的查询、删除或修改。

【解题思路】

利用控件的数据源配置进行手动操作，实现控件对数据库数据的绑定。

【实现步骤】

（1）为 DataSource_hand 配置数据源，如图 8.35 和图 8.36 所示。

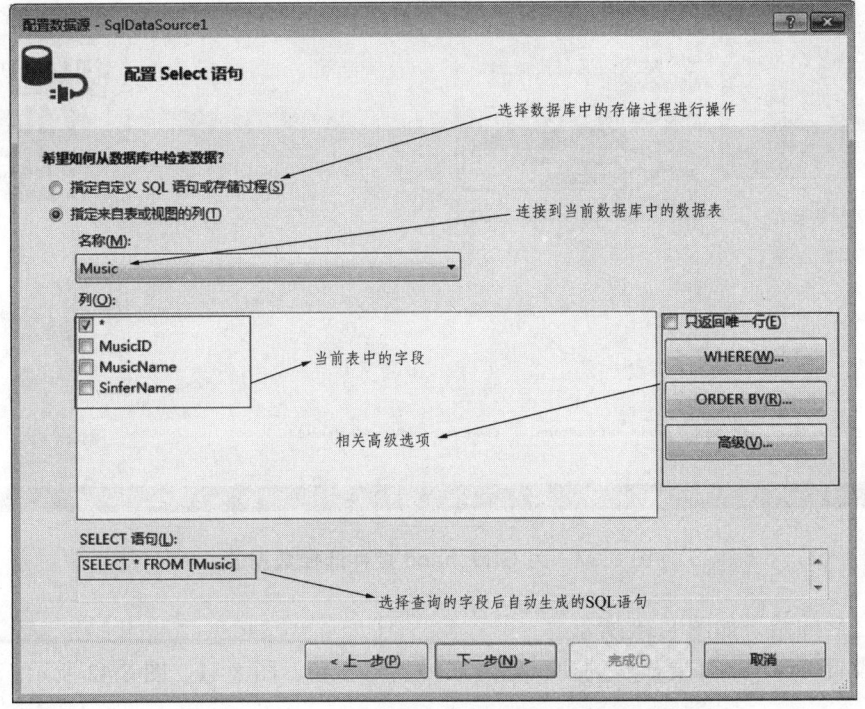

图 8.35　为 DataSource_hand 配置数据源

图 8.36 勾选高级 SQL 生成选项

单击【确定】按钮,接着单击【下一步】按钮,最后单击【完成】按钮即可。

(2)为 Grid_hand 控件选择数据源,效果如图 8.37 所示。

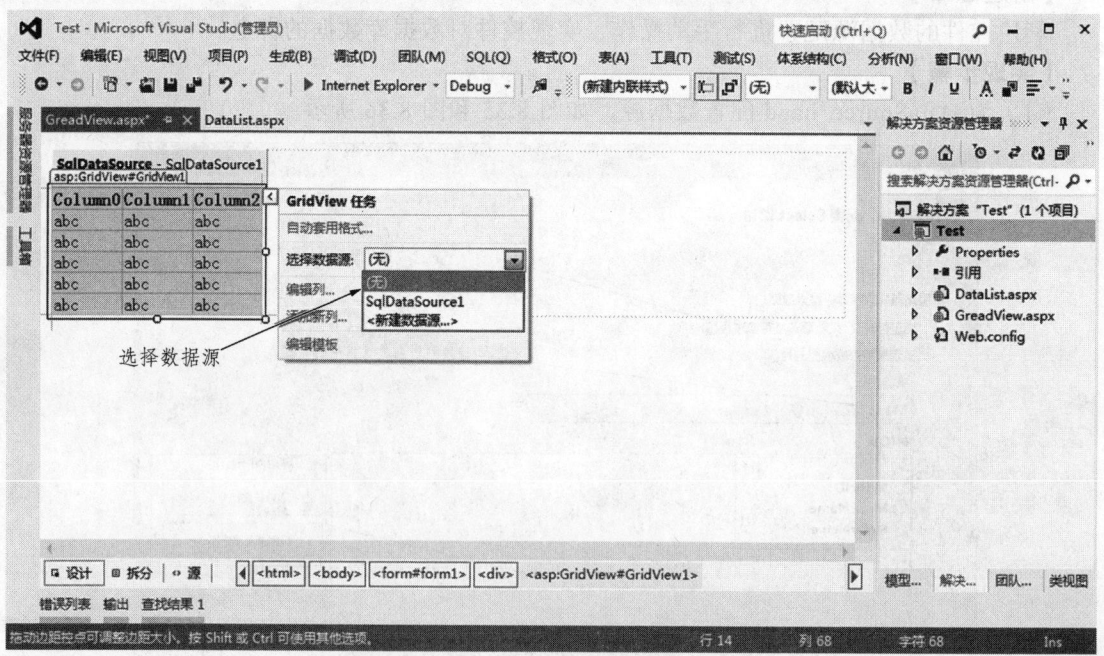

图 8.37 为 Grid_hand 控件选择数据源

运行之后的结果如图 8.38 所示。

(3)设置 Grid_hand 要显示的列,如图 8.39、图 8.40、图 8.41、图 8.42 所示。

第 8 章 数据库技术

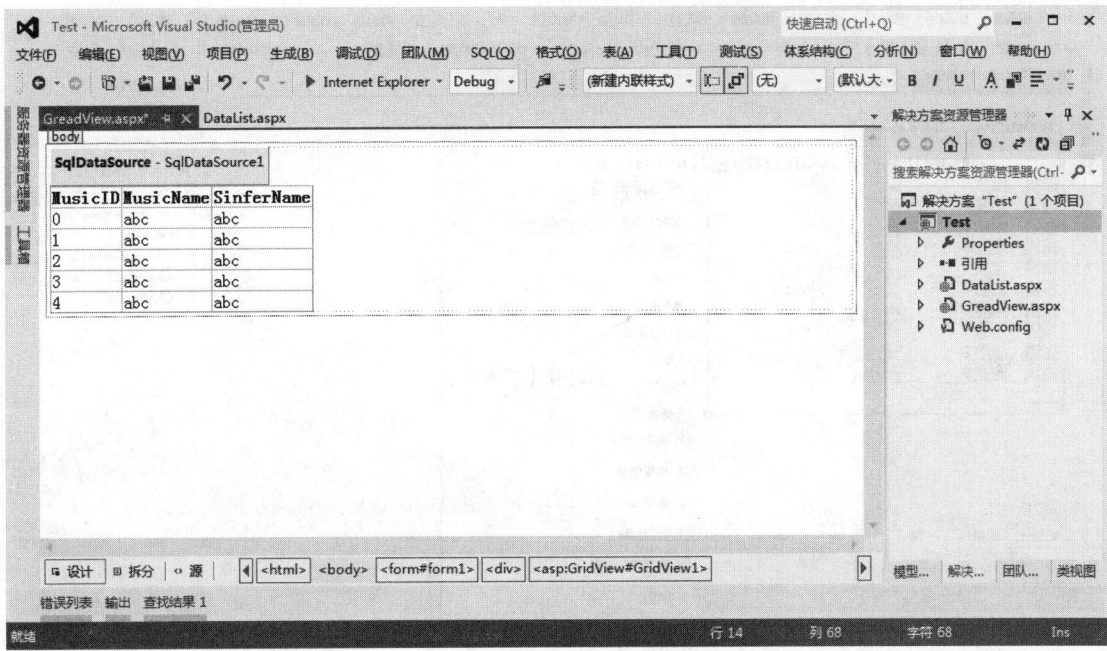

图 8.38 运行之后的结果

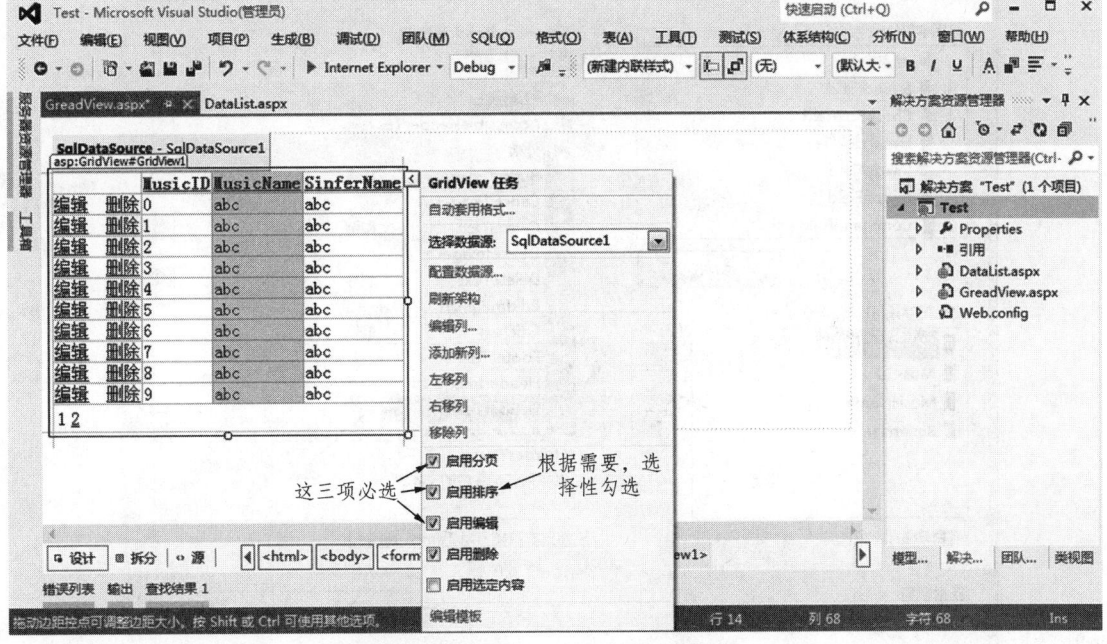

图 8.39 设置 Grid_hand 要显示的列

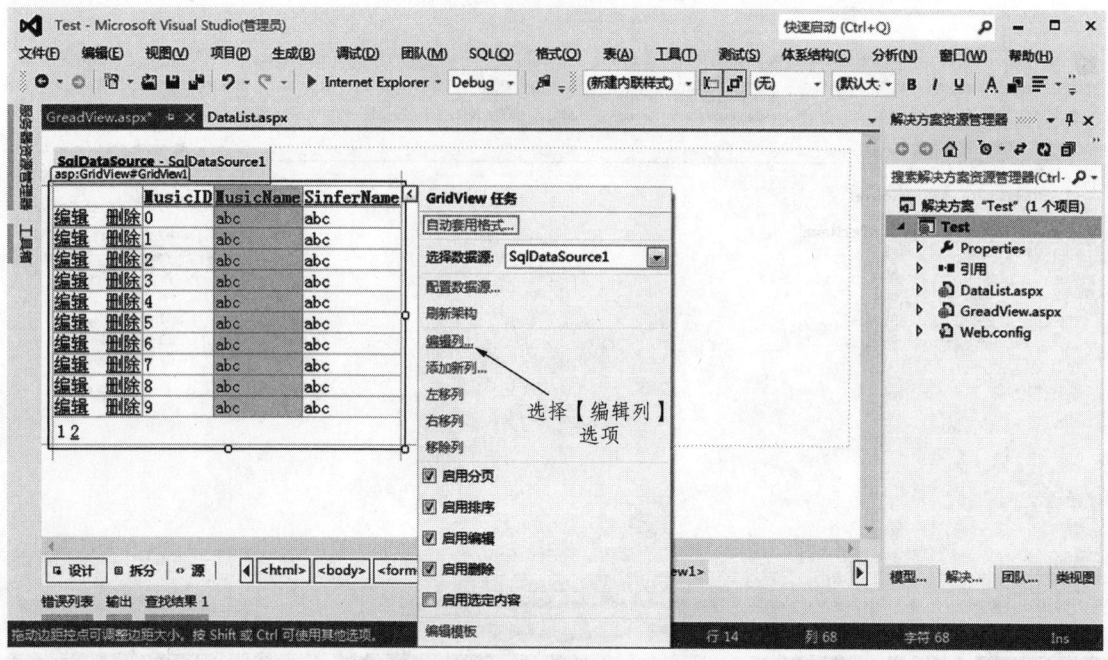

图 8.40 选择"编辑列"选项

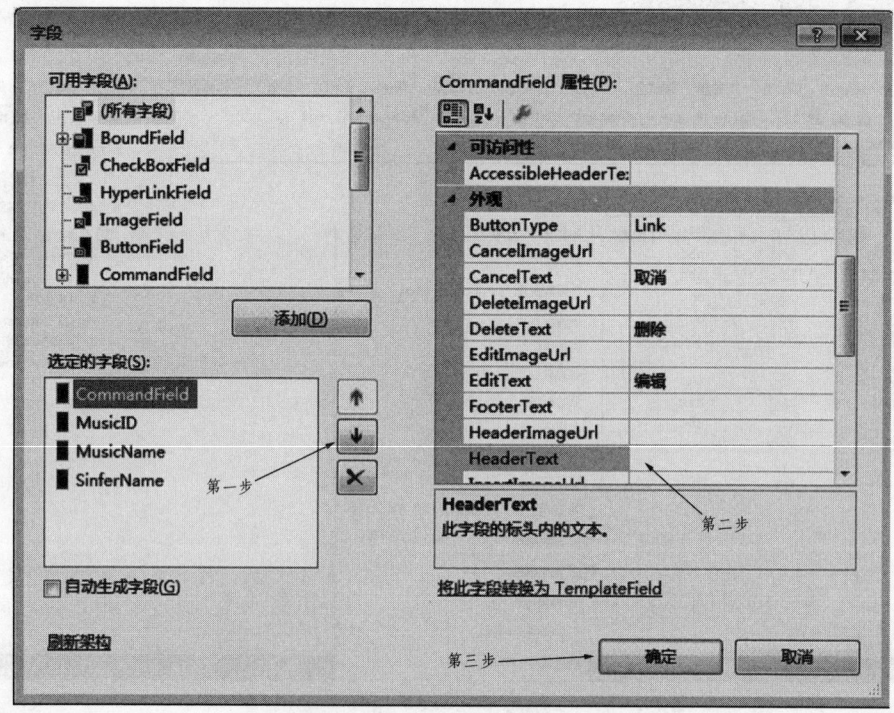

图 8.41 设置编辑列选项

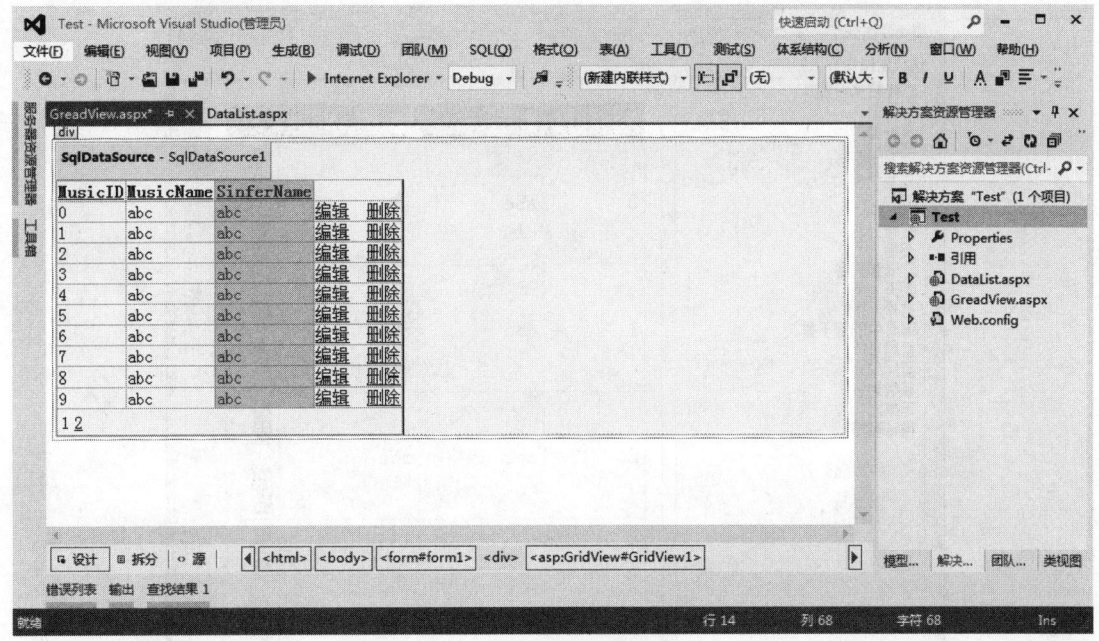

图 8.42 返回设计界面

说明：

第 1 步是选择当前的某一列，单击"向上"或"向下"的箭头调整当前列的位置，单击 X 按钮可以删除当前的列。

第 2 步为设置当前列的列头。

第 3 步单击【确定】按钮完成操作。

（4）套用 GridView 控件的外观样式，如图 8.43、图 8.44 所示。

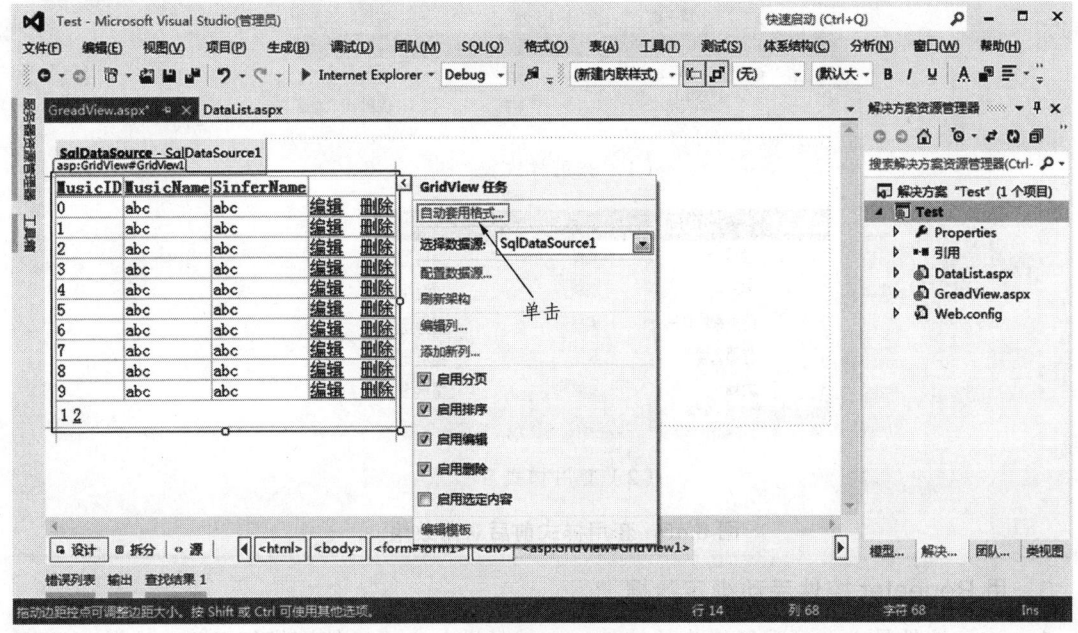

图 8.43 套用 GridView 控件的外观样式

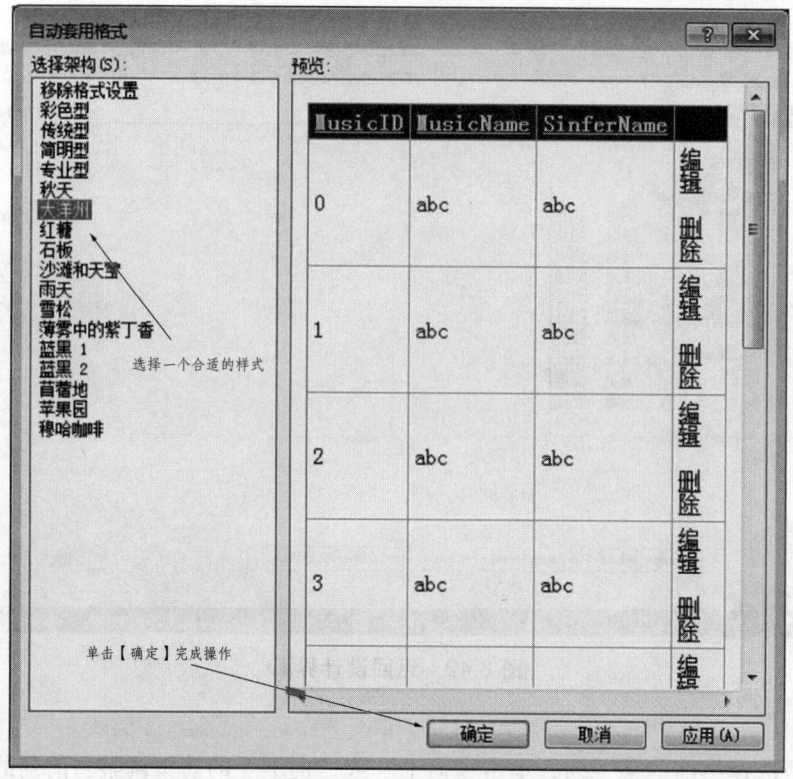

图 8.44 选择样式

套用样式前后对比效果如图 8.45 所示。

（1）套用样式前

（2）套用样式后

图 8.45 套用样式前后对比效果

3. 用 Repeater 控件手动绑定数据

Repeater 控件是一个可重复操作的控件，也就是说，它通过使用模板显示一个数据源的内容，而用户可以很容易地配置这些模板。Repeater 包含如标题和页脚这样的数据，它可以遍历所有的数据选项并应用到模板中。

与 DataGrid 和 DataList 控件不同，Repeater 控件并不是由 WebControl 类派生而来。因此，它不包含一些通用的格式属性，如控制文字、颜色等。然而，使用 Repeater 控件，HTML（或一个样式表）或 ASP.NET 类可以处理一些通用的格式属性。

Repeater 控件常用属性，如表 8.8 所示。

表 8.8 Repeater 控件常用属性

属性名称	说明
AlternatingItemTemplate	获取或设置 DataList 中交替项的模板
DataMember	获取或设置 DataSource 属性要绑定到控件的特定表
DataSource	获取或设置源，该源包含用于填充控件中的项的值列表
DataSourceID	获取或设置数据源控件的 ID 属性，Repeater 控件使用数据源控件的 ID 属性检索其数据源
EnableTheming	获取或设置一个值，该值指示主题是否应用此控件
FooterTemplate	定义如何显示 Repeater 控件的注脚部分
HeaderTemplate	定义如何显示 Repeater 控件的标头部分
ID	获取或设置分配给服务器控件的编程标识符
Items	获取 Repeater 中 RepeaterItem 对象的集合
ItemTemplate	定义如何显示 Repeater 控件中的项
SkinID	获取或设置要应用于控件的外观
Visible	获取或设置一个值，该值指示服务器控件是否可见

【实例 8-4】上面讲了一个 GridView 控件的数据绑定，下面我们来讲一下 Repeater 控件的数据绑定，还是不写任何代码来实现数据的查询、删除、修改、分页。

【解题思路】

Repeater 控件完全由模板驱动，提供了最大的灵活性，可以任意设置它的输出格式。DataList 控件也由模板驱动，和 Repeater 不同的是，DataList 默认输出是 HTML 表格，DataList 将数据源中的记录输出为 HTML 表格中一个个的单元格。

【实现步骤】

（1）新建一个 Repeater.aspx 文件，将 Repeater 控件嵌入到 Table 表格中，使用 HeaderTheming 定义标头部分，使用 ItemTemplate 显示数据，使用 FooterTemplate 定义脚注部分，如图 8.46 所示。

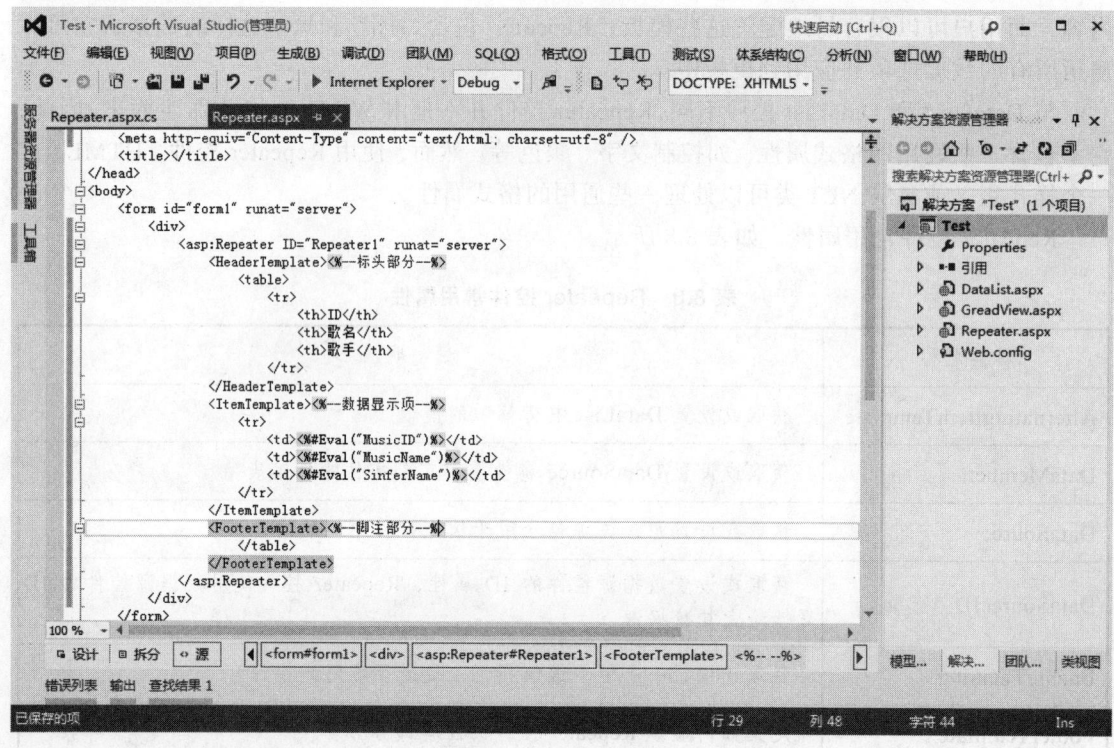

图 8.46 将 Repeater 控件嵌入 Table 中

（2）在 Repeater.aspx.cs 文件中设置数据源，如图 8.47 所示。

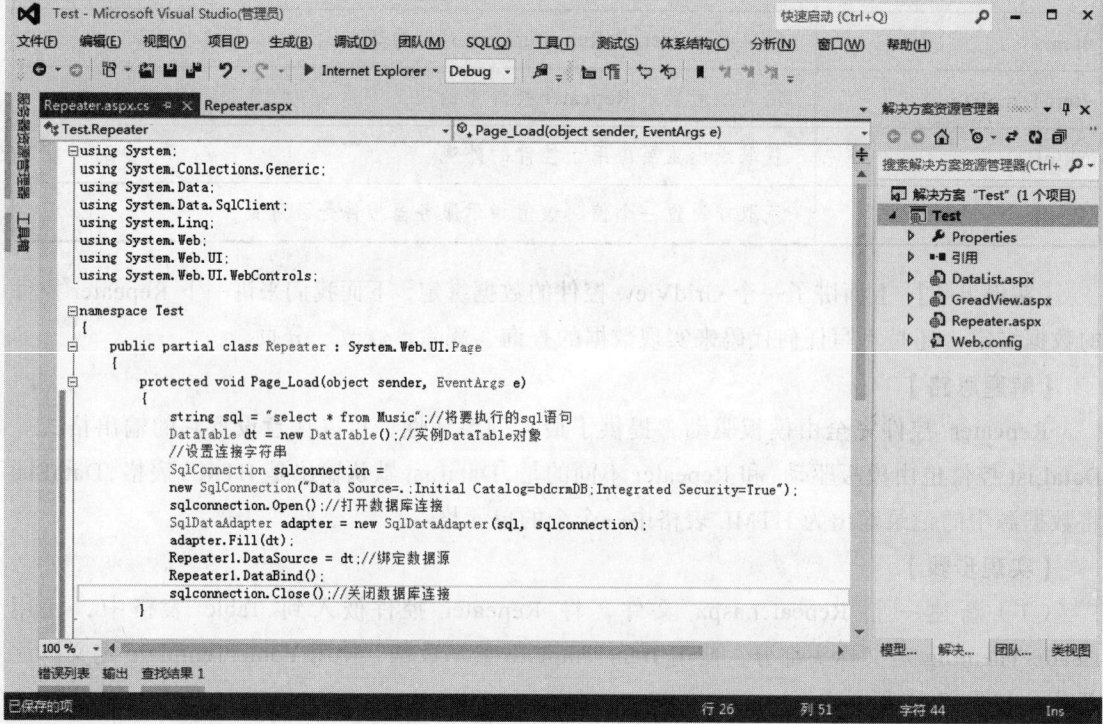

图 8.47 设置 Repeater 的数据源

运行后的页面如图 8.48 所示。若需要样式，可以直接用 css 写成所需样式到 table 即可。

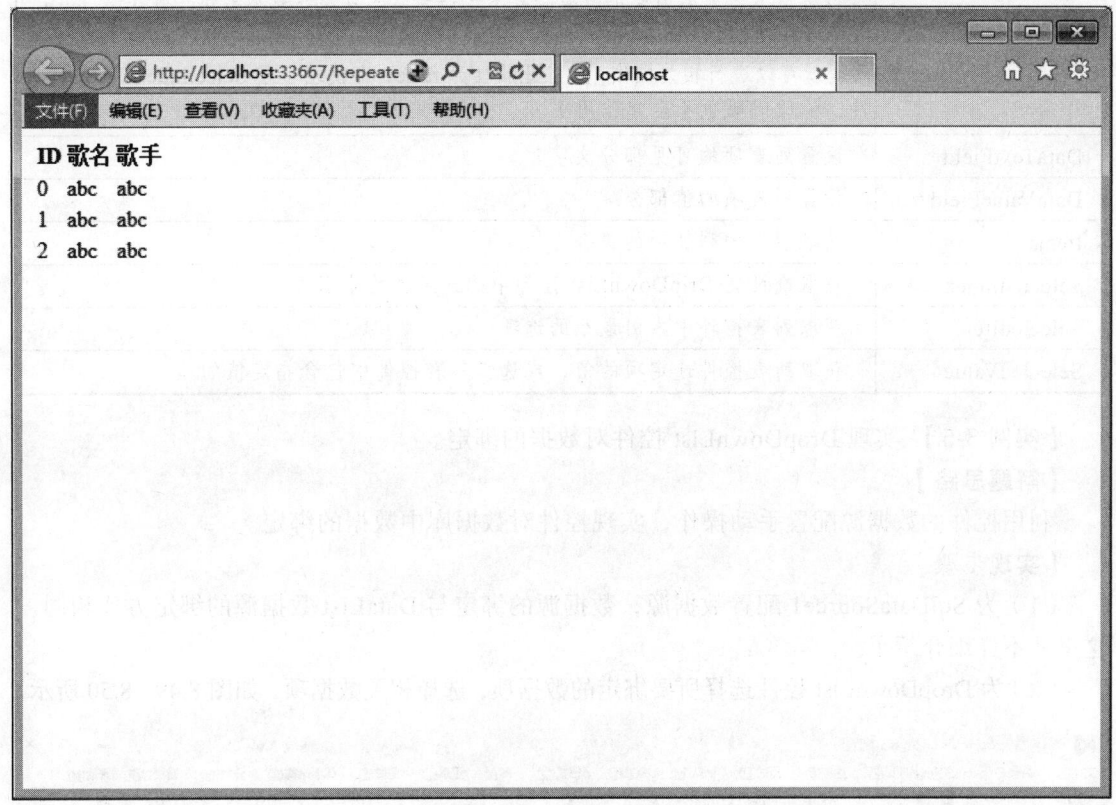

图 8.48 运行后的页面

8.4.2 将数据绑定到 DropDownList、ListBox、CheckBoxList

这里将用到 Music 表，如表 8.9 所示。

表 8.9 Music 表

字段名	数据类型	数据长度	主键	是否为空
MusicID	Int	4	是	否
MusicName	Varchar	50	否	否
SinferName	Varchar	50	否	否

1. 用 DropDownList 控件进行数据绑定

DropDownList 控件是一个相对比较简单的数据绑定控件，它在客户端被解释成像 <select></select> 这样的 HTML 标记，也就是只能有一个选项处于选中状态。

DropDownList 控件常用属性，如表 8.10 所示。

表 8.10 DropDownList 控件常用属性

属性名称	说明
AutoPostBack	设置当下拉列表项发生改变时是否主动向服务器提交整个表单，默认是 false，即不主动提交。如果设置为 True，就可以编写它的 SelectIndexChanged 事件，处理代码就可以进行相关操作（注：此属性为 false，即使编写了 SelectIndexChanged 事件，处理代码也不会起作用）
DataTextField	设置列表项的可见部分文字
DataValueField	设置列表项的值部分
Items	获取控件的列表项的集合
SelectedIndex	获取或设置 DripDownList 控件中的选定项的索引
SelectedItem	获取列表控件中索引最小的选项
SelectedValue	获取列表控件选定项的值，或选择列表控件中包含指定值的项

【实例 8-5】 实现 DropDownList 控件对数据的绑定。

【解题思路】

利用控件的数据源配置手动操作，实现控件对数据库中数据的绑定。

【实现步骤】

（1）为 SqlDataSource1 配置数据源，数据源的绑定与 DataList 数据源的绑定方式相同，这里就不详细介绍了。

（2）为 DropDownList 控件选择所要绑定的数据项，选择相关数据项，如图 8.49、8.50 所示。

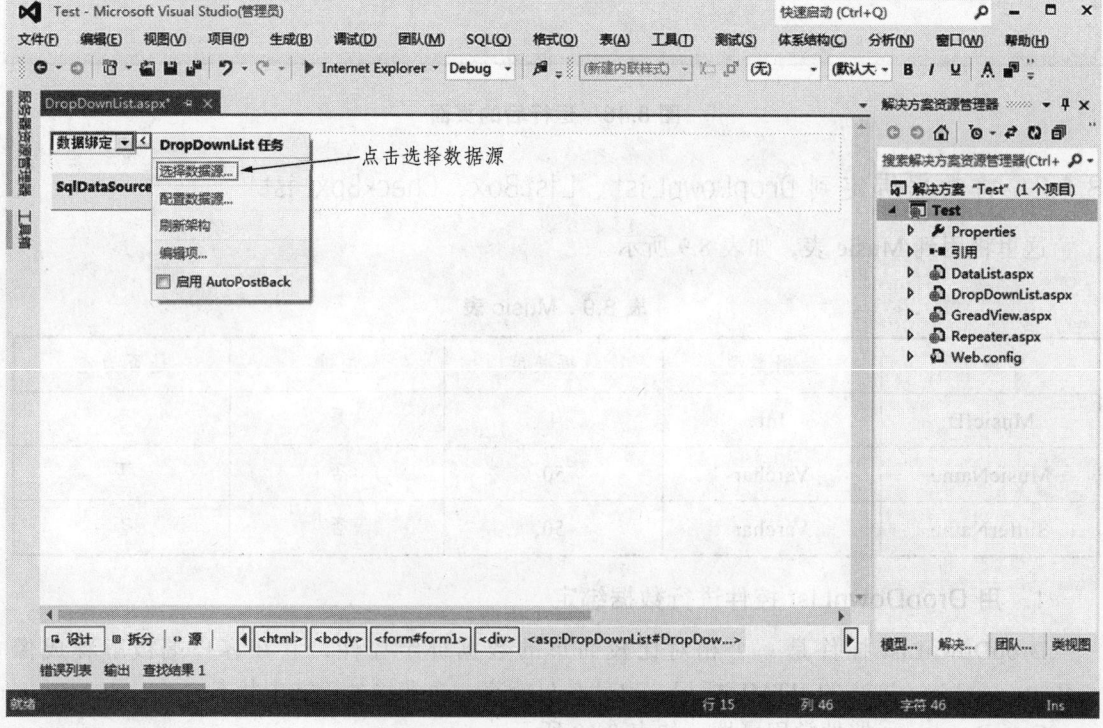

图 8.49 选择数据源

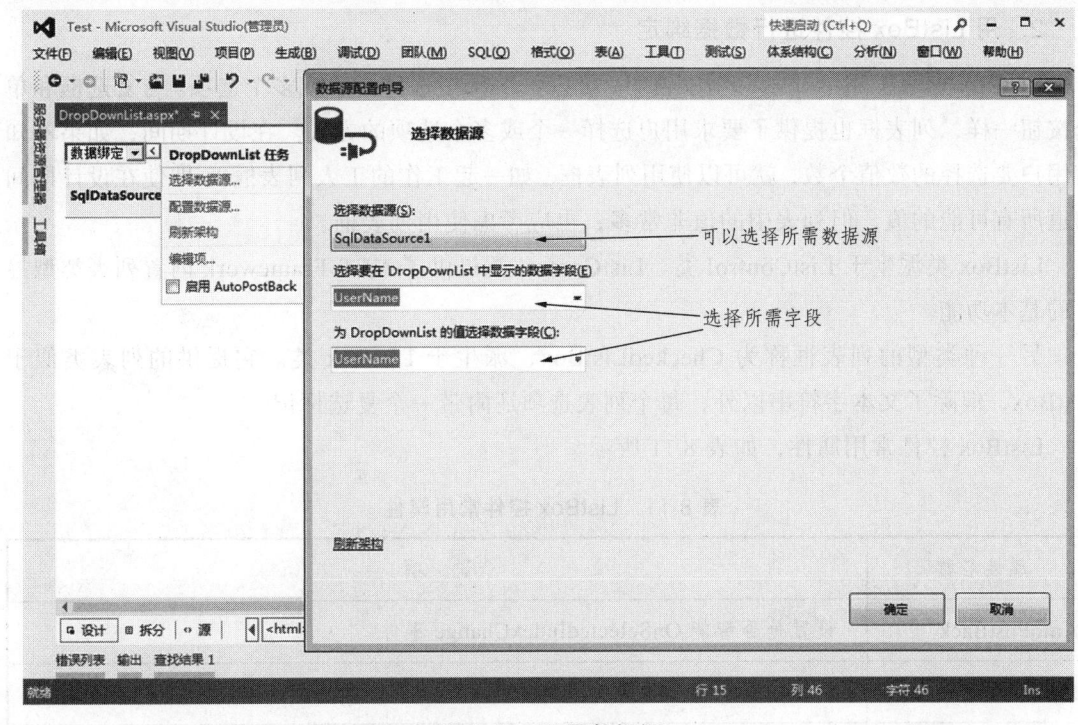

图 8.50　配置数据源

单击【确定】按钮，运行后的页面如图 8.51 所示。

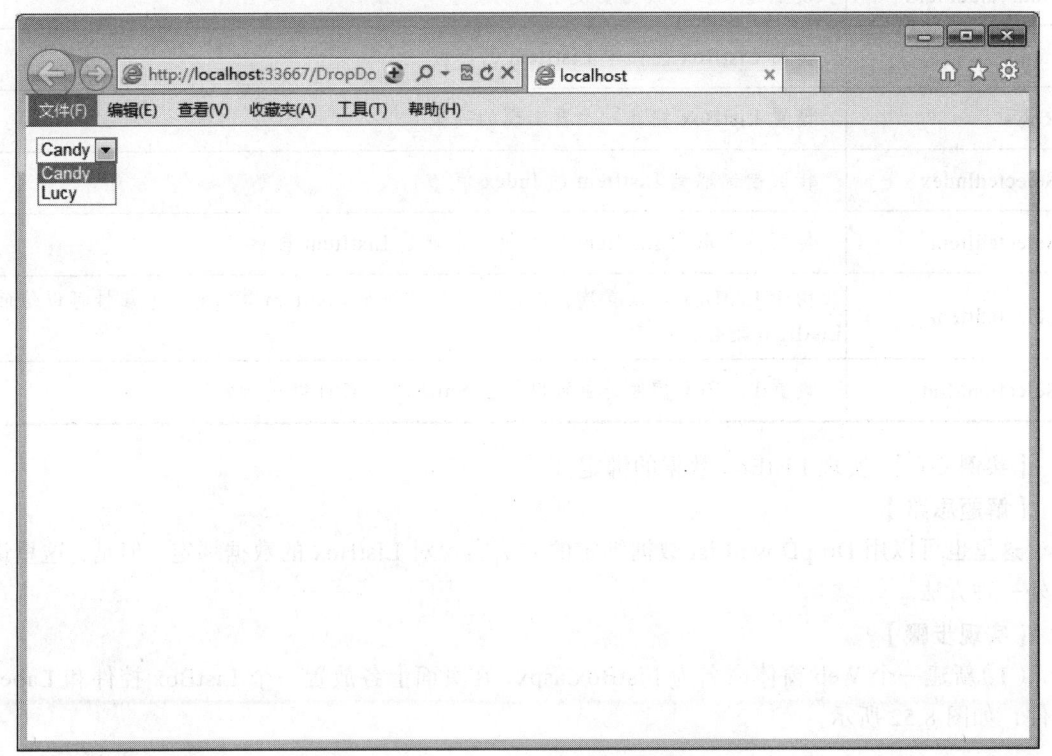

图 8.51　运行后的页面效果

2. 用 ListBox 控件进行数据绑定

ListBox 列表框用于显示一组字符串,可以一次从中选择一个或多个选项。与复选框和单选按钮一样,列表框也提供了要求用户选择一个或多个选项的方式。在设计期间,如果不知道用户要选择的数值个数,就可以使用列表框(如一起工作的工人列表框)。即使在设计期间知道所有可能的值,但列表中的值非常多,也应考虑使用列表框。

ListBox 类派生于 ListControl 类。ListControl 类提供了 .NET Framework 内置列表类型控件的基本功能。

另一种类型的列表框称为 CheckedListBox,派生于 ListBox 类。它提供的列表类似于 ListBox,但除了文本字符串以外,每个列表选项还附带一个复选标记。

ListBox 控件常用属性,如表 8.11 所示。

表 8.11 ListBox 控件常用属性

属性名称	说明
AutoPostBack	设置是否智能 OnSelectedIndexChange 事件
DataSource	设置数据绑定所要使用的数据源
DataTextField	设置数据绑定所要显示的字段
DataValueField	设置选项相关数据要使用的字段
Items	传回 ListBox 控件中 ListItem 的参数
Rows	设置 ListBox 控件一次要实现的列数
SelectedIndex	传回被选取到 ListItem 的 Index 值
SelectedItem	传回被选取到 ListItem 的参数,也就是 ListItem 自身
SelectedItem	由于 ListBox 可以复选,被选取的项被加入 ListItem 集合中,本属性可以传回 ListItem 集合,只读
SelectionMode	设置 ListBox 控件是否可以按住 Shift 键或 Ctrl 键进行复选

【实例 8-6】 实现 ListBox 数据的绑定。

【解题思路】
这里也可以用 DropDownList 数据绑定的方法实现对 ListBox 的数据绑定,但是,这里讲另外一种方法。

【实现步骤】
(1)新建一个 Web 窗体命名为 ListBox.aspx,在页面上各放置一个 ListBox 控件和 Label 控件,如图 8.52 所示。

第 8 章 数据库技术

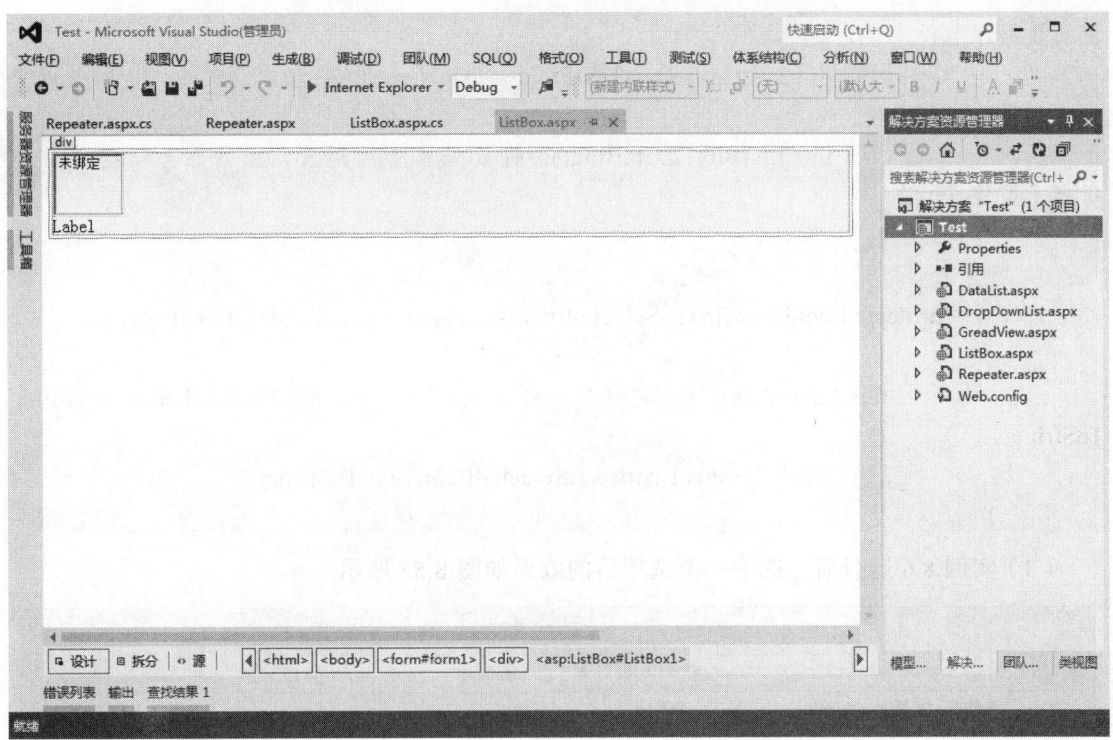

图 8.52 放置 ListBox 控件和 Label 控件

（2）添加 ListBox 控件的 SelectedIndexChanged 事件，设置属性 AutoPostBack 为 True，在 ListBox.aspx.cs 文件中添加数据源，进行 ListBox 数据绑定，代码如下。

```
protected void Page_Load(object sender, EventArgs e)
    {
        if (!IsPostBack)
        {
            DataSet ds = new DataSet();//DataSet 需要解析一下。创建一个数据集
            ds.Tables.Add("stu");
            ds.Tables["stu"].Columns.Add("stuNo", typeof(int));
            ds.Tables["stu"].Columns.Add("stuName", typeof(string));
            ds.Tables["stu"].Rows.Add(new object[] { 1, "小 A" });
            ds.Tables["stu"].Rows.Add(new object[] { 2, "小 B" });
            ds.Tables["stu"].Rows.Add(new object[] { 3, "小 C" });
            ds.Tables["stu"].Rows.Add(new object[] { 4, "小 D" });
            ds.Tables["stu"].Rows.Add(new object[] { 5, "小 E" });
            ds.Tables["stu"].Rows.Add(new object[] { 6, "小 F" });
            //绑定数据到 ListBox 控件
            this.ListBox1.DataSource = ds.Tables["stu"];//获取或设置对象，数据绑定控件从该对象中检索其数据项列表。
            this.ListBox1.DataValueField = "stuNo";//获取或设置为各列表项提供
```

值的数据源字段。
　　　　　　　　　this.ListBox1.DataTextField = "stuName";//获取或设置为列表项提供文本内容的数据源字段。
　　　　　　　　　this.ListBox1.DataBind();//将数据源绑定到被调用的服务器控件及其所有子控件。
　　　　　　　}
　　　　　}
　　　　　protected void ListBox1_SelectedIndexChanged(object sender, EventArgs e)
　　　　　{
　　　　　　　this.Label1.Text = "你选择的学生是:学号:" + this.ListBox1.SelectedValue.ToString() +
　　　　　　　"姓名" + this.ListBox1.SelectedItem.Text.ToString();
　　　　　}

（3）实例 8.6 运行后，选中一个选项后的效果如图 8.53 所示。

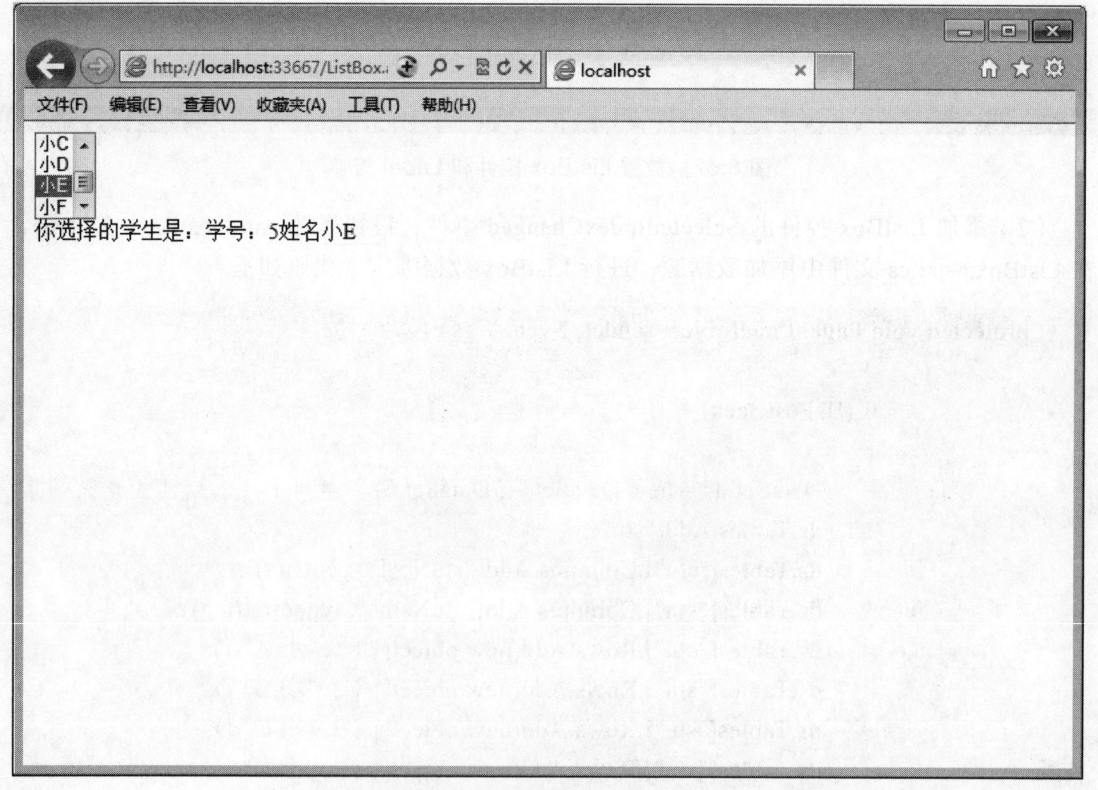

图 8.53　实例 8-6 运行效果图

3. 用 CheckBoxList 控件进行数据绑定

CheckBoxList 控件用来建立一个多选的复选框组，CheckBoxList 控件中的每个可选项由一个 ListItem 元素来定义，此控件支持数据绑定。CheckBoxList 控件常用属性，如表 8.12 所示。

表 8.12　CheckBoxList 控件常用属性

属性名称	说　明
AutoPostBack	设置是否智能 OnSelectedIndexChange 事件
DataSource	设置数据绑定所要使用的数据源
DataTextField	设置数据绑定所要显示的字段
DataValueField	设置选项相关数据要使用的字段
Items	设置复选框中各个选项的集合
RepeatDirection	指定 CheckBoxList 控件的显示方向
RepeatColumn	指定 CheckBoxList 控件中显示选项占用几列
RepeatLayout	设置选项的排列方式

【实例 8-7】　实现 CheckBoxList 控件对数据的绑定。

【解题思路】

这里也可以用 DropDownList 数据绑定的方法实现对 CheckBoxList 控件的数据绑定，但是这里讲另外一种方法，该方法和上面的 ListBox 的方法相同。

【实现步骤】

（1）新建一个 Web 窗体命名为 CheckBoxList.aspx，在页面上放置一个 CheckBoxList 控件和一个 Label 控件，如图 8.54 所示。

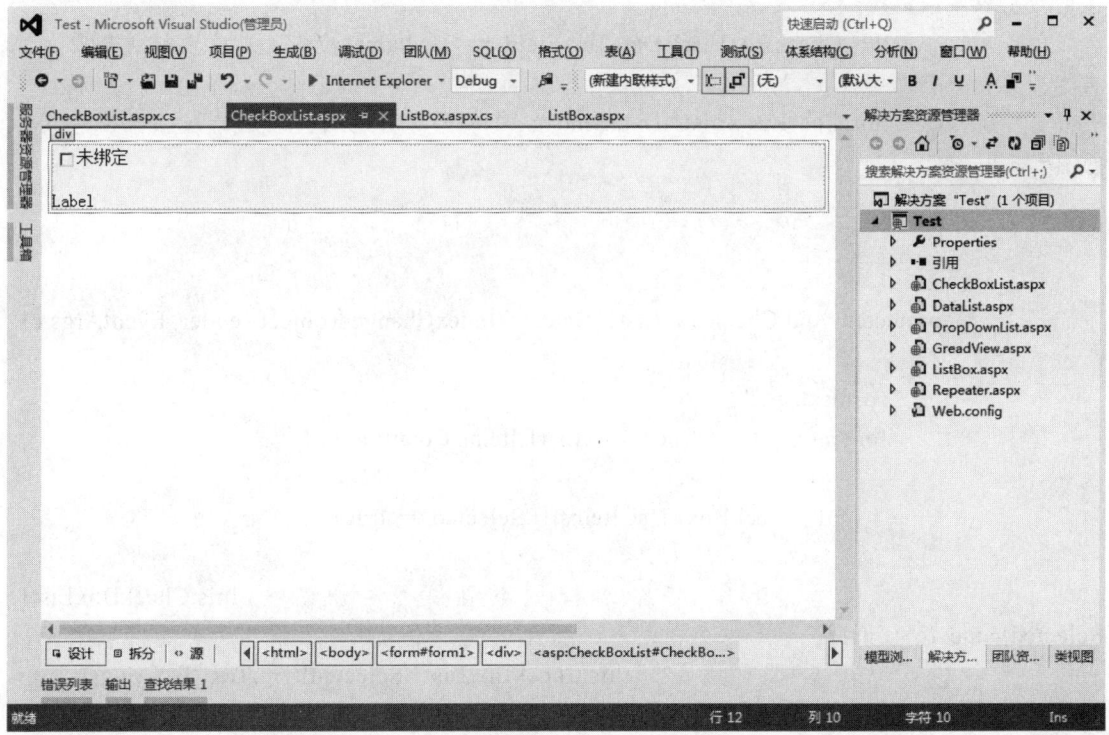

图 8.54　放置 CheckBoxList 控件和 Label 控件

（2）添加 CheckBoxList 控件的 SelectedIndexChanged 事件，设置属性 AutoPostBack 为 True，在 CheckBoxLis.aspx.cs 文件中添加数据源，进行 CheckBoxLis 数据绑定，代码如下。

```csharp
protected void Page_Load(object sender, EventArgs e)
{
    if(!IsPostBack)
    {
        DataSet ds = new DataSet();//DataSet 需要解析一下。创建一个数据集。
        ds.Tables.Add("stu");
        ds.Tables["stu"].Columns.Add("stuNo", typeof(int));
        ds.Tables["stu"].Columns.Add("stuName", typeof(string));
        ds.Tables["stu"].Rows.Add(new object[] { 1, "小 A" });
        ds.Tables["stu"].Rows.Add(new object[] { 2, "小 B" });
        ds.Tables["stu"].Rows.Add(new object[] { 3, "小 C" });
        ds.Tables["stu"].Rows.Add(new object[] { 4, "小 D" });
        ds.Tables["stu"].Rows.Add(new object[] { 5, "小 E" });
        ds.Tables["stu"].Rows.Add(new object[] { 6, "小 F" });
        //绑定数据到 ListBox 控件
        this.CheckBoxList1.DataSource = ds.Tables["stu"];//获取或设置对象,数据绑定控件从该对象中检索其数据项列表。
        this.CheckBoxList1.DataValueField = "stuNo";//获取或设置为各列表项提供值的数据源字段。
        this.CheckBoxList1.DataTextField = "stuName";//获取或设置为列表项提供文本内容的数据源字段。
        this.CheckBoxList1.DataBind();//将数据源绑定到被调用的服务器控件及其所有子控件。
    }
}

protected void CheckBoxList1_SelectedIndexChanged(object sender, EventArgs e)
{
    string str = "";
    for (int i = 0; i < CheckBoxList1.Items.Count; i++)
    {
        if (CheckBoxList1.Items[i].Selected == true)
        {
            str += " 你选择的学生是:学号:" + this.CheckBoxList1.SelectedValue.ToString() +
                "姓名" + this.CheckBoxList1.SelectedItem.Text.ToString();
        }
    }
    Label1.Text = str;
}
```

（3）实例 8-7 运行后，选中一个选项后的效果如图 8.55 所示。

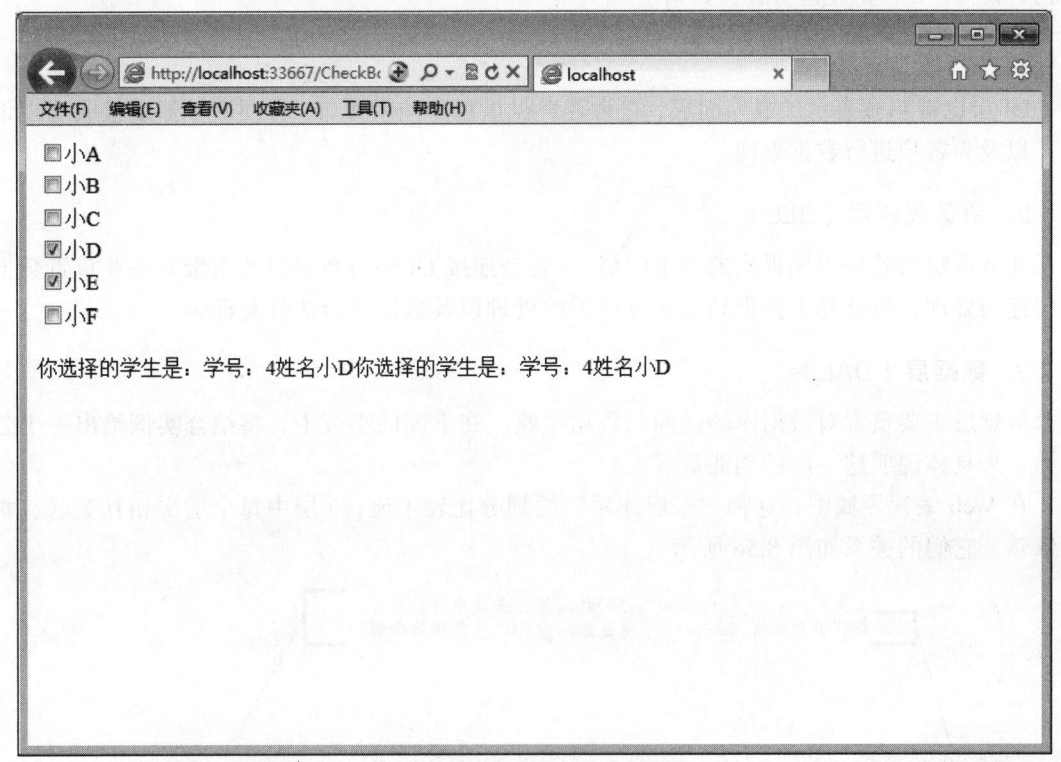

图 8.55　实例 8-7 运行效果图

【分析】

数据的手动绑定并非就是不需要代码就能完成绑定，微软公司提供的 Visual Studio 开发工具为程序员减少了很多的麻烦。在利用工具进行手动绑定数据的过程中，实际上 Visual Studio 已经逐步自动生成了相应的代码来实现数据的绑定，绑定代码在 aspx 页面的"源"视图中可以看到，这里就不再详述了！

 工程师提示

手动绑定数据的缺点是一旦与数据库连接就会直到程序结束后才能断开并且要对数据进行操作，数据表必须有主键字段，因此，在以后的编程中读者都可以不采用手动绑定。

8.5　简单的"多层体系"结构应用

8.5.1　"多层体系"的概念

"三层体系"结构是当前 Web 编程领域中的热门技术，那么什么是"三层体系"结构呢？"三层体系"结构，就是在传统的"二层体系"结构中新加入了一个"中间层"，开发人员会把数据访问、业务逻辑以及数据的合法性验证放在该层上。这样就形成了"三层体系"结构，即 UI 层、业务逻辑层、数据层。

1. UI 层

UI 层也被叫做表示层或界面层，它为客户提供程序访问接口，方便服务器端接收客户请求，以及为客户进行数据返回。

2. 业务逻辑层（BLL）

业务逻辑层就是上面提到的"中间层"，它是连接 UI 层与数据层的纽带，主要负责数据的传递与处理，也就是上面提到的业务逻辑的处理以及数据的合法性验证等。

3. 数据层（DAL）

数据层主要负责对数据库的访问与数据接收。在下面的小节中，将结合实例给出一个公共类，来具体说明这一层的功能。

在 Web 编程领域中，这种"三层体系"的划分比较主流，3 层中每个层次相互关联、相互依赖。它们的关系如图 8.56 所示。

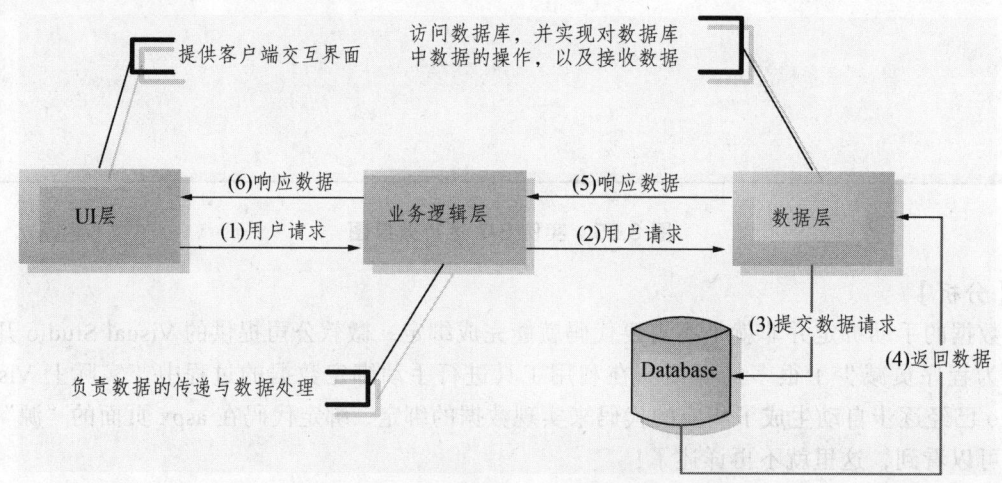

图 8.56 "三层体系"中层与层的依赖关系

图 8.56 解析如下。

（1）UI 层向业务逻辑层发出请求，要实现某一个功能。

（2）业务逻辑层组织实现功能的 T-SQL 命令，交给数据底层类来执行。

（3）数据底层把业务逻辑层组织的 T-SQL 命令发到数据库中去执行。

（4）~（6）分别是数据库把执行结果返回给数据底层，数据底层返回给业务逻辑层，业务逻辑层返回给页面表示层。

典型的三层结构分为表示（presentation）层、领域（domain）层以及基础架构（infrastructure）层；而微软的 DNA 架构定义了 3 个层：表示层（presentation）、业务逻辑层（business）和数据存储层（data access），并对此作了更详细的分层，即界面外观层、界面规则层、业务接口层、业务规则层、实体层、数据访问层、数据存储层共 7 层，其具体的调用如图 8.57 所示。

由图 8.57 可以看出，虽然将系统的架构分为 7 层，但实际上从大的方面来说，它就是一个典型的三层架构设计思想。单从这个图来看，数据的调用显得烦琐而抽象，也许这时候就会有人说，我只是想实现界面与用户交互，然后根据用户的请求将数据读出、写入数据库就好了，为什么要做如此复杂的分层调用呢？从这个问句中我们也只看到了界面和数据库，也就是说从用户的需求来说，就是这两层而已，但是这里首先要搞清楚的是三层架构，它主要是程序员为实现部署、开发、维护企业级数据库系统而服务的。如果在中间层实现了对表示层和数据库层的完全脱离，其部署、开发、维护系统的费用和时间至少降低到原来的一半，甚至更多。

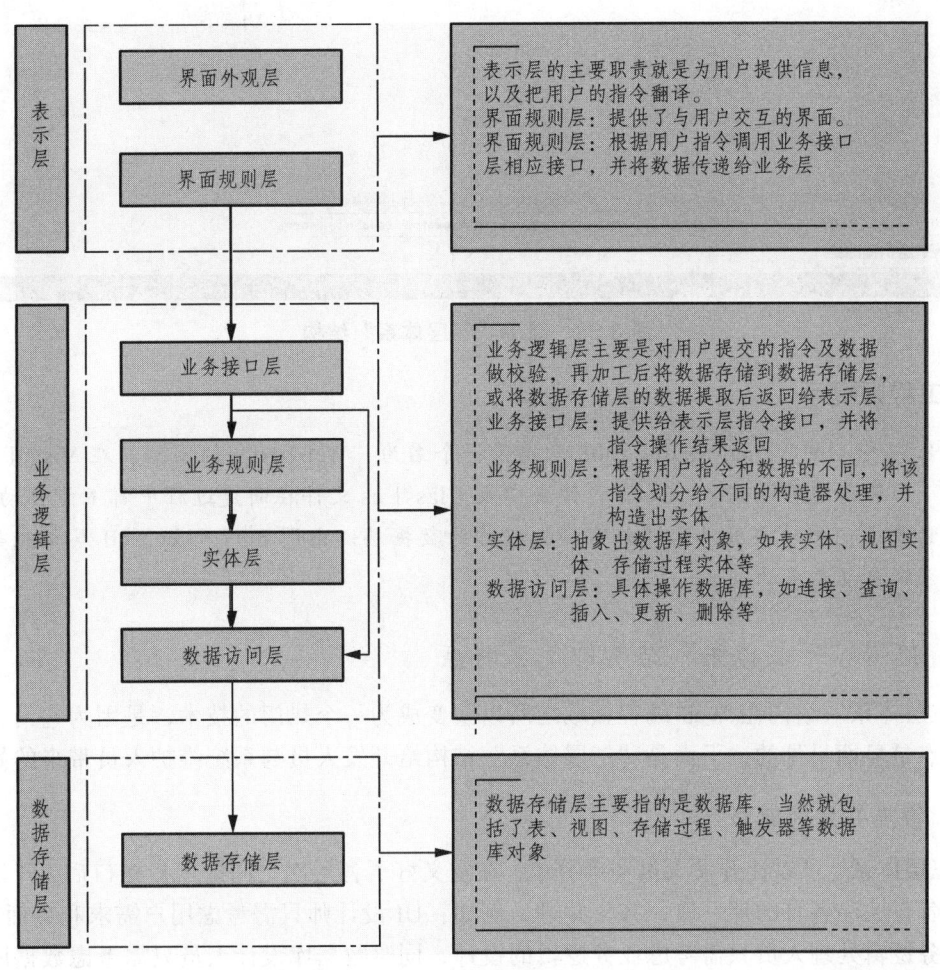

图 8.57 "三层体系"中层与层的调用

其实利用 Visual Studio 2008 新建一个项目或网站，呈现在眼前的就是一个简单的"三层体系"结构，如图 8.58 所示。

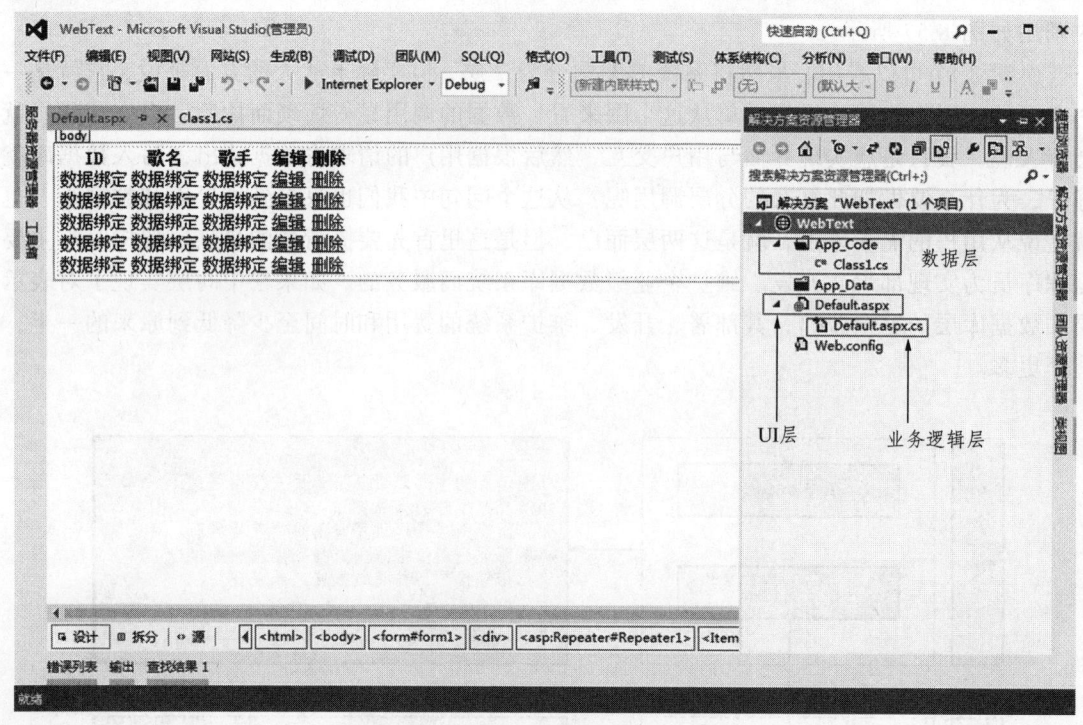

图 8.58 简单 "三层体系" 结构

📖 **工程师提示**

图 8.57 中利用 Visual Studio 2008 新建了一个名为 "WebText" 的网站，在 Visual Studio 2008 中，如果新建网站，App_Code 文件夹以及 Class1.cs 文件在新建过程中都不能自动生成，在这里需要我们手动添加，这样就可以把它作为数据层。由图 8.57 可知，UI 层与业务逻辑层都是系统自动生成的。

8.5.2 使用 "三层体系" 结构的优、缺点

"三层体系" 结构在 Web 编程领域之所以演变成为一个热门的技术，是因为它给人们带来的优点是显而易见的，下面是 "三层体系" 结构给开发人员与系统维护人员带来的好处。

1. 提高开发效率

"三层体系" 可以让开发人员明确分工，在定义好了各层次之间的用户接口后，开发人员就可以各自关注各自的那一块，齐头并进。例如：UI 设计师只需考虑用户需求和界面体验，后台业务逻辑处理人员只需考虑业务逻辑的设计，同时数据库设计人员只需考虑数据库设计与操作。这样分工明确，开发效率会得到明显的提高。

2. 降低维护成本，简化管理

无论是 "三层体系" 还是多层体系，层与层之间既相互耦合又相互独立，这就方便了系统维护。例如：某一模块的需求发生相应的改变，我们只需要在该模块的逻辑层添加相应的需求处理，而不需要惊动其他模块，这大大简化了系统的维护。如果要添加或删除某些模块，

也会很方便地实现。

3. 提高资源的复用性

"三层体系"的使用无疑降低了层与层之间的依赖性,只要每个模块定义好了相应功能的接口,就可以在各个层的各个模块间进行调用,可以避免同一功能的多次开发。(例如:消息提示框,利用多层体系只需在 DAL 层写一次,这样在 UI 层就无需再重复写相同的代码了。)

4. 提高系统的安全性

"三层体系"或"多层体系",将数据、程序、应用逻辑分层独立管理,这样可以控制信息的访问,信息传递中进行的数据加密等。当然,每一种技术的出现并不是完美的,有优点就有缺点,具体如下。

(1)降低了系统性能:利用"三层体系"结构设计 Web 应用程序,最大的弊端就是降低了系统的性能,以前能够直接访问数据层,而现在必须要经过业务逻辑层来访问与获取数据。

(2)造成级联修改:有时候在修改某一模块的某一功能的时候,我们或许还要从最底层向最表层进行逐级的代码修改,相当麻烦。

总之,"三层体系"结构仍然为 Web 项目的开发带来了相当大的方便。因此,在以后的项目开发中,要大量地用到"三层体系"。接下来将用一个简单地使用了"三层体系"结构的例子进行进一步的讲解。

8.5.3 案例"三层体系"的使用

【实例 8-8】 使用"三层体系"完成对数据库的增、删、查、改。

在之前用代码绑定和操作数据的时候会发现,每次对数据库进行操作的时候都会有打开链接、操作数据库、关闭链接等动作。对数据库的操作不会超过增加数据、修改数据、删除数据、查询数据 4 个功能,而在这 4 个功能中插入、修改和删除仅有 T-SQL 命令不同而已,因此,我们应该封装一个用于操作数据库的公共类。

【解题思路】

将数据库连接、数据处理(增删查改)利用"三层体系"(.cs 页面的代码)放到类中,从而达到简写代码和重复使用的目的。案例使用到的控件属性表,如表 8.13 所示。

表 8.13 控件属性

控件名	属性名	属性值
GridView	PageSize	5
	AutoGenerateColumns	False
	ID	gridview2
	AllowPaging	True
TextBox	ID	txt_music
TextBox	ID	txt_user
LinkButton	ID	but_add

【实现步骤】

（1）新建项目，在页面中拖放 1 个 GridView 控件和 2 个 TextBox 控件并修改属性，控件的列如图 8.59 所示。

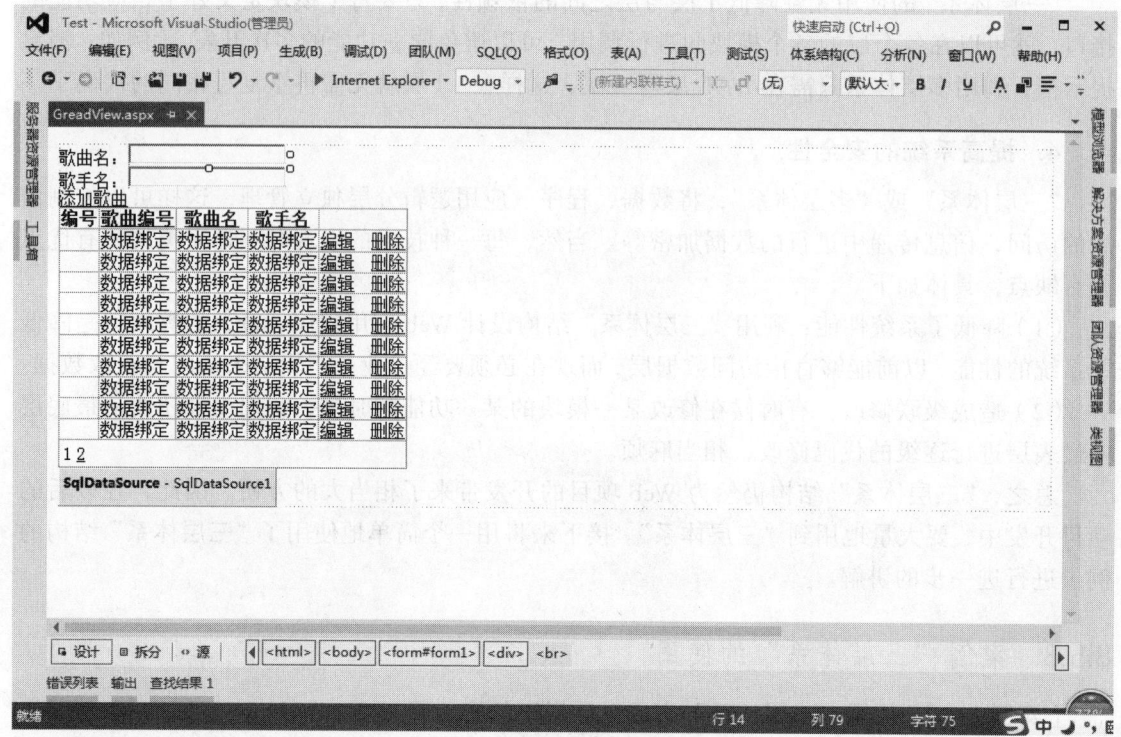

图 8.59 控件的列

（2）新建一个用于操作数据库的类 SqlDB，代码如下。

```
public class SqlDB
{
    string str = "Data Source=WIN-QDGG4ENQR3B\\SQLEXPRESS;Initial Catalog=MusicDB;Integrated Security=True";
    SqlCommand cmd;
    SqlConnection conn;

    public SqlDB()
    {
     conn = new SqlConnection(str);
    }
    /// <summary>
    /// 执行一条语句看是否执行成功
    /// </summary>
    /// <param name="str">sql 语句,看是否执行成功</param>
```

```csharp
/// <returns>布尔</returns>
public bool ExcuteStrNonRet(string str)
{
    conn.Open();
    cmd = new SqlCommand(str, conn);
    try
    {
        if (cmd.ExecuteNonQuery() >= 1)
            return true;
        else
            return false;
    }
    catch
    {
        return false;
    }
    finally
    {
        conn.Close();
    }
}
/// <summary>
/// 执行一条语句返回一个值
/// </summary>
/// <param name="str">sql 语句</param>
/// <returns>布尔</returns>
public object ExcuteSqlRetVal(string str)
{
    object ret;
    conn.Open();
    cmd = new SqlCommand(str,conn);
    try
    {
        ret = cmd.ExecuteScalar();
        return ret;
    }
    catch
    {
        return "";
    }
```

```csharp
        finally
        {
            conn.Close();
        }
    }
    /// <summary>
    /// 返回一张表
    /// </summary>
    /// <param name="str">sql 语句</param>
    /// <returns>返回数据表</returns>
    public DataTable GetTable(string str)
    {
        conn.Open();
        DataSet ds = new DataSet();
        DataTable dt = new DataTable();
        SqlDataAdapter Dadp = new SqlDataAdapter(str,conn);
        try
        {
            Dadp.Fill(ds);
            dt = ds.Tables[0];
            return dt;
        }
        catch
        {
            return null;
        }
        finally
        {
            conn.Close();
        }
    }
    /// <summary>
    /// 返回一个数据集
    /// </summary>
    /// <param name="str"></param>
    /// <returns>返回数据集</returns>
    public DataSet GetSet(string str)
    {
        conn.Open();
        DataSet ds = new DataSet();
```

```
            SqlDataAdapter dadp = new SqlDataAdapter(str,conn);
            try
            {
                dadp.Fill(ds);
                return ds;
            }
            catch
            {
                return null;

            }
            finally
            {
                conn.Close();
            }
        }
}
```

（3）创建一个业务逻辑类 LogicClass，用于组织操作数据库的 T-SQL 命令，详细代码如下。

```
public class LogicClass
{
        SqlDB sqldb = new SqlDB();//实例化 SqlDB 类
        /// <summary>
        /// 修改歌曲信息
        /// </summary>
        /// <param name="musicID">需要修改的歌曲编号</param>
        /// <param name="musicName">修改后的歌曲名称</param>
        /// <param name="singerName">修改后的歌手名</param>
        /// <returns>返回 true 表示成功</returns>
        public bool UpdatData(string musicID, string musicName, string singerName)
        {
         bool f = false;
         string sqlstr = "update music set MusicName='" + musicName + "', SingerName = '" + singerName + "' where MusicID=" + musicID;
         f = sqldb.ExcuteStrNonRet(sqlstr);
         return f;
        }
        /// <summary>
        /// 查询数据表内的所有数据
        /// </summary>
        /// <returns></returns>
```

```csharp
public DataTable SeleData()
{
    DataTable mytable = new DataTable();
    string sqlstr = "select MusicID as 歌曲编号,MusicName as 歌曲名,SingerName as 歌手名 from music";
    mytable = sqldb.GetTable(sqlstr);
    return mytable;
}
/// <summary>
/// 删除歌曲信息
/// </summary>
/// <param name="musicID">需要删除的歌曲编号</param>
/// <returns>返回 true 表示成功</returns>
public bool DeleData(string musicID)
{
    bool f = false;
    string sqlstr = "delete music where MusicID=" + musicID+ "";
    f = sqldb.ExcuteStrNonRet(sqlstr);
    return f;
}
/// <summary>
/// 插入一条歌曲信息
/// </summary>
/// <param name="musicName">歌曲名字</param>
/// <param name="singerName">歌手名字</param>
/// <returns>返回 true 表示成功</returns>
public bool InsertData(string musicName, string singerName)
{
    bool f = false;
    string sqlstr = "insert_music '" + musicName + "','" + singerName + "'";
    f = sqldb.ExcuteStrNonRet(sqlstr);
    return f;
}
}
```

页面和新建的类及数据库之间的关系如图 8.60 所示。访问数据库的公共类只接收逻辑层所传递过来的 T-SQL 命令，然后执行并返回执行结果。

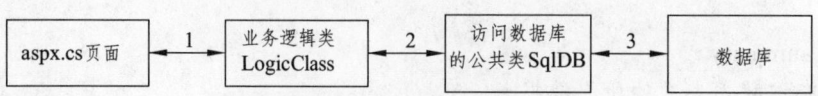

图 8.60　页面和新建的类及数据库之间的关系

在 UI 层，.cs 页面中定义一个 Bind 方法，用于查询所有数据并绑定到 gridview2 控件中。具体代码如下。

```csharp
public void Bind()
{
    LogicClass logicclass = new LogicClass();
    gridview2.DataSource = logicclass.SeleData();
    //添加控件主键
    gridview2.DataKeyNames = new string[] { "歌曲编号","歌曲名","歌手名" };
    gridview2.DataBind();
}
```

gridview2 控件的取消（RowCancelingEdit）事件的代码如下。

```csharp
gridview2.EditIndex = -1;
Bind ();
```

gridview2 控件的编辑（RowEditing）事件代码如下。

```csharp
gridview2.EditIndex = e.NewEditIndex;
Bind ();
```

gridview2 控件的删除（RowDeleting）事件代码如下。

```csharp
string sqlstr = gridview2.DataKeys[e.RowIndex]["歌曲编号"].ToString();
LogicClass logicclass = new LogicClass();
logicclass.DeleData(sqlstr);
Bind();
```

gridview2 控件的更新（RowUpdating）事件代码如下。

```csharp
//获取修改的歌曲名
string musicname = ((TextBox)(gridview2.Rows[e.RowIndex].Cells[3].FindControl("txt_musicName"))).Text.Trim();
//获取修改的歌手名
string musicuser = ((TextBox)(gridview2.Rows[e.RowIndex].Cells[4].FindControl("txt_musicUser"))).Text.Trim();
//获取要修改的歌曲编号
string musicID = gridview2.DataKeys[e.RowIndex]["歌曲编号"].ToString();
LogicClass logicclass = new LogicClass();
logicclass.UpdatData(musicID, musicname, musicuser);
Bind();
```

but_add 控件的单击（Click）事件代码如下。

```csharp
LogicClass logicClass = new LogicClass(); logicClass.InsertData(txt_music.Text.Trim(), txt_user.Text.Trim());
```

工程师提示

在这个案例中,所有的功能都是通过调用 LogicClass 类里面的方法来实现的,不用每次都要写一遍"建立连接—打开连接—执行操作—关闭连接—返回数据"这样的重复代码,即使是需要添加功能或是修改以前的功能,也只需要在 LogicClass 类里面添加方法和修改方法即可。

8.6 LINQ 技术

8.6.1 关于 LINQ

1. LINQ 的概念

LINQ(Language Integrated Query)是一门集合访问技术,它是使用 C#和 VB 进行开发的一种灵活的查询语法,跟 SQL 类似。它是专门为查询操作设计的,引入.NET 后,无论是对象、XML 还是数据库,都能够实现查询操作。

2. LINQ 的作用

(1)不用掌握太多 SQLServer 技术就能够实现对绝大多数数据源数据的访问。
(2)在编译时就能够发现代码语句的错误,而不是在运行时。
(3)节省代码量。
(4)LINQ 易懂易学,采用同 SQL 类似的语法,程序员很容易上手。
(5)逻辑简单化,提高了开发效率。

3. LINQ 的分类

上面说了,LINQ 可以访问绝大多数的数据源,包括对对象类集合、XML、数据库等进行访问,因此,LINQ 的技术可以分为 3 类,分别是 LINQ to Objects、LINQ to XML 和 LINQ to SQL。

本节是基于 SQL Server 数据库进行学习的,所以本节着重讲解 Dlinq (LINQ to SQL 的简称)。在学习 Dlinq 之前,我们首先利用 Dlinq 技术做一下简单的查询。

8.6.2 LINQ to SQL 的第一个程序

本书是基于 C#的 Web 开发,因此,所有操作都将在 Visual Studio 2008 中进行演练操作。现在仍然在 SQL server 2005 中,同样使用数据库 Prc_6 以及表 music,表结构已经在前面介绍过。现在我们举一个使用 LINQ 的小例子来实现对数据的操作。

【实例 8-9】 LINQ to SQL 的第一个程序。
【实现步骤】

(1)打开 Visual Studio 2008,选择【文件】|【新建】|【项目】命令。这样就新建了一个名为"linqPrc"的 Web 项目,如图 8.61 所示。

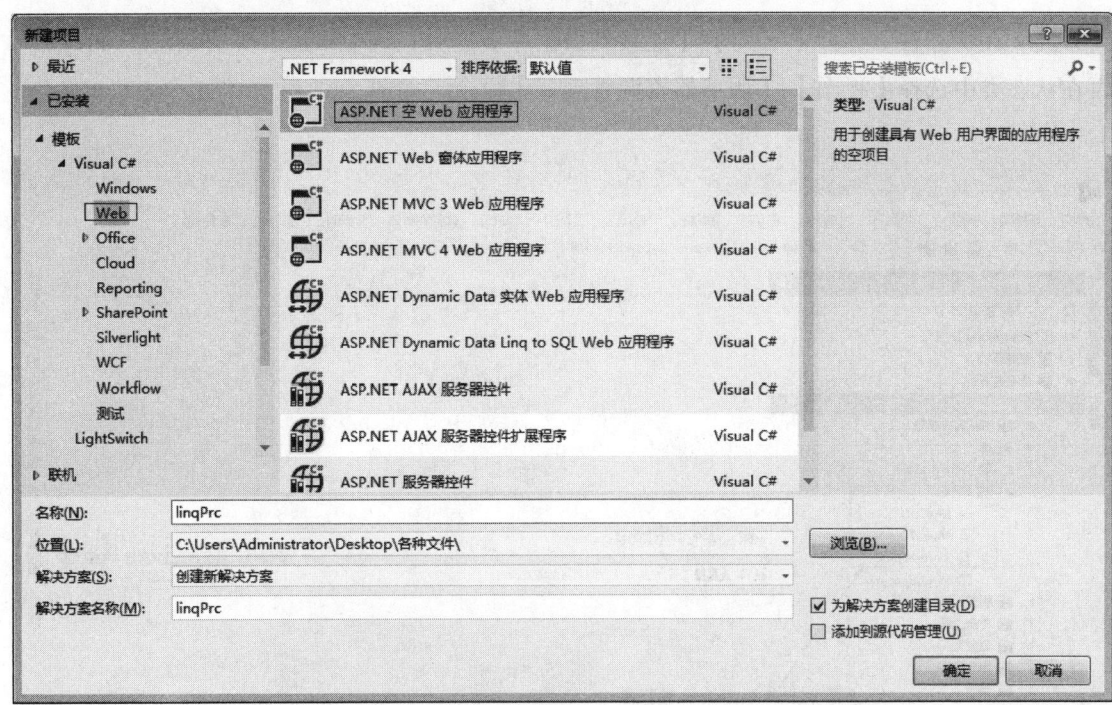

图 8.61　新建的第一个 LINQ 项目

（2）在状态栏中选择【项目】|【添加新项】命令。单击后选择【LINQ to SQL 类】命令，命名为"musicInfo.dbml"，如图 8.62 所示。

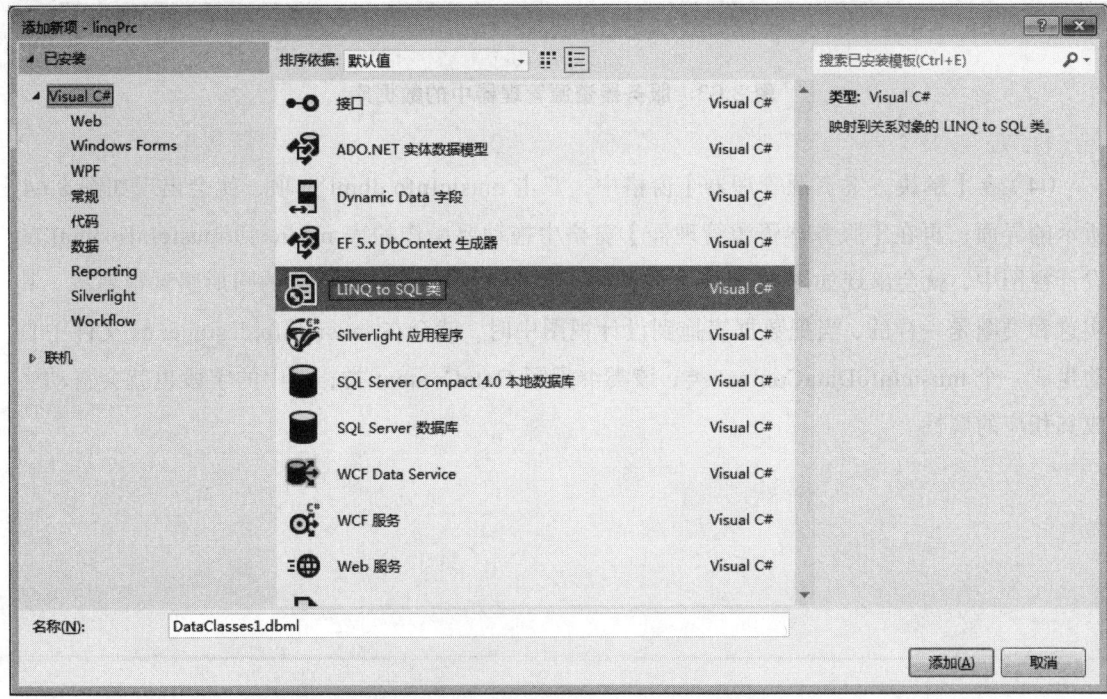

图 8.62　创建 LINQ to SQL 类

（3）在状态栏中选择【工具】|【连接到数据库】选项，从中添加需要的数据库 Prc_6，再在状态类中选择【视图】|【服务器资源管理器】命令，如图 8.63 所示。

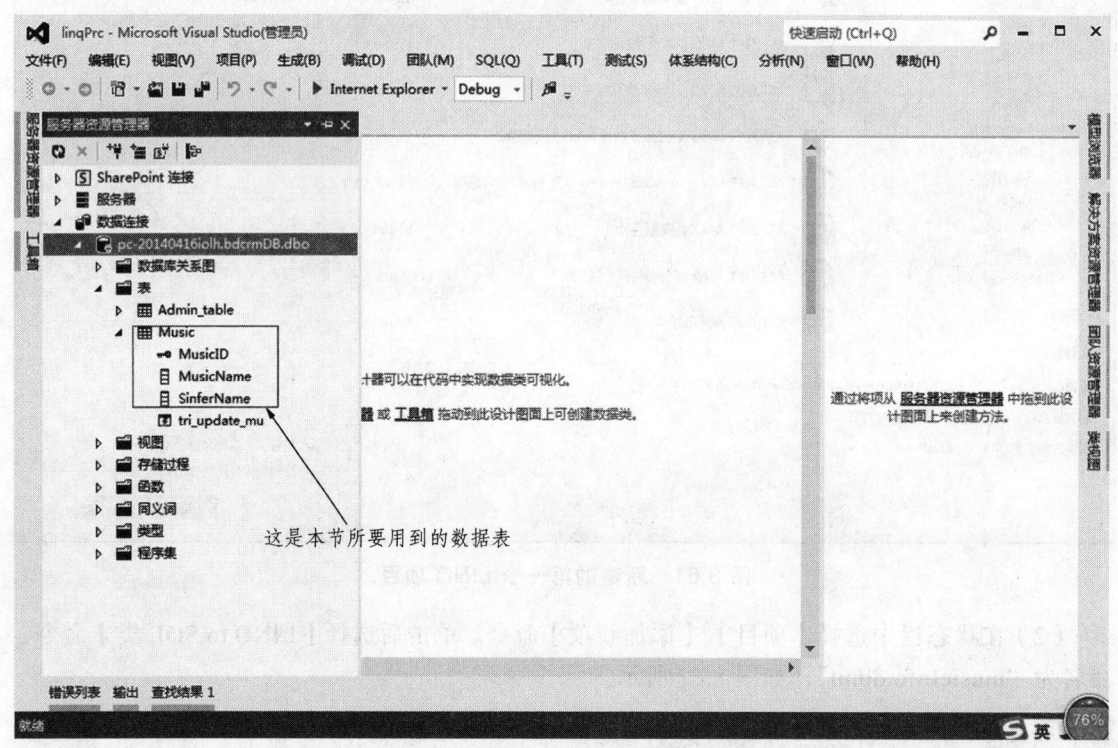

图 8.63　服务器资源管理器中的数据库

（4）在【解决方案资源管理器】窗格中，双击 musicInfo.dbml 选项，就会出现如图 8.64 所示的界面；再在【服务器资源管理器】窗格中拖动要操作的表 music 到 musicInfo.dbml 的设计视图中，就会出现如图 8.65 所示的视图效果。大家似乎会对这样的图形感到很熟悉，其实这和类图是一样的，当把数据表拖到设计视图中时，就会在 musicInfo.designer.cs 文件中自动生成一个 musicInfoDataContext 类，该类继承了 DataContext 类，表中的字段也就会自动生成其相应的属性。

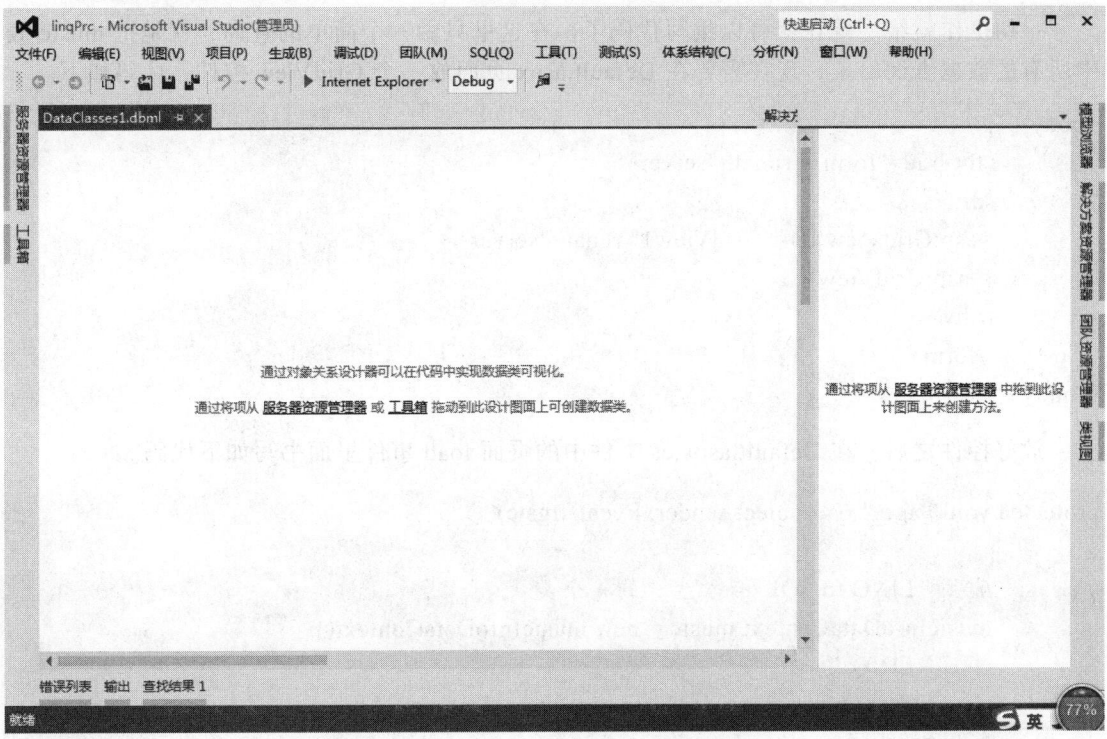

图 8.64　双击 members.dbml 选项后的视图

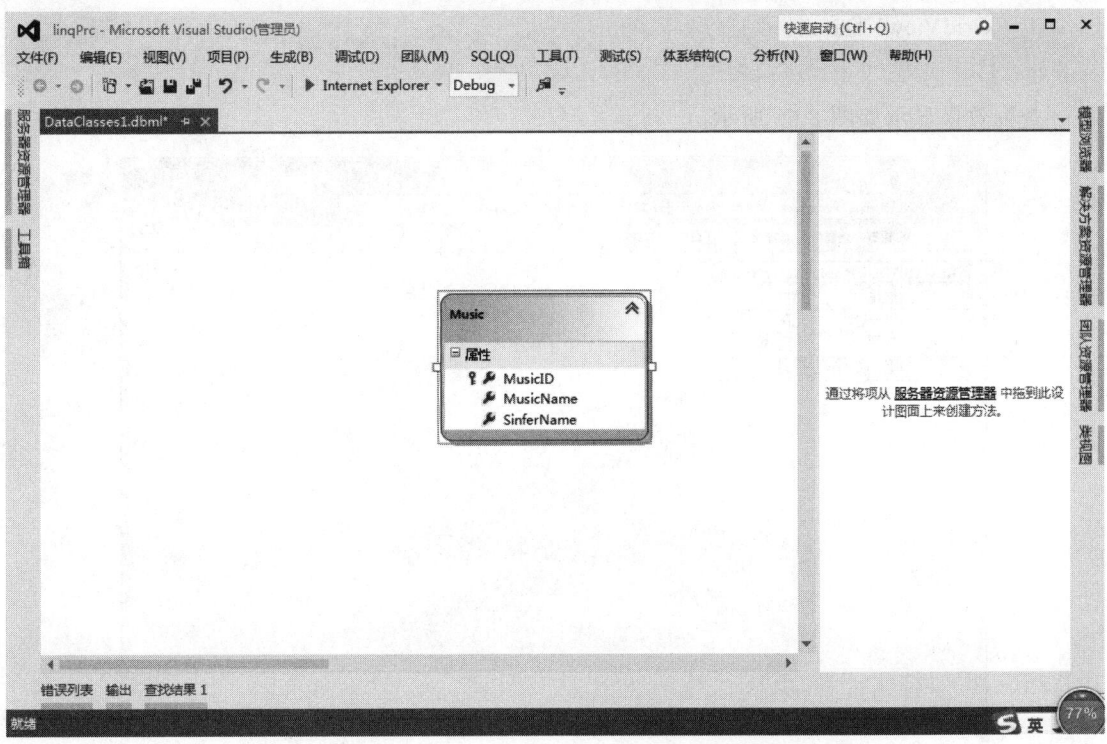

图 8.65　拖动 WorksInfo 表后的视图效果

一切工作就绪,现在就可以编写代码了,在这里只做一个简单的查询,就是把music表中所有的数据查询出来,现在需要在Default.aspx页面放一个GridView控件,代码如下。

```
<body>
    <form id="form1" runat="server">
    <div>
     <asp:GridView ID="GridView1" runat="server">
     </asp:GridView>
    </div>
    </form>
</body>
```

放好控件之后,在Default.aspx.cs文件中的页面load事件里面书写如下代码。

```
protected void Page_Load(object sender, EventArgs e)
    {
    //实例 LINQ to SQL 自动生成的一个类
    musicInfoDataContext music = new musicInfoDataContext();
    //书写 LINQ 语句
    var mu = from ms in music.CustomersInfo select ms;
    //显示数据源
    GridView1.DataSource = mu;
    GridView1.DataBind();
    }
```

查询效果显示如图 8.66 所示。

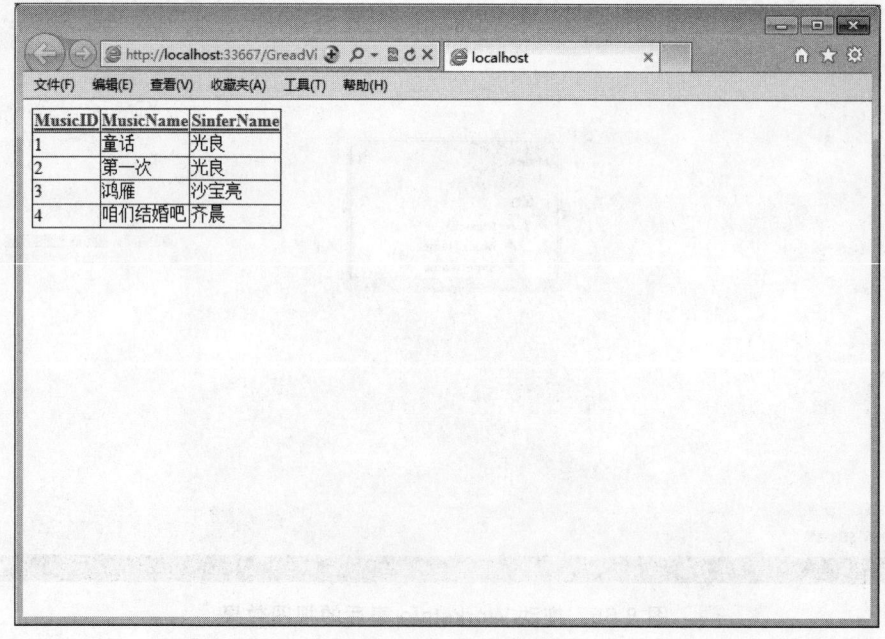

图 8.66　查询效果显示

> **工程师提示**

从上面的例子中可以看出,并没有写什么数据库的链接语句,没有写什么 SQLCommand 语句,也没有写什么 SQL 语句的查询就能够得到我们想要的结果,这是为什么呢?其实数据库的连接系统已经自动帮我们完成了,当完成拖动后,系统会自动在 Web.Config 文件中生成数据库链接语句,然后在 musicInfo.dbml 的代码视图中自动调用,写好 LINQ 语句,系统就会自动帮我们查找。

在代码中,有这样一句:"var mu = from ms in music.CustomersInfo select ms"。读者一定会很陌生,下面主要讲它的语法构成。

8.6.3 LINQ to SQL 基本语法

本小节主要讲 LINQ to SQL 的基本语法,同样将通过一个简单的例子对大家进行演示讲解。

下面还是以上一节的实例进行语法说明。

例句:var mu = from ms in music.CustomersInfo select ms。

可以看到,变量"mu"的类型为"var",表示该变量为不确定类型,注意:使用该类型必须初始化变量值。后面 from…in…select…为固定语法模型,类似于 SQL 语句。

from 接一个由用户自定义的一个参数名;in 后接声明的表名,在后面其实可以加 where 关键字过滤,或使用 group by、order by 进行分组排序;Select 后接需要查询的内容。

接下来是一个实例,数据库和表同样使用上一小节的数据库和表。

【实例 8-10】

可以看出,表里的"MusicName"和"SingerName"分别是歌曲名和歌手名,从表中现有的字段可以看出一个歌手可能唱很多首歌,这里要做的就是利用 LINQ to SQL 技术查询出每一个歌手以及他们唱歌的数量。

【实现步骤】

其实这也很简单,我们只需要改一下 LINQ to SQL 的代码就行了。这里要用到 group by 或是 order by 进行分组查询,下面是我们要用到的代码。

```
protected void Page_Load(object sender, EventArgs e)
    {
    //实例 LINQ to SQL 自动生成的一个类
    musicInfoDataContext Music = new musicInfoDataContext();
    //LINQ 的分组查询语句
    var group = from h in Music.music group h by h.SingerName into g select new { 歌手 =g.Key, 歌曲数目 = g.Count() };
    //显示给数据源
    GridView1.DataSource = group;
    GridView1.DataBind();
    }
```

实例 8-10 的运行效果如图 8.67 所示。

工程师提示

在这里,主要讲解 LINQ 语句。"From"后面接一个被取名为"h"的表;"in"后面接数据库中应该有的表;"group h by h.SingerName into g"就是以"WorksInfo"表中的"Type"类型进行分组,并将其存放在一张虚拟表"g"中;最后"select new { 歌手 = g.Key, 歌曲数目 = g.Count() }",从查询结果大家可以看出来,"歌手 = g.Key"是新表中的表头和对应要显示的内容(g.Key),这里在 g 表中只有两个元素:歌手和歌曲;后面的"Count()"是系统内存函数,求查询结果的总数。

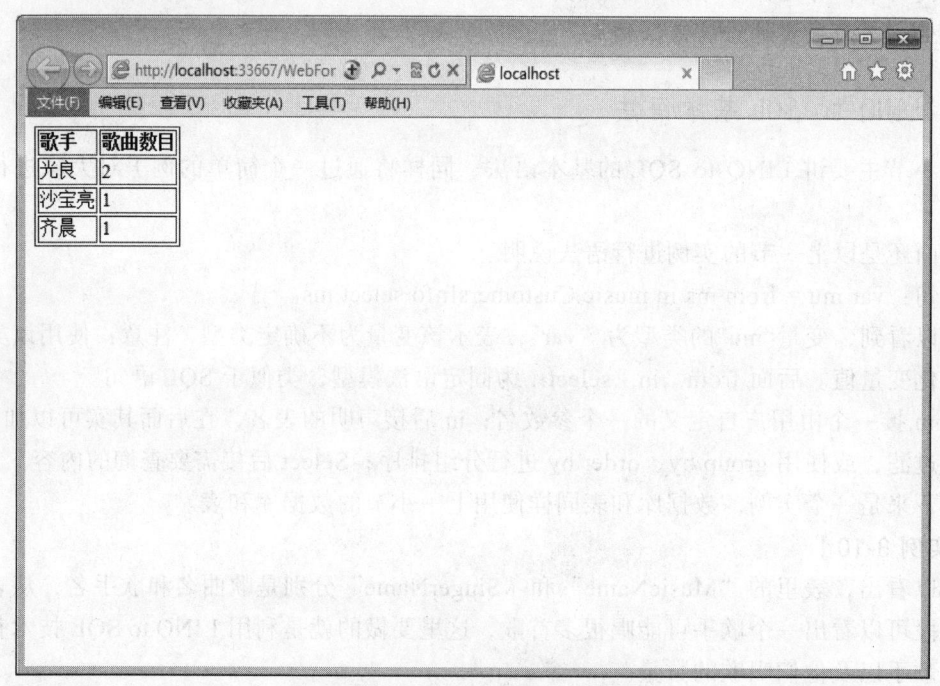

图 8.67 实例 8-10 的运行效果图

本节包括上节讲到的两个例子都做的是简单的查询,还有很多东西都没有说到,包括使用 LINQ 语句进行数据的添加、删除和修改,同时还有对存储过程的调用。这些将在下一小节中进行讲解。

8.6.4 LINQ to SQL 其他操作

前面已经能够使用 LINQ 对数据库进行查询操作了,现在将给出几个实例,分别对数据库中的数据进行添加、修改和删除操作。

1. 使用 LINQ to SQL 添加数据

【实例 8-11】

下面还是继续用上面的数据库和表进行操作,利用 LINQ 语句直接向数据库中添加一条数据。为了使显示更加方便,直接在后台代码中添加要插入的数据。

【实现步骤】

引用实例 8-9 的项目代码如下:

```csharp
protected void Page_Load(object sender, EventArgs e)
    {
        musicInfoDataContext Music = new musicInfoDataContext();
        Music.music.InsertOnSubmit(new music { MusicID = 6, MusicName = "隐形的翅膀", SingerName = "张韶涵" });
        Music.SubmitChanges();
        Response.Write("插入数据成功!");
    }
```

上面是第一种写法,这里还有第二种写法,代码如下。

```csharp
protected void Page_Load(object sender, EventArgs e)
    {
        //实例 LINQ to SQL 自动生成的一个类
        musicInfoDataContext Music = new musicInfoDataContext();
        music mu = new music { MusicID = 6, MusicName = "隐形的翅膀", SingerName = "张韶涵" };
        memb.music.InsertOnSubmit(mu);
        Music.SubmitChanges();
        Response.Write("插入数据成功!");
    }
```

运行效果如图 8.68、图 8.69 所示。

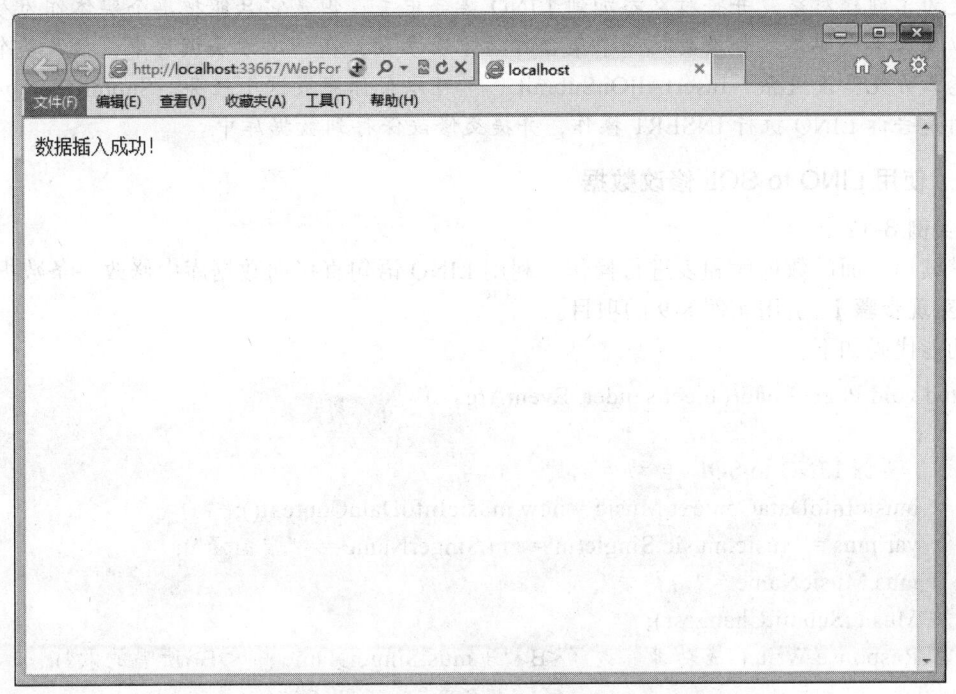

图 8.68 实例 8-11 的界面运行效果

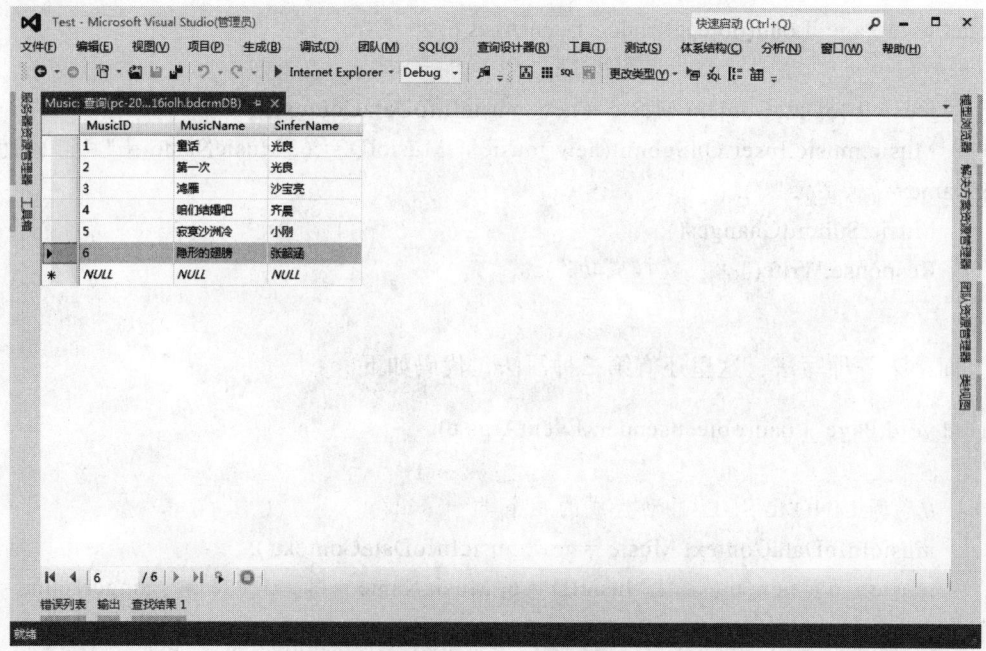

图 8.69 数据库经过响应后多出的数据

工程师提示

从上面的代码中可以看出,在插入数据前,要创建一个所要插入对象的新实例,并将其添加到该对象的集合中,这里出现了两个方法"InsertOnSubmit( )"和"SubmitChanges( )",前者是为了创建对象,并将对象添加到 LINQ 集合中去,但是它只能把单个实体作为参数,即可以插入单个实体。如果要把一个集合作为方法参数,在一次方法调用中,插入整个数据集合怎么办呢?没关系,InsertAllOnSubmit( )可以帮你完成这个任务。SubmitChanges( )的作用是告诉 LINQ 执行 INSERT 操作,并提交修改保存到数据库中。

2. 使用 LINQ to SQL 修改数据

【实例 8-12】

继续用上面的数据库和表进行操作,利用 LINQ 语句直接向数据库中修改一条数据。

【实现步骤】 引用实例 8-9 的项目。

功能代码如下。

```
protected void Page_Load(object sender, EventArgs e)
    {
    //实例 LINQ to SQL 自动生成的一个类
    musicInfoDataContext Music = new musicInfoDataContext();
    var mus = Music.music.Single(m => m.SingerName == "张韶涵");
    mus.MusicName = "幻想爱";
    Music.SubmitChanges();
    Response.Write("成功地修改了<B>" + mus.SingerName + "</B>所唱的歌");
    }
```

运行结果如图 8.70、图 8.71 所示。

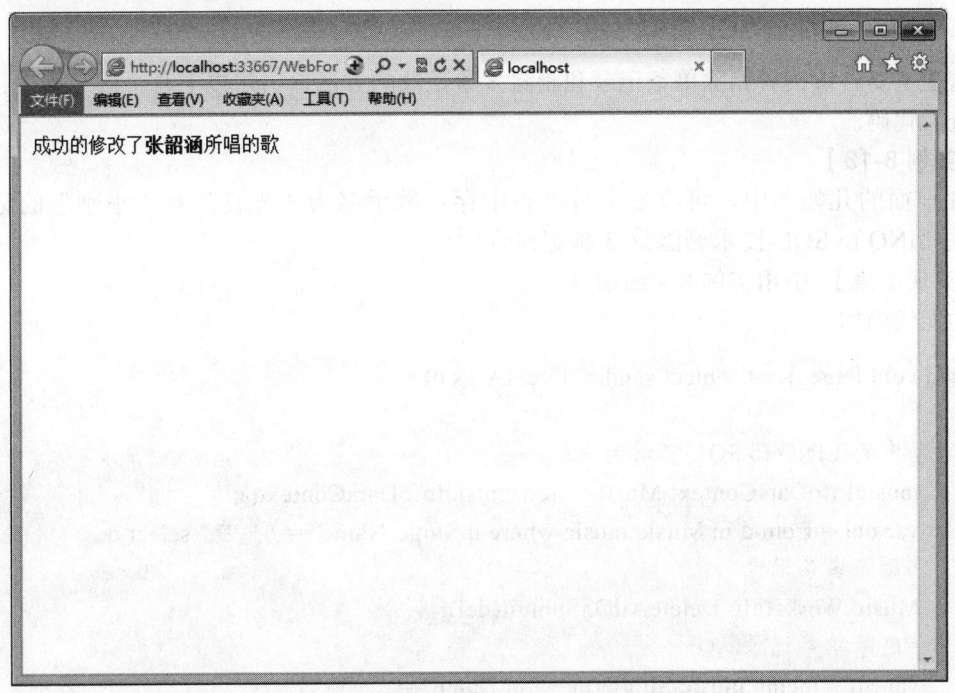

图 8.70 实例 8-12 的界面运行效果

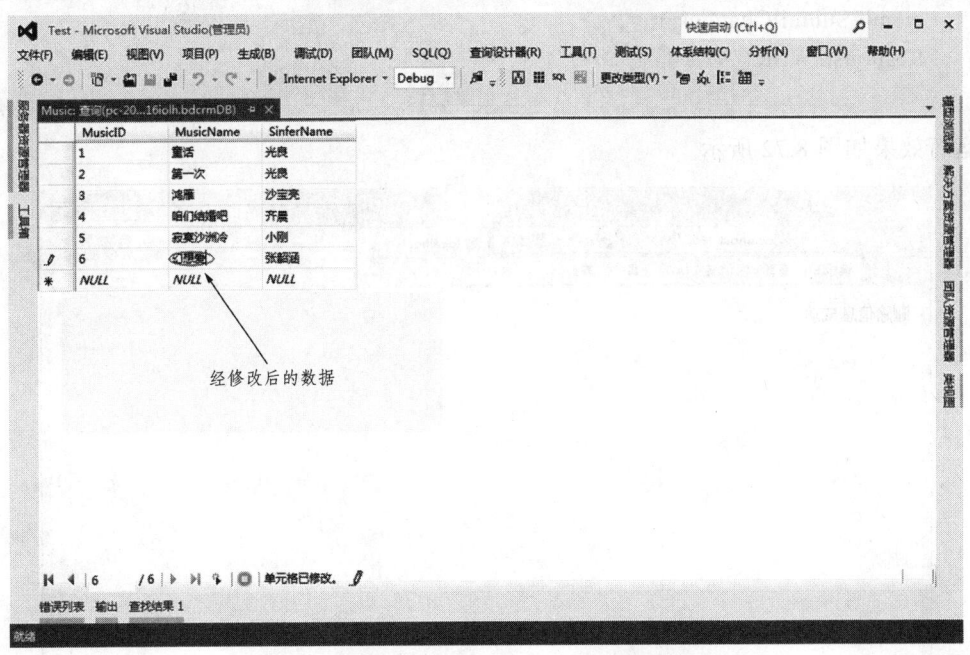

图 8.71 数据库经过修改响应后修改的数据结果

 工程师提示

与上面不同的是,在这里使用了一个 Single 方法,它所行使的功能是根据其输入参数从集合中返回一个对象,如果有多条记录匹配用户所输入的参数,则 Single 方法只返回第一个匹配的记录。在实例中,是返回一个"歌手名"等于"张韶涵"的一条记录。

3. 使用 LINQ to SQL 删除数据

这里主要告诉读者删除单条记录和删除多条记录的方法，引用以上几个例子的表，现在先来查看代码。

【实例 8-13】

在前面的几幅图中，可以知道数据表中存在歌手名为"光良"和"小刚"的记录。现在用 LINQ to SQL 技术删除这 3 条记录。

【实现步骤】 引用实例 8-9 的项目。

功能代码如下。

```
protected void Page_Load(object sender, EventArgs e)
    {
        //实例 LINQ to SQL 自动生成的一个类
        musicInfoDataContext Music = new musicInfoDataContext();
        var del = from d in Music.music where d.SingerName == "光良" select d;
        //删除多条记录
        Music.WorksInfo.DeleteAllOnSubmit(del);
        //删除单条记录
        var Sd = memb.music.Single(m => m.Name == "小刚");
        Music.music.DeleteOnSubmit(Sd);
        memb.SubmitChanges();
        Response.Write("删除信息成功");
}
```

运行效果如图 8.72 所示。

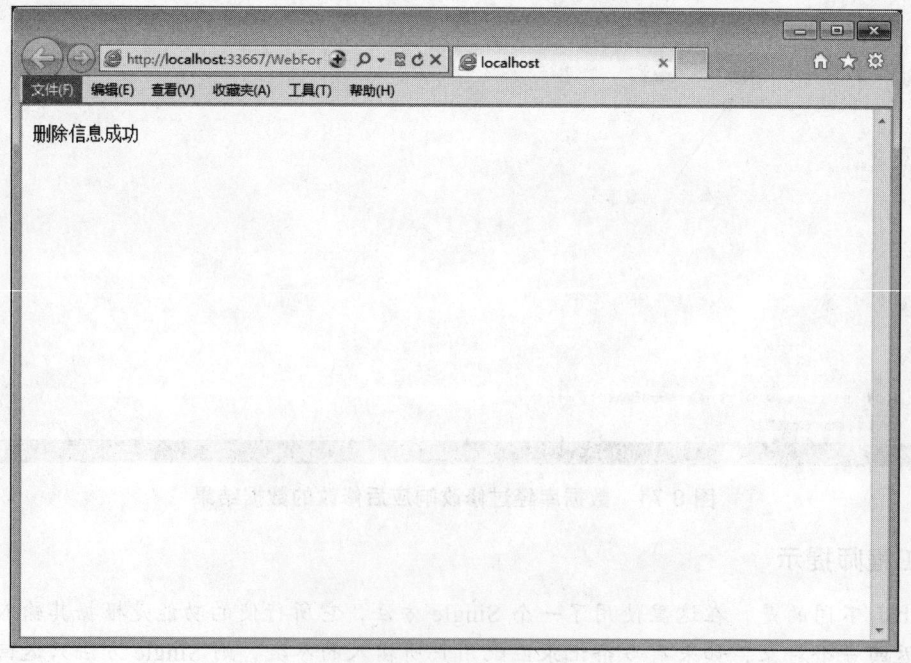

图 8.72　运行效果图

工程师提示

由图 8.71 可知，这里删除了两个名叫"光良"的歌手后，又删除了一个名叫"小刚"的歌手。"var del = from d in Music.music where d.SingerName == "光良" selected；"，在这里先做了一个查询，查询出所有名叫"光良"的歌手，然后再使用 DeleteAllOnSubmit（ ）方法进行全部删除，后面又使用 DeleteOnSubmit（ ）进行单个对象的删除操作。这两个方法的原理与 InsertOnSubmit（ ）和 InsertAllOnSubmit（ ）原理一样，只是一个做删除操作，一个做插入操作，memb.SubmitChanges（ ）功能是提交信息到数据库进行更改操作。

4. 使用 LINQ to SQL 调用存储过程

【实例 8-14】

利用 LINQ 技术调用存储过程，实现向 music 数据表中插入数据的功能。

【实现步骤】

（1）创建存储过程，在 8.4.1 节中，使用了 insert_music，在这里继续使用它。

（2）已经知道，该存储过程是用来向数据表 music 中插入数据的。现在利用 LINQ 来调用这个存储过程。

首先，打开 musicInfo.dbml 设计视图，选择【视图】|【服务器资源管理器】命令，再在其中的树形列表中找到存储过程 insert_music。就像拖动 music 数据表一样把该存储过程拖到 musicInfo.dbml 的设计视图中，如图 8.73 所示。

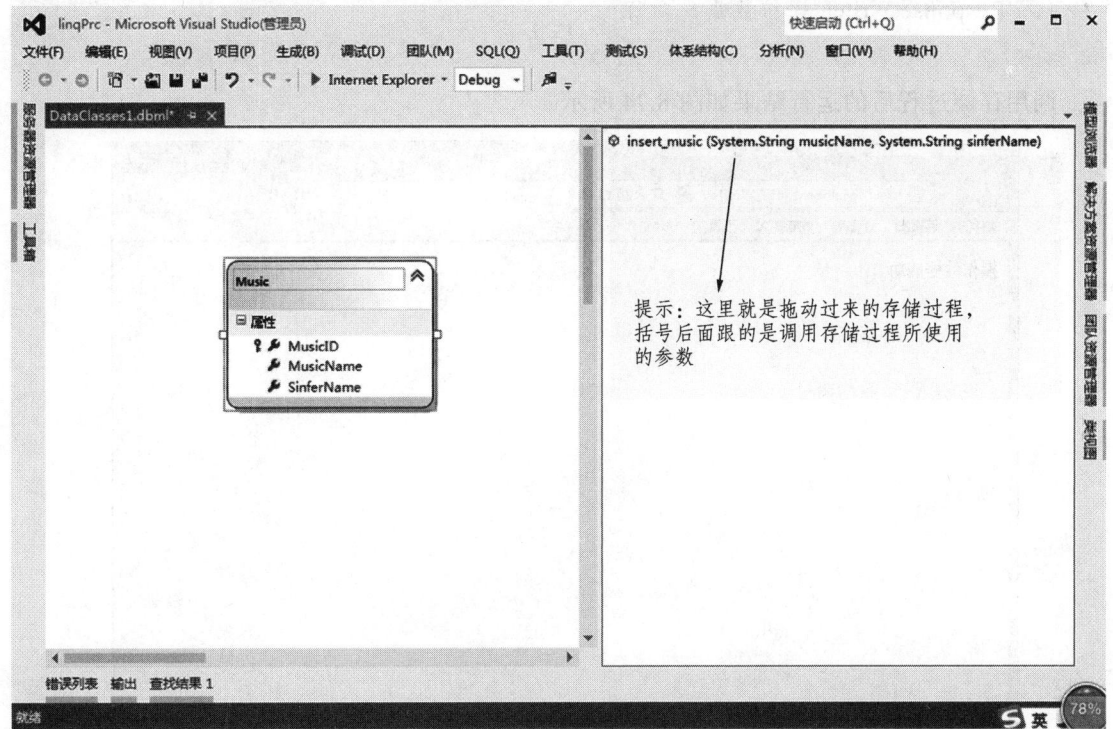

图 8.73　拖动存储过程后的效果

上述操作完成后，打开 musicInfo.designer.cs，就会生成如下的代码。

```
[Function(Name="dbo.doing_proc")]
    [Function(Name="dbo.insert_music")]
   public int insert_music([Parameter(Name="MusicName", DbType="VarChar(50)")] string musicName, [Parameter(Name="SinferName", DbType="VarChar(50)")] string sinferName)
    {
    IExecuteResult result = this.ExecuteMethodCall(this, ((MethodInfo)(MethodInfo.GetCurrentMethod())), musicName, sinferName);
    return ((int)(result.ReturnValue));
    }
```

上面的代码是系统自动生成的，我们不必考虑它是如何生成的、在这里读者会发现，存储过程在拖动过来后是以方法的形式展示出来的，而方法所要传递的参数就是调用存储过程所要传递的参数。现在我们来利用 LINQ 调用该存储过程。

（3）调用存储过程代码如下。

```
protected void Page_Load(object sender, EventArgs e)
    {
    //实例 LINQ to SQL 自动生成的一个类
    musicInfoDataContext Music = new musicInfoDataContext();
    Music.insert_music("爱你爱不够","孙楠");
    Response.Write("操作数据成功");
    }
```

调用存储过程后的运行结果如图 8.74 所示。

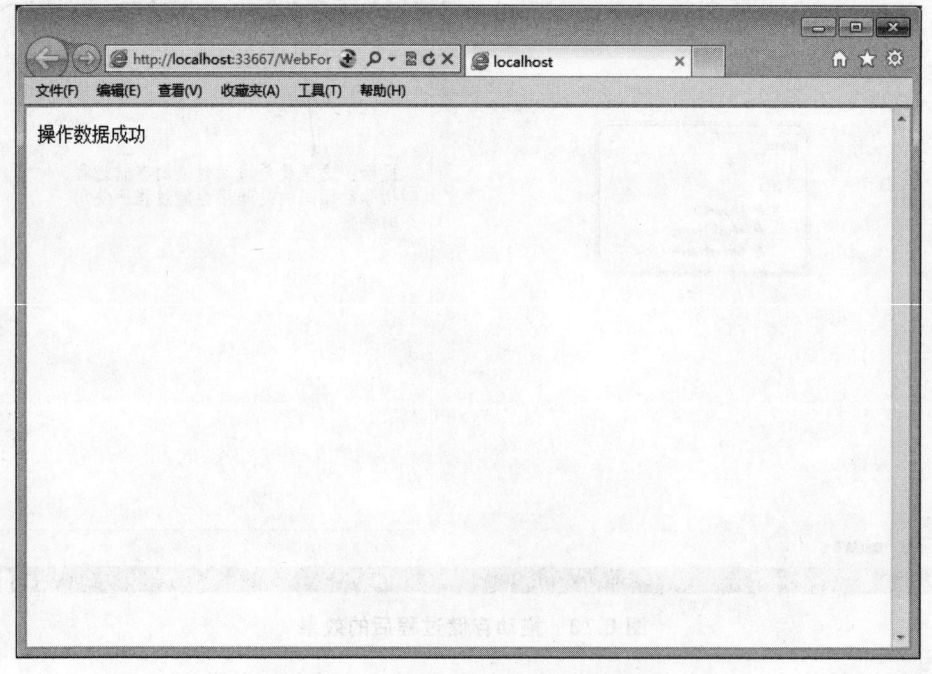

图 8.74 调用存储过程后的运行结果

调用存储过程后数据表示意图如图 8.75 所示。

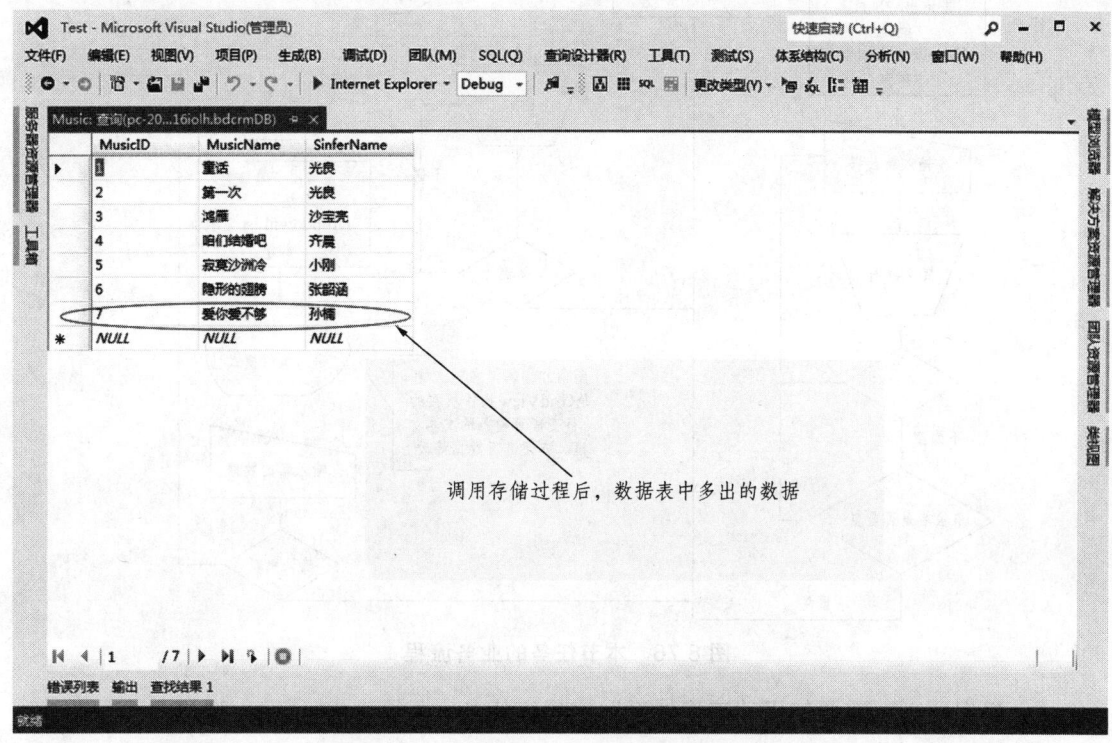

图 8.75 调用存储过程后数据表示意图

工程师提示

如何创建存储过程在这里就不说了，大家会不会觉得调用存储过程就和调用方法一样，该方法就完成了向数据库中插入相应的数据。

8.7 任 务

【任务目标】

本节任务是对 Prc_6 数据库中的单位信息进行维护和管理。要求能够对单位信息进行增加、删除、查询、修改 4 个操作，并使用简单的"三层体系"结构，同时要使用 LINQ 技术。

【解题思路】

（1）进行业务流程设计，本节任务的业务流程如图 8.76 所示。

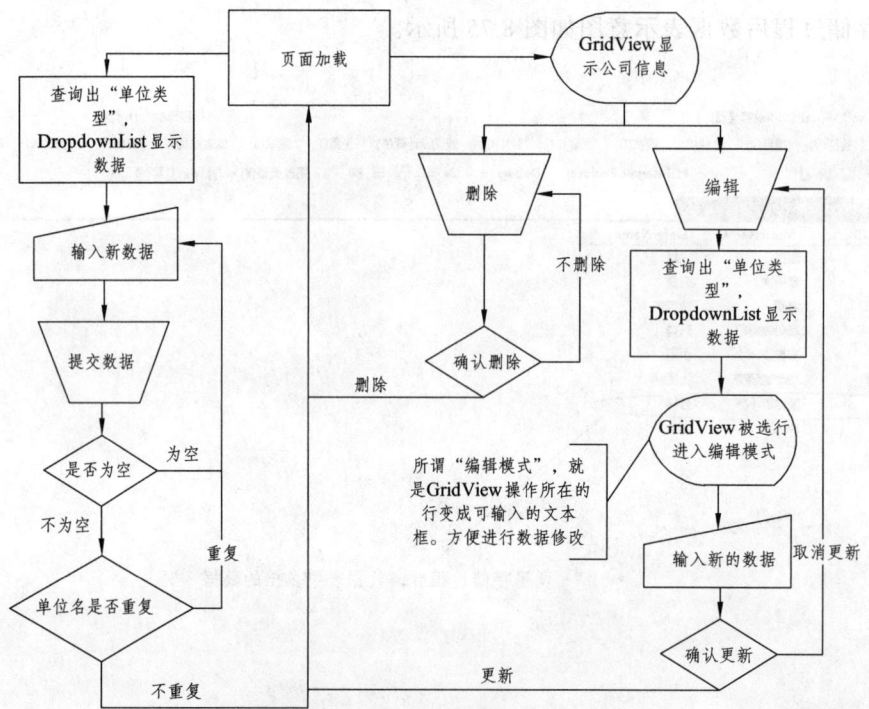

图 8.76 本节任务的业务流程

(2)根据要求,需要使用"三层体系"实现该任务,如图 8.77 所示为简单的类图设计。

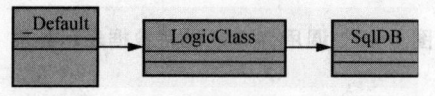

图 8.77 类图设计

【实现步骤】

(1)新建一个项目并命名为"Task_6",在 Default.aspx 页面中拖放 1 个 SqlDataSource,1 个 GridView,2 个 TextBox,1 个 DropDownList 和 1 个 Button 控件,各属性如表 8.14 所示。

表 8.14 属性

控件名	属性名	属性值
SqlDataSource	ID	Branch_DataSource
GridView	ID	Grid_UnitInfo
	AllowPaging	True
	AutoGenerateColumns	False
	PageSize	5
TextBox1	ID	txt_Name
TextBox2	ID	txt_Type
DropDownList	ID	Drop_Type
	DataSourceID	Branch_DataSource
Button	ID	but_OK
	Text	确认

其中 SqlDataSource 所配置的数据源为 HonorBranch 表中的 BranchName 1 列。
界面效果如图 8.78 所示。

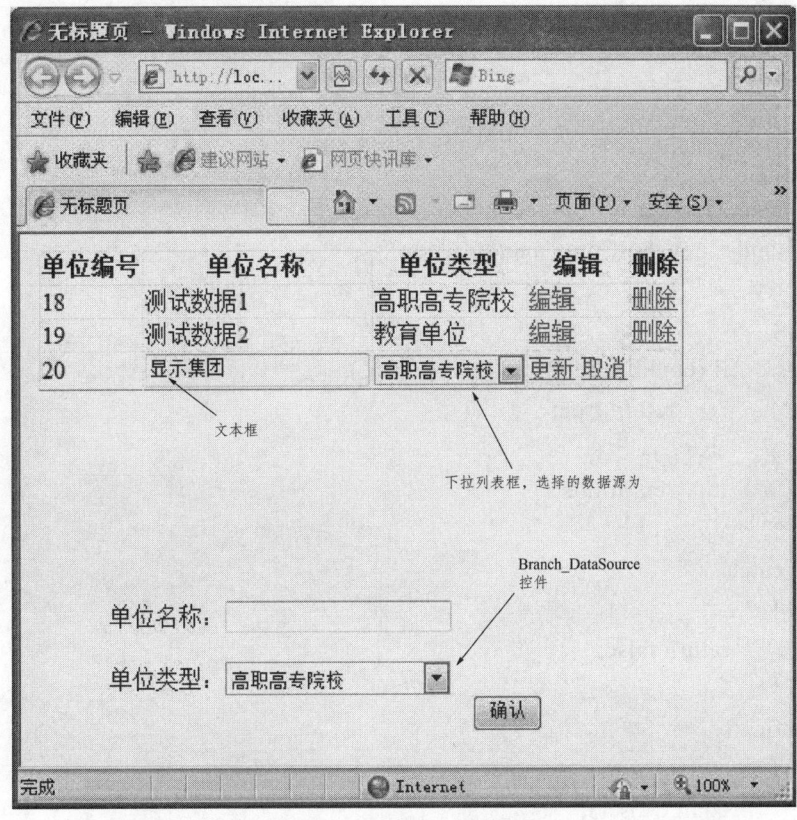

图 8.78　界面效果

（2）根据要求使用 LINQ 技术，因此，需要新建 linqUnitInfo.dbml 文件，并在"服务器资源管理器"中找到表 UnitInfo 以及要使用的存储过程 insert_unitinfo，将其拖入 linqUnitInfo.dbml 的设计视图中。

功能代码如下。

① 定义数据库访问类 SqlDB，代码如下。

```
public class SqlDb
    {
    string str = "Data Source=WIN-QDGG4ENQR3B\\SQLEXPRESS;Initial Catalog=Prc_6;Integrated Security=True";
    SqlCommand cmd;
    SqlConnection conn;
    public SqlDb()
    {
        conn = new SqlConnection(str);
    }
```

```csharp
/// <summary>
/// 执行一条语句,看是否执行成功
/// </summary>
/// <param name="str">SQL 语句,看是否执行成功</param>
/// <returns>布尔</returns>
public bool ExcuteStrNonRet(string str)
{
    conn.Open();
    cmd = new SqlCommand(str, conn);
    try
    {
        if (cmd.ExecuteNonQuery() >= 1)
            return true;
        else
            return false;
    }
    catch
    {
        return false;
    }
    finally
    {
        conn.Close();
    }
}
/// <summary>
/// 执行一条语句返回一个值

/// </summary>
/// <param name="str">SQL 语句</param>
/// <returns>布尔</returns>
public object ExcuteSqlRetVal(string str)
{
    object ret;
    conn.Open();
    cmd = new SqlCommand(str, conn);
    try
    {
        ret = cmd.ExecuteScalar();
        return ret;
```

```csharp
        }
        catch
        {
            return "";
        }
        finally
        {
            conn.Close();
        }
    }
    /// <summary>
    /// 返回一张表
    /// </summary>
    /// <param name="str">sql 语句</param>
    /// <returns>返回数据表</returns>
    public DataTable GetTable(string str)
    {
        conn.Open();
        DataSet ds = new DataSet();
        DataTable dt = new DataTable();
        SqlDataAdapter Dadp = new SqlDataAdapter(str, conn);
        try
        {
            Dadp.Fill(ds);
            dt = ds.Tables[0];
            return dt;
        }
        catch
        {
            return null;
        }
        finally
        {
            conn.Close();
        }
    }
    /// <summary>
    /// 返回一个数据集
    /// </summary>
    /// <param name="str"></param>
```

```
        /// <returns>返回数据集</returns>
        public DataSet GetSet(string str)
        {
            conn.Open();
            DataSet ds = new DataSet();
            SqlDataAdapter dadp = new SqlDataAdapter(str, conn);
            try
            {
                dadp.Fill(ds);
                return ds;
            }
            catch
            {
                return null;
            }
            finally
            {
                conn.Close();
            }
        }
    }
```

② 定义业务逻辑类 LogicClass，代码如下。

```
public class LogicClass
    {
        SqlDb sqldb = new SqlDb();//实例化 SqlDB 类
        /// <summary>
        /// 修改单位信息
        /// </summary>
        /// <param name="musicID">需要修改的单位编号</param>
        /// <param name="musicName">修改后的单位名称</param>
        /// <param name="singerName">修改后的歌手名</param>
        /// <returns>返回 true 表示成功</returns>
        public bool UpdatData(string UnitID, string UnitName, string BranchName)
        {
            bool f = false;
            string sqlstr = "update_unitinfo '" + UnitName + "','" + BranchName + "'," + UnitID + "";
            f = sqldb.ExcuteStrNonRet(sqlstr);
            return f;
```

}
/// <summary>
/// 查询数据表内的所有数据
/// </summary>
/// <returns></returns>
public DataTable SeleData()
{
    DataTable mytable = new DataTable();
    string sqlstr = "SELECT   UnitInfo.UnitID AS 单位编号, UnitInfo.UnitName AS 单位名称, HonorBranch.BranchName AS 单位类型 FROM HonorBranch INNER JOIN UnitInfo ON HonorBranch.BranchID = UnitInfo.BranchID";
    mytable = sqldb.GetTable(sqlstr);
    return mytable;
}
/// <summary>
/// 删除单位信息
/// </summary>
/// <param name="musicID">需要删除的单位编号</param>
/// <returns>返回 true 表示成功</returns>
public bool DeleData(string UnitID)
{
    bool f = false;
    string sqlstr = "delete UnitInfo where UnitID=" + UnitID + "";
    f = sqldb.ExcuteStrNonRet(sqlstr);
    return f;
}

/// <summary>
/// 获取所有的单位名称
/// </summary>
/// <returns>返回单位名称的数组</returns>
public string[] select_UnitName()
{
    linqUnitInfoDataContext linq = new linqUnitInfoDataContext();
    var unit = from u in linq.UnitInfo select u.UnitName;
    string[] nameLis = unit.ToArray();//将查询出来的字段赋给一个数组
    return nameLis;
}
/// <summary>
/// 判断数据是否重复

```csharp
/// </summary>
/// <returns>如果存在重复 返回 false,否则返回 true;</returns>
public bool judeSameName(string Uname)
{
    string[] name = select_UnitName();
    for (int i = 0; i < name.Length; i++)
    {
        if (Uname == name[i].Trim().ToString())
        {
            return false;
            break;
        }
    }
    return true;

}
/// <summary>
/// 执行插入
/// </summary>
/// <param name="UName">单位姓名</param>
/// <param name="UType">单位类型</param>
/// <returns>插入成功返回 true,失败返回 false</returns>
public bool insert(string UName, string UType)
{
    linqUnitInfoDataContext linq = new linqUnitInfoDataContext();
    try
    {
        linq.insert_unitinfo(UName, UType);
        return true;
    }
    catch
    {
        return false;
    }
}
```

（3）在 Default.aspx.cs 页面中调用 LogicClass 类，代码如下。

```csharp
/// <summary>
/// 用于绑定控件
/// </summary>
```

```
public void Banding()
{
        LogicClass logicclass = new LogicClass();
        Grid_UnitInfo.DataSource = logicclass.SeleData();
        Grid_UnitInfo.DataKeyNames = new string[] { "单位编号" };
        Grid_UnitInfo.DataBind();
}
```

① Page_Load 事件代码如下。

```
if (!IsPostBack)
{
        Banding();
}
```

② Grid_UnitInfo_RowEditing 事件代码如下。

```
Grid_UnitInfo.EditIndex = e.NewEditIndex;
Banding();
```

③ Grid_UnitInfo_PageIndexChanging 事件代码如下。

```
Grid_UnitInfo.PageIndex = e.NewPageIndex;
Banding();
```

④ Grid_UnitInfo_RowCancelingEdit 事件代码如下。

```
Grid_UnitInfo.EditIndex = -1;
Banding();
```

⑤ Grid_UnitInfo_RowDeleting 事件代码如下。

```
string unitID = Grid_UnitInfo.DataKeys[e.RowIndex]["单位编号"].ToString();
LogicClass logicclass = new LogicClass();
logicclass.DeleData(unitID);
Banding();
```

⑥ Grid_UnitInfo_RowUpdating 事件代码如下。

```
string unitID = Grid_UnitInfo.DataKeys[e.RowIndex]["单位编号"].ToString();
string unitName = ((TextBox)Grid_UnitInfo.Rows[e.RowIndex].Cells[1].FindControl("txt_unitName")).Text.Trim();
string unitBranch = ((DropDownList)Grid_UnitInfo.Rows[e.RowIndex].Cells[2].FindControl("Drop_Branch")).SelectedValue.ToString();
LogicClass logicclass = new LogicClass();
logicclass.UpdatData(unitID, unitName, unitBranch);
```

```
Grid_UnitInfo.EditIndex = -1;
Banding();
```

⑦ Drop_Type_DataBound 事件代码如下。

```
Drop_Type.Items.Add("其他");
```

⑧ Drop_Type_SelectedIndexChanged 事件代码如下。

```
if (Drop_Type.SelectedItem.Value == "其他")
{
txt_Type.Visible = true;
Drop_Type.Visible = false;
}
```

⑨ but_OK_Click 事件代码如下。

```
string name = txt_Name.Text.Trim();
string type;
if (txt_Name.Text == "")
return;
if (Drop_Type.Visible == true)
type = Drop_Type.SelectedItem.Value;
else
type = txt_Type.Text.Trim();
LogicClass logicclass = new LogicClass();//实例化逻辑类
if (logicclass.judeSameName(txt_Name.Text.Trim()))
{
        if (logicclass.insert(name, type))
        {
        Page.RegisterStartupScript("", "<script>alert('数据插入成功')</script>");
        Banding();
        txt_Name.Text = "";
        txt_Name.Text = "";
        }
        else
        Page.RegisterStartupScript("", "<script>alert('系统出现异常')</script>");
}
else
{
        Page.RegisterStartupScript("", "<script>alert('你输入的单位名称已经存在,请重新输入……')</script>");
        txt_Name.Text = "";
}
```

✳ 备 注 ✳

以下是本章将会用到的数据库，数据库名为"Prc_6"，数据表如表 8.15、表 8.16、表 8.17 所示。

表 8.15 HonorBranch（单位类型表）

字段名	字段类型	长度	主键	是否为空	说明
BranchID	Int	4	是	否	类型编号
BranchName	Nchar	10	否	否	类型名称

表 8.16 UnitInfo（单位信息表）

字段名	字段类型	长度	主键	是否为空	说明
UnitID	Int	4	是	否	单位编号
UnitName	Nchar	30	否	否	单位名称
BranchID	Int	4	外键	否	单位类型

表 8.17 music（歌曲信息表）

字段名	字段类型	长度	主键	是否为空	说明
MusicID	Int	4	是	否	歌曲编号
MusicName	Varchar	20	否	否	歌曲名称
SingerName	Varchar	20	否	否	歌手名

在数据库中有分别用于插入"单位信息"和"歌曲信息"以及用于修改"单位信息"的存储过程和用于歌曲信息自动编号的触发器，代码如下。

（1）插入单位信息，代码如下。

```
create procedure insert_unitinfo
(@UnitName nchar(30),@BranchName nchar(10))/*这里定义参数*/
as
declare @BranchID int      /*注意:这是定义一个变量的语法*/
/*查看当前的类型名称是否存在*/
select @BranchID=BranchID from HonorBranch where BranchName=@BranchName
/*存在则直接插入*/
if(@BranchID>0)
begin
insert into UnitInfo values(@UnitName,@BranchID)
end
```

```
/*不存在则先插入当前类型,再添加单位*/
else
begin
insert into HonorBranch values(@BranchName)
select @BranchID=BranchID from HonorBranch where BranchName=@BranchName
insert into UnitInfo values(@UnitName,@BranchID)
end
```

（2）插入歌曲信息，代码如下。

```
create procedure insert_music
@MusicName varchar(50),@SinferName varchar(50)
as
declare @MusicID int
/*查看当前的表中是否为空*/
set @MusicID=(select count(MusicID) from music)
if(@MusicID=0)
set @MusicID=1/*如果为空则把编号设置为 1*/
else
/*如果不为空则把编号设置为当前最大编号基础上加 1*/
set @MusicID=(select max(MusicID+1) from music)
insert music values(@MusicID,@MusicName,@SinferName)
```

（3）修改单位信息，代码如下。

```
create procedure update_unitinfo
(@UnitName nchar(30),@BranchName nchar(10),@UnitID int)/*这里定义参数*/
as
declare @BranchID int    /*注意:这是定义一个变量的语法*/
/*查看当前的类型名称是否存在*/
select @BranchID=BranchID from HonorBranch where BranchName=@BranchName
/*存在则直接修改*/
if(@BranchID>0)
begin
update UnitInfo set UnitName=@UnitName,BranchID=@BranchID where UnitID=@UnitID
end
/*不存在则先插入当前类型,再添加单位*/
else
begin
insert into HonorBranch values(@BranchName)
```

```
select @BranchID=BranchID from HonorBranch where BranchName=@BranchName
update UnitInfo set UnitName=@UnitName,BranchID=@BranchID where UnitID=@UnitID
end
```

（4）触发器代码如下。

```
create trigger tri_update_music
on music/*在哪个表的操作会触发该功能*/
after delete/*执行什么操作能触发该功能*/
as
begin/*要执行的功能代码——删除一项之后,把该项以后的编号依次减1*/
update music set MusicID=MusicID-1 where MusicID>(select MusicID from deleted)
end
```

第 9 章 Web 安全

内容提示

本章主要对 Web 开发中的操作系统、IIS、数据及编程时的安全进行详细的讲解。

教学要求

熟练掌握 ASP.NET 各方面的安全知识。编程人员需要重点掌握编程安全方面的知识，能熟练进行系统安全方面的设置，对 IIS 能设置安全的使用环境。

内容框架图

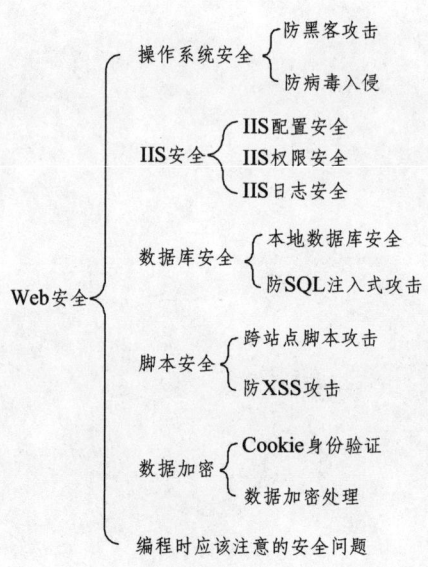

项目的安全是影响项目成败的重要因素之一。如果一个软件刚做出来就被人黑了，那么做出来的软件就没有意义了。因此，保证软件的安全与做软件同等重要。Web 安全主要涉及操作系统安全、IIS 安全、数据库安全、脚本安全、编程时应该注意的安全问题。其中操作系统安全是一切安全的基础。ASP.NET 程序是在操作系统上运行的。其他的一切安全措施都是在操作系统的基础上设置的。每方面的安全都是必不可少的，应尽量采取完善的安全防御措施，提高 Web 服务器的安全性。

9.1 操作系统安全

程序是基于操作系统运行的，因此，如果操作系统被入侵了，那么系统也就不再有什么安全性可言了。黑客不必通过 ASP.NET 程序来入侵用户的系统，只需通过操作系统来入侵Web 站点就能对用户的系统进行控制，因此，首先要保证操作系统的安全。操作系统的安全主要可以从以下几个方面来保证。

9.1.1 防黑客攻击

第一，在第一时间安装微软的补丁程序。Windows 系统自开发出来后就一直有补丁推出。这些漏洞很多会严重威胁网站的安全，因此，要在第一时间里安装这些补丁，防止黑客通过控制操作系统对 ASP.NET 程序进行破坏。

第二，安装防火墙。防火墙是系统的一个安全保障，能在很大程度上提高系统的安全性。可以通过防火墙的地址映射功能开通外网用户对 Web 服务器 80 端口的访问，这样外网用户除了 HTTP 端口之外就没有任何进行攻击的机会了。

9.1.2 防病毒入侵

第一，安装防病毒软件。要提高 Web 服务器的安全，安装防病毒软件是防患于未然的措施。这样能当 Web 服务器感染病毒或特洛伊木马时将病毒和木马及时清除，并定期对系统进行病毒扫描。

第二，不要在服务器上执行管理功能之外的操作。在 Web 服务器上做其他的事情容易使服务器中毒。如平时用服务器打开网页，很多的病毒就挂在网页上，只要打开就可能感染病毒，因此，应尽量使服务器不做其他的用途。

9.2 IIS 安全

9.2.1 IIS 配置安全

IIS 的配置直接影响到网站的安全，网站需要依靠 IIS 来发布。对 IIS 进行安全设置，可有效降低网站的安全风险。计算机上没有安装 IIS 的读者，需首先安装 IIS，这里就不再说明IIS 的安装步骤了。然后打开设置 IIS 的安全界面。在"我的电脑"图标上右击，在弹出的快捷菜单中选择【管理】，打开【计算机管理】窗口。接着选择服务和应用程序，然后选择 Internet 信息服务，下面就可以对 IIS 进行设置了。

（1）不要使用默认的 Web 站点。在 IIS Web 服务器安装部署完成之后，系统会建立一个默认的 Web 站点。有些用户会直接使用这个站点进行网站的开发，这是一个非常不理智的做法，它可能会带来很大的安全隐患，这是因为很多攻击都是针对默认的 Web 站点展开的。

如果在默认的 Web 站点中有一个 inetpub 文件夹。有些攻击者喜欢在这个文件夹中放置一些黑客工具，如窃取密码、进行 DOS 攻击等，从而使得他们可以远程遥控这些工具，造成服务器的瘫痪。由于默认站点与文件夹的相关配置信息基本上是相同的，这就方便了攻击者对服务器进行攻击，连信息搜集这一个步骤都可以省了。一些通过 IP 地址与服务扫描的黑客工具利用的就是默认站点的这个漏洞。其实这个风险是很容易避免的，最简单的方法就是在建立网站的时候不要使用默认站点，如可以将磁盘上的默认 Web 站点位置从 C：\inetpub\（见图 9.1）更改到其他卷，以防止攻击者通过输入"..\"作为位置说明轻松访问 C：驱动器，而且需要将这个站点禁用。

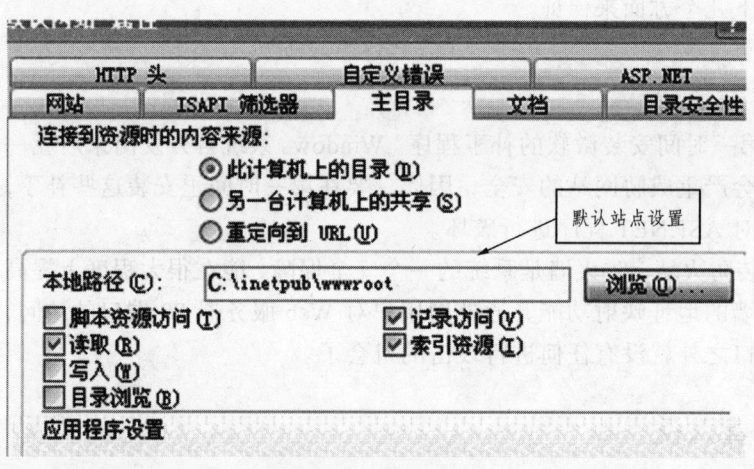

图 9.1　禁用站点

（2）不定时地检查服务器上的 BAT 与 EXE 文件，卸载最不安全的组件，防止与此组件相类似的木马。大部分攻击者都通过 BAT 或 EXE 文件进行攻击。如有些攻击者会利用操作系统的任务管理器让系统每天或每隔一段固定的时间调用某个程序。这些程序就是以 .bat 或 .exe 为后缀的，或是以 .reg 为后缀的。这些文件具有非常大的破坏性，如黑客可以利用这些文件更改注册表、建立隐形账户、发送文件给黑客等。

（3）禁用 TCP/IP 上的 NetBIOS，NetBIOS 是许多安全缺陷的根源。

9.2.2　IIS 权限安全

（1）严格控制服务器的写入和访问权限，让 IIS 以最小的 NTFS 权限运行。在一些内容比较多、结构比较复杂的 Web 服务器上，往往存在多个用户都对服务器具有写入的权限。如新浪网站，有专门的人员负责新闻板块、有专门的人员负责博客、有专门的人员负责论坛等。最好不要将 Web 服务器同其他的应用服务放置在一起。特别是对于企业来说，可能为了节省成本，喜欢将 Web 服务器与文件服务器等部署在同一个服务器上，这是一种非常危险的方式。

因为对于文件服务器来说，可能每个用户都具有向服务器上写入的权限，而这会给木马、病毒等提供机会，从而也会影响到 Web 服务器的安全。总之管理员需要严格限制 Web 服务器的写入权限。在分配用户权限的时候，如果要给用户授予写的权限，那么最好能够结合 NTFS 权限管理，只提供用户对特定文件夹的写入权限。其次就是尽量将 Web 服务器同文件服务器等分开，只使少量用户具有向 Web 服务器写入的权限。

（2）设置 IIS 的 Web 内容目录访问权限。IIS 目录是 Web 服务器中很重要的一个目录。其相当于人的大脑，控制着 Web 服务器的运行。为此在规划 Web 服务器安全的时候，要对此进行特别的关注。不过在实际工作中，这个目录却没有引起用户足够高的关注。他们有些甚至直接使用系统的默认设置，也没有进行后续的追踪，这些都有可能成为以后网站被黑、服务器瘫痪的起因。要保证 IIS 目录的安全，需要对 IP 地址、子网、域名等加以限制。如根据追踪发现某个不知名的 IP 地址经常 ping Web 服务器，此时就需要及时地将这个 IP 地址拉入黑名单，禁止其访问 IIS 目录和做好追踪、分析工作。

9.2.3 IIS 日志安全

（1）保护日志安全。日志是系统安全的重要方面之一。IIS 的日志能记录所有用户的请求，确保日志的安全能有效提高系统的整体安全性。

① 修改 IIS 日志的存放路径。在默认情况下，IIS 的日志存放在 c：WINDows\system32\LogFiles（见图 9.2），黑客当然非常清楚，所以最好修改一下其存放路径。在【Internet 服务管理器】窗口中，右击网站目录，在弹出的快捷菜单中选择【属性】命令，在【网站目录属性】对话框的【网站】选项卡中选中【启用日志记录】复选框，同时单击旁边的【属性】按钮，在【常规属性】选项卡中单击【浏览】按钮或直接在输入框中输入日志存放路径即可，如图 9.2 所示。

② 修改日志访问权限，设置只有管理员才能访问，如图 9.2 所示。

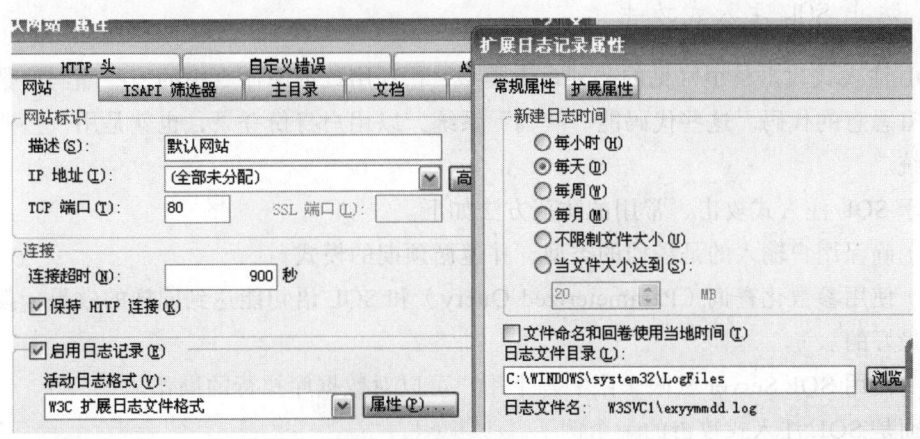

图 9.2 设置日志访问权限

（2）将 ASP.NET 账户添加到 IIS 锁定工具创建的本地 Web 应用程序组，以防进程在被偷袭时运行任何未得到授权的命令许可执行程序。

（3）使用 IIS 锁定工具（IIS Lockdown Tools）删除应用程序中未使用的所有其他动态内

容类型，以减少攻击者可用来攻击的区域。

（4）配置 URLScan 2.5，使其只允许访问应用程序中使用的扩展集，并阻止较长的请求。

9.3 数据库安全

9.3.1 本地数据库安全

要保证数据库的安全性应尽可能满足以下原则：

（1）将 SQL Server 安装在 NTFS 分区上。

（2）安装当时发布的最新服务包和修补程序。

（3）限制所支持的身份验证协议的数量。

（4）给 SA 账户设置足够复杂的密码。

（5）选择低权限本地账户启动 SQL Server 服务。

（6）使用 Services MMC 管理单元，停止 Distributed Transaction Coordinator（MSDTC）服务，并将其设置为手动启动，以防数据库运行事务，并且服务器本身也不会运行 COM+应用程序。

（7）禁用应用程序不需要的 SQL Server 代理和 Microsoft 搜索服务。

（8）设置 Server Network 的网络属性，由"直接客户端广播"改为"隐藏 SQL Server"。

（9）若应用程序不使用"命名管道"协议，则将其删除。

（10）限制数据库用户只具有得到的数据库操作权限。

9.3.2 防止 SQL 注入式攻击

SQL 注入式攻击是很常见的一种攻击类型，它利用数据库命令中的一些漏洞使数据库命令中含有恶意的代码。这些代码能"欺骗"系统，以用户身份登录，也就是用一些假的参数进入系统。

对于 SQL 注入式攻击，常用的防范方法如下。

（1）确保用户输入的是搭档的类型，并遵循预期的模式。

（2）使用参数化查询（Parameterized Query）和 SQL 语句能达到同样的效果，使用存储过程是最好的。

（3）使用 SQL Server 权限来限制各个用户可以对数据库执行的操作。

下面是 SQL 注入式攻击的一个例子。

登录的 SQL 语句如下。

```
Select * From Users Where Username='@username' and Password='@password'
```

仔细研究这条 SQL 语句会发现，如果在用户名和密码文本框中输入如下数据就能进入系统，即遭到 SQL 注入式攻击了。

```
@username=1' or'1'='1
@password=1' or'1'='1
```

相应 SQL 语句如下。

```
Select * From Users Where Username='1' or '1'='1' and Password='1' or '1'='1'
```

这样就能进入系统了,这是一个简单的 SQL 注入。

9.4 脚本安全

任何时候都要注意安全问题,不能信任用户的任何输入,在用户输入的时候一定要检验。假如没有正确地处理好用户的输入,就可能在程序中引入脚本注入的脆弱性。该脆弱性允许用户将自己的脚本注入数据中,如在用户留言中,用户插入<script>alert ('error'); </script>,那么留言的页面就会弹出提示。

9.4.1 跨站点脚本攻击

跨站点脚本攻击(Cross-Site Scripting,XSS),也称为 CSS。它指的是恶意攻击者向 Web 页面中插入恶意 HTML 代码。当用户浏览该页面时,嵌入 Web 中的 HTML 代码会被执行。其攻击损害的不仅是 Web 站点,而且还会对客户端造成危害。为了搜集用户信息,攻击者通常会在有漏洞的程序中插入 JavaScript、VB Script、ActiveX 或 Flash 以欺骗用户(详见下文)。一旦成功,他们就可以盗取用户账户、修改用户设置、盗取/篡改 Cookie、做虚假广告等。每天都有大量的 XSS 攻击的恶意代码出现。当前的跨站点脚本攻击已经发展到了一个非常妖魔化的地步,不再只局限于窃取他人的 Cookie,更加恶毒的跨站点脚本攻击会让访问者中恶意插件、中木马。一般的跨站点脚本攻击会利用漏洞执行 document.write,写入一段 JavaScript 代码,让浏览器执行。现在部分站点屏蔽了 document.write,或把用户可能注入的脚本放在一个 display=none 的 Div 中,使注入攻击失败。当前又发现了用 innerHTML 的方式注入可见 Div,实现跨站点脚本攻击。

9.4.2 防 XSS 攻击

防止 XSS 攻击,必须对用户所输入的内容进行检查。有很多符号是编写脚本语言所必需的,因此编写代码的时候应用很多种方法过滤掉这些特殊字符。下面介绍几种处理特殊字符的方法。

1)用验证控件进行验证(参照控件的相关章节)。
2)通过编写服务器端数据验证组件对数据进行验证。

验证控件只能在客户端对用户的输入信息进行验证。如果攻击者绕过页面的验证,直接构造一个虚假的请求,以此来实现 XSS 攻击,则无法避免攻击。因此,可以在服务器端收到客户端发送的信息的时候对收到的信息进行验证。可以编写一个验证的组件对信息进行验证,查看数据是否符合正则表达式的要求。验证组件主要是用正则表达式来进行信息验证的。如果验证没通过，则拒绝客户端的请求，也可以用一些方法替换掉不符合验证的数据（关于正则表达式可查看正则表达式的相关书籍）。

3）利用 ValidateRequest 对用户数据进行检查。

将 @page 指令上的一个属性 ValidateRequest 设置为打开状态，则能检查在查询字符串、Cookie、表单域中发送给服务器的信息中是否含有存在潜在危险的 HTML 标记。如果检查到有危险信息，那么将终止请求。

4）其他防止 XSS 攻击的方法如下。

（1）不信任用户提交的任何内容，对所有用户提交的内容进行可靠的输入验证，包括对 URL、查询关键字、HTTP 头、REFER、POST 数据等，仅接受指定长度范围内、采用适当格式、含有所预期的字符的内容，其他的一律过滤掉。应尽量采用 POST 而非 GET 提交表单；对 "<"、">"、";"、"'" 等字符做过滤；任何内容被输出到页面上之前都必须进行编码，以避免将 HTML 标记显示出来。

② 实现 Session 标记（Session Tokens）、CAPTCHA 系统或 HTTP 引用头检查，以防功能被第三方网站所执行，对于用户提交信息中的 img、link 等标记，检查是否有重定向回本站、不是真的图片等可疑操作。

③ Cookie 防盗。避免直接在 Cookie 中泄露用户隐私，如 E-mail、密码等；通过将 Cookie 和系统 IP 绑定来降低 Cookie 泄露后的危险，这样攻击者得到的 Cookie 没有实际价值，不可能拿来重放。

④ 确认接收的内容被妥善地规范化，仅包含最小的、安全的标记（没有 JavaScript），去掉任何对远程内容的引用（尤其是样式表和 JavaScript），使用 HTTP only 的 Cookie。

9.5 数据加密

9.5.1 Cookie 和身份验证

Cookie 主要是帮助用户存储一些信息到客户端。它充当了浏览器与服务器之间的一种持续性链接，而 Cookie 也是常被人盗取，使用户失窃个人信息的一个途径。在使用表单身份验证的时候就会隐式使用 Cookie，自然也可以不使用 Cookie 表单身份验证，但这样会使 ID 被嵌入 URL 中，因而会更加不安全。Cookie 是有生命周期的，最长可以设置为 50 年。但一般将 Cookie 设置得比较短，以尽量避免 Cookie 被窃取或被人添加恶意数据。对 Cookie 可以进行加密，使 Cookie 更安全。使用强壮的加密算法对 Cookie 信息进行加密，可以防止 Cookie 中的敏感信息被泄露，只有拥有密钥的服务器才可以解密和识别该信息。

9.5.2 数据加密处理

数据通过加密不会被别人查看和修改，即使在不安全的信道上通信也会保证数据的安全性和完整性。

常见的加密方法有对称加密、非对称加密、数字签名、哈希，加密方法如表 9.1 所示。

表 9.1 加密方法

加密基元	使用方法
对称加密	采用单钥密码系统的加密方法，同一个密钥可以同时用于信息的加密和解密，这种加密方法称为对称加密，也称为单密钥加密
非对称加密	采用双密钥密码系统的加密方法，在一个过程中使用两个密钥：一个用于加密，另一个用于解密，这种加密方法称为非对称加密，也称为公钥加密，因为其中一个密钥是公开的（另一个则需要保密）
数字签名	通过创建对特定方唯一的数字签名来帮助验证数据是否发自特定方，此过程还需使用哈希函数
哈希	将数据从任意长度映射为定长字节序列。哈希在统计上是唯一的，不同的双字节序列哈希后的结果将不同。而操作系统并不是一个没有缺陷的软件，也不存在没有一个 bug 的软件。对于做软件的人来说，只能尽量减少软件的 bug，并不能完全消除软件的 bug。在使用计算机的时候经常会遇到操作系统发出的提示安装微软提供的系统补丁的信息

在加密的过程中可能会用到很多.NET 自带的类，如 System. Security.Cryptography 命名空间提供加密服务，包括安全的数据编码和解码以及许多其他操作，如散列法、随机数字生成和消息身份验证。.NET Framework 提供许多标准加密算法的实现。这些算法易于使用并且具有可能最安全的默认属性。此外，对象继承、流设计和配置的.NET Framework 加密模型具有高度的可扩展性。层次结构如下：算法类型类，如 SymmetricAlgorithm 或 HashAlgorithm，是抽象级别；从算法类型类继承的算法类，如 RC2 或 SHA1，是抽象级别，从算法类继承的算法类的实现，如 RC2CryptoServiceProvider 或 SHA1Managed，该级别是可完全实现的。使用这种模式的派生类很容易添加新算法或现有算法的新实现。例如：若要创建新的公钥算法，应从 AsymmetricAlgorithm 类继承；若要创建特定算法的新实现，应创建该算法的非抽象派生类。流设计公共语言运行库使用面向流的设计实现对称算法和哈希算法。该设计的核心是 CryptoStream 类，它派生自 Stream 类。基于流的加密对象全都支持用于处理对象的数据传输部分的单个标准接口。使用加密配置可以将算法的特定实现解析为算法名称，因此，可以对多个对象进行加密配置。

MD5 方式加密示例如下。

【实现步骤】

首先打开 Visual Studio，新建一个网站。在项目中新建一个类，命名为"MD5"。类的内容如下。

```
using System;
using System.Data;
using System.Configuration;
using System.Web;
using System.Web.Security;
using System.Web.UI;
using System.Web.UI.WebControls;
using System.Web.UI.WebControls.WebParts;
using System.Web.UI.HtmlControls;
```

```csharp
using System.Collections.Generic;
using System.Security.Cryptography;
using System.Text;
/// <summary>
/// MD5 的摘要说明
/// </summary>
public class MD5
{
    public MD5()
    {
    }
    public static string Hash(string toHash)
    {
        MD5CryptoServiceProvider crypto = new MD5CryptoServiceProvider();
        byte[] bytes = Encoding.UTF7.GetBytes(toHash);
        bytes = crypto.ComputeHash(bytes);
        StringBuilder sb = new StringBuilder();
        foreach (byte num in bytes)
        {
            sb.AppendFormat("{0:x2}", num);
        }
        return sb.ToString();
    }
}
```

在默认的 Default.aspx 页面上进行如图 9.3 所示的设计。

图 9.3 设计界面

Default.aspx 页面代码如下。

```
...
        <form id="form1" runat="server">
        <div style="display:block; width:1024px; margin:0px auto;">
         <table border="1" cellspacing="0" cellpadding="0">
            <tr>
                <td>加密数据</td>
                <td><asp:TextBox ID="TextBox1" runat="server"/>
                </td>
```

```
            </tr>
            <tr>
                <td style="height: 20px">加密后数据</td><td style="height: 20px">
                    <asp:Label ID="Label1" runat="server" Text=""/></td>
            </tr>
            <tr>
                <td><asp:Button ID="Button1" runat="server" Text="加密"
    OnClick="Button1_Click" /></td><td>
                    <asp:Button ID="Button2" runat="server" Text="清空"
    OnClick="Button2_Click" /></td>
            </tr>
        </table>
    </div>
    </form>
...
```

接下来编写单击事件代码。

双击【加密】按钮，添加如下代码。

```
{
    Label1.Text = MD5.Hash（TextBox1.Text.ToString（））;
}
```

双击【清空】按钮，添加如下代码。

```
{
    TextBox1.Text = "";
    Label1.Text = "请输入加密信息！";
}
```

并在 Load 事件中添加如下代码。

```
{
    Label1.ControlStyle.ForeColor = System.Drawing.Color.Red;
}
```

运行即可，在【加密数据】文本框中输入数据，单击【加密】按钮，即可获得加密后的数据。

这是一个简单的加密数据的例子，加密数据的方法还有很多，但最终的目标都是保护数据的安全。因此，不论采用哪种方法加密，只要能达到数据安全的目标即可。

9.6 编程时应该注意的安全问题

Web 网站对整个 Internet 是开放的，所有人都可以通过 Internet 访问，因此，编程时对于每个页面都应注重它的安全问题。主要有以下几个方面需要注意：窗体身份验证、授权配置、输入有效性验证、使用参数化存储过程、信息加密存储，下面详细讲解这几个方面的知识。

1. 窗体身份验证

可以通过 web.config 文件配置窗体身份验证。以下配置文件片段显示了窗体身份验证的默认属性值。

```
<system.web>
  <authentication mode="Forms">
        <forms loginUrl="Login.aspx"
            protection="All"
            timeout="30"
            name=".ASPXAUTH"
            path="/"
            requireSSL="false"
            slidingExpiration="true"
            defaultUrl="default.aspx"
            cookieless="UseDeviceProfile"
            enableCrossAppRedirects="false" />
  </authentication>
</system.web>
```

下面是对默认属性值的描述。

（1）loginUrl：指向应用程序的自定义登录页。应该将登录页放在需要安全套接字层（SSL）的文件夹中，这有助于确保凭据从浏览器传到 Web 服务器时的完整性。

（2）protection：设置为 All，以保证窗体身份验证票证的保密性和完整性，这时使用 machineKey 元素上指定的算法对身份验证票证进行加密，并且使用同样是 machineKey 元素上指定的哈希算法进行签名。

（3）timeout：用于指定窗体身份验证会话的有限生存期，默认值为 30 分钟。如果颁发持久的窗体身份验证 Cookie，timeout 属性还用于设置持久 Cookie 的生存期。

（4）name 和 path：设置为在应用程序配置文件中定义的值。

（5）requireSSL：设置为 false。该配置意味着身份验证 Cookie 时可通过未经 SSL 加密的信道进行传输。如果担心会话被窃取，应考虑将 requireSSL 设置为 true。

（6）slidingExpiration：设置为 true，以执行变化的会话生存期，这意味着只要用户在站点上处于活动状态，会话超时就会定期重置。

（7）defaultUrl：设置为应用程序的 Default.aspx 页。

（8）cookieless：设置为 UseDeviceProfile，以指定应用程序对所有支持 Cookie 的浏览器都使用 Cookie。如果不支持 Cookie 的浏览器访问该站点，则窗体身份验证在 URL 上打包身份验证票证。

（9）enableCrossAppRedirects：设置为 false，以指明窗体身份验证不支持自动处理在应用程序之间传递的查询字符串上的票证以及作为某个窗体 POST 的一部分传递的票证。

2. 授权配置

在 IIS 中，对所有使用窗体身份验证的应用程序启用异步访问。UrlAuthorizationModule 类用于帮助确保只有经过身份验证的用户才能访问页面。

可以使用 authorization 元素配置 UrlAuthorizationModule，如以下示例所示。

```
<system.web>
  <authorization>
    <deny users="?" />
  </authorization>
</system.web>
```

3. 输入有效性验证

输入验证一般都是用 ASP.NET 内置的 6 个验证实现的，它们可以很好地对用户输入的数据进行验证，防止不符合规则的数据被提交，也可以根据具体的需要用正则表达式写出相关的验证方法。

4. 使用参数化存储过程

在编程时使用参数化的存储过程能有效提高 Web 应用程序的安全性。动态构造的 SQL 语句在 Web 层遭到破坏时黑客就可以向数据库中插入恶意的命令，从而实现数据库中数据的检索、删除或更改。而存储过程可以将和数据库的交互限制在存储过程内，这是在数据库交互方面保证 Web 安全的最佳方案。

5. 信息加密存储

信息加密存储主要是对数据库中的用户私人信息、密码等一些保密性要求比较高的数据进行加密存储，使信息安全性比较高，以更好地保管数据。

数据加密可以用 DES、MD5 等技术实现（详见数据加密），也可以自己设计加密算法进行加密。这样如果数据真的泄露，那么攻击者如果没有加密的相关算法等资料也就没有办法获得数据，即使获得了数据也没有用。

第 10 章 实战项目设计

10.1 项目背景

XX无人机网站是一个校企合作的项目。为了让无人机能够更好地被人熟知,人们能够更好地了解无人机信息,决定借助Internet进行大力宣传,在互联网络中建设自己的家。

10.2 项目需求分析

网站系统要提供很好的信息展示平台,展示出无人机的新闻信息、科普知识、公告信息、实验室和学子简介等信息。

系统能实现无人机公司对外展示无人机网站信息的基本要求,其中包括无人机信息的新闻发布、科普知识、公告信息和实验室、学子的展示。

(1) 针对的用户:无人机爱好者。
(2) 功能分析如下。
① 新闻动态:展示无人机网站的最新新闻动态。
② 科普知识:为爱好者提供专业的知识讲解,无人机知识的介绍会让无人机爱好者更加了解无人机的信息。
③ 公告信息:公告信息展示了无人机的活动等消息。
④ 学子和实验室:主要介绍了学生风采和实验室情景。

页面上显示的全部内容都是通过系统用户从后台添加的。后台管理员可以对前台页面上的内容进行添加、删除、修改、查看等操作。

10.3 系统设计

10.3.1 功能业务流程

功能业务流程如图10.1所示。

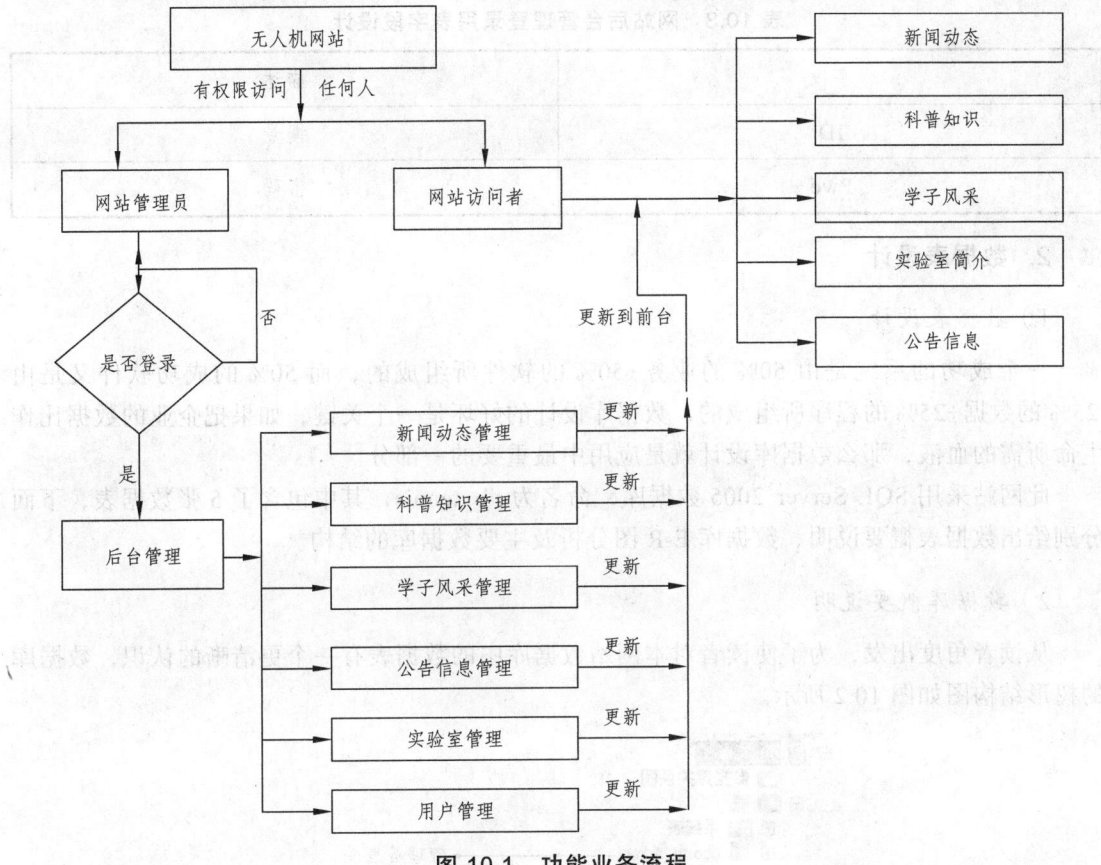

图 10.1　功能业务流程

10.3.2　数据库设计

1. 数据库建立命名规则

数据库命名以字母"db"开头（小写），后面加数相关英文单词或缩写，下面将举例说明，无人机网站的数据库，如表 10.1 所示。

表 10.1　无人机网站的数据库

数据库名称	描　述
db_UAVB	无人机网站的数据库

数据表以字母"tb"开头，后面加数据库相关英文单词或缩写和数据库表明。下面将举例说明，网站后台管理登录用表，如表 10.2 所示。

表 10.2　网站后台管理登录用表

数据表名称	描　述
tb_Users	网站后台管理登录用表

字段一律采用英文或词组命名，如果找不到专业的英文单词或词组，可以用相同意义的英文或词组代替，下面将举例说明，网站后台管理登录用表字段设计，如表 10.3 所示。

表 10.3 网站后台管理登录用表字段设计

字段	描述
ID	编号
Pwd	密码

2. 数据表设计

1）数据表设计

一个成功的系统是由 50% 的业务+50% 的软件所组成的，而 50% 的成功软件又是由 25% 的数据+25% 的程序所组成的，数据库设计的好坏是一个关键，如果把企业的数据比作生命所需的血液，那么数据库设计就是应用中最重要的一部分。

此网站采用 SQL Server 2005 数据库，命名为 db_tennis，其中包含了 5 张数据表，下面分别给出数据表概要说明、数据库 E-R 图分析及主要数据库的结构。

2）数据库概要说明

从读者角度出发，为了使读者对本网站数据库中的数据表有一个更清晰的认识，数据库的树形结构图如图 10.2 所示。

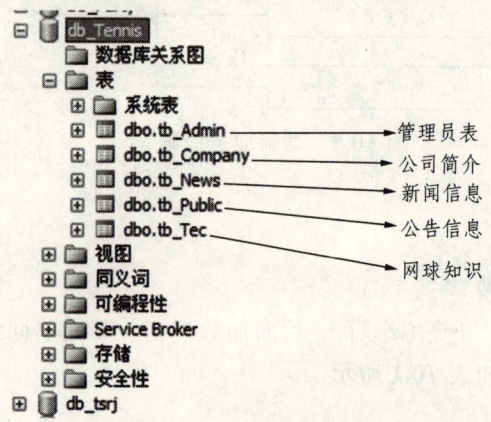

图 10.2 数据库的树形结构图

3）数据库设计的具体详细信息

5 种数据表名，如表 10.4～表 10.9 所示。

表 10.4 表名：tb_Users

序号	列名	数据类型	长度	小数位	标识	主键	允许空	默认值	说明
1	ID	int	4	0	是	是	否		管理员编号
2	Name	varchar	50	0			否		用户名
3	PassWord	varchar	50	0			否		密码

表 10.5　表名：Introduce

序号	列名	数据类型	长度	小数位	标识	主键	允许空	默认值	说明
1	ID	int	4	0	是	是	否		编号
2	I_Name	text	16	0			否		标题
3	I_Content	text	16	0			否		内容
4	I_Time	date	10	0			否		时间
5	I_Person	nvarchar	50	0			否		发布者

表 10.6　表名：News

序号	列名	数据类型	长度	小数位	标识	主键	允许空	默认值	说明
1	ID	int	4	0	是	是	否		新闻编号
2	N_Nmae	text	16	0			否		新闻标题
3	N_Content	text	16	0			否		内容
4	N_Person	varchar	50	0			否		发布者
5	N_Time	date	8	3			否	getdate（）	发布时间
7	N_Photo	varchar	150	0			是		新闻图片

表 10.7　表名：Notice

序号	列名	数据类型	长度	小数位	标识	主键	允许空	默认值	说明
1	ID	int	4	0	是	是	否		编号
2	not_Name	text	16	0			否		标题
3	not_Content	text	16	0			否		内容
4	not_Person	nvarchar	50	0			否		发布人
5	not_Time	date	8	3			否	getdate（）	发布时间

表 10.8　表名：Science

序号	列名	数据类型	长度	小数位	标识	主键	允许空	默认值	说明
1	ID	int	4	0	是	是	否		编号
2	S_Name	text	16	0			否		标题
3	S_Content	text	16	0			否		内容
4	S_Person	varchar	50	0			否		发布人
5	S_Time	date	8	3			否	getdate（）	发布时间
6	S_Photo	varchar	150				否		科普图片

表10.9 表名：Style

序号	列名	数据类型	长度	小数位	标识	主键	允许空	默认值	说明
1	ID	int	4	0	是	是	否		编号
2	St_Name	text	16	0			否		标题
3	St_Content	text	16	0			否		内容
4	St_Person	nvarchar	50	0			否		发布人
5	St_Time	date	8	3			否	getdate（）	发布时间

10.3.3 存储过程

该项目中用到的存储过程此处不再详述，可查看前面章节。下面是该项目中用到的存储过程。

（1）创建名为"adminbind"的存储过程（查询管理员信息用于后台登录后管理员信息绑定），代码如下。

```
CREATE PROCEDURE [dbo].[adminbind]
as
begin
select ID, Name from tb_Users
end
```

（2）创建名为"adminDelete"的存储过程（删除管理员账户），代码如下。

```
CREATE PROCEDURE [dbo].[adminDelete]
(
 @id int
)
AS
begin
  Delete from tb_Users where ID=@id
  End
```

（3）创建名为"GetNewInfoByPage"的存储过程（分页管理），代码如下。

```
CREATE procedure [dbo].[GetNewInfoByPage]
(
 @pageindex int,
   @pagesize int
as
Begin
select *
  From（select ROW_NUMBER（） over( order by ID desc）as Num, ID, N_Name, N_Content,
```

N_Photo, N_Time, N_Person from News) as newtable
where Num between （@pageindex-1）*@pagesize and @pageindex*@pagesize
order by N_Time
end

（4）创建名为"newsadd"的存储过程（添加新闻信息），代码如下。

```
create procedure [dbo].[newsadd]
(
@n_name text,
@n_content text,
@n_person varchar(50)
)
as
begin
insert into News(N_Name,N_Content,N_Person)values(@n_name,@n_content,@n_person )
end
```

（5）创建名为"pro_adminAdd"的存储过程（添加管理员账户），代码如下。

```
CREATE PROCEDURE [dbo].[pro_adminAdd]
    (
        @name varchar(50),
        @password char(50),
    )
AS
begin
insert into tb_Users(Name,Password) values(@Name, @password)
end
```

（6）创建名为"pro_adminlogin"的存储过程（登录时验证账户与密码），代码如下。

```
CREATE procedure [dbo].[pro_adminlogin]
@name varchar(100),
@password varchar(50)
as
begin
select Name from tb_Users where Name=@name and PassWord=@password
end
```

（7）创建名为"pro_knowledgeinfo"的存储过程（查询出最新的 8 条科普知识信息用于首页显示），代码如下。

```
CREATE proc [dbo].[pro_knowledgeinfo]
as
begin
 select top(8)ID,S_Name,S_Time from Science order by ID desc
end
```

（8）创建名为"pro_newsinfo"的存储过程（查询出最新的 7 条新闻信息用于首页显示），代码如下。

```
CREATE proc [dbo].[pro_newsinfo]
as
begin
 select top(7)ID,N_name,N_Time from News order by ID desc
end
```

（9）创建名为"pro_noticeinfo"的存储过程（查询出最新的 10 条公告信息用于首页显示），代码如下。

```
CREATE proc [dbo].[pro_noticeinfo]
as
begin
 select top(10)ID,not_Name from Notice    order by ID desc
end
```

（10）创建名为"pro_updatePwd"的存储过程（验证管理员账户的当前密码并修改密码），代码如下。

```
create procedure [dbo].[pro_updatePwd]
@name varchar(50),
@password char(50),
@newpassword char(50)
as
begin
update  dbo.tb_Users  set  PassWord=@newpassword  where  Name=@name  and PassWord=@password
end
```

（11）创建名为"pro_knowledgeinfo"的存储过程（删除科普知识信息），代码如下。

```
CREATE PROCEDURE [dbo].[tecDelete]
(
 @id int
)
AS
```

```
begin
Delete from Science where ID=@id
end
```

10.4 项目架构分析

10.4.1 项目多层体系图

项目多层体系，如图10.3所示。

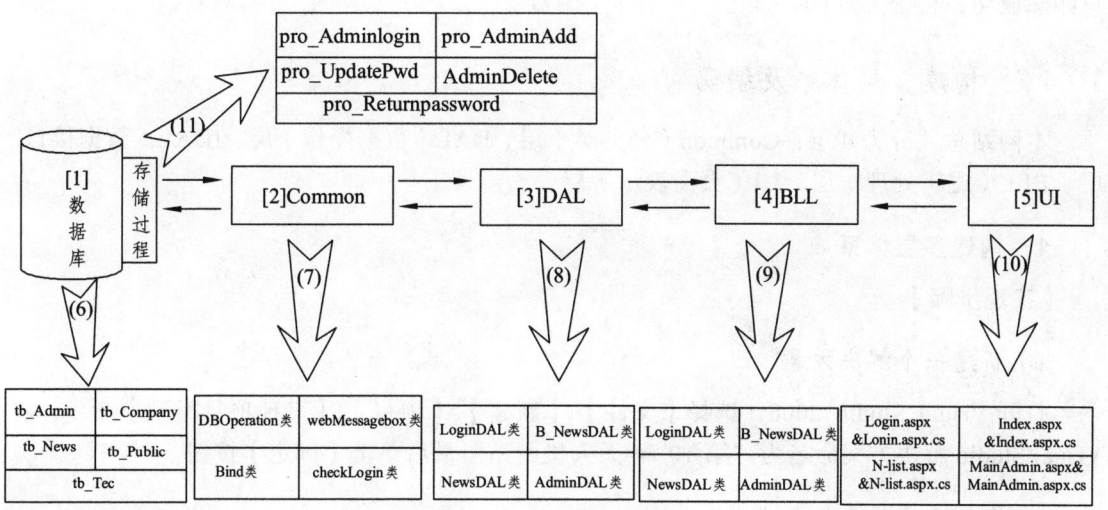

图 10.3 项目多层体系图

解析如下。

（1）项目创建的解决方案，就是构建多层体系，后面会讲到如何建立项目解决方案。

（2）多层体系中的公共类层（Common）的作用就是为整个项目提供公共的方法。例如：数据底层功能设计（DBOperation类），用于数据库连接等；消息类的设计（webMessagebox），将消息提示框封装到此类中，缩减代码，方便使用。

（3）多层体系中的数据操作层（DAL）的作用就是将项目数据库操作封装到此层中，这样一来，数据操作都集中在DAL里面，便于代码的维护，也减少了代码的重写，当UI层里不同页面需要执行相同的事件（如查询数据库里的同一张表）时，DAL层里面的查询类则处理了多个相同的事情。例如：管理员信息操作类（AdminDAL.cs），这个类处理来自后台管理的信息操作（增、删、查、改）；后台新闻信息操作类（B_NewsDAL.cs），这个类则处理与新闻信息相关的所有信息操作（增、删、查、改）。我们看到不仅可以简写代码，还可以将每个功能模块分离开来，每个模块非常清晰。

（4）多层体系中的业务逻辑层（BLL）的作用就是接收来自UI层的参数，将传过来的参数进行处理、加工，然后发送到下一层（例如：DAL、Common）进行数据处理。例如：管理员登录模块（LoginBLL.cs），是接收来自登录页面的账号、密码等信息，判断其是否合法、格式是否真确等,然后将所需数据发送到 DAL 进行数据库操作相关的处理;管理员信息管理模块(AdminBLL.cs)类接收数据加工处理,等待返回数据(例如:查询一张表,如果查询到之后返回一个 True,否则返回 Flase)。

(5)UI 也就是项目(UAVB),同时也是界面层,存放项目页面(aspx,aspx.cs),文件(images 图片文件、xml 文件等)的地方,也可以说是提供用户操作的界面。在 UI 层里,提供信息录入的页面,信息显示的页面。例如:用户登录界面,我们提供了采集用户所录入的信息接口,将信息保存在 aspx.cs 页面里面,经过加工处理之后我们就将信息发送到业务逻辑层(BLL),把处理任务一步一步传下去。直到处理完之后,返回结果,然后将结果显示出来(例如:删除一条信息,删除成功之后会返回一个 True,收到之后就会用一个消息框提示用户删除成功,否则失败!)。

10.4.2 构建多层体系及编码

本网站总共分为 4 层:Common(公共类)层、DAL(数据操作)层、IDAL(数据接口)层、BLL(逻辑处理)层、UI(页面表示)层。

1. 构建多层体系

【实现步骤】

1)新建一个解决方案

打开 Visual Studio 2008,选择【文件】|【新建】|【项目】|【其他项目类型】命令,将 Visual Studio 解决方案命名为"第 10 章-无人机网站"最后单击【确定】按钮。

2)在解决方案中添加类库

右击【解决方案】图标,在出现的快捷菜单中选择【添加】,最后单击【新建项目】|【类库】命令,最后将该库命名为"Common"(创建公共类层)后,单击【确定】按钮。按此步骤分别添加 DAL(数据操作)层、IDAL(数据接口)层、BLL(逻辑处理)层。

3)在解决方案中添加网站(UI)层

右击【解决方案】图标,在出现的快捷菜单中选择【添加】|【新建网站】命令并将该网站命名为"UAVB"(创建 UI 层),最后单击【确定】按钮。

此时已经构建完成本网站的多层体系(物理结构),其效果如图 10.4 所示。

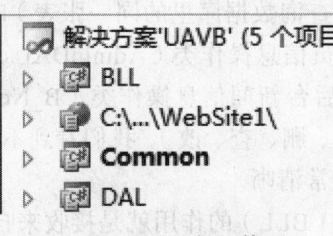

图 10.4 多层体系

上面已经把网站的物理框架搭建完成了,接下来将进入各层代码编写阶段。

2. 编写 Common（公共类）层代码

开发项目以类的形式来组织、封装一些常用的方法和事件，不仅可以提高代码的重用率，也大大方便了代码的管理。但我们在设计公共类的时候一定不容忽视的东西就是公共类的集成与其他模块的正确性。

1）数据底层功能设计（DBOperation 类）

数据底层设计主要是实现在逻辑业务层与 SQL Server 数据库之间建立一个连接访问桥。该层主要实现的功能方法为打开/关闭数据库连接，执行数据库的增、删、改、查等功能。具体代码如下。

```
public class DBOperation
{
        SqlConnection con;
        SqlCommand cmd;
        //webconfig 文件当中的节点获取的数据库连接语句
        string constr = "Date Source=.:Initial Catalog=UAVB:Integrated Security=true";
        /// <summary>
        /// 打开数据库连接
        /// </summary>
        private void DBopen()
        {
         if (con == null)
         {
             con = new SqlConnection(constr);
         }
         if (con.State == System.Data.ConnectionState.Closed)
         {
             con.Open();//打开数据库
         }
        }
        /// <summary>
        /// 关闭数据库连接
        /// </summary>
        public void DBclose()
        {
         if (con != null)
         {
             con.Close();//关闭数据库
         }
        }
        /// <summary>
```

```csharp
/// 释放数据资源
/// </summary>
public void DBDispose()
{
 if (con != null)
 {
     con.Dispose();//释放数据资源
     con = null;
 }
}
/// <summary>
/// 返回数据集
/// </summary>
/// <param name="sqlstr">存储过程或命令行文本</param>
/// <param name="tb_name">表名</param>
/// <returns>DataSet 数据集</returns>
public DataSet DBDataset(string sqlstr, string tb_name)
{
 try
 {
     DBopen();
     SqlDataAdapter da = new SqlDataAdapter(sqlstr, con);
     DataSet ds = new DataSet();
     da.Fill(ds, tb_name);
     DBclose();
     return ds;
 }
 catch
 {
     return null;
 }
}
/// <summary>
/// 返回一张数据表
/// </summary>
/// <param name="sqlstr">存储过程或命令行文本</param>
/// <returns>DataTable 表</returns>
public DataTable DBdataTable(string sqlstr)
{
 try
```

```csharp
    {
        DBopen();
        SqlDataAdapter da = new SqlDataAdapter(sqlstr, con);
        DataTable tb = new DataTable();
        da.Fill(tb);
        this.DBclose();
        return tb;
    }
    catch
    {
        return null;
    }
}
/// <summary>
/// 
/// </summary>
/// <param name="sqlstr"></param>
/// <returns></returns>
public bool DBRead(string sqlstr)
{
    try
    {
        DBopen();
        cmd = new SqlCommand(sqlstr, con);
        SqlDataReader dr = cmd.ExecuteReader();
        if (dr.Read())
            return true;
        else
            return false;
    }
    catch
    {
        return false;
    }
}
/// <summary>
/// 执行 SQL 或存储过程
/// </summary>
/// <param name="sqlstr">命令语句</param>
/// <returns>bool 值(true 为成功)</returns>
```

```csharp
public bool DBSQLExe(string sqlstr)
{
    try
    {
        bool sd = false;
        DBopen();
        cmd = new SqlCommand(sqlstr, con);
        int i = cmd.ExecuteNonQuery();
        if (i > 0)
        {
            sd = true;
        }
        else
        {
            sd = false;
        }
        return sd;
    }
    catch
    {
        return false;
    }
}
/// <summary>
/// 执行 SQL 或存储过程
/// </summary>
/// <param name="sqlstr">命令语句</param>
/// <param name="paras">paras</param>
/// <returns>bool 值</returns>
public bool DBSQLExe(string sqlstr, params SqlParameter[] paras)
{
    try
    {
        bool sd = false;
        DBopen();
        cmd = new SqlCommand();
        cmd.Connection = con;
        cmd.CommandText = sqlstr;
        cmd.Parameters.AddRange(paras);
        int i = cmd.ExecuteNonQuery();
```

```csharp
            if (i > 0)
            {
                sd = true;
            }
            else
            {
                sd = false;
            }

            return sd;
        }
        catch
        {
            return false;
        }
    }
    /// <summary>
    /// 执行存储过程
    /// </summary>
    /// <param name="sqlstr">命令语句</param>
    /// <param name="paras">paras</param>
    /// <returns>bool 值</returns>
    public bool DBSQLExec(string sqlstr, params SqlParameter[] paras)
    {
        try
        {
            bool sd = false;
            DBopen();
            cmd = new SqlCommand();
            cmd.Connection = con;
            cmd.CommandText = sqlstr;
            cmd.CommandType = CommandType.StoredProcedure;
            cmd.Parameters.AddRange(paras);
            int i = cmd.ExecuteNonQuery();
            if (i > 0)
            {
                sd = true;
            }
            else
            {
```

```
            sd = false;
        }
        return sd;
    }
    catch
    {
        return false;
    }
  }
}
```

2）消息类的设计（WebMessagebox.cs）

设计消息类主要是为了简化每当我们要弹出消息对话框时重复地写大量的 Java Script 脚本语言，为此我们写了消息框类，该类由两个方法组成，同时该类继承了 page 类。

show 方法主要是用于弹出一般的对话框，具体代码如下。

```
namespace Common
{
    /// <summary>
    /// 消息对话框类
    /// </summary>
    public class WebMessageBox : System.Web.UI.Page
    {
        /// <summary>
        /// 网页消息提示框
        /// </summary>
        /// <param name="message">要显示的消息文本</param>
        public void show(string message)
        {
            Page.RegisterStartupScript("","<script language='javascript'>alert ('" + message + "')</script>");
        }
        /// <summary>
        /// 网页消息对话框
        /// </summary>
        /// <param name="message">提示消息</param>
        /// <param name="src">跳转的页面</param>
        public void show(string message, string src)
        {
            //第二个方法主要是重载第一个方法用于弹出对话框后跳转页面
            Page.RegisterStartupScript("",'<script language= 'javascript'>alert
```

```
("' + message + "');location.href='" + src + "'</script>");
        }
    }
}
```

3）数据控件绑定类设计（Bind.cs）

数据控件绑定类设计的主要用途是给 Gridview、DataList 绑定数据源，该类主要由两个方法构成。ContantXMl 方法主要用于读取联系我们的 XML，具体代码如下。

```
namespace tennis.DB
{
        /// <summary>
        /// 数据控件绑定类
        /// </summary>
        public class Bind:System.Web.UI.Page
        {
        /// <summary>
        /// GridView 的数据绑定
        /// </summary>
        /// <param name="gv">控件的 ID</param>
        /// <param name="ds">数据集</param>
        /// <param name="keyword">表里面的字段(用来标识 GridView 的 DataKeyNames)</param>
        public void bind(GridView gv,DataSet ds,string keyword)
        {
            gv.DataSource = ds;//给定数据源
            gv.DataKeyNames = new string[] { keyword };     //给定主键值
            gv.DataBind();//绑定数据
        }
        /// <summary>
        /// DataList 数据绑定,用于前台二级页面中数据列表绑定
        /// </summary>
        /// <param name="dl">DataList 控件名</param>
        /// <param name="curpage">第几页</param>
        /// <param name="?">无返回值</param>
        public void DataListBind(DataList dl, int curpage, DataTable dt, Label dangqian, Label zong)
        {
            PagedDataSource pds = new PagedDataSource();
            pds.AllowPaging = true;
            pds.DataSource = dt.DefaultView;
```

```csharp
            pds.PageSize = 20;
            pds.CurrentPageIndex = curpage - 1;
            dl.DataSource = pds;
            dl.DataBind();
            dangqian.Text = (pds.CurrentPageIndex + 1).ToString(); ;
            zong.Text = pds.PageCount.ToString();
        }
        /// <summary>
        /// 联系我们的 xml 读取
        /// </summary>
        /// <returns></returns>
        public string ContantXMl()
        {
            XmlDocument xd = new XmlDocument();
            string str = Server.MapPath("~/B/telephone.xml");
            xd.Load(str);
            XmlElement root = xd.DocumentElement;
            XmlNode xn=null;
            if (root.HasChildNodes)
            {
                xn = xd.SelectSingleNode("//telephone");
            }
            return xn.InnerText.ToString();
        }
    }
}
```

4）验证登录类（checkLogin.cs）

如下示例主要是通过重写初始化事件来实现验证登录功能的。

```csharp
protected override void OnInit(EventArgs e)
        {
            if (Session["Username"] == null)
            {
                StringBuilder str = new StringBuilder();
                str.Append("<html><head><title>请重新登录</title></head> \r\n");
                str.Append("<script language='javascript' type='text/javascript'> \r\n");
                str.Append(" var num=0; \r\n");
                str.Append(" function GoLogin() \r\n");
                str.Append("{       window.location.href='/B/Login.aspx';} \r\n");
                str.Append(" function step() \r\n");
```

```
str.Append("{ \r\n");
str.Append("if(num!=16) \r\n");
str.Append(" {if(num%5==0) lb1.innerHTML=''; \r\n");
str.Append("else lb1.innerHTML=lb1.innerHTML+'.'; \r\n");
str.Append("num=num+1;window.setTimeout('step();',100); \r\n");
str.Append("}else \r\n");
str.Append("{window.setTimeout('GoLogin();',100);} \r\n");
str.Append(" }</script>\r\n");
str.Append("<body onLoad='step()'>\r\n");
str.Append("<br>请先登录!自动跳转登录页面中<label id='lb1'> </label>\r\n");
str.Append("</body><html>");
Response.Write(str.ToString());
Response.End();
    }
}
```

3. 编写 DAL(数据操作)层代码

1)管理员登录类(LoginDAL.cs)

管理员登录类用于管理员登录时对数据进行查询,具体代码如下。

```
public class LoginDAL
{
        #region LoginIDAL 成员
        /// <summary>
        /// 验证登录
        /// </summary>
        /// <param name="name">用户名</param>
        /// <param name="password">密码</param>
        /// <returns>bool 值</returns>
        public bool Login(string name, string password)
        {
         DBOperation db = new DBOperation();
            DataTable dt = db.DBdataTable("exec pro_adminLogin '" + Name + "','" + PassWord + "'");
            int num = int.Parse(dt.Rows[0]["num"].ToString());
            if (num == 1)
                return true;
            else
                return false;
        }
        #endregion
}
```

工程师提示

在调用其他层的类时必须先引用调用类的命名空间,并且在项目中引用该类库。引用类库步骤如下。

右击项目,在弹出的快捷菜单中选择【添加引用】|【项目】命令,选择要调用的类所在的项目。

2)后台新闻信息操作类(B_NewsDAL.cs)

后台新闻信息操作类主要完成对新闻信息的增、删、改、查操作。具体代码如下。

```
public class B_NewsDAL
    {
      tDBOperation op = new DBOperation();
    ///<summary>
    ///新闻添加(不带新闻图片)
    ///</summary>
    ///<param name="N_Name">新闻标题</param>
    ///<param name="N_Content">新闻内容</param>
    ///<param name="N_Person">发布人</param>
    ///<returns>bool 值</returns>
    public bool Newsinsert(string N_Name, string N_Content,DateTime time, string N_Person)
    {
        string sql = "newsadd'"+N_Name+"','"+N_Content+"','"+time+"','"+N_Person+"'";
        return op.DBSQLExe(sql);
    }
    ///<summary>
    ///新闻添加(带新闻图片)
    ///</summary>
    ///<param name="N_Name">新闻标题</param>
    ///<param name="N_Content">新闻内容</param>
    ///<param name="N_Person">发布人</param>
    ///<param name="N_Photo">新闻图片的储存路径</param>
    ///<returns>bool 值 μ </returns>
    public bool Newsinsert(string N_Name, string N_Content,DateTime time ,string N_Person, string N_Photo)
    {
        string sql ="newsadd'"+N_Name+"','"+N_Content+"','"+time+"','"+N_Person+"','"+N_Photo+"'";
        return op.DBSQLExe(sql);
    }
```

```csharp
///<summary>
///新闻添加(不带新闻图片)
///</summary>
///<param name="N_Name">新闻标题</param>
///<param name="N_Content">新闻内容</param>
///<param name="N_Person">发布人</param>
///<param name="N_Person">条件</param>
///<returns>bool 值</returns>
public bool NewsUpdate(string N_Name, string N_Content, string N_Person, string Condition)
{
    SqlParameter[] paras = new SqlParameter[4]
    {
        new SqlParameter("@n_name",N_Name),
        new SqlParameter("@n_content",N_Content),
        new SqlParameter("@n_person",N_Person),
        new SqlParameter("@condition",Condition)
    };
    string sql = "update [dbo].[News] set N_Name=@n_name,N_Content=@n_content,N_Person=@n_person where ID=@condition";
    return op.DBSQLExe(sql, paras);
}

///<summary>
///新闻添加(带新闻图片)
///</summary>
///<param name="N_Name">新闻标题</param>
///<param name="N_Content">新闻内容</param>
///<param name="N_Person">发布人</param>
///<param name="N_Photo">新闻图片的储存路径</param>
///<param name="Condition">条件</param>
///<returns>bool 值</returns>
public bool NewsUpdate(string N_Name, string N_Content, string N_Person, string Condition, string N_Photo)
{
    SqlParameter[] paras = new SqlParameter[5]
    {
        new SqlParameter("@n_name",N_Name),
        new SqlParameter("@n_content",N_Content),
        new SqlParameter("@n_person",N_Person),
        new SqlParameter("@condition",Condition),
        new SqlParameter("@n_photo",N_Photo)
```

```csharp
        };
        string sql = "update [dbo].[News] set N_Name=@n_name,N_Content=@n_content,N_Person=@n_person,N_Photo=@n_photo where ID=@condition";
        return op.DBSQLExe(sql, paras);
    }
    ///<summary>
    ///新闻管理的数据绑定
    ///</summary>
    ///<param name="sql">SQL 语句</param>
    ///<returns>dataset 数据集</returns>
    public DataSet NewsBind()
    {
        string sql = "select ID,N_Name,N_Person,N_Time from [dbo].[News]";
        return op.DBDataset(sql, "[dbo].[News]");
    }

    ///<summary>
    ///新闻页面的删除
    ///</summary>
    ///<param name="condition">条件(ID)</param>
    ///<returns>bool 值</returns>
    public bool NewsDel(string condition)
    {
        string sql = "delete from [dbo].[News] where ID='"+condition+"'";
        return op.DBSQLExe(sql);
    }
    ///<summary>
    ///数据修改页面的数据绑定
    ///</summary>
    ///<param name="id">id</param>
    ///<returns>datatable</returns>
    public DataTable NewsUpdatebind(int id)
    {
        string sql = "select * from News where ID='" + id + "'";
        return op.DBdataTable(sql);
    }
    ///<summary>
    ///搜索
    ///</summary>
    ///<param name="field">所查询表里面的字段名</param>
```

```csharp
///<param name="condition">条件</param>
///<returns>dataset</returns>
public DataSet NewsSerch(string field, string condition)
{
    string sql = "select ID,N_Name,N_Person,N_Time from [dbo].[News] where " + field + "like'%" + condition + "%'";
    return op.DBDataset(sql, "[dbo].[News]");
}
/// <summary>
///
/// </summary>
/// <returns></returns>
public DataTable SelectAllNewsDal()
{
    string sql = "select top(8)* from News where N_Photo='' order by ID desc";
    return op.DBdataTable(sql);
}
public DataTable SelectNoNewsDal()
{
    string sql = "select top(20) * from News where N_Photo=''order by ID desc";
    return op.DBdataTable(sql);
}
public DataTable GetNewsImg()
{
    return op.DBdataTable("select top(4)* from News where N_Photo!=''order by ID desc");
}
public DataTable GetNoImg()
{
    return op.DBdataTable("select top(6)* from News where N_Photo!=''order by ID desc");
}
public DataTable SelectAllNewDal()
{
    string sql = "select * from [dbo].[News]";
    return op.DBdataTable(sql);
}
}
}
```

3）前台新闻信息操作类（NewsDAL.cs）

前台新闻信息操作类主要用于前台显示新闻信息，具体代码如下。

```csharp
public class NewsDAL
{
    ///<summary>
    ///新闻二级页面绑定数据
    ///</summary>
    ///<returns></returns>
    DBOperation db = new DBOperation();
    public DataTable NewsDALBind()
    {
        string str = "select ID,N_Name,N_Time from [dbo].[News] order by ID desc";

        return db.DBdataTable(str);
    }
    ///<summary>
    ///新闻详细信息阅读
    ///</summary>
    ///<param name="id"></param>
    ///<returns></returns>
    public DataTable NewsmsgDAL(string id)
    {
        string str = "select N_Name,N_Content from [dbo].[News] where ID='"+id+"'";

        return db.DBdataTable(str);
    }
    public DataTable GetNewsListByPage(int pageindex, int pagesize)
    {
        string sqlstr = "GetNewInfoByPage";
        SqlParameter[] parameter =
        {
            new SqlParameter("@pageindex",pageindex),
            new SqlParameter("@pagesize",pagesize)
        };

        return db.DBSQLExecDT(sqlstr, parameter);
    }
}
```

4）后台操作类（AdminDAL.cs）

后台操作类主要用于后台管理员操作，具体代码如下。

```csharp
public class AdminDAL
    {

        /// <summary>
        /// 添加管理员
        /// </summary>
        /// <param name="name">用户名</param>
        /// <param name="password">密码</param>
        /// <returns>bool 值(True 添加成功)</returns>
        DBOperation op = new DBOperation();
        public bool add(string Name, string PassWord)
        {
            DBOperation op = new DBOperation();
            bool bl = false;
            string sql = "exec pro_adminAdd '" + Name + "','" + PassWord + "',";
            bl = op.DBSQLExe(sql);
            return bl;
        }
        ///<summary>
        ///管理员密码修改
        ///</summary>
        ///<param name="name">用户名</param>
        ///<param name="password">密码</param>
        ///<returns>bool 值(True 添加成功)</returns>
        public bool adminPassWord(int NewId, string newsPassWord)
        {
            DBOperation op = new DBOperation();
         return   op.DBSQLExe("updatepassword'" + NewId + "','" + newsPassWord + "'");

        }
        ///<summary>
        ///管理员删除
        ///</summary>
        ///<param name="id">数据表里面的 id 字段</param>
        ///<returns>bool 值</returns>
        public bool DeleteAdmin(string id)
        {
            DBOperation op = new DBOperation();
            string sql = "exec adminDelete'" + id + "'";
            return op.DBSQLExe(sql);
```

```csharp
}
///<summary>
///管理员列表信息绑定
///</summary>
///<returns>数据集</returns>
public DataSet Admininfo()
{
    string sql = "adminbind";
    DBOperation op = new DBOperation();
    return op.DBDataset(sql, "tb_user");
}
public DataTable Bind(int Id)
{
    DBOperation op = new DBOperation();
    return op.DBdataTable("exec adminList'" + Id + "'");
}
/// <summary>
///
/// </summary>
/// <returns></returns>
public DataTable SelectAllAdminDal()
{
    string sql = "select * from [dbo].[tb_Users]";
    return op.DBdataTable(sql);
}
}
```

工程师提示

在此我们对网站中的几个模块进行了详细的介绍，因此，其他相关模块就不再说明了，内容都是大同小异的。

4. 编写 BLL（逻辑处理）层代码

1）管理员登录模块（LoginBLL.cs）

管理员登录模块，代码如下。

```csharp
public class LoginBLL
{
    public bool Login(string Name, string PassWord)
    {
        LoginDAL dal = new LoginDAL();
        return dal.Login(Name, PassWord);
    }
}
```

2）后台新闻信息管理模块（B_NewsBLL.cs）

后台新闻信息管理模块，代码如下。

```csharp
public class B_NewsBLL
{
        DAL.B_NewsDAL news = new DAL.B_NewsDAL();
        Bind bd = new Bind();
        ///<summary>
        ///新闻添加
        ///</summary>
        ///<param name="N_Name">新闻标题</param>
        ///<param name="N_Content">新闻内容</param>
        ///<param name="N_Person">新闻发布人</param>
        ///<param name="N_Photo">新闻图片</param>
        ///<returns></returns>
        public bool insertnews(string N_Name, string N_Content,DateTime time, string N_Person,string N_Photo)
        {
            bool b1 = false;
            if (N_Photo == "")
            {
                b1 = news.Newsinsert(N_Name, N_Content, time, N_Person,N_Photo);
            }
            else
            {
                b1 = news.Newsinsert(N_Name, N_Content,time, N_Person,N_Photo);
            }
            return b1;
        }
        ///<summary>
        ///新闻修改
        ///</summary>
        ///<param name="N_Name">新闻标题</param>
        ///<param name="N_Content">新闻内容</param>
        ///<param name="N_Person">发布人</param>
        ///<param name="N_Photo">新闻图片的储存路径</param>
        ///<param name="condition">条件(ID)</param>
        ///<returns>bool 值</returns>
        public bool Updatenews(string N_Name, string N_Content, string N_Person, string Condition, string N_Photo)
        {
```

```csharp
            bool b1 = false;
            if (N_Photo == "")
            {
                b1 = news.NewsUpdate(N_Name, N_Content, N_Person,Condition);
            }
            else
            {
                b1 = news.NewsUpdate(N_Name, N_Content, N_Person, N_Photo, Condition);
            }
            return b1;
}
///<summary>
///数据加载绑定
///</summary>
///<param name="gv">GridView</param>
public void bind(GridView gv)
{
    bd.bind(gv, news.NewsBind(), "ID");
}
///<summary>
///信息管理删除
///</summary>
///<param name="id">表里面的 id</param>
///<returns>bool 值</returns>
public bool delete(string id)
{
    return news.NewsDel(id);
}
///<summary>
///修改数据绑定
///</summary>
///<param name="id">id 值</param>
///<returns>数据集</returns>
public DataTable UpdateBind(int id)
{
    return news.NewsUpdatebind(id);
}
///<summary>
///修改查询
///</summary>
```

```csharp
///<param name="gv">GridView 的 ID</param>
///<param name="field">表里面的字段名</param>
///<param name="condition">查询的条件</param>
public void bind(GridView gv, string field, string condition)
{
    bd.bind(gv, news.NewsSerch(field, condition), "ID");
}
//一级页面数据显示
public DataTable SelectAllNewsBll()
{
    return news.SelectAllNewsDal();
}
//二级页面数据显示
public DataTable SelectNoNewsBll()
{
    return news.SelectNoNewsDal();
}
//图片一级页面显示
public DataTable GetNewsImg()
{
    return news.GetNewsImg();
}
//图片新闻二级页面显示
public DataTable GetNoImg()
{
    return news.GetNoImg();
}
public DataTable SelectAllNewBll()
{
    return news.SelectAllNewDal();
}
}
```

3）前台新闻信息显示模块（NewsBll.cs）

前台新闻信息显示模块，代码如下。

```csharp
public class NewsBll
{
    ///<summary>
    ///新闻列表绑定
    ///</summary>
```

```csharp
///<returns></returns>
NewsDAL ip = new NewsDAL();
public DataTable NewsList()
{
    return ip.NewsDALBind();
}
///<summary>
///新闻详细信息阅读
///</summary>
///<param name="id"></param>
///<returns></returns>
public DataTable Newsmsg(string id)
{
    return ip.NewsmsgDAL(id);
}
public DataTable GetNewsListByPage(int pageindex, int pagesize)
{
    return ip.GetNewsListByPage(pageindex, pagesize);
}
}
```

4）后台管理员操作模块（AdminBLL.cs）

后台管理员操作模块，代码如下。

```csharp
public class AdminBLL
{
    Bind bd = new Bind();
    AdminDAL admin = new AdminDAL();
    /// <summary>
    /// 添加管理员
    /// </summary>
    /// <param name="name">用户名</param>
    /// <param name="password">密码</param>
    /// <returns>bool 值</returns>
    public bool adminadd(string Name, string PassWord)
    {
        bool b1 = admin.add(Name, PassWord);
        return b1;
    }
```

```csharp
///<summary>
///管理员密码修改
///</summary>
///<param name="name">用户名</param>
///<param name="password">密码</param>
///<returns>value of bool</returns>
public bool adminPassWord(int Id,string newsPassWord)
{
    return admin.adminPassWord(Id,newsPassWord);
}
///<summary>
///管理员删除
///</summary>
///<param name="id">id 字段值</param>
///<returns>bool 值</returns>
public bool adminDel(string id)
{
    return admin.DeleteAdmin(id);
}
///<summary>
///管理员列表信息绑定
///</summary>
///<param name="gv">GridView 的?ID</param>
public void adminbindd(GridView gv)
{
    bd.bind(gv, admin.Admininfo(), "ID");
}
public DataTable AdminBind(int Id) {
    return admin.Bind(Id);
}
public DataTable SelectAllAdminBll()
{
    return admin.SelectAllAdminDal();
}
}
```

5. 编写 UI（页面表示）层代码

无人机网站的主页和前台其他所有子页面均使用了母版页技术。母版页的主要功能是统一 ASP.NET 应用程序，创建统一的用户界面和样式。

1）CSS 样式设定

在项目中新建一个样式表，命名为"Index.CSS"，CSS 样式代码如下。

```css
#content{
        width:980px;
        height:auto;
        float:left;
        background:#FFF;
}
/*切换图片开始 /
.focusBox { position: relative; width:980px; height:250px; overflow: hidden; }
.focusBox .pic img { width:980px; height:250px; display: block; }
.focusBox .hd { overflow:hidden; zoom:1; position:absolute; bottom:5px; right:10px; z-index:3}
.focusBox .hd li{float:left; line-height:15px; text-align:center; font-size:12px; width:25px; height:10px; cursor:pointer; overflow:hidden; background:#919191; margin-left:4px; filter:alpha(opacity=80); opacity:.8; -webkit-transition:All .5s ease;-moz-transition:All .5s ease;-o-transition:All .5s ease }
.focusBox .hd .on{ background:#fff; filter:alpha(opacity=100);opacity:1;     }
.focusBox .prev,
.focusBox .next { width:45px; height:99px; position:absolute; top:91px; z-index:3; filter:alpha(opacity=20); -moz-opacity:.2; opacity:.2; -webkit-transition:All .5s ease;-moz-transition:All .5s ease;-o-transition:All .5s ease}
.focusBox .prev { background:url(../images/huiyuan.png); background-position:-112px 0; left:0 }
.focusBox .next {background:url(../images/huiyuan.png); background-position:-158px 0; right:0 }
.focusBox .prev:hover,
.focusBox .next:hover { filter:alpha(opacity=60); -moz-opacity:.6; opacity:.6 }
.box{
        width:300px;
        height:244px;
        float:left;
        margin-left:20px;
        margin-top:15px;
}
.box_big{
        width:620px;
        height:244px;
        float:left;
        margin-left:20px;
        margin-top:15px;
}
.headline{
```

```css
        width:100%;
        height:30px;
        float:left;
        color:#000;
        font-weight:bold;
        text-indent:5px;
        line-height:40px;
}
.headline span{
        line-height:40px!important;
        float:right;
        _margin-top:-40px;
        *margin-top:-40px;

}
.headline span a{
        color:#000;
        text-decoration:none;
}
.headline span a:hover{
        cursor:pointer;
        color:#FC6;
}
.headline i{
        color:#FC6;
}
.headline_bottom{
        width:300px;
        height: 2px;
        float:left;
        background:url(../images/uav_line.png) no-repeat;
}
.headline_bottomlang{
        width:620px;
        height:2px;
        float:left;
        background:url(../images/uav_linelang.png) no-repeat;
}
/*图片新闻*/
.newsPic_bd{
```

```css
        width:300px;
        height:210px;
        float:left;
        margin-top:4px;
}
.focus{
        width:298px;
        height:208px;
        border:2px solid #d9d9d9;position:relative;
}
.focus #pic{
        width:298px;
        height:208px;
        overflow:hidden;
}
.focus #pic ul{
        width:298px;
        height:208px;
        float:left;
}
.focus #pic li{
        width:298px;
        height:208px;
        float:left;
}
.focus #pic li img{
        width:298px;
        height:208px;
        float:left;
}
.focus .tip-bg{
        width:298px;
        height:21px;
        background:url(../images/focus_tip_bg.png) no-repeat left top;
        position:absolute;
        left:0;
        bottom:0;
        z-index:12;
}
.focus #tip{
```

```css
        width:96px;
        height:14px;
        position:absolute;
        left:104px;
        bottom:3px;
        z-index:13;
}
.focus #tip ul li{
        width:14px;
        height:14px;
        float:left;
        display:inline;
        margin:0 5px;
        cursor:pointer;
        background:url(../images/focus_tip.png) no-repeat;
        }
.focus #tip ul li.on{background:url(../images/focus_tip_current.png) no-repeat;}
.focus .btn{
        width:42px;
        height:9px;
        position:absolute;
        right:0;
        bottom:5px;
        z-index:14;
        overflow:hidden
        }
.focus .btn ul{
        width:100%;
        float:left;
}
.focus .btn li{
        width:7px;
        height:9px;
        float:left;
        display:inline;
        margin:0 7px;
        cursor:pointer;
        overflow:hidden;
}
.focus .btn li.prev{background:url(../images/focus_btn_left.png) no-repeat left top;}
```

```css
.focus .btn li.next{background:url(../images/focus_btn_right.png) no-repeat left top;}
/*焦点新闻内容*/
.news_bd{
        width:300px;
        height:214px;
        float:left;
}
.news_bd ul{
        width:300px;
        height:210px;
        margin:0;
        padding:0;
        list-style:none;
        margin-top:4px;

        }
.news_bd ul li{
        width:300px;
        height:30px;
        line-height:30px;
        position:relative;
        overflow:hidden;
        white-space:nowrap;
        text-overflow:ellipsis;
         }
.news_bd ul li a{
        text-decoration:none;
        color:#000;
        font-size:13px;
         }
.news_bd ul li a:hover{
        color:#900;
        cursor:pointer;
        text-decoration:underline;
          }
.news_bd span{
        width:75px;
        float:right;
}
.zuo{
```

```css
    width:225px;
    float:left;
    overflow:hidden;
    text-overflow:ellipsis;
    white-space:nowrap;
}
/*通知公告——文字无缝上滚动/
.sideBox_bd{
    width:300px;
    height:210px;
    float:left;
    margin-top:4px;
}
.sideBox_bd ul{
    width:300px;
    margin:0;
    padding:0;
    }
.sideBox_bd ul li{
    width:300px;
    height:30px;
    line-height:30px;
    float:left;
    list-style:none;
    overflow:hidden;
    white-space:nowrap;
    text-overflow:ellipsis;
        }
.sideBox_bd ul li a{
    text-decoration:none;
    color:#333
        }
.sideBox_bd ul li a:hover{
    color:#900;
    cursor:pointer;
    text-decoration:underline;
        }
/*无人机科普内容/
.science_bd{
    width:620px;
```

```css
        height:214px;
        float:left;
}
.roll_pic{
        width:140px;
        height:140px;
        float:left;
        }
.roll_pic a{
        text-decoration:none;
        color:#000
        }
.roll_pic a:hover{
        color:#900;
        cursor:pointer;
        text-decoration:underline;
        }
/*Tab 切换--实验室简介-----学子风采----*/
.notice {
         width:300px;
         height:214px;
         float:left;
         overflow: hidden;
         color:#666;
         }
.notice .tab-hd {
        height:30px;
        font-size:14px;
        font-weight:bold;
        }
.notice .tab-hd ul {
        width:300px;
        margin:0;
        padding:0;
        }
.notice .tab-hd ul li{
        width:150px;
        text-align:left;
        list-style:none;
        float:left;
```

```css
        height:30px;
        line-height:30px
        }
.notice .tab-hd ul li a{
        text-decoration:none;
        color:#000;
        display:block;
        }
.notice .tab-hd ul li a i{
        color:#FC6;
}
.notice .tab-hd ul li a:hover{
        cursor:pointer;
        color:#FC6;
        }
.notice .tab-bd {
        width:300px;
        float:left;
        }
.notice .tab-bd ul{
        width:300px;
        height:210px;
        list-style:none;
        margin:0;
        padding:0;
        }
.notice .tab-bd ul li {
        width: 300px;
        height:30px;
        line-height:30px;
        float: left;
        overflow:hidden;
        text-overflow:ellipsis;
        white-space:nowrap;
        }
.notice .tab-bd ul li a{
        text-decoration:none;
        color:#000;
        }
.notice .tab-bd ul li a:hover{
```

```
        color:#900;
        text-decoration:underline;
        cursor:pointer;
        }
```

2）母版页设计

添加一个母版页，并命名为"Index.html"，母版页代码如下。

```
<!DOCTYPE html PUBLIC "-//W3C//DTD XHTML 1.0 Transitional//EN"
"http://www.w3.org/TR/xhtml1/DTD/xhtml1-transitional.dtd">
<html xmlns="http://www.w3.org/1999/xhtml">
<head>
<meta http-equiv="Content-Type" content="text/html; charset=utf-8" />
<title>无 T 人?机 ú</title>
<link rel="stylesheet" type="text/css" href="../css/Main.css"/>
<link rel="stylesheet" type="text/css" href="../css/Index.css"/>
<script type="text/javascript" src="../jquery/jquery1.42.min.js"></script>
<script type="text/javascript" src="../jquery/jquery.SuperSlide.2.1.1.js"></script>
</head>

<body>
<div id="container">
    <div id="head">
    <div id="head_logo"></div>
    <!------------------------------------导?航?开 a 始?---------------------------------->
    <div class="navBar">
     <ul class="nav">
        <li id="m1" class="m">
            <h3><a href="#" style="color:#FC6">网?站?首骸?页?</a></h3>
        </li>
        <li id="m2" class="m">
            <h3><a href="NewsPic.html">新?闻?中 D 心?</a></h3>
            <ul class="sub">
                <li><a href="NewsPic.html">图?片?新?闻?</a></li>
                <li><a href="News.html">焦 1 点?新?闻?</a></li>
            </ul>
        </li>
        <li id="m3" class="m">
            <h3><a  href="#">科?普?知 a 识?</a></h3>
        </li>
        <li id="m4" class="m">
```

```html
            <h3><a href="#">合?作痫?单蹋?位?</a></h3>
        </li>
        <li id="m5" class="m">
            <h3><a href="#">关?于   ?我ò们?</a></h3>
        </li>
    </ul>
</div>
<script type="text/javascript">
    jQuery(".nav").slide({
        type:"menu", //效果类型
        titCell:".m", // 鼠标触发对象
        targetCell:".sub", // 效果对象必须被 titCell 包含
        delayTime:0, // 效果时间
        triggerTime:0, //鼠标延迟触发时间
        returnDefault:true   //返回默认状态
    });
</script>
<!-----------------------------------导航结束----------------------------------->
</div>
<div id="content">
    <div class="focusBox" >
    <ul class="pic">
        <li><a href="#" target="_blank"><img src="../images/1.jpg"/></a></li>
        <li><a href="#" target="_blank"><img src="../images/2.jpg"/></a></li>
        <li><a href="#" target="_blank"><img src="../images/3.jpg"/></a></li>
        <li><a href="#" target="_blank"><img src="../images/4.jpg"/></a></li>
        <li><a href="#" target="_blank"><img src="../images/5.jpg"/></a></li>
    </ul>
    <a class="prev" href="javascript:void(0)"></a>
    <a class="next" href="javascript:void(0)"></a>
    <ul class="hd">
        <li></li>
        <li></li>
        <li></li>
        <li></li>
        <li></li>
    </ul>
    </div>
    <script type="text/javascript">
    jQuery(".focusBox").slide({            mainCell:".pic",effect:"left",            autoPlay:true,
```

```html
delayTime:300});
        </script>


    <!-------------------------------图片新闻开始------------------------------->
    <div class="box">
        <div class="headline">图片新闻<i>PictureNews</i>
        <span><a href="NewsPic.html" target="_blank">more&gt;&gt;</a></span></div>
        <div class="headline_bottom"></div>
        <div class="newsPic_bd">
        <div class="focus" style="margin:0 auto">
        <div id="pic">
        <ul>
        <li><a href="Newsdetail.html" target="_blank"><img src="../images/focus_01.jpg"></a></li>
        <li><a href="#" target="_blank"><img src="../images/focus_02.jpg"></a></li>
        <li><a href="#" target="_blank"><img src="../images/focus_03.jpg"></a></li>
        <li><a href="#" target="_blank"><img src="../images/focus_04.jpg"></a></li>
        </ul>
        </div>
        <div class="tip-bg"></div>
        <div id="tip">
        <ul>
        <li></li>
        <li></li>
        <li></li>
        <li></li>
        </ul>
        </div>
        <div class="btn">
        <ul>
        <li class="prev" id="focus_btn_left"></li>
        <li class="next" id="focus_btn_right"></li>
        </ul>
        </div>
</div>
        <script type="text/javascript">jQuery(".focus").slide({ titCell:"#tip li", mainCell:"#pic ul",effect:"left",autoPlay:true,delayTime:200 });</script>


        </div>
```

```html
        </div>
        <!--------------------------------图片新闻结束------------------------------->
        <!--------------------------------焦点新闻开始------------------------------->
        <div class="box">
            <div class="headline">焦点新闻<i>News</i></i>
            <span><a href="News.html" target="_blank">more&gt;&gt;</a></span>
            </div>
            <div class="headline_bottom"></div>
            <div class="news_bd">
            <ul>
                <li class="zuo"><span style="float:right; color:#666">2012/12/01</span><a href="#" class="zuo"><img src="../images/uav_01.png" />我院与辖区派出所开安全专题会议</a></li>
                <li class="zuo"><span style="float:right; color:#666">2012/12/01</span><a href="#" class="zuo"><img src="../images/uav_01.png" />学院领导到人文社科系调研并指导工作</a></li>
                <li class="zuo"><span style="float:right; color:#666">2012/12/01</span><a href="#" class="zuo"><img src="../images/uav_01.png" />站在新的历史起点上——新一届院领导参观陈毅纪念园和院史</a></li>
                <li class="zuo"><span style="float:right; color:#666">2012/12/01</span><a href="#" class="zuo"><img src="../images/uav_01.png" />加强学习提高素质做党和人民满意好教师</a></li>
                <li class="zuo"><span style="float:right; color:#666">2012/12/01</span><a href="#" class="zuo"><img src="../images/uav_01.png" />朋辈学习高效工作</a></li>
                <li class="zuo"><span style="float:right; color:#666">2012/12/01</span><a href="#" class="zuo"><img src="../images/uav_01.png" />加强学习提高素质,做党和人民满意的好教师</a></li>
                <li class="zuo"><span style="float:right; color:#666">2012/12/01</span><a href="#" class="zuo"><img src="../images/uav_01.png" />学习讲话精神争做"四有"教师</a></li>

            </ul>
            </div>
        </div>
        <!--------------------------------焦点新闻结束------------------------------->
        <!--------------------------------通知公告开始------------------------------->
        <div class="box">
            <div class="headline">通　?知 a 公?告?<i>Notice</i>
            <span><a href="#">more&gt;&gt;</a></span></div>
            <div class="headline_bottom"></div>
```

```html
            <div id="txtMarqueeTop">
                <div class="sideBox_bd">
                    <ul>
                        <li><a href="#"><img src="../images/uav_01.png" />李颖:IT界的低调才女</a></li>
                        <li><a href="#"><img src="../images/uav_01.png" />软件协会第一届网页设计大赛的发个梵蒂台冈地方官方圆满成功</a></li>
                        <li><a href="#"><img src="../images/uav_01.png" />inux人才需求火爆</a></li>
                        <li><a href="#"><img src="../images/uav_01.png" />我校学生在厦门市软件编程大赛中取得优异成绩¨</a></li>
                        <li><a href="#"><img src="../images/uav_01.png" />FLASH大赛期待您的参与 </a></li>
                        <li><a href="#"><img src="../images/uav_01.png" />调查:大学生的压力主要来于社会就业?</a></li>
                        <li><a href="#"><img src="../images/uav_01.png" />识数寻踪winhex应用与数据恢复开发</a></li>
                    </ul>
                </div>
            </div>
            <script type="text/javascript">jQuery("#txtMarqueeTop").slide({ mainCell:"ul",autoPlay:true,effect:"topMarquee",interTime:100,vis:7 });</script>

        </div>
        <!--------------------------------通知公告结束-------------------------------->
        <!-------------------------Marquee图片不间断向左滚动¯无人机科普开始--------------------->
        <div class="box_big">
            <div class="headline">无人机科普<i>Popularization of science</i>
            <span><a href="#">more&gt;&gt;</a></span></div>
            <div class="headline_bottomlang"></div>
            <div class="science_bd">
                <div id="beauty" style="overflow: hidden; width:620px;height:200px; margin-top:7px">
                    <table cellSpacing=0 cellpadding=0 border=0>
                        <tbody>
                            <tr>
                                <td id=beauty1>
                                    <!--滚?动¯部?分?表括?格?开a始?-->
                                    <table width="620" border="0" cellspacing="10" cellpadding="0">
                                        <tr>
```

```html
            <td><div class="roll_pic"><a href="#"><img style=" border:1px #CCCCCC solid; padding:4px; width:135px; height:135px;" src="../images/focus_01.jpg" /><p style="text-align:center; width:135px; height:24px; overflow:hidden;text-overflow:ellipsis; white-space:nowrap; line-height:30px;">这是第一张图片的解说内容</p></a></div></td>
            <td><div class="roll_pic"><a href="#"><img style=" border:1px #CCCCCC solid; padding:4px; width:135px; height:135px;" src="../images/focus_02.jpg" /><p style="text-align:center; width:135px; height:24px; overflow:hidden;text-overflow:ellipsis; white-space:nowrap; line-height:30px;">这是台二张图片的解说内容</p></a></div></td>
            <td><div class="roll_pic"><a href="#"><img style=" border:1px #CCCCCC solid; padding:4px; width:135px; height:135px;" src="../images/focus_03.jpg" /><p style="text-align:center; width:135px; height:24px; overflow:hidden;text-overflow:ellipsis; white-space:nowrap; line-height:30px;">这是第三张图片的解说内容</p></a></div></td>
            <td><div class="roll_pic"><a href="#"><img style=" border:1px #CCCCCC solid; padding:4px; width:135px; height:135px;" src="../images/focus_04.jpg" /><p style="text-align:center; width:135px; height:24px; overflow:hidden;text-overflow:ellipsis; white-space:nowrap; line-height:30px;">这是第四张图片的解说内容</p></a></div></td>
          </tr>
        </table>
        <!--滚动部分表格结束-->
      </td>
      <td id=beauty2></td>
    </tr>
  </tbody>
</table>
</div>
    <!--图片不间断向左滚动开始-->
    <script>
        var speed3=50//速度数值越大速度越慢
        beauty2.innerHTML=beauty1.innerHTML
        function Marquee(){
        if(beauty2.offsetWidth-beauty.scrollLeft<=0)
        beauty.scrollLeft-=beauty1.offsetWidth
        else{
        beauty.scrollLeft++
            }
        }
        var MyMar=setInterval(Marquee,speed3)
        beauty.onmouseover=function() {clearInterval(MyMar)}
        beauty.onmouseout=function() {MyMar=setInterval(Marquee,speed3)}
    </script>
```

```html
            <!--图片不间断向左滚动结束-->
        </div>
    </div>

    <!--------------------------Marquee 图片不间断向左滚动无人机科普结束--------------------->
    <!--------------------------Tab 实害验室简介、学子风采开始--------------------------->
    <div class="box">
        <div class="notice" >
        <div class="tab-hd">
        <ul class="tab-nav">
            <li><a href="#" >实害验室简介<i>Introduce</i></a></li>
            <li><a href="#" >学子风采<i>Style</i></a></li>
        </ul>
        </div>
        <div class="headline_bottom"></div>
            <div class="tab-bd">
                <div class="tab-pal">
                <ul>
<li><a href="#"><img src="../images/uav_01.png" />李颖:IT 界的低调才女</a></li>
                    <li><a href="#"><img src="../images/uav_01.png" />软件协会第一届网页设计大赛的发个梵蒂台冈地方官方圆满成功</a></li>
                    <li><a href="#"><img src="../images/uav_01.png" />inux 人才需求火爆</a></li>
                    <li><a href="#"><img src="../images/uav_01.png" />我校学生在厦门市软件编程大赛中取得优异成绩¨</a></li>
                    <li><a href="#"><img src="../images/uav_01.png" />FLASH 大赛期待您的参与 </a></li>
                    <li><a href="#"><img src="../images/uav_01.png" />调查:大学生的压力主要来自于社会就业?</a></li>
                    <li><a href="#"><img src="../images/uav_01.png" />识数寻踪 winhex 应用与数据恢复开发</a></li>
                </ul>
            </div>
                <div class="tab-pal">
                <ul>
                    <li><a href="#"><img src="../images/uav_01.png" />我校学生在厦门市软件编程大赛中取得优异成绩</a></li>
                    <li><a href="#"><img src="../images/uav_01.png" />FLASH 大赛期待您的参与 </a></li>
```

```
                <li><a href="#"><img src="../images/uav_01.png" />调查：大学生的压力主
要来自于社会就业</a></li>
                <li><a href="#"><img src="../images/uav_01.png" />识数寻踪 winhex 应用与
数据恢复开发</a></li>
                <li><a href="#"><img src="../images/uav_01.png" />李颖：阺 IT 界的低调才
女</a></li>
                <li><a href="#"><img src="../images/uav_01.png" />软件协会第一届网页设
计大赛的发个梵蒂台冈地方官方圆满成功|</a></li>

           </ul>
          </div>
        </div>
        <script type="text/javascript">jQuery(".notice").slide({   titCell:".tab-hd  li",
mainCell:".tab-bd",delayTime:0 });</script>


    </div>
    <!--------------------------------Tab 实验室简介、学子风采结束--------------------------->
    </div>
    <div id="footer">
技术支持：静挚工作室<br />
地址：四川省成都市高新区西区大道 2000 号  四川托普信息技术职业学院
o  邮编：611743  <br />郑重声明：以上无人机图片均为网上
下载，若涉及版权问题请与我们联系我们将不再使用该图片  联系电话：
18382414616
    </div>
</div>
</body>
</html>
```

3）主页设计

网站前台是关于网站的建设及形象宣传，它对网站生存和发展起着非常重要的作用。网站首页应该是一个信息含量较大、内容丰富的宣传平台。无人机网站主页布局如图 10.5 所示，主要包含了以下内容。

（1）网站菜单导航（新闻信息、科普知识、合作单位、关于我们）。

（2）图片新闻展示（对一些新闻内容的图片进行新闻展示）。

（3）科普展示（对无人机科普知识进行展示）。

（4）合作单位。

（5）关于我们。

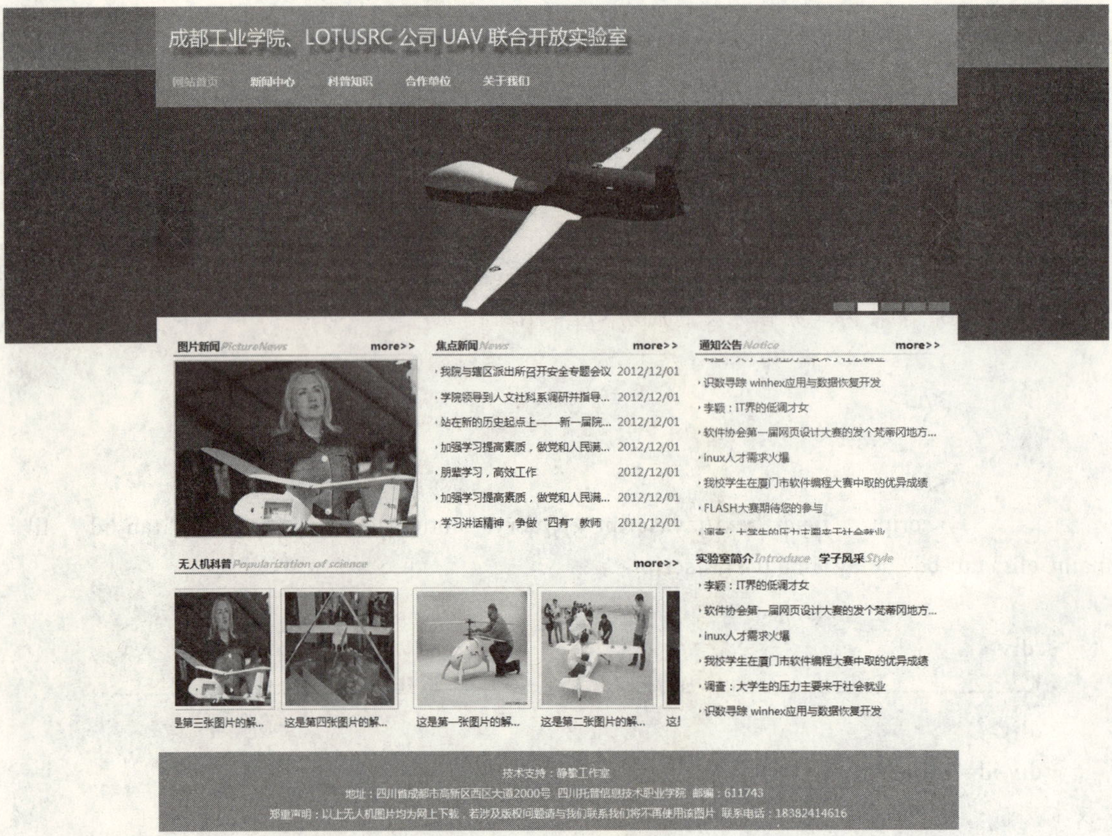

图 10.5 网站主页布局图

4）管理员登录模块

管理员登录流程如图 10.6 所示。

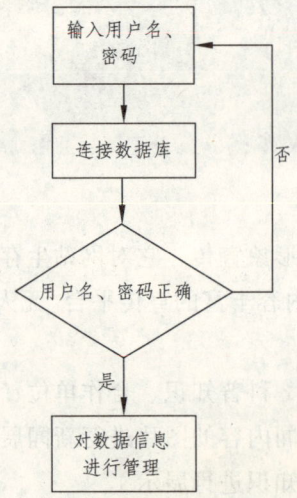

图 10.6 管理员登录模块流程

效果预览如图 10.7 所示。

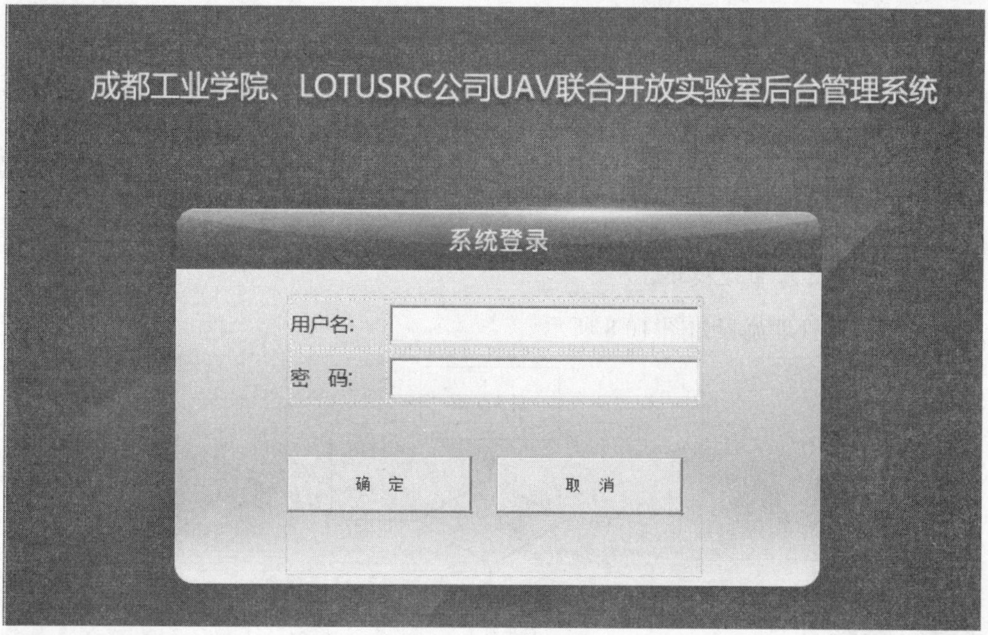

图 10.7 效果预览

用户登录代码片段如下。

```
protected void btnLogin_Click(object sender, EventArgs e)
{
        LoginBLL b1 = new LoginBLL();
    protected void Page_Load(object sender, EventArgs e)
    {

    }
    protected void btn_ok_Click(object sender, EventArgs e)
    {
        string Name = txt_name.Text.Trim();
        string PassWord = txt_password.Text.Trim();
        bool b = b1.Login(Name, PassWord);
        if (b)
        {
            Session.Add("Name", Name);
            Response.Redirect("houtai.aspx");
        }
        else
        {
            Response.Redirect("Login.aspx");
        }
}
```

工程师提示

在以上代码中,字符串 str 是用来存储验证码字符串的,而值的来源是 Session 对象中的 CheckCode 属性,大家认真阅读本章会发现没有对 Session["CheckCode"]进行赋值,其实 Session["CheckCode"]值来源于验证码(随机码),随机码的产生方式有很多,在此就不再详述了。

5)后台新闻信息管理模块

后台新闻信息管理流程如图 10.8 所示。

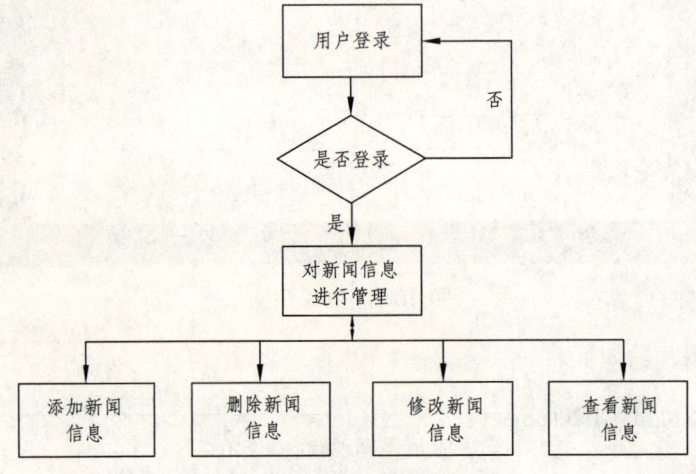

图 10.8　后台新闻信息管理流程

添加新闻信息效果预览如图 10.9 所示。

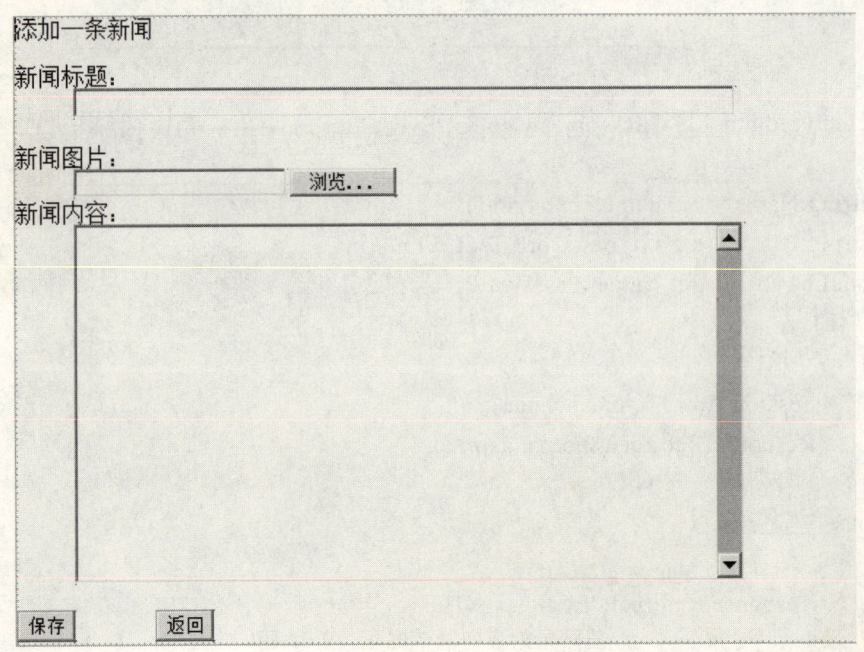

图 10.9　添加新闻信息效果预览

查看、修改、删除新闻信息效果预览如图 10.10 所示。

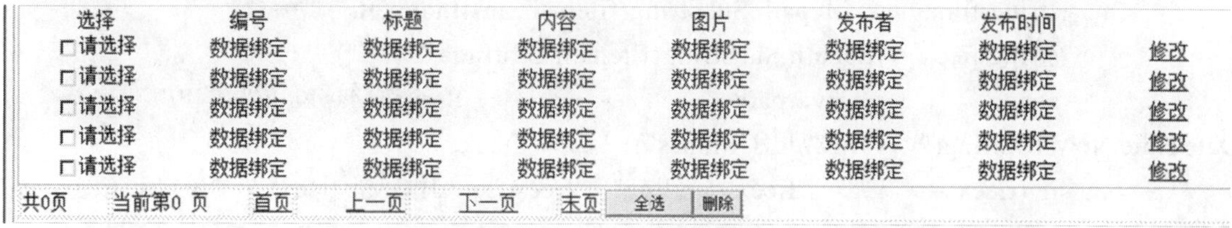

选择	编号	标题	内容	图片	发布者	发布时间	
□请选择	数据绑定	数据绑定	数据绑定	数据绑定	数据绑定	数据绑定	修改
□请选择	数据绑定	数据绑定	数据绑定	数据绑定	数据绑定	数据绑定	修改
□请选择	数据绑定	数据绑定	数据绑定	数据绑定	数据绑定	数据绑定	修改
□请选择	数据绑定	数据绑定	数据绑定	数据绑定	数据绑定	数据绑定	修改
□请选择	数据绑定	数据绑定	数据绑定	数据绑定	数据绑定	数据绑定	修改

共0页　当前第0 页　　首页　　上一页　　下一页　　末页　全选　删除

图 10.10 查看、修改、删除新闻信息效果预览

（1）添加新闻信息代码片段如下。

```csharp
protected void BtnOK_Click(object sender, EventArgs e)
{
        protected void Page_Load(object sender, EventArgs e)
    {

    }
    protected void btn_OK_Click1(object sender, EventArgs e)
    {
        BLL.B_NewsBLL add = new B_NewsBLL();
        string mess = "";
        if (this.txt_newname.Text == "")
        {
            mess = "标题不能为空!";
        }
        if (this.txt_newsContent.Text == "")
        {
            mess += "新闻内容不能为空!";
        }
        if (mess != "")
        {
            Page.ClientScript.RegisterStartupScript(typeof(UAVB_html_newsadd),         "", "<script>alert('" + mess + "')</script>");
            return;
        }
        string N_Name = this.txt_newname.Text.Trim();
        string N_Content = this.txt_newsContent.Text.Trim();
        string N_Person = Session["Name"].ToString();
        string N_Photo = "";
        bool b1 = false;
        if (fp.PostedFile.FileName != "")
        {
```

```csharp
            string filepath = fp.PostedFile.FileName;
            string filname = filepath.Substring(filepath.LastIndexOf("\\") + 1);
            string fieex = filepath.Substring(filepath.LastIndexOf(".") + 1);
            string serverpath = Server.MapPath("../NP/" + DateTime.Now.ToString("yyyyMMddHHmmss")) + "." + fieex;
            if (fieex == "jpg" || fieex == "jpg" || fieex == "JPG" || fieex == "jpg" || fieex == "jpg" || fieex == "jpg")
            {
                fp.PostedFile.SaveAs(serverpath);
                N_Photo = "../NP/" + DateTime.Now.ToString("yyyyMMddHHmmss") + "." + fieex;
                lab_photo.Text = "图片上传成功";
            }
            else
            {
                lab_photo.Text = "图片上传失败!请检查图片是不是jpg格式的!";
            }
            b1 = add.insertnews(N_Name, N_Content, DateTime.Now, N_Person, N_Photo);
        }
        else
        {
            b1 = add.insertnews(N_Name, N_Content, DateTime.Now, N_Person, "");
        }
        if (b1 == true)
        {
            Page.ClientScript.RegisterStartupScript(typeof(UAVB_html_newsadd), "", "<script>alert('添?加成功!')</script>");
            this.txt_newname.Text = "";
            this.txt_newsContent.Text = "";
        }
        else
        {
            Page.ClientScript.RegisterStartupScript(typeof(UAVB_html_newsadd), "", "<script>alert('添加失败!')</script>");
        }
    }
    protected void btn_no_Click(object sender, EventArgs e)
    {
        Response.Redirect("NewsLook.aspx");
    }
}
```

（2）修改新闻信息代码片段如下。

```csharp
protected void BtnOK_Click(object sender, EventArgs e)
        BLL.B_NewsBLL add = new B_NewsBLL();
    protected void Page_Load(object sender, EventArgs e)
    {
        if (!IsPostBack)
        {
            if (Request.QueryString["Id"] != null)
            {
                DataTable dt = add.UpdateBind(Convert.ToInt32(Request.QueryString["Id"]));
                txt_newname.Text = dt.Rows[0][1].ToString();
            }
        }
    }

    protected void btn_OK_Click1(object sender, EventArgs e)
    {

        string mess = "";
        if (this.txt_newname.Text == "")
        {
            mess = "标题不能为空!";
        }
        if (this.txt_newsContent.Text == "")
        {
            mess += "新闻内容不能为空!";
        }
        if (mess != "")
        {
            Page.ClientScript.RegisterStartupScript(typeof(UAVB_html_newsupdate),        "", "<script>alert('" + mess + "')</script>");
            return;
        }
        string N_Photo = "";
        if (fp.PostedFile.FileName != "")
        {
            string filepath = fp.PostedFile.FileName;
            string filname = filepath.Substring(filepath.LastIndexOf("\\") + 1);
            string fieex = filepath.Substring(filepath.LastIndexOf(".") + 1);
            string    serverpath   =    Server.MapPath("~/NP"  +    DateTime.Now.ToString
```

```csharp
("yyyyMMddHHmmss")) + "." + fieex;
            if (fieex == "jpg" || fieex == "jpg" || fieex == "JPG" || fieex == "jpg" || fieex == "jpg" || fieex == "jpg")
            {
                fp.PostedFile.SaveAs(serverpath);
                N_Photo = "../NP/" + DateTime.Now.ToString("yyyyMMddHHmmss") + "." + fieex;
                lab_photo.Text = "图片上传成功";
            }
            else
            {
                lab_photo.Text = "图片上传失败!请检查图片是不是jpg格式的!";
            }
        }
        string N_Name = this.txt_newname.Text.Trim();
        string N_Content = this.txt_newsContent.Text.Trim();
        string N_Person = Session["Name"].ToString();
        string Id = Request.QueryString["ID"].ToString();
        bool b1 = add.Updatenews(N_Name, N_Content, N_Person, N_Photo, Id);
        if (b1 == true)
        {
            Page.ClientScript.RegisterStartupScript(typeof(UAVB_html_newsupdate), "", "<script>alert('修改成功!')</script>");
            this.txt_newname.Text = "";
            this.txt_newsContent.Text = "";
        }
        else
        {
            Page.ClientScript.RegisterStartupScript(typeof(UAVB_html_newsupdate), "", "<script>alert('修改失败!')</script>");
        }
    }
    protected void btn_no_Click(object sender, EventArgs e)
    {
        Response.Redirect("NewsLook.aspx");
    }
}
```

工程师提示

后台管理中的代码基本与新闻模块代码相似，后面将不再详细说明。

6）前台新闻信息显示模块

前台新信息显示模块的目的是为浏览者提供新闻信息的阅读，流程如图 10.11 所示。

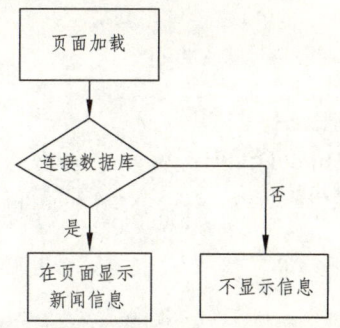

图 10.11　前台新闻信息显示流程

新闻信息效果预览如图 10.12 所示。

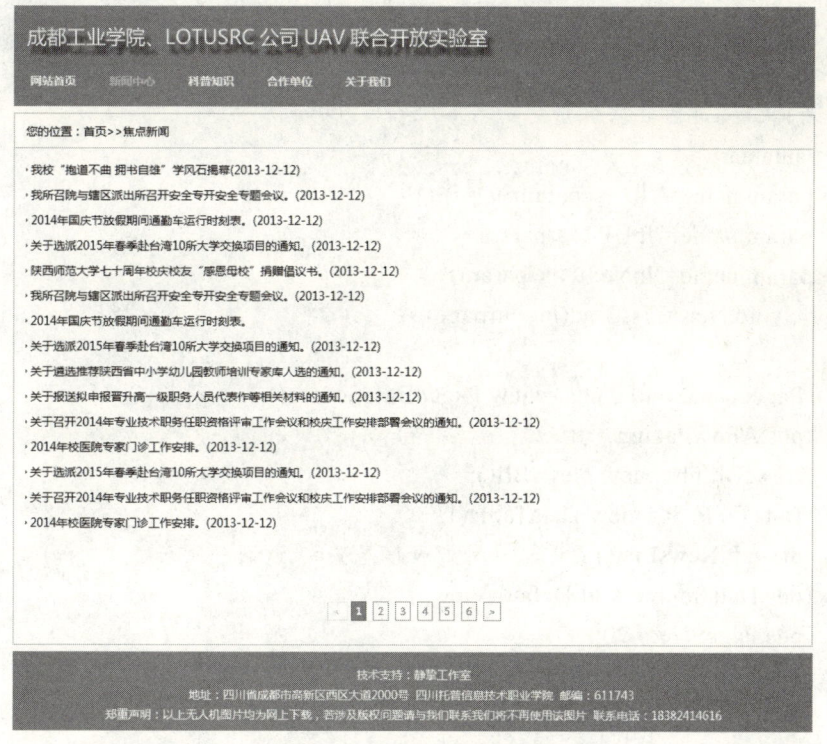

图 10.12　新闻信息效果预览

新闻模块相关代码如下（.aspx.cs 文件）。

```
namespace tennis.F.News
{
    public partial class N_List : System.Web.UI.Page
    {
        public string telphone = null;
```

```csharp
protected void Page_Load(object sender, EventArgs e)
{
    if (!IsPostBack)
    {
        try
        {
            NewsListBind(1);
            xmlbing();
        }
        catch
        {
            Response.Redirect("../../Error.aspx");
        }
    }
}
/// <summary>
/// 新闻二级页面数据绑定
/// </summary>
/// <param name="dl"></param>
/// <param name="lbUP"></param>
/// <param name="lbNext"></param>
public void NewsListBind(int curpage)
{
    PagedDataSource pds = new PagedDataSource();
    pds.AllowPaging = true;
    NewsBll nb = new NewsBll();
    DataTable dt = new DataTable();
    dt = nb.NewsList();//新闻信息列表信息查询,返回一张表
    pds.DataSource = dt.DefaultView;
    pds.PageSize = 20;
    pds.CurrentPageIndex = curpage - 1;
    NewsList.DataSource = pds;
    NewsList.DataBind();
    dangqian.Text = (pds.CurrentPageIndex + 1).ToString(); ;
    zong.Text = pds.PageCount.ToString();
}
/// <summary>
/// 上一页
/// </summary>
/// <param name="sender"></param>
```

/// <param name="e"></param>
protected void next_Click(object sender, EventArgs e)
{
    try
    {
        int z = Convert.ToInt32(dangqian.Text) + 1;
        if (Convert.ToInt32(dangqian.Text) < Convert.ToInt32(zong.Text))
        {
            NewsListBind(z);
        }
    }
    catch
    {
        Response.Redirect("../../Error.aspx");
    }
}
/// <summary>
/// 下一页
/// </summary>
/// <param name="sender"></param>
/// <param name="e"></param>
protected void up_Click(object sender, EventArgs e)
{
    try
    {
        int u = Convert.ToInt32(dangqian.Text) - 1;
        if (Convert.ToInt32(dangqian.Text) > 1)
        {
            NewsListBind(u);
        }
    }
    catch
    {
        Response.Redirect("../../Error.aspx");
    }
}
#region 字符长度控制
/// <summary>
/// 截断字符串
/// </summary>

```
        /// <param name="obj">需要截断的字符串</param>
        /// <param name="x">长度</param>
        /// <returns></returns>
        public string GetContent(object obj, int x)//obj 是绑定字段的值
        {
            string strtemp = obj.ToString();//把字段的值给一个字符串变量
            if(strtemp.Length>x)//如果变量的值大于6,显示时就省略后面的字用"..."来代替
            {
                strtemp = strtemp.Substring(0, x) + "...";
            }
            return strtemp;
        }
        #endregion
        public void xmlbing()
        {
            Bind bd = new Bind();
            telphone=bd.ContantXMl();
        }
    }
}
```

说明：前台模块读出信息的代码与此代码相似，下面将不再详细说明。

10.5 Web.config 配置文件

10.5.1 认识 Web.config 文件

Web.config 文件是一个 XML 文本文件，它用来储存 ASP.NET Web 应用程序的配置信息（如最常用的设置为 ASP.NET Web 应用程序的身份验证方式），它可以出现在应用程序的每一个目录中。当通过.NET 新建一个 Web 应用程序后，会在根目录下自动创建一个默认的 Web.config 文件，包括默认的配置设置，所有的子目录都继承它的配置设置。它可以提供除了从父目录继承的配置信息以外的配置信息,也可以重写或修改父目录中定义的设置。

10.5.2 配置 Web.config 文件

1. Web.Config 是以 XML 文件规范存储的配置文件，它主要分为以下几种格式

1）配置节处理程序声明

特点：位于配置文件的顶部，包含在<configSections>标志中。

2)特定应用程序配置

特点：位于<appSetting>中，可以定义应用程序的全局常量设置等信息。

3)配置节设置

特点：位于<system.Web>节中，控制 ASP.NET 运行时的行为。

4)配置节组

特点：用<sectionGroup>标记，可以自定义分组，也可以放到<configSections>内部或其他<sectionGroup>标记的内部。

5)配置数据库连接字符串

特点：可以存在于<appSetting></appSetting>中或<connectionStrings></connectionStrings>中，通过在 Web.config 文件中配置数据库连接字符串后，在网站维护中，若数据库变化就不用在程序里面改代码，可以直接在 Web.config 中更改连接字符串。

2. 配置 Web.config

1)<appSetting>

<appSetting> 用于定义应用程序设置项。对一些不确定设置，还可以让用户根据自己实际情况自己设置，用法如下。

```
<appSettings>
<add key="Conntction" value="server=服务器地址;userid=用户名;password=密码;database=数据库名称;"/>
</appSettings>
```

上述代码定义了一个连接字符串常量，并且在实际应用时可以修改连接字符串，不用修改程序代码。

2)<connectionStrings>

<connectionStrings>用于配置 ASP.NET 程序的数据库连接字符串，用法如下。
```
<connectionStrings>
    <add name="ConnectionString" connectionString="server=服务器地址; user=用户名; pwd=密码; database=数据库名称"/>
</connectionStrings>
```

3)配置无人机网站中的连接字符串

配置无人机网站中的连接字符串代码如下。
```
<connectionStrings>
    <add name=" UAVBConnString " connectionString="Data Source=.;IInitial Catalog=UAVB; Integrated Security=True
 Security=True" providerName="System.Data.SqlClient"/>
</connectionStrings>
```

10.5.3 在 ASP.NET 程序中获取 Web.config 中的配置信息

获取网站中 Web.config 文件中的连接字符串，代码如下。

```
string constr =
ConfigurationManager.ConnectionStrings["tennisConnString"].ConnectionString；
```

 工程师提示

当获取 Web.config 文件中的配置信息时，应先引用 System.Configuration 命名空间。

10.6 网站的发布

首先新建一个空文件夹用于存放发布过后的文件，具体步骤如下。

右击解决资源管理器中的项目，出现如图 10.13 所示的【发布 Web】对话框，然后根据自己的实际情况选择里面的选项，最后单击【发布】按钮。

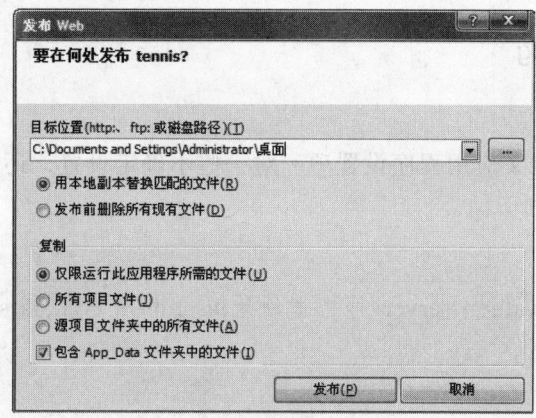

图 10.13 新建一个文件夹

配置 IIS 的具体步骤如下。

（1）依次选择【开始】|【设置】|【控制面板】|【管理工具】|【Internet 信息服务（IIS）管理器】命令，弹出【Internet 信息服务（IIS）管理器】窗口，如图 10.14 所示。

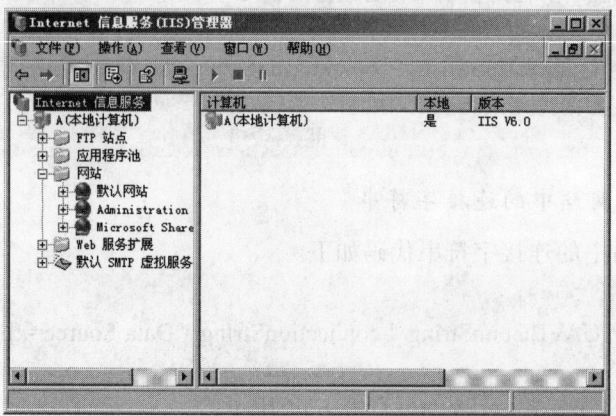

图 10.14 【Internet 信息服务（IIS）管理器】窗口

（2）展开【本地计算机】目录，选中网站后右击，在弹出的快捷菜单中选择【新建】|【网站】命令，如图 10.15 所示。

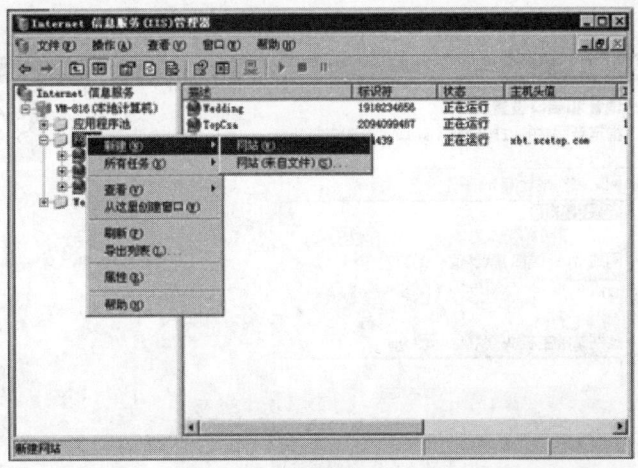

图 10.15　新建网站窗口

（3）在弹出的【网站创建向导】对话框中单击【下一步】按钮，如图 10.16 所示。

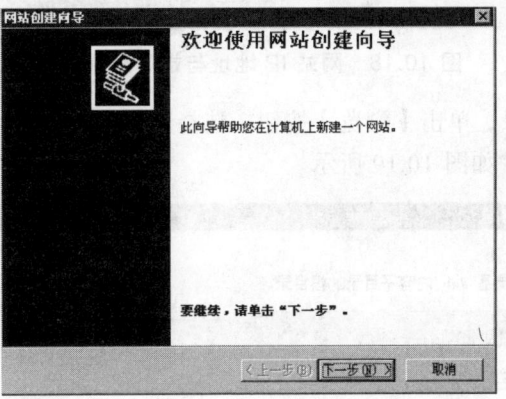

图 10.16　【网站创建向导】对话框

（4）输入网站描述（如 UAVB），然后单击【下一步】按钮，如图 10.17 所示。

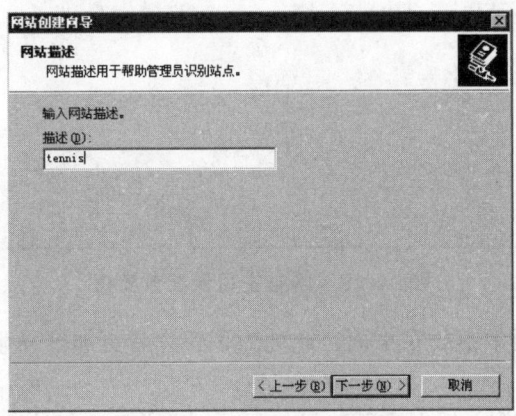

图 10.17　网站描述窗口

（5）在配置网站 IP 和端口窗口中，在【网站 IP 地址】文本框中填写本地 IP（以 10.10.8.16 为例），端口为 80（默认），网站的主机头可不填写，然后单击【下一步】按钮，如图 10.18 所示。

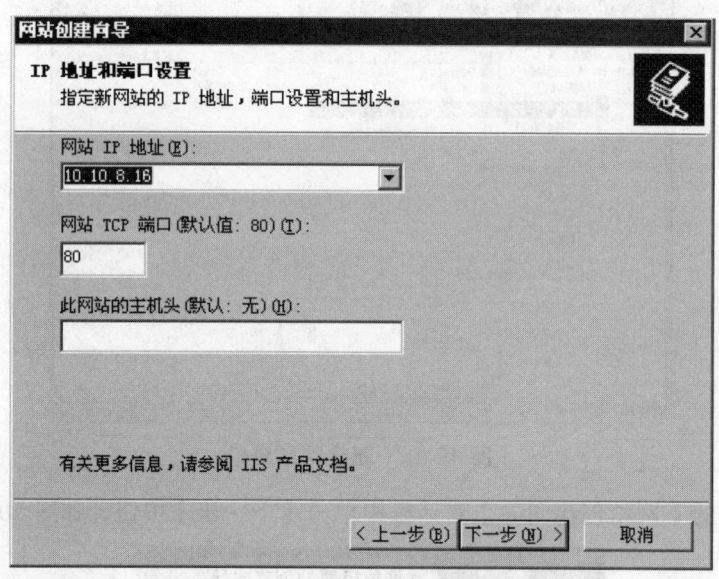

图 10.18　网站 IP 地址与端口配置窗口

（6）配置网站主目录，单击【浏览】按钮，选择网站的根目录（以桌面 tennis 为例），然后单击【下一步】按钮，如图 10.19 所示。

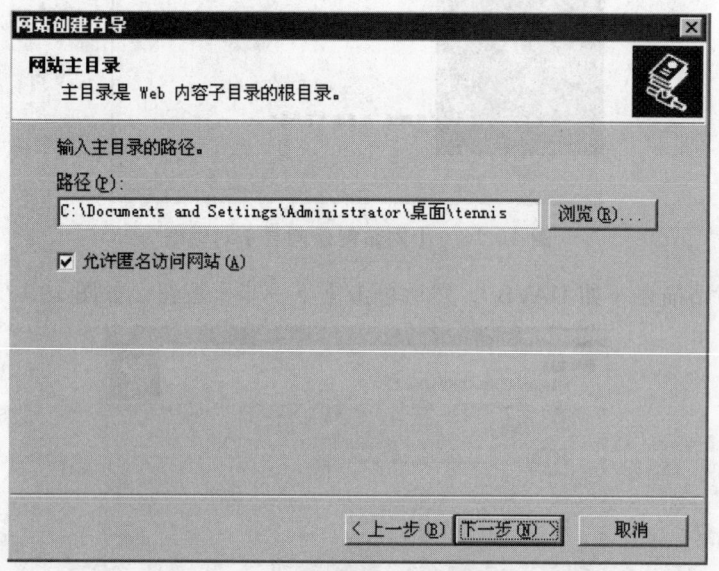

图 10.19　网站主目录配置窗口

提示：网站根目录通常不放在桌面，此处为了让读者更加容易学习，因此，将根目录放在桌面。

（7）配置网站访问权限，根据需要选择权限项（通常只选择读取和运行脚本），然后单击

【下一步】按钮，如图 10.20 所示。

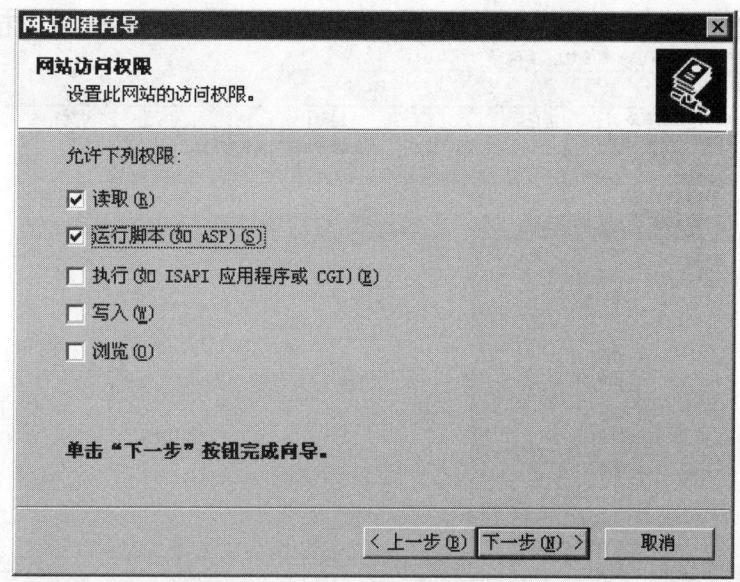

图 10.20　网站访问权限配置窗口

（8）网站创建向导完成之后，单击【完成】按钮，如图 10.21 所示。

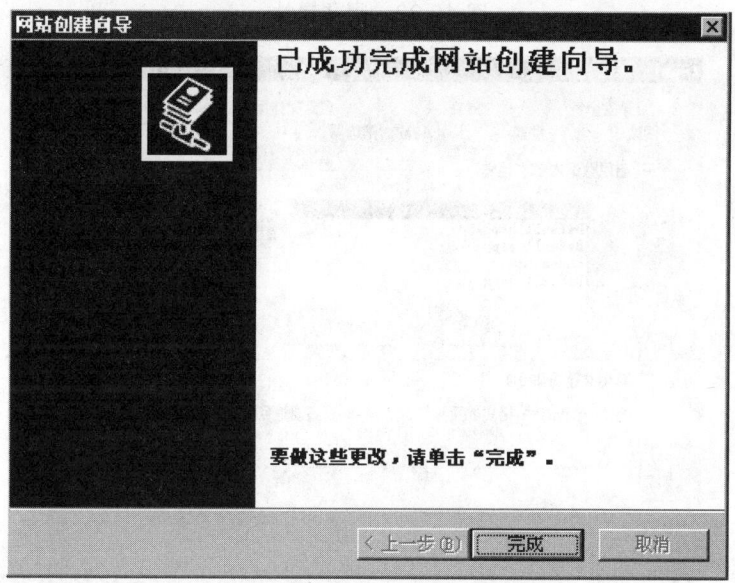

图 10.21　网站创建成功提示

（9）回到【Internet 信息服务（IIS）管理器】窗口中，展开【本地计算机】目录下的【网站】子目录，右击新建的网站 tennis，选择【属性】命令，如图 10.22 所示。

（10）在弹出的对话框中选择【文档】选项卡，在【启用默认内容文档】栏右侧单击【添加】按钮，在弹出的【内容页】对话框中输入 index.aspx，然后单击【确定】按钮，选择【启用默认内容文档】栏下侧刚添加的 index.aspx 文档，然后单击【上移】按钮，将其移动到最上部,再单击【应用】按钮,如图 10.23 所示。

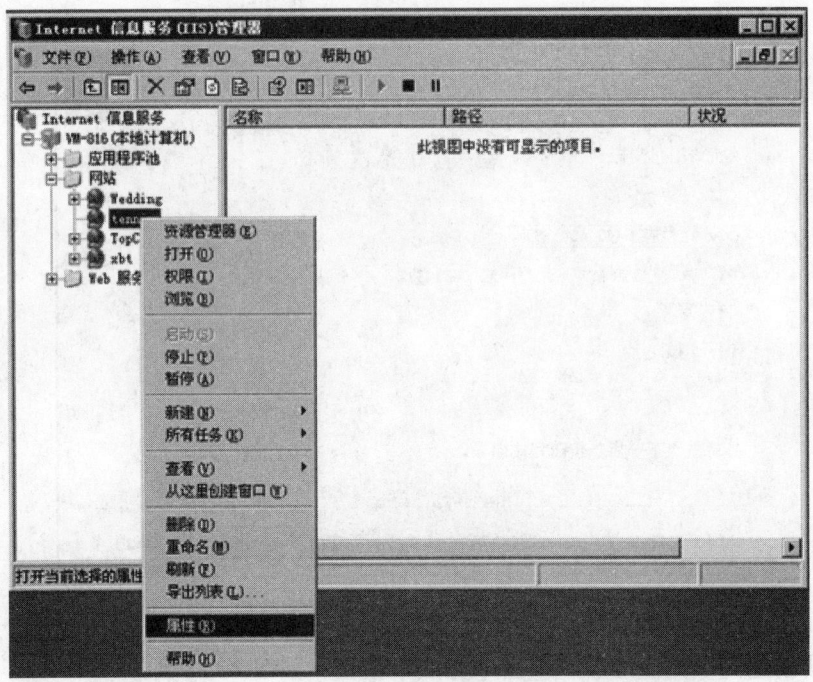

图 10.22 网站属性

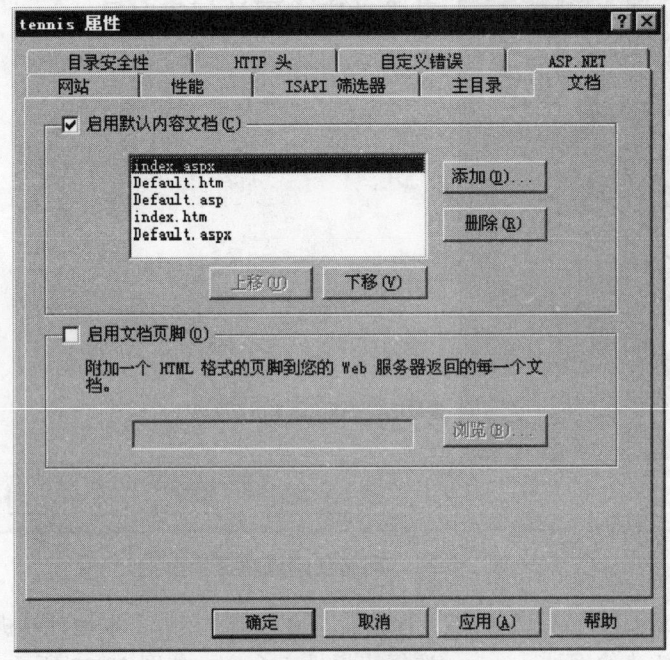

图 10.23 网站文档属性对话框

(11) 选择 ASP.NET 选项卡,在【ASP.NET 版本】栏右侧选择网站 tenins 所需的最低版本或以上版本,然后单击【应用】按钮,如图 10.24 所示。

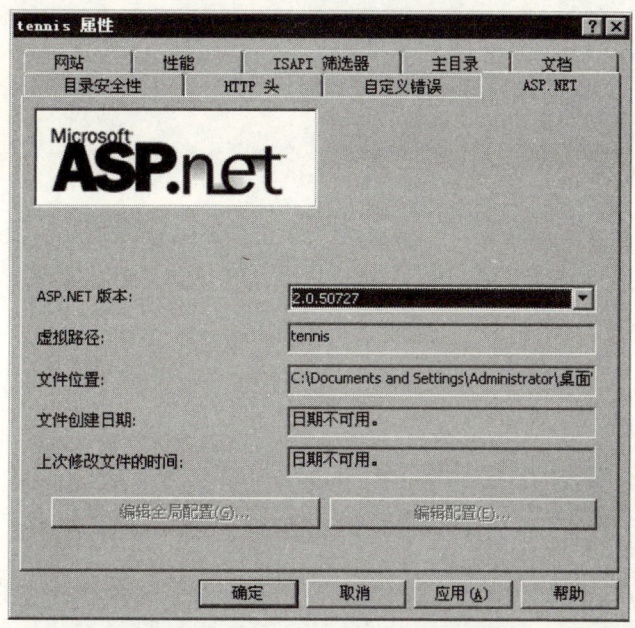

图 10.24　ASP.NET 版本选择

（12）选择【主目录】选项卡，在【执行权限】栏右侧选择【脚本和可执行文件】选项，然后点击【应用】按钮，如图 10.25 所示。

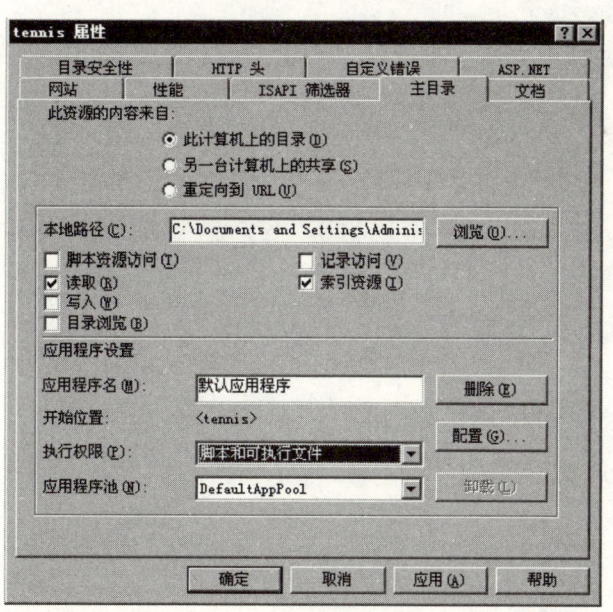

图 10.25　ASP.NET 版本选择

（13）通过以上步骤之后，在任意选项卡页面单击【确定】按钮即可完成网站发布的全部过程。